# Fokus Mathematik

# Lösungen

## 12 Gymnasium Bayern

*Herausgegeben von*
Prof. Dr. Thomas Jahnke
und Dietmar Scholz

*Erarbeitet von*
Dr. Gerd Birner
Florian Borges
Jochen Dörr
Katharina Hammer-Schneider
Heinrich Kilian
Dr. Reiner Schmähling
PD Dr. Dr. Udo Schwingenschlögl
Renate Seibold
Dr. Michael Sinzinger

Cornelsen

# Inhaltsverzeichnis

# 1 Wahrscheinlichkeitsrechnung

## 1.1 Bernoulliketten

### Hinweise zur Bearbeitung der Aufträge

8 **Auftrag 1** **Binäres Gewinnspiel**

Auf 8 Stellen müssen 3 Einsen und 5 Nullen platziert werden. Die erste platzierte Ziffer hat 8 Stellen zur Auswahl, die zweite 7 und so weiter. Dies ergibt $8 \cdot 7 \cdot \ldots \cdot 1 = 8!$ mögliche Permutationen. Nun können aber noch die 3 Einsen untereinander und auch die 5 Nullen untereinander getauscht werden, ohne das Los zu verändern. Durch diese 3! und 5! möglichen Permutationen muss geteilt werden und man erhält $Z = \frac{8!}{5!3!}$.

Allgemein führt die gleiche Argumentationskette auf $Z = \frac{n!}{k!(n-k)!} = \binom{n}{k}$.

Die Wahrscheinlichkeit ein bestimmtes Gewinnlos zu erhalten, also eine bestimmte Kombination aus 3 Einsen und 5 Nullen ist $\underbrace{(\frac{1}{2})^3}_{\text{3 Einsen}} \cdot \underbrace{(\frac{1}{2})^5}_{\text{5 Nullen}}$.

Vorausgestzt wurde dabei, dass die Einsen und Nullen mit gleicher Wahrscheinlichkeit auftreten. Ist $p$ die Wahrscheinlichkeit für eine Eins, so gilt also $p = \frac{1}{2}$. Die Wahrscheinlichkeit für eine Null ist folglich $1 - p = \frac{1}{2}$.

Da alle Gewinnlose mit gleicher Wahrscheinlichkeit auftreten, erhält man für die gesuchte Gewinnwahrscheinlichkeit:
$P = \frac{8!}{5!3!}(\frac{1}{2})^3(\frac{1}{2})^5 = \frac{8 \cdot 7 \cdot 6}{3 \cdot 2 \cdot 2^8} \approx 22\%$.

Beträgt der Anteil der Einsen nicht $\frac{1}{2}$, sondern $p$, so folgt allgemein:
$P = \binom{n}{k} p^k (1-p)^{n-k}$.

**Auftrag 2** **Marslandung**

Die Wahrscheinlichkeit, 3 goldene Kugeln gleich am Anfang und dann 2 andersfarbige Kugeln zu ziehen, beträgt $\frac{1}{3} \cdot \frac{1}{3} \cdot \frac{1}{3} \cdot \frac{2}{3} \cdot \frac{2}{3} = \frac{4}{3^5}$.
Jede andere Anordnung der 3 goldenen unter den 5 Kugeln hat die gleiche Wahrscheinlichkeit.

Da es 10 solcher Kombinationen ($ggg\bar{g}\bar{g}, gg\bar{g}\bar{g}g, g\bar{g}\bar{g}gg, \bar{g}\bar{g}ggg, \bar{g}ggg\bar{g}, \bar{g}gg\bar{g}g, \bar{g}g\bar{g}gg, g\bar{g}gg\bar{g}, g\bar{g}g\bar{g}g, gg\bar{g}g\bar{g}$) gibt, beträgt die gesuchte Warscheinlichkeit $P = 10 \cdot \frac{4}{3^5} \approx 16\%$. Allgemein ist die Anzahl der möglichen Kombinationen durch $\frac{n \cdot (n-1) \cdot \ldots \cdot 1}{k \cdot (k-1) \cdot \ldots \cdot 1 \cdot (n \cdot k) \cdot (n-k-1) \cdot \ldots \cdot 1} = \binom{n}{k}$ gegeben und es gilt $P = \binom{n}{k} p^k (1-p)^{n-k}$. $(*)$ 8

Es spielt eine Rolle, dass die gezogene Kugel jeweils zurückgelegt wird. Andernfalls würde sich nach jedem Zug die Wahrscheinlichkeit $p$ ändern, da die Zusammensetzung der verbliebenen Kugeln eine andere wäre.

Beim Ziehen mit einem Griff gibt es insgesamt $\binom{N}{n}$ Kombinationen aus goldenen und andersfarbigen Kugeln. Von diesen sind $\binom{K}{k} \cdot \binom{N-K}{n-k}$ Kombinationen günstig für die Besatzung des Raumschiffs, da $k$ der vorhandenen $K$ goldenen und $n - k$ der vorhandenen $N - K$ andersfarbigen Kugeln enthalten sind. Somit folgt $P = \frac{\binom{K}{k} \cdot \binom{N-K}{n-k}}{\binom{N}{n}}$ nach der bekannten Gesetzmäßigkeit für Laplace-Wahrscheinlichkeiten. Wie man leicht nachprüft, ergibt sich im Allgemeinen ein anderes Resultat als aus $(*)$ folgen würde.

**Auftrag 3** **Qualitätskontrolle** 9

Dieser Auftrag wird bei der Erarbeitung (Seite 10 ff.) verwendet.

**Auftrag 4** **Medikamentenwirkung**

$P(\text{„kein Patient geheilt“}) = (1 - 0{,}8)^4 = 0{,}0016$
$((1 - 0{,}8)^6 = 0{,}64 \cdot 10^{-4}; (1 - 0{,}8)^{100} \approx 0{,}13 \cdot 10^{-69})$

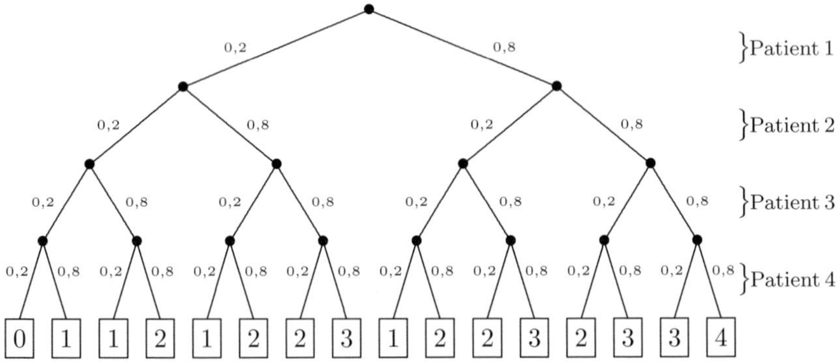

9 Die Zahlen in den Rechtecken geben jeweils die Anzahl der geheilten Patienten an. Relevant sind alle Pfade, auf denen zwei oder mehr Patienten geheilt werden. Die zugehörigen Wahrscheinlichkeiten sind zu addieren:

$$\begin{aligned} P &= 0{,}2 \cdot 0{,}2 \cdot 0{,}8 \cdot 0{,}8 + 0{,}2 \cdot 0{,}8 \cdot 0{,}2 \cdot 0{,}8 + \ldots \\ &= 6 \cdot 0{,}2^2 \cdot 0{,}8^2 + 4 \cdot 0{,}2 \cdot 0{,}8^3 + 0{,}8^4 \approx 97\%. \end{aligned}$$

Werden 6 behandelte Patienten betrachtet, so ist das Baumdiagramm um zwei weitere Ebenen zu erweitern und es sind diejenigen Pfade zu betrachten, auf denen drei oder mehr Patienten geheilt werden. Man erhält:

$$P = 20 \cdot 0{,}2^3 \cdot 0{,}8^3 + 15 \cdot 0{,}2^2 \cdot 0{,}8^4 + 6 \cdot 0{,}2 \cdot 0{,}8^5 + 0{,}8^6 \approx 98\%.$$

$$\begin{aligned} P(\text{„mindestens ein Patient geheilt“}) &= 1 - P(\text{„kein Patient geheilt“}) \\ &= 1 - 0{,}2^n \end{aligned}$$

Es soll gelten:

$$1 - 0{,}2^n > 0{,}99 \Leftrightarrow 0{,}01 > 0{,}2^n \Leftrightarrow \ln 0{,}01 > n \ln 0{,}2 \Leftrightarrow \frac{\ln 0{,}01}{\ln 0{,}2} < n$$

Wegen $\frac{\ln 0{,}01}{\ln 0{,}2} \approx 2{,}86$ folgt $n \geq 3$.

Es müssen also mindestens 3 Patienten behandelt werden.

# Lösungen der Aufgaben

## Erarbeiten

14 **1 a)** $\binom{5}{2} = \frac{5!}{2!3!} = \frac{5\cdot 4}{2} = 10$

**b)** $\binom{6}{3} = \frac{6!}{3!3!} = \frac{6\cdot 5\cdot 4}{3\cdot 2} = 20$

**c)** $\binom{8}{2} = \frac{8!}{2!6!} = \frac{8\cdot 7}{2} = 28$

**d)** $\binom{6}{4} = \frac{6!}{4!2!} = \frac{6\cdot 5}{2} = 15$

**e)** $\binom{5}{3} = \frac{5!}{3!2!} = \frac{5\cdot 4}{2} = 10$

**f)** $\binom{7}{3} = \frac{7!}{3!4!} = \frac{7\cdot 6\cdot 5}{3\cdot 2} = 35$

**g)** $\binom{7}{1} = \frac{7!}{1!6!} = 7$

**h)** $\binom{5}{1} = \frac{5!}{1!4!} = 4$

**i)** $\binom{7}{5} = \frac{7!}{5!2!} = \frac{7\cdot 6}{2} = 21$

**j)** $\binom{3}{3} = \frac{3!}{3!0!} = 1$

**k)** $\binom{6}{0} = \frac{6!}{0!6!} = 1$

**l)** $\binom{4}{1} = \frac{4!}{1!3!} = 3$

**m)** $\binom{7}{0} = \frac{7!}{0!7!} = 1$

**n)** $\binom{6}{2} = \frac{6!}{2!4!} = \frac{6\cdot 5}{2} = 15$

**o)** $\binom{4}{3} = \frac{4!}{3!1!} = 4$

**p)** $\binom{n}{0} = \frac{n!}{0!n!} = 1$

**q)** $\binom{n}{1} = \frac{n!}{1!(n-1)!} = n$

**r)** $\binom{n}{n} = \frac{n!}{n!0!} = 1$

**2** $\binom{5}{2} = \binom{5}{3}$ 14

Es gibt gleich viele Möglichkeiten, aus einer Urne mit 5 Kugeln 2 Kugeln zu ziehen, wie es Möglichkeiten gibt, 3 Kugeln zu belassen.

**3** markiert: $\binom{n}{k}$; nicht markiert: $\binom{n}{n-k}$

**4** $\binom{n}{k} = \frac{n!}{(n-k)!k!} = \frac{n!}{k!(n-k)!} = \binom{n}{n-k}$

Man bezeichnet dies als Symmetrie, da Binomialkoeffizienten den gleichen Wert annehmen, wenn ihr unterer Eintrag „gleich weit von $\frac{n}{2}$ entfernt ist“. Das erinnert an die Achsensymmetrie einer Funktion.

**5 a)** $Z = \binom{n}{k}$

Beispiel: $k$ Autos werden auf einem Parkplatz mit $n$ leeren Parkplätzen abgestellt. Wieviele Möglichkeiten gibt es?

**b)** $Z = n^k$

Beispiel: Es werden Wörter der Länge $k$ gebildet, wobei nur $n$ ausgewählte Buchstaben vorkommen dürfen. Wieviele (nicht unbedingt sinnvolle) Wörter lassen sich auf diese Weise bilden?

**c)** ① zu a): Eine Karte kann nur einmal vergeben werden.

② zu b): Eine Zahl kann mehrfach geworfen werden.

③ zu a): Eine Karte kann nur einmal ausgegeben werden.

④ zu a): Ein Feld kann nur einmal belegt werden.

⑤ zu b): Ein Kandidat kann mehrere Stimmen erhalten.

⑥ zu b): Bei jeder Beobachtung sind rot und schwarz als Ergebnis möglich.

⑦ zu a): Ein Los kann nur einmal gezogen werden.

⑧ zu b): Der Autofahrer hat an jeder Kreuzung wieder die freie Wahl zwischen „rechts“, „links“ und „geradeaus“.

⑨ zu b): Es können mehrere Mädchen bzw. mehrere Jungen unter den Kindern sein.

14 **6 a)** $P = \binom{4}{2}\left(\frac{1}{2}\right)^6 = \frac{3}{2^5} \approx 9\%$

**b)** wie a)

**c)** $P = \left(\frac{1}{2}\right)^6 \approx 2\%$

**d)** wie c)

**e)** Bei a)/b) sind nur die Ergebnisse Zahl und Wappen vertauscht, bei c)/d) zusätzlich die Positionen in der Bernoulli-Kette. Das Vertauschen der Ergebnisse hat keinen Einfluss auf die Wahrscheinlichkeit des Ereignisses, da diese mit gleicher Wahrscheinlichkeit (jeweils $\frac{1}{2}$) auftreten. Die Reihenfolge in einer Bernoulli-Kette kann stets vertauscht werden, ohne deren Wahrscheinlichkeit zu ändern.

**7** $p = \frac{1}{4}$;

$P(\text{„mindestens 6 Richtige"})$

$= P(\text{„6 Richtige"}) + P(\text{„7 Richtige"}) + P(\text{„8 Richtige"}) +$
$P(\text{„9 Richtige"}) + P(\text{„10 Richtige"})$

$= \binom{10}{6}\left(\frac{1}{4}\right)^6\left(\frac{3}{4}\right)^4 + \binom{10}{7}\left(\frac{1}{4}\right)^7\left(\frac{3}{4}\right)^3 + \binom{10}{8}\left(\frac{1}{4}\right)^8\left(\frac{3}{4}\right)^2 + \binom{10}{9}\left(\frac{1}{4}\right)^9\frac{3}{4} + \left(\frac{1}{4}\right)^{10}$

$= \frac{10\cdot9\cdot8\cdot7}{4\cdot3\cdot2\cdot1} \cdot \frac{3^4}{4^{10}} + \frac{10\cdot9\cdot8}{3\cdot2\cdot1} \cdot \frac{3^3}{4^{10}} + \frac{10\cdot9}{2\cdot1} \cdot \frac{3^2}{4^{10}} + \frac{10}{1} \cdot \frac{3}{4^{10}} + \frac{1}{4^{10}} \approx 2\%$

15 **8 a)** Mit Zurücklegen: $P = \frac{1}{2} \cdot \frac{1}{2} = \frac{1}{4} = 25\%$
Ohne Zurücklegen: $P = \frac{1}{2} \cdot \frac{1}{3} = \frac{1}{6} \approx 17\%$

**b)** Mit Zurücklegen: $P = \frac{1}{2} \cdot \frac{1}{2} = \frac{1}{4} = 25\%$
Ohne Zurücklegen: $P = \frac{1}{2} \cdot \frac{9}{19} = \frac{9}{38} \approx 24\%$

Je größer die Grundgesamtheit ist, umso kleiner ist der Unterschied der Wahrscheinlichkeiten beim Ziehen mit bzw. ohne Zurücklegen.

**9 a)** $P = \binom{10}{2} \cdot \left(\frac{1}{6}\right)^2 \cdot \left(\frac{5}{6}\right)^8 = \frac{10\cdot9}{2\cdot1} \cdot \frac{5^8}{6^{10}} \approx 29\%$

**b)** $P = 1 - \left(\frac{5}{6}\right)^{10} - \binom{10}{1} \cdot \frac{1}{6} \cdot \left(\frac{5}{6}\right)^9 - \binom{10}{2} \cdot \left(\frac{1}{6}\right)^2 \cdot \left(\frac{5}{6}\right)^8 - \binom{10}{3} \cdot \left(\frac{1}{6}\right)^3 \cdot \left(\frac{5}{6}\right)^7$
$= 1 - \frac{5^{10}}{6^{10}} - 10 \cdot \frac{5^9}{6^{10}} - 45 \cdot \frac{5^8}{6^{10}} - 120 \cdot \frac{5^7}{6^{10}} \approx 7\%$

**c)** $P = \binom{10}{2} \cdot \left(\frac{1}{6}\right)^2 \cdot \left(\frac{5}{6}\right)^8 + \binom{10}{3} \cdot \left(\frac{1}{6}\right)^3 \cdot \left(\frac{5}{6}\right)^7 + \binom{10}{4} \cdot \left(\frac{1}{6}\right)^4 \cdot \left(\frac{5}{6}\right)^6$
$= 45 \cdot \frac{5^8}{6^{10}} + 120 \cdot \frac{5^7}{6^{10}} + 210 \cdot \frac{5^6}{6^{10}} \approx 50\%$

**d)** $P = \binom{10}{5} \cdot \left(\frac{1}{2}\right)^5 \cdot \left(\frac{1}{2}\right)^5 = \frac{10\cdot9\cdot8\cdot7\cdot6}{5\cdot4\cdot3\cdot2\cdot1} \cdot \frac{1}{2^{10}} \approx 25\%$ 15

**10 a)** ① F, Warscheinlichkeit für genau einmal Rot.

② R, berechnet über Gegenereignis.

③ F, Wahrscheinlichkeit für höchstens zweimal Rot.

④ F, Wahrscheinlichkeit für mindestens zweimal Rot.

⑤ R, direkt berechnet als Summe der Wahrscheinlichkeiten für einmal, zweimal und dreimal Rot.

**b)** $1 - 0{,}75^n \geq 0{,}99 \Leftrightarrow n \geq \frac{\ln 0{,}01}{\ln 0{,}75}$. Man muss mindestens 17-mal drehen.

**11 a)** $1 - \left(\frac{5}{6}\right)^n \geq 0{,}9 \Leftrightarrow 0{,}1 \geq \left(\frac{5}{6}\right)^n \Leftrightarrow \ln 0{,}1 \geq n \cdot \ln \frac{5}{6} \Leftrightarrow \frac{\ln 0{,}1}{\ln \frac{5}{6}} \leq n$

Wegen $\frac{\ln 0{,}1}{\ln \frac{5}{6}} \approx 12{,}6$ muss man mindestens 13 mal werfen.

**b)** $\left(\frac{5}{6}\right)^n \geq 0{,}5 \Leftrightarrow n \cdot \ln \frac{5}{6} \geq \ln 0{,}5 \Leftrightarrow n \leq \frac{\ln 0{,}5}{\ln \frac{5}{6}} \approx 3{,}8$

Also darf man höchstens 3 mal werfen.

**12 a)** Eine Münze wird fünfmal geworfen.

① Wahrscheinlichkeit, dass genau zweimal Zahl erscheint.

② Wahrscheinlichkeit, dass höchstens einmal Zahl erscheint.

③ Wahrscheinlichkeit, dass mindestens zweimal Zahl erscheint.

**b)** Aus einer Urne mit einer roten und zwei schwarzen Kugeln wird fünfmal mit Zurücklegen gezogen.

① Wahrscheinlichkeit, genau zweimal rot zu ziehen.

② Wahrscheinlichkeit, genau zweimal oder dreimal rot zu ziehen.

③ Wahrscheinlichkeit, höchstens viermal rot zu ziehen.

**13** Wahrscheinlichkeit, zuerst zweimal rot und anschließend dreimal schwarz zu ziehen.

15 **Noch fit?**

**I** In Bereichen, in denen der Graph von $f$ steigt/fällt, verläuft der Graph von $f'$ oberhalb/unterhalb der $x$-Achse. Die Extremstellen des Graphen von $f$ sind Nullstellen des Graphen von $f'$ (die Umkehrung gilt nicht!).

**II a)** $F_1(x) = \frac{x^2}{2}$
**b)** $F_2(x) = \frac{x^3}{3}$
**c)** $F_3(x) = 0$
**d)** $F_4(x) = -\frac{x^{-2}}{2}$
**e)** $F_5(x) = \frac{2}{3}x^{\frac{3}{2}}$
**f)** $F_6(x) = \frac{x^4}{4} + \frac{3}{4}x^{\frac{4}{3}}$
**g)** $F_7(x) = \cos x$
**h)** $F_8(x) = x + \sin x$

**III**

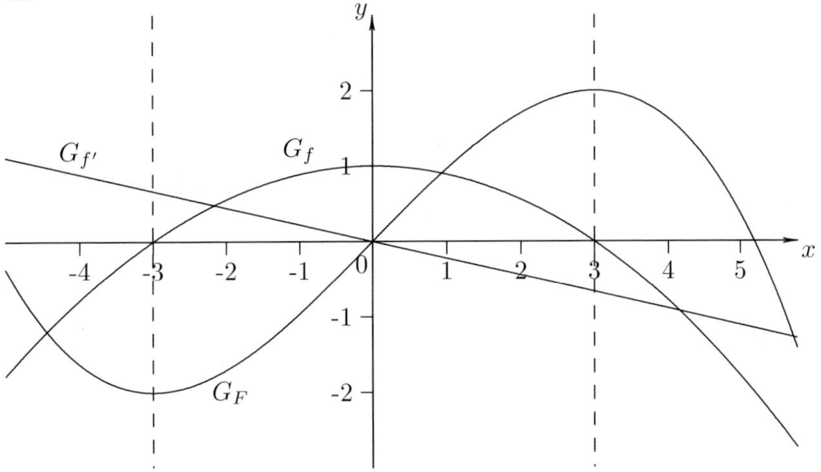


Ableitungsfunktion: Da die Extremstellen von $f$ Nullstellen von $f'$ sind, stehen die Nullstellen von $f'$ bereits fest. In den Zwischenbereichen sind die Werte von $f'$ umso positiver (negativer), je steiler $f$ steigt (fällt), da $f'$ das Steigungsverhalten von $f$ beschreibt.

Stammfunktion: Da die Nullstellen von $f$ an denen der Funktionswert das Vorzeichen wechselt Extremstellen von $F$ sind, stehen die Extremstellen von $F$ bereits fest. In den Zwischenbereichen steigt (fällt) $F$ umso steiler, je positiver (negativer) die Werte von $f$ sind, da $f$ das Steigungsverhalten von $F$ beschreibt.

## Anwenden

**14 a)** $P = \frac{3}{8} \cdot \frac{2}{7} = \frac{3}{28} \approx 11\%$ 16

**b)** wie a)

**c)** $P = \frac{5}{8} \cdot \frac{4}{7} \cdot \frac{3}{6} \cdot \frac{2}{5} = \frac{1}{14} \approx 7\%$

**d)** $P = \frac{\binom{3}{3}\binom{5}{1}}{\binom{8}{4}} = \frac{1 \cdot 5}{\frac{8!}{4!4!}} = \frac{5 \cdot 4 \cdot 3 \cdot 2 \cdot 1}{8 \cdot 7 \cdot 6 \cdot 5} = \frac{1}{14} \approx 7\%,$

oder: wie c), wenn man die ersten beiden und die letzten beiden Begegnungen in Gedanken vertauscht.

**15** $P(\text{„weniger als 7 fehlerhafte Stücke“})$
$= \sum_{i=0}^{6} P(\text{„}i\text{ fehlerhafte Stücke“})$
$= \binom{50}{0} \cdot 0{,}05^0 \cdot 0{,}95^{50} + \binom{50}{1} \cdot 0{,}05^1 \cdot 0{,}95^{49} + \ldots + \binom{50}{6} \cdot 0{,}05^6 \cdot 0{,}95^{44} \approx 99\%$
(77%; 36%)

**16** $\frac{m}{w} = 0{,}96 \Leftrightarrow m = 0{,}96w$
$\overset{w=1-m}{\Longrightarrow} m = 0{,}96(1-m) \Leftrightarrow 1{,}96m = 0{,}96 \Leftrightarrow m = \frac{0{,}96}{1{,}96} \approx 0{,}49$

$1 - P(\text{„kein einziger Mann“}) \geq 0{,}9999$
$\Leftrightarrow 1 - 0{,}51^n \geq 0{,}9999 \Leftrightarrow 0{,}0001 \geq 0{,}51^n \Leftrightarrow \ln 0{,}0001 \geq n \ln 0{,}51$
$\Leftrightarrow \frac{\ln 0{,}0001}{\ln 0{,}51} \leq n$

Wegen $\frac{\ln 0{,}0001}{\ln 0{,}51} \approx 13{,}7$ muss man 14 Personen auswählen.

**17** $P = \binom{10}{5} \cdot 0{,}8^5 \cdot 0{,}2^5 + \binom{10}{6} \cdot 0{,}8^6 \cdot 0{,}2^4 + \binom{10}{7} \cdot 0{,}8^7 \cdot 0{,}2^3$
$+ \binom{10}{8} \cdot 0{,}8^8 \cdot 0{,}2^2 + \binom{10}{9} \cdot 0{,}8^9 \cdot 0{,}2^1 + \binom{10}{10} \cdot 0{,}8^{10} \cdot 0{,}2^0$
$\approx 99\%$

**18** $1 - (1-p)^{10} \geq 0{,}95$
$\Leftrightarrow 0{,}05 \geq (1-p)^{10} \Leftrightarrow \sqrt[10]{0{,}05} \geq 1 - p \Leftrightarrow p \geq 1 - \sqrt[10]{0{,}05} \approx 0{,}26$

**19** Er muss mit 100%iger Wahrscheinlichkeit treffen (p=1), da sonst die Wahrscheinlichkeit für mindestens 2 Fehlschüsse nie Null wäre.

16

**20 a)** $0{,}1^n = 0{,}001 \Leftrightarrow n = \frac{\ln 0{,}001}{\ln 0{,}1} = 3$

**b)** $(1-0{,}1)^n = 0{,}349 \Leftrightarrow n = \frac{\ln 0{,}349}{\ln 0{,}9} \approx 10$

**21 a)** $P = \frac{5}{8}$ **b)** $P = \frac{3}{8} \cdot \frac{2}{7} = \frac{3}{28}$ **c)** $P = \frac{5}{8} \cdot \frac{4}{7} = \frac{5}{14}$

**22 a)** $P = (1-0{,}03)^6 = 0{,}97^6 \approx 83\%$ (74%)

**b)** $P = 1 - 0{,}97^6 - 6 \cdot 0{,}97^5 \cdot 0{,}03^1 \approx 1\%$ (3%)

**c)** $P = 1 - \binom{10}{0}(0{,}97^6)^0(1-0{,}97^6)^{10} - \binom{10}{1}(0{,}97^6)^1(1-0{,}97^6)^9$
$\approx 99{,}9999\%$ (99,99%)

17

**23** Zwei Felder in einer Ausspielung:

$P = 2 \cdot \frac{1}{\binom{49}{6}}$ (Zwei Sechser sind nicht möglich.)

Ein Feld in einer Ausspielung:

$$P = \underbrace{\left(\frac{1}{\binom{49}{6}}\right)^2}_{\text{2 Sechser}} + \underbrace{\binom{2}{1} \cdot \frac{1}{\binom{49}{6}} \cdot \left(1 - \frac{1}{\binom{49}{6}}\right)}_{\text{1 Sechser}} = 2 \cdot \frac{1}{\binom{49}{6}} - \left(\frac{1}{\binom{49}{6}}\right)^2$$

Es ist also etwas besser bei einer Ausspielung zwei Felder zu spielen.

**24 a)** $P = 1 - \left[\binom{40}{31}0{,}6^{31}0{,}4^9 + \binom{40}{32}0{,}6^{32}0{,}4^8 + \ldots + \binom{40}{40}0{,}6^{40}0{,}4^0\right]$
$\approx 98\%$

**b)** Analog zu a) berechnet man für 39 Parkplätze $P \approx 96\%$ und für 38 Parkplätze $P \approx 93\%$. Also muss der Parkplatz 39 Plätze haben.

**25** $$P = \underbrace{\binom{50}{0}0{,}05^0 0{,}95^{50}}_{\text{1 defekte Schrauben}} + \underbrace{\binom{50}{1}0{,}05^1 0{,}95^{49}}_{\text{0 defekte Schraube}} + \ldots + \underbrace{\binom{50}{5}0{,}05^5 0{,}95^{45}}_{\text{5 defekte Schrauben}}$$
$\approx 95\%$

**26 a)** $P = 0{,}06 + 0{,}94 \cdot 0{,}06 + 0{,}94^2 \cdot 0{,}06 + 0{,}94^3 \cdot 0{,}06$
$+ 0{,}94^4 \cdot 0{,}06 \approx 27\%$

**b)** $1 - (1-0{,}06)^n \geq 0{,}5 \Leftrightarrow 0{,}5 \geq 0{,}94^n \Leftrightarrow \ln 0{,}5 \geq n \ln 0{,}94$
$\Leftrightarrow \frac{\ln 0{,}5}{\ln 0{,}94} \leq n$ 17

Wegen $\frac{\ln 0{,}5}{\ln 0{,}94} \approx 11{,}2$ sind mindestens 12 Versuche nötig.

**27 a)** 45% : Kreuzung zweier gleichberechtigter Straßen. (Gelbphase berücksichtigt!)

60%: Vorfahrtsstraße oder Rechtsabbieger
20%: Nebenstraße oder Linksabbieger
} Es muss sich jeweils um die 2. Variante handeln,

wenn dieselbe Strecke für Hin- und Rückweg gewählt wird.

**b)** Tag: $P_T = 0{,}55 \cdot 0{,}4 \cdot 0{,}55 \cdot 0{,}55 \cdot 0{,}8 \cdot 0{,}55 \approx 3\%$

Woche: $P_W = (P_T)^5 \approx 0{,}000002\%$

**c)** $$1 - (\underbrace{1 - 0{,}45 \cdot 0{,}6 \cdot 0{,}45 \cdot 0{,}45 \cdot 0{,}2 \cdot 0{,}45}_{\text{Wahrscheinlichkeit, dass nicht alle Ampeln grün sind}})^n \geq 0{,}8$$

$\Leftrightarrow 1 - 0{,}99507925^n \geq 0{,}8 \Leftrightarrow 0{,}2 \geq 0{,}99507925^n$

$\Leftrightarrow \ln 0{,}2 \geq n \ln 0{,}99507925 \Leftrightarrow \frac{\ln 0{,}2}{\ln 0{,}99507925} \leq n$

Wegen $\frac{\ln 0{,}2}{\ln 0{,}99507925} \approx 326{,}3$ muss er mindestens 327-mal zur Arbeit fahren. (608-mal)

**d)** Es wird angenommen, dass die Ampeln unabhängig schalten.

## Vernetzen

**28** Die Antworten „42%“ und „68%“ lassen vermuten, dass die Ziehung als Bernoulli-Experiment angenommen und für die Berechnung die Formel von Bernoulli verwendet wurde. Den beiden unterschiedlichen Ergebnissen liegt offensichtlich eine unterschiedliche Interpretation von „mit welcher Wahrscheinlichkeit unter vier Losen ein Gewinnlos sei“ zugrunde. Wird das im Sinne von „genau ein Gewinnlos“ interpretiert, wäre $P(X=1) = \binom{4}{1} \cdot 0{,}25 \cdot 0{,}75^3 \approx 42\%$ zu rechnen, bei der Interpretation von „wenigstens ein Gewinnlos“ $P(X \geq 1) = 1 - P(X=0) = 1 - \binom{4}{0} \cdot 0{,}25^0 \cdot 0{,}75^4 \approx 68\%$. Zur Antwort „deutlich mehr als 68%“ gelangt man unter zwei Voraussetzungen: Interpretation von „wenigstens ein Gewinnlos“ und die Erkenntnis, dass es

17 sich hier nicht um ein Bernoulli-Experiment, also nicht um ein „Ziehen mit Zurücklegen“, handelt.

Bei kleinen Losanzahlen, wie bei einer Klassen-Tombola zu erwarten, führt die Annahme eines Bernoulli-Experiments zu Fehleinschätzungen. Nimmt man z. B. den Extremfall von nur vier Losen an, dann ist unter vier gezogenen Losen mit Gewissheit das einzige Gewinnlos. Bei acht Losen würden man unter vier gezogenen Losen vier Nieten mit der Wahrscheinlichkeit $\frac{6}{8} \cdot \frac{5}{7} \cdot \frac{4}{6} \cdot \frac{3}{5} \approx 21\%$ und damit mindestens ein Gewinnlos mit der Wahrscheinlichkeit von etwa 79% erwarten.

**29** Anzahl nötiger Tests:

Einzeltest: $n$

Gruppentest: $\underbrace{1 \cdot 0{,}905^n}_{\text{1 Test, falls alle gesund sind}} \quad + \quad \underbrace{(1+n) \cdot (1 - 0{,}905^n)}_{n+1 \text{ Tests, falls nicht alle gesund sind}}$

Einsparung: $e(n) = n - [1 \cdot 0{,}905^n + (1+n) \cdot (1 - 0{,}905^n)] = -1 + n \cdot 0{,}905^n$

Extremum: $\frac{d}{d_n} e(n) = 1 \cdot 0{,}905^n + n \cdot 0{,}905^n \ln 0{,}905 \overset{!}{=} 0$

$\Leftrightarrow 1 + n \ln 0{,}905 = 0 \Leftrightarrow n = \frac{-1}{\ln 0{,}905} \approx 10$

Da die zweite Ableitung an dieser Stelle negativ ist, handelt es sich um ein Maximum. Damit ist die Einsparung bei einer Gruppengröße von $n = 10$ maximal.

**30** $P = \underset{(1)}{\frac{1}{2}} + \underset{(2)}{\frac{1}{2}} \cdot \underset{(3)}{\frac{1}{2}} \cdot \underset{(4)}{\frac{1}{2}} + (\frac{1}{2})^5 + (\frac{1}{2})^7 + \ldots$

(1) Wappen im ersten Wurf (3) Gegner wirft Zahl
(2) Zahl im ersten Wurf (4) Wappen im zweiten Wurf

Eine (möglichst genaue) untere Schranke $U$ erhält man, indem man diese Reihe aus positiven Summanden (möglichst spät) abbricht. So gilt z. B. $U = \frac{1}{2} + (\frac{1}{2})^3 + (\frac{1}{2})^5 + (\frac{1}{2})^7 \approx 0{,}664$.

Eine gute obere Schranke $O$ läßt sich nicht so einfach finden. Auf jeden Fall ist $O = 1$ eine obere Schranke.

*Man kann zeigen, dass die exakte Wahrscheinlichkeit $P = \frac{2}{3}$ ist.*

## 1.2 Zufallsgrößen

### Hinweise zur Bearbeitung der Aufträge

**Auftrag 1** **Der einarmige Bandit** 20

| Ereignis | Wahrscheinlichkeit | Gewinn | Wahrscheinlichkeit × Gewinn |
|---|---|---|---|
| 3 Sonnen | $\frac{3}{24} \cdot \frac{5}{24} \cdot \frac{3}{24}$ | 25 | 0,0814 |
| 3 Brillen | $\frac{5}{24} \cdot \frac{5}{24} \cdot \frac{5}{24}$ | 18 | 0,1628 |
| 3 Bälle | $\frac{9}{24} \cdot \frac{9}{24} \cdot \frac{9}{24}$ | 3 | 0,1582 |
| 3 Schirme | $\frac{1}{24} \cdot \frac{1}{24} \cdot \frac{1}{24}$ | 40 | 0,0029 |
| 3 Palmen | $\frac{4}{24} \cdot \frac{3}{24} \cdot \frac{3}{24}$ | 50 | 0,1302 |
| 3 Gläser | $\frac{2}{24} \cdot \frac{1}{24} \cdot \frac{3}{24}$ | 100 | 0,0434 |
| 1 Schirm | $3 \cdot \frac{1}{24} \cdot \frac{23}{24} \cdot \frac{23}{24}$ | 2 | 0,2296 |
| 2 Schirme | $3 \cdot \frac{1}{24} \cdot \frac{1}{24} \cdot \frac{23}{24}$ | 4 | 0,0200 |
| | | Gesamt: | 0,8285 |

Bei einem Einsatz von einem Franken gewinnt der Spieler im Durchschnitt daher 0,8285 Franken. Das entspricht einer Auszahlungsquote von 82,85%. Der Glücksspielautomat darf daher aufgestellt werden.

Die Simulation der Auszahlungen mit einem Tabellenkalkulationsprogramm (siehe Medienelement 020-1 auf der Schüler-CD) bestätigt die berechnete Auszahlquote.

**Auftrag 2** **Kurslotterie**

Gewinnsumme: $35\% \cdot 100 \cdot 5 = 175$

Die Extremfälle der Verteilung sind:

a) Ein Los gewinnt alles, alle anderen gehen leer aus.

Ausschüttung pro Los: $\frac{1}{100} \cdot 175 + \frac{99}{100} \cdot 0 = 1{,}75$; Gewinnchance: 1%

b) Alle Lose gewinnen gleich viel:

Ausschüttung pro Los: $175 : 100 = 1{,}75$; Gewinnchance: 100%

Pro Los wird im Mittel gleich viel ausgeschüttet, aber die Gewinnchancen sind unterschiedlich.

20 Bei b) steht bereits beim Loskauf fest, dass der Spieler einen Verlust von $5 - 1{,}75 = 3{,}25$ Franken macht, daher ist überhaupt kein Losabsatz zu erwarten. Bei a) ist der mögliche Gewinn zwar sehr hoch, allerdings sind die Gewinnchancen sehr klein. Weitere kleine Gewinne (bei entsprechender Verkleinerung des Hauptgewinns) könnten den Losabsatz steigern.

21 **Auftrag 3** **Chuck-a-luck**

Dieser Auftrag wird bei der Erarbeitung (Seite 22 ff.) verwendet.

**Auftrag 4** **Roulette**

Für jeden Jeton gilt (siehe Schülerbuch Seite 21):

| Setzmöglichkeit | Gewinnwahrscheinlichkeit | Gewinn | Gewinn × Gewinnwahrscheinlichkeit |
|---|---|---|---|
| 1) | $\frac{1}{37}$ | 36 | $\frac{36}{37}$ |
| 2) | $\frac{2}{37}$ | 18 | $\frac{36}{37}$ |
| 3) | $\frac{3}{37}$ | 12 | $\frac{36}{37}$ |
| 4) | $\frac{9}{37}$ | 9 | $\frac{36}{37}$ |
| 5) | $\frac{6}{37}$ | 6 | $\frac{36}{37}$ |
| 6) | $\frac{3}{37}$ | 3 | $\frac{36}{37}$ |
| 7) | $\frac{3}{37}$ | 3 | $\frac{36}{37}$ |
| 8) | $\frac{18}{37}$ | 2 | $\frac{36}{37}$ |
| 9) | $\frac{18}{37}$ | 2 | $\frac{36}{37}$ |
| 10) | $\frac{18}{37}$ | 2 | $\frac{36}{37}$ |

Beachte: Beim Ereignis „Null“ keine Auszahlung.

Man erkennt, dass die mittlere Auszahlung in jedem Fall die gleiche ($\frac{36}{37}$) ist. Die Bank macht im Mittel pro Jeton und Spiel einen Gewinn von $\frac{1}{37}$, der Spieler einen entsprechenden Verlust.

Roulette ist somit ein reines Glücksspiel; es gibt keine Gewinnstrategie. Man kann seine Jetons also nicht geschickt setzen. Alle Setzmöglichkeiten und Kombinationen von Setzmöglichkeiten sind gleichwertig.

**Auftrag 5** **Quader und Würfel** 21

Würfel: Die mittlere geworfene Augenzahl beträgt

$\frac{1}{6} \cdot (1+2+3+4+5+6) = \frac{21}{6} = 3{,}5$,

da alle Würfelseiten mit der gleichen Wahrscheinlichkeit von $\frac{1}{6}$ geworfen werden. Wegen $100 : 3{,}5 \approx 28{,}6$ werden im Mittel 29 Würfe nötig sein, um eine dreistellige Augensumme zu erreichen.

Quader: Da auf gegenüberliegenden Seiten die Paare 1 und 6, 2 und 5 sowie 3 und 4 von Augenzahlen angebracht sind und gegenüberliegende Seiten bei einem Quader die gleiche Fläche haben, beträgt die mittlere geworfene Augenzahl wie beim Würfel 3,5. Damit ergeben sich wieder 29 Würfe bis im Mittel eine dreistellige Augensumme erreicht wird.

## Lösungen der Aufgaben

### Erarbeiten

**1** Tetraeder: $\frac{1}{4} \cdot (1+2+3+4) = \frac{10}{4} = 2{,}5$ 25

Hexaeder: $\frac{1}{6} \cdot (1+\ldots+6) = \frac{21}{6} = 3{,}5$

Oktaeder: $\frac{1}{8} \cdot (1+\ldots+8) = \frac{36}{8} = 4{,}5$

Dodekaeder: $\frac{1}{12} \cdot (1+\ldots+12) = \frac{78}{12} = 6{,}5$

Ikosaeder: $\frac{1}{20} \cdot (1+\ldots+20) = \frac{210}{20} = 10{,}5$

**2** $E_1(X) = 0{,}1 \cdot \frac{12}{30} + 0{,}5 \cdot \frac{15}{30} + 1 \cdot \frac{3}{30} = 0{,}39$

$$E_2(X) = 0{,}2 \cdot \frac{12}{30} \cdot \frac{11}{29} + 0{,}6 \cdot (\frac{12}{30} \cdot \frac{15}{29} + \frac{15}{30} \cdot \frac{12}{29}) + 1 \cdot \frac{15}{30} \cdot \frac{14}{29}$$
$$+1{,}1 \cdot (\frac{12}{30} \cdot \frac{3}{29} + \frac{3}{30} \cdot \frac{12}{29}) + 1{,}5 \cdot (\frac{15}{30} \cdot \frac{3}{29} + \frac{3}{30} \cdot \frac{15}{29}) + 2 \cdot \frac{3}{30} \cdot \frac{2}{29}$$
$$\approx 0{,}78$$

**3 a)** $\mu = \frac{1}{6} \cdot (1+2+3+4+5+6) = \frac{21}{6} = 3{,}5$

$$Var(X) = \frac{1}{6} \cdot ((1-3{,}5)^2 + (2-3{,}5)^2 + (3-3{,}5)^2 + (4-3{,}5)^2$$
$$+(5-3{,}5)^2 + (6-3{,}5)^2) = \frac{17{,}5}{6} = \frac{35}{12}$$

$\sigma = \sqrt{\frac{35}{12}} \approx 1{,}71$

**b)** $\mu = \frac{1}{36}(2+12) + \frac{2}{36}(3+11) + \frac{3}{36}(4+10) + \frac{4}{36}(5+9) + \frac{5}{36}(6+8)$
$+\frac{6}{36}\cdot 7 = \frac{14}{36}(1+2+3+4+5+3) = \frac{14}{36}\cdot 18 = 7$

$$Var(X) = \frac{1}{36}(2-7)^2\cdot 2 + \frac{2}{36}(3-7)^2\cdot 2 + \frac{3}{36}(4-7)^2\cdot 2 + \frac{4}{36}(5-7)^2\cdot 2 + \frac{5}{36}(6-7)^2\cdot 2 + \frac{6}{36}(7-7)^2$$
$$= \frac{2}{36}(25 + 16\cdot 2 + 9\cdot 3 + 4\cdot 4 + 1\cdot 5) = \frac{2}{36}\cdot 105 = \frac{105}{18}$$

$\sigma = \sqrt{\frac{105}{18}} \approx 2{,}42$

**c)** $\mu = \frac{1}{6}\cdot 1 + \frac{5}{6}\cdot 0 = \frac{1}{6}$

$VarX = \frac{1}{6}(1-\frac{1}{6})^2 + \frac{5}{6}(0-\frac{1}{6})^2 = \frac{1}{6}(\frac{5}{6})^2 + \frac{5}{6}(\frac{1}{6})^2 = \frac{25+15}{216} = \frac{5}{36}$

$\sigma = \sqrt{\frac{5}{36}} \approx 0{,}37$

**4 a)** Maximum: Berechnung siehe 3 c).

Minimum: $\mu = \frac{1}{36}\cdot 6 + \frac{3}{36}\cdot 5 + \frac{5}{36}\cdot 4 + \frac{7}{36}\cdot 3 + \frac{9}{36}\cdot 2 + \frac{11}{36}\cdot 1 = \frac{91}{36}$

$$Var(X) = \frac{1}{36}(6-\frac{91}{36})^2 + \frac{3}{36}(5-\frac{91}{36})^2 + \frac{5}{36}(4-\frac{91}{36})^2 + \frac{7}{36}(3-\frac{91}{36})^2 + \frac{9}{36}(2-\frac{91}{36})^2 + \frac{11}{36}(1-\frac{91}{36})^2 \approx 1{,}97$$

$\sigma = \sqrt{1{,}97} \approx 1{,}40$

**b)**

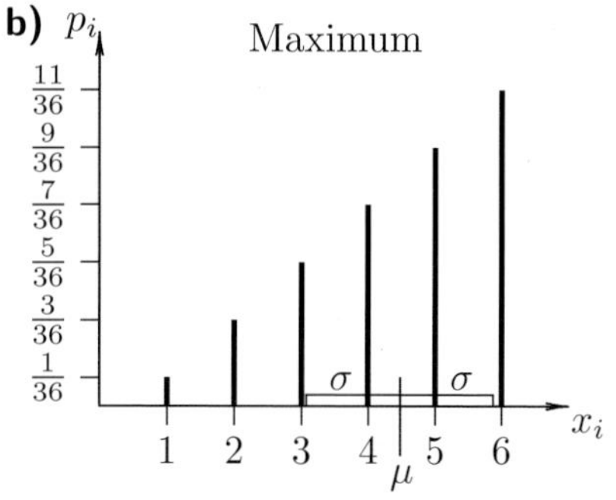


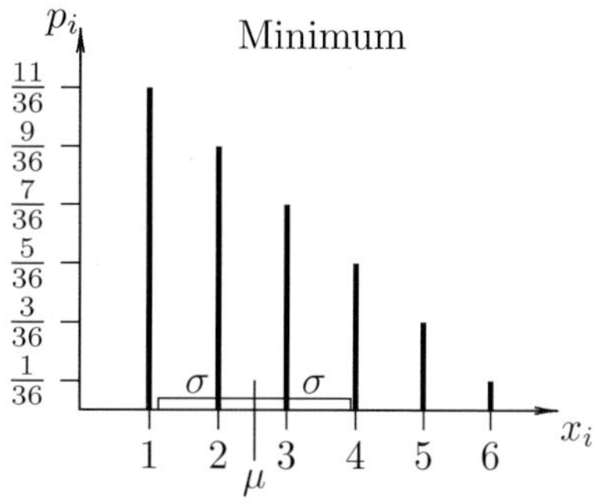


**5 a)** $\mu = \frac{1}{12}\cdot(1+2+2+1+1+1+3+1+4+4+1+2+3+3+2$
$+2+4+4+2+3+4+4+3)$
$= \frac{1}{12}\cdot(3+3+4+4+5+5+5+5+6+6+7+7) = \frac{60}{12} = 5$

$$Var(X) = \frac{1}{6}(3-5)^2 + \frac{1}{6}(4-5)^2 + \frac{1}{3}(5-5)^2 + \frac{1}{6}(6-5)^2 + \frac{1}{6}(7-5)^2$$
$$= \frac{1}{6}(4+1+1+4) = \frac{5}{3}$$

$\sigma = \sqrt{\frac{5}{3}} \approx 1{,}29$

**b)**

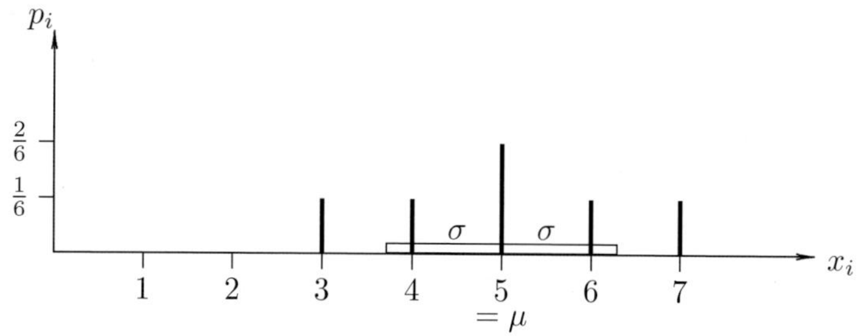


**6** $\mu = \frac{1}{n}\cdot 1 + \frac{1}{n}\cdot 2 + \ldots + \frac{1}{n}\cdot n = \frac{1}{n}(1+2+\ldots+n-1+n)$

(Paare: $2 + (n-1) = n+1$; $1 + n = n+1$)

$n$ gerade: $1+2+\ldots+n-1+n = (n+1)\cdot \underbrace{\frac{n}{2}}_{\text{Anzahl der Paare}}$

$n$ ungerade: $1+2+\ldots+n-1+n$

$= (n+1)\cdot \underbrace{\frac{n-1}{2}}_{\text{Anzahl der Paare}} + \underbrace{\frac{1+n}{2}}_{\text{mittlerer Summand}} = (n+1)\cdot\frac{n}{2}$

Also insgesamt: $\mu = \frac{1}{n}\cdot(n+1)\cdot\frac{n}{2} = \frac{1}{2}\cdot(n+1)$

**7** $E(X) = \frac{1}{6}\cdot 1 + \frac{5}{6}\cdot\frac{1}{5}\cdot 2 + \frac{5}{6}\cdot\frac{4}{5}\cdot\frac{1}{4}\cdot 3 + \frac{5}{6}\cdot\frac{4}{5}\cdot\frac{3}{4}\cdot\frac{1}{3}\cdot 4 + \frac{5}{6}\cdot\frac{4}{5}\cdot\frac{3}{4}\cdot\frac{2}{3}\cdot\frac{1}{2}\cdot 5 + \frac{5}{6}\cdot\frac{4}{5}\cdot\frac{3}{4}\cdot\frac{2}{3}\cdot\frac{1}{2}\cdot 1\cdot 6$
$= \frac{1}{6}\cdot 1 + \frac{1}{6}\cdot 2 + \frac{1}{6}\cdot 3 + \frac{1}{6}\cdot 4 + \frac{1}{6}\cdot 5 + \frac{1}{6}\cdot 6$
$= \frac{1}{6}(1+2+3+4+5+6) = \frac{21}{6}$

$$Var(X) = \frac{1}{6}((1-\frac{21}{6})^2 + (2-\frac{21}{6})^2 + (3-\frac{21}{6})^2 + (4-\frac{21}{6})^2 + (5-\frac{21}{6})^2 + (6-\frac{21}{6})^2 = \frac{17{,}5}{36} = \frac{35}{12}$$

25

25 **8 a)** 2 defekte Lampen: $p = \frac{1}{5}$

$$\mu = 0 \cdot \binom{5}{0}\left(\tfrac{1}{5}\right)^0\left(\tfrac{4}{5}\right)^5 + 1 \cdot \binom{5}{1}\left(\tfrac{1}{5}\right)^1\left(\tfrac{4}{5}\right)^4 + 2 \cdot \binom{5}{2}\left(\tfrac{1}{5}\right)^2\left(\tfrac{4}{5}\right)^3 + 3 \cdot \binom{5}{3}\left(\tfrac{1}{5}\right)^3\left(\tfrac{4}{5}\right)^2$$
$$+4 \cdot \binom{5}{4}\left(\tfrac{1}{5}\right)^4\left(\tfrac{4}{5}\right)^1 + 5 \cdot \binom{5}{5}\left(\tfrac{1}{5}\right)^5\left(\tfrac{4}{5}\right)^0$$
$$= 0 \cdot \tfrac{4^5}{5^5} + 1 \cdot \tfrac{5 \cdot 4^4}{5^5} + 2 \cdot \tfrac{10 \cdot 4^3}{5^5} + 3 \cdot \tfrac{10 \cdot 4^2}{5^5} + 4 \cdot \tfrac{5 \cdot 4}{5^5} + 5 \cdot \tfrac{4^0}{5^5} = \tfrac{3125}{5^5} = 1$$

$$Var(X) = (0-1)^2 \cdot \tfrac{4^5}{5^5} + (1-1)^2 \cdot \tfrac{5 \cdot 4^4}{5^5} + (2-1)^2 \cdot \tfrac{10 \cdot 4^3}{5^5}$$
$$+(3-1)^2 \cdot \tfrac{10 \cdot 4^2}{5^5} + (4-1)^2 \cdot \tfrac{5 \cdot 4}{5^5} + (5-1)^2 \cdot \tfrac{1}{5^5}$$
$$= \tfrac{2500}{5^5} = \tfrac{4}{5}$$

$$\sigma = \sqrt{\tfrac{4}{5}} \approx 0{,}89$$

4 defekte Lampen: $p = \frac{2}{5}$

$$\mu = 0 \cdot \tfrac{2^0 \cdot 3^5}{5^5} + 1 \cdot \tfrac{5 \cdot 2^1 \cdot 3^4}{5^5} + 2 \cdot \tfrac{10 \cdot 2^2 \cdot 3^3}{5^5} + 3 \cdot \tfrac{10 \cdot 2^3 \cdot 3^2}{5^5} + 4 \cdot \tfrac{5 \cdot 2^4 \cdot 3^1}{5^5} + 5 \cdot \tfrac{2^5 \cdot 3^0}{5^5} = \tfrac{6250}{5^5} = 2$$

$$Var(X) = (0-2)^2 \cdot \tfrac{3^5}{5^5} + (1-2)^2 \cdot \tfrac{5 \cdot 2 \cdot 3^4}{5^5} + (2-2)^2 \cdot \tfrac{10 \cdot 2^2 \cdot 3^3}{5^5}$$
$$+(3-2)^2 \cdot \tfrac{10 \cdot 2^3 \cdot 3^2}{5^5} + (4-2)^2 \cdot \tfrac{5 \cdot 2^4 \cdot 3}{5^5} + (5-2)^2 \cdot \tfrac{2^5}{5^5}$$
$$= \tfrac{3750}{5^5} = \tfrac{6}{5}$$

$$\sigma = \sqrt{\tfrac{6}{5}} \approx 1{,}10$$

**b)**

2 defekte Lampen

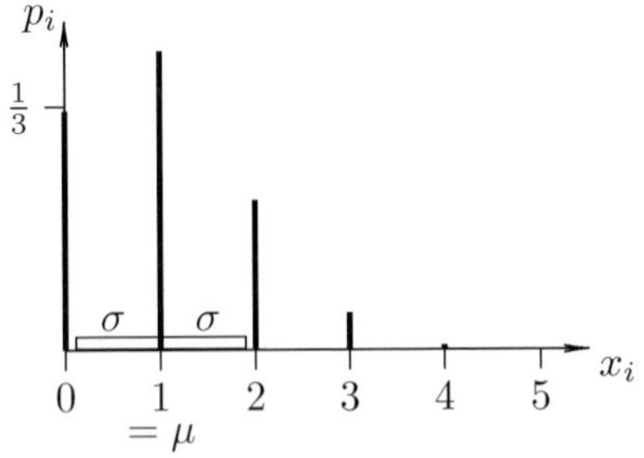


4 defekte Lampen

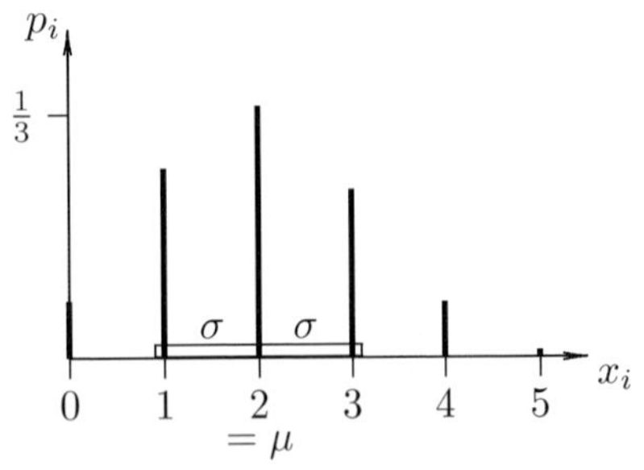


26 **9** Bild 26/1: Ein Würfel wird einmal geworfen und die Augenzahl betrachtet. $\mu = 3{,}5$; $\sigma \approx 1{,}71$ (siehe 3a)).

Bild 26/2: Ein Würfel wird zweimal geworfen und die Augenzahl betrachtet. $\mu = 7$; $\sigma \approx 2{,}42$ (siehe 3b)). 26

Bild 26/1

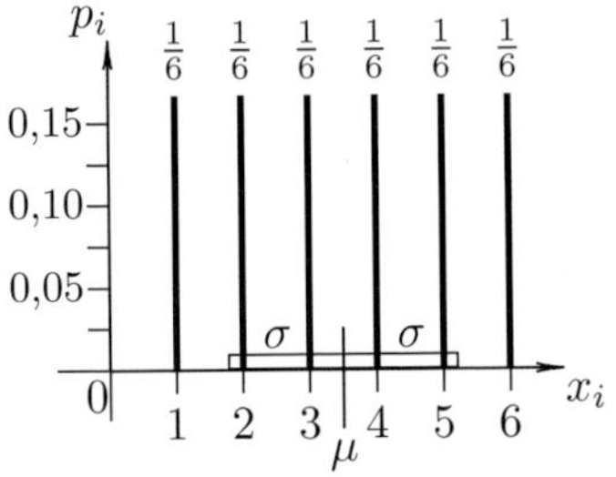


Bild 26/2

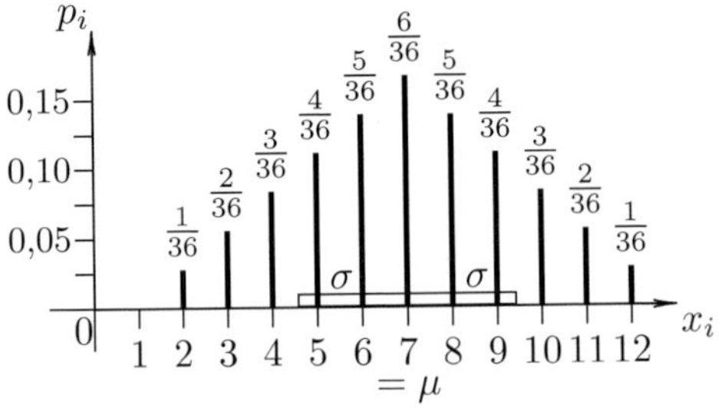


**10 a)** $P = \underset{(1)}{\tfrac{1}{6}} + \underset{(2)}{\tfrac{5}{6}} \cdot \underset{(3)}{\tfrac{1}{6}} + \underset{(2)}{\tfrac{5}{6}} \cdot \underset{(4)}{\tfrac{5}{6}} \cdot \underset{(5)}{\tfrac{1}{6}} = \tfrac{91}{216}$

(1) 6 im ersten Wurf
(2) keine 6 im ersten Wurf
(3) 6 im zweiten Wurf
(4) keine 6 im zweiten Wurf
(5) 6 im dritten Wurf

**b)** $E(X) = 1 \cdot \tfrac{1}{6} + 2 \cdot \tfrac{5}{6} \cdot \tfrac{1}{6} + 3 \cdot \tfrac{5}{6} \cdot \tfrac{5}{6} \cdot \tfrac{1}{6} + \ldots$

$$= \tfrac{1}{5} \sum_{k=1}^{\infty} k\left(\tfrac{5}{6}\right)^k = \tfrac{1}{5} \cdot \frac{\frac{5}{6}}{(1-\frac{5}{6})^2} = 6$$

Umso mehr Terme bei der Berechnung mit dem Tabellenkalkulationsprogramm (Medienelement 020-1 auf der Schüler-CD) berücksichtigt werden, umso mehr nähert sich das Ergebnis dem Wert 6.

**11** Bild 26/3: $E(X) = 0$ aufgrund der Symmetrie der Verteilung.

$$Var(X) = (-0{,}2)^2 \cdot 0{,}25 + (-0{,}1)^2 \cdot 0{,}2 + 0^2 \cdot 0{,}1 + 0{,}1^2 \cdot 0{,}2 + 0{,}2^2 \cdot 0{,}25$$
$$= 2 \cdot 0{,}04 \cdot 0{,}25 + 2 \cdot 0{,}01 \cdot 0{,}2 = 0{,}024$$

Bild 26/4: $E(X) = 0$ aufgrund der Symmetrie der Verteilung.

$$Var(X) = (-0{,}2)^2 \cdot 0{,}1 + (-0{,}1)^2 \cdot 0{,}2 + 0^2 \cdot 0{,}3 + 0{,}1^2 \cdot 0{,}2 + 0{,}2^2 \cdot 0{,}1$$
$$= 2 \cdot 0{,}04 \cdot 0{,}1 + 2 \cdot 0{,}01 \cdot 0{,}2 = 0{,}012$$

Die Zufallsgrößen haben den gleichen Erwartungswert $E(X) = 0$. Da $Y$ höhere Wahrscheinlichkeiten in der Nähe von $E(X)$ aufweist, ist die Varianz hier kleiner. D. h. $Y$ streut weniger als $X$, was man an den Stabdiagrammen auch unmittelbar erkennt.

**I a)** $f_1'(x) = 2$; $\tan\alpha_1 = f_1'(1) = 2 \Rightarrow \alpha_1 = \arctan 2 \approx 63{,}4°$

**b)** $f_2'(x) = 9(x+1)^2$; $\tan\alpha_2 = f_2'(1) = 36 \Rightarrow \alpha_2 = \arctan 36 \approx 88{,}4°$

**c)** $f_3'(x) = 1\cdot\sin x + x\cos x$; $\tan\alpha_3 = f_3'(1) = \sin 1 + \cos 1$
$\Rightarrow \alpha_3 = \arctan(\sin 1 + \cos 1) \approx 45{,}5°$

**II** $f_3'(x) = 6x^2 + 5x = f_7(x)$; $f_7'(x) = 12x + 5 = f_1(x)$

$f_9'(x) = -\frac{1}{2}(2-3x^4)^{-\frac{1}{2}}\cdot(-12x^3) = 6x^3(2-3x^4)^{-\frac{1}{2}} = f_5(x)$

$f_6'(x) = \cos x + \sin x = f_4(x)$

$f_8'(x) = 2(\sin x + \cos x)(\cos x - \sin x) = 2(\cos^2 x - \sin^2 x)$
$\overset{*}{=} 2 - 4\sin^2 x = f_2(x)$ $\quad *$ mit: $\cos^2 x = 1 - \sin^2 x$

**III a)** $f'(x) = -\cos x \overset{!}{=} 0 \Rightarrow x_{1/2} = \pm\frac{\pi}{2}$

$f'(\frac{\pi}{2}) = 5 - \sin\frac{\pi}{2} = 5 - 1 = 4$ (Minimum bei $x = \frac{\pi}{2}$)

$f'(-\frac{\pi}{2}) = 5 - \sin(-\frac{\pi}{2}) = 5 - (-1) = 6$ (Maximum bei $x = -\frac{\pi}{2}$)

$f(2) = 5 - \sin 2 \approx 4{,}97$; $f(-2) = 5 - \sin(-2) \approx 5{,}03$

Die Ränder des Intervalls spielen also keine Rolle.

**b)** Wegen $\lim\limits_{x\nearrow 0} f(x) = \infty$ und $\lim\limits_{x\searrow 0} f(x) = -\infty$ gibt es weder einen größten noch einen kleinsten Wert.

**c)** $f(x) = x(1 - \frac{x^2}{4}) \Rightarrow f'(x) = 1 - \frac{3}{4}x^2 \overset{!}{=} 0 \Rightarrow x^2 = \frac{4}{3} \Rightarrow x_{1/2} = \pm\frac{2}{\sqrt{3}}$

$f(\frac{2}{\sqrt{3}}) = \frac{2}{\sqrt{3}}(1 - \frac{4}{3\cdot 4}) = \frac{4}{3\sqrt{3}} \approx 0{,}77$; (Maximum bei $x = \frac{2}{\sqrt{3}}$)

$f(-\frac{2}{\sqrt{3}}) = -\frac{2}{\sqrt{3}}(1 - \frac{4}{3\cdot 4}) = -\frac{4}{3\sqrt{3}} \approx -0{,}77$; (Minimum bei $x = -\frac{2}{\sqrt{3}}$)

$f(2) = 2(1 - \frac{4}{4}) = 0$; $f(-2) = -2(1 - \frac{4}{4}) = 0$

Die Ränder des Intervalls spielen also keine Rolle.



**12** $P(\text{„gleichzeitig Zahl"}) = \frac{1}{4} \Rightarrow P = \underbrace{\frac{1}{4}}_{\text{1. Wurf}} + \underbrace{\frac{3}{4}\cdot\frac{1}{4}}_{\text{2. Wurf}} = \frac{7}{16}$

**13 a)** Falsch: $X$ habe immer den Wert 1, dann gilt:
$E(X) = 1$; $Var(X) = (1-1)^2\cdot 1 = 0$; $\sigma = \sqrt{0} = 0$,
also ist die Varianz nicht größer als die Standardabweichung.

**b)** Richtig: Betrachte z. B. eine Zufallsgröße $X$ zu folgendem Stabdiagramm:

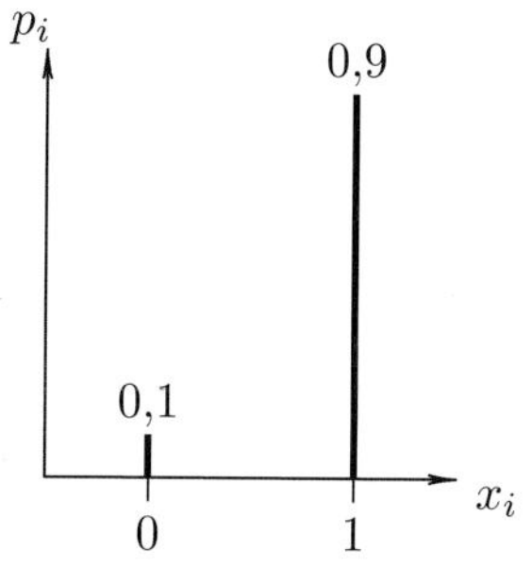


Dann gilt:
$E(X) = 0\cdot 0{,}1 + 1\cdot 0{,}9 = 0{,}9$.
Mit 90% iger Wahrscheinlichkeit nimmt $X$ den Wert 1 an und damit einen Wert, der größer als $E(X) = 0{,}9$ ist.

**c)** Falsch: $X$ habe immer den Wert 0, dann gilt:
$E(X) = 0$; $Var(X) = (0-0)^2\cdot 1 = 0$.

**d)** Falsch: Die Varianz ist als Summe nicht-negativer Summanden niemals negativ.

**e)** Richtig: Z. B. die unter c) genannte Zufallsgröße hat die gesuchte Eigenschaft.

**14** $Var(X) = \sum\limits_{i=0}^{n}(x_i - \mu)^2\cdot\underbrace{p_i}_{>0} = 0$

$\Leftrightarrow x_i = \mu$ für alle $i = 1, \dots, n$

$\Leftrightarrow X$ nimmt nur einen Wert $a\ (= \mu) \in \mathbb{R}$ an.

27 **15**

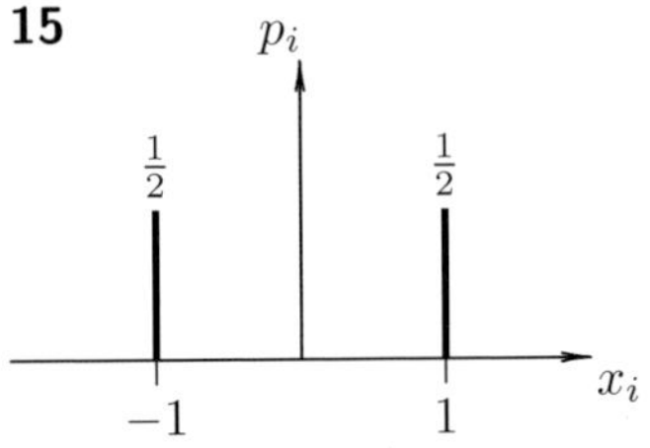

$E(X) = 0$
$Var(X) = (-1-0)^2 \cdot \frac{1}{2} + (1-0)^2 \cdot \frac{1}{2} = 1$

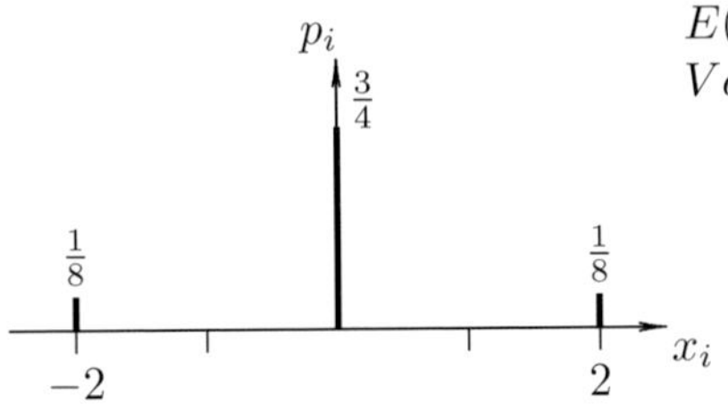

$E(X) = 0$
$Var(X) = (-2-0)^2 \cdot \frac{1}{8} + (2-0)^2 \cdot \frac{1}{8} = 1$

Damit haben die beiden (nicht identischen) Zufallsgrößen die gleiche Varianz <u>und</u> den gleichen Erwartungswert.

**16** Z. B.: Werfen zweier Würfel.

**a)** $X$ ordnet dem Wurf die Augensumme zu.

$Y$ ordnet dem Wurf die größere der geworfenen Augenzahlen zu.

$Z$ ordnet dem Wurf die kleinere der geworfenen Augenzahlen zu.

**b)** $X$: siehe Lösung zu Aufgabe 9; $Y, Z$: siehe Lösung zu Aufgabe 4 a).

**c)** $X$: siehe Lösung zu Aufgabe 9; $Y, Z$: siehe Lösung zu Aufgabe 4 b).

**17 a)** $\mu = 1 \cdot 0{,}1 + 0 \cdot 0{,}9 = 0{,}1$

$Var(X) = (1-0{,}1)^2 \cdot 0{,}1 + (0-0{,}1)^2 \cdot 0{,}9 = 0{,}81 \cdot 0{,}1 + 0{,}01 \cdot 0{,}9 = 0{,}09$

$\sigma = \sqrt{0{,}09} = 0{,}3$

**b)** $\mu = 1 \cdot p\% + 0 \cdot (1 - p\%) = p\%$

$$Var(X) = (1-p\%)^2 \cdot p\% + (0-p\%)^2 \cdot (1-p\%)$$
$$= p\% - 2(p\%)^2 + (p\%)^3 + (p\%)^2 - (p\%)^3 = p\% - (p\%)^2$$

$\sigma = \sqrt{p\% - (p\%)^2}$

**18 a)** $E(X) = 1€ \cdot \frac{1}{2} + 2€ \cdot \frac{1}{8} + 3€ \cdot \frac{3}{8} = \frac{15}{8}€$ 27

$$Var(X) = (1€ - \tfrac{15}{8}€)^2 \cdot \tfrac{1}{2} + (2€ - \tfrac{15}{8}€)^2 \cdot \tfrac{1}{8} + (3€ - \tfrac{15}{8}€)^2 \cdot \tfrac{3}{8}$$
$$= \tfrac{49}{64}€^2 \cdot \tfrac{1}{2} + \tfrac{1}{64}€^2 \cdot \tfrac{1}{8} + \tfrac{81}{64}€^2 \cdot \tfrac{3}{8} = \tfrac{55}{64}€^2$$

$\sigma = \sqrt{\frac{55}{64}€^2} \approx 0{,}93€$

**b)** Ein Spiel ist fair, wenn der Einsatz $\frac{15}{8}€$ beträgt.

**19 a)** Thunfisch: $E_1(X) = (20€ - 12€) \cdot 0{,}7 + (-12€) \cdot 0{,}3 = 2€$

Kabeljau: $E_2(X) = (15€ - 10€) \cdot 0{,}7 + (-10€) \cdot 0{,}3 = 0{,}5€$

Makrele: $E_3(X) = (12€ - 8€) \cdot 0{,}7 + (-8€) \cdot 0{,}3 = 0{,}4€$

Also lohnt sich das Geschäft, da
$E(X) = E_1(X) + E_2(X) + E_3(X) = 2{,}9€ > 0€$.

**b)** $E_1(X) = (20€ - 12€) \cdot 0{,}5 + (-12€) \cdot 0{,}5 = 4€ - 6€ = -2€$

$\Rightarrow E(X) = -2€ + 0{,}5€ + 0{,}4€ = -1{,}1€ < 0€$

Also lohnt sich das Geschäft nicht mehr.

**c)** Dies ist sinnvoll, wenn die zusätzlichen Gewinne an Tagen, an denen mehr als im Durchschnitt verkauft wird, die Verluste durch zu entsorgenden Fisch übertreffen.

**20 a)** Adam und Benny treffen im Mittel gleich gut und auch die Streuung ihrer Treffer ist gleich. 28

**b)** Adam und Benny treffen im Mittel gleich gut, wobei Adam mehr hohe aber auch mehr niedrige Ergebnisse erzielt.

**c)** Adam trifft im Mittel besser als Benny. Da die Streuung der Treffer aber gleich ist, scheint Benny einen systematischen Fehler zu machen, z. B. immer zu hoch zu zielen.

**21** $\mu_A = \mu_B = 450$

$$Var_A(X) = (-10)^2 \cdot 0{,}025 + (-5)^2 \cdot 0{,}2 + 0^2 \cdot 0{,}55 + 5^2 \cdot 0{,}2 + 10^2 \cdot 0{,}025$$
$$= 15$$

28 $Var_B(X) = (-10)^2 \cdot 0{,}05 + (-5)^2 \cdot 0{,}15 + 0^2 \cdot 0{,}575 + 5^2 \cdot 0{,}2 + 10^2 \cdot 0{,}025$
$= 16{,}25$

Wegen $Var_A(X) < Var_B(X)$ arbeitet Maschine A präziser.

**22 a)** $P = \binom{10}{5} \cdot (\frac{1}{2})^5 \cdot (\frac{1}{2})^5 = \frac{10 \cdot 9 \cdot 8 \cdot 7 \cdot 6}{5 \cdot 4 \cdot 3 \cdot 2 \cdot 1} \cdot \frac{1}{2^{10}} \approx 25\%$

**b)** $P = \binom{10}{7} \cdot (\frac{1}{2})^7 \cdot (\frac{1}{2})^3 + \binom{10}{8} \cdot (\frac{1}{2})^8 \cdot (\frac{1}{2})^2 + \binom{10}{9} \cdot (\frac{1}{2})^9 \cdot (\frac{1}{2})^1$
$+ \binom{10}{10} \cdot (\frac{1}{2})^{10} \cdot (\frac{1}{2})^0$
$= \frac{10 \cdot 9 \cdot 8}{3 \cdot 2 \cdot 1} \cdot \frac{1}{2^{10}} + \frac{10 \cdot 9}{2 \cdot 1} \cdot \frac{1}{2^{10}} + \frac{10}{1} \cdot \frac{1}{2^{10}} + \frac{1}{2^{10}} \approx 17\%$

**23** Bild 28/3 $\mu = -1 \cdot 0{,}1 + 0 \cdot 0{,}15 + 1 \cdot 0{,}2 + 2 \cdot 0{,}25 + 3 \cdot 0{,}3 = 1{,}5$

$Var(X) = (-1 - 1{,}5)^2 \cdot 0{,}1 + (0 - 1{,}5)^2 \cdot 0{,}15 + (1 - 1{,}5)^2 \cdot 0{,}2$
$+ (2 - 1{,}5)^2 \cdot 0{,}25 + (3 - 1{,}5)^2 \cdot 0{,}3 = 1{,}75 \Rightarrow \sigma \approx 1{,}32$

(Bild 28/1: $\mu \neq 1{,}5$; Bild 28/2 und Bild 28/4: $\sigma \neq 1{,}32$)

**24 a)** $\mu = 0 \cdot \binom{10}{0} \cdot 0{,}1^0 \cdot 0{,}9^{10} + 1 \cdot \binom{10}{1} \cdot 0{,}1^1 \cdot 0{,}9^9 + \ldots + 10 \cdot \binom{10}{10} \cdot 0{,}1^{10} \cdot 0{,}9^0$
$= 1$

$Var(X) = (0 - 1)^2 \cdot \binom{10}{0} \cdot 0{,}1^0 \cdot 0{,}9^{10} + (1 - 1)^2 \cdot \binom{10}{1} \cdot 0{,}1^1 \cdot 0{,}9^9$
$+ \ldots + (10 - 1)^2 \cdot \binom{10}{10} \cdot 0{,}1^{10} \cdot 0{,}9^0 = 0{,}9$

**b)** $[\mu - \sigma; \mu + \sigma] = [0{,}1; 1{,}9]$

Die einzige ganze Zahl in diesem Intervall ist 1.

$\Rightarrow P = \binom{10}{1} \cdot 0{,}1^1 \cdot 0{,}9^9 \approx 38{,}7\%$

## Vernetzen

29 **25 a)** $\mu = 1 \cdot 0{,}03 + 2 \cdot 0{,}07 + 3 \cdot 0{,}10 + 4 \cdot 0{,}12 + 5 \cdot 0{,}13 + 6 \cdot 0{,}15$
$+ 7 \cdot 0{,}20 + 8 \cdot 0{,}20 = 5{,}5$

$A(X) = 4{,}5 \cdot 0{,}03 + 3{,}5 \cdot 0{,}07 + 2{,}5 \cdot 0{,}10 + 1{,}5 \cdot 0{,}12 + 0{,}5 \cdot 0{,}13$
$+ 0{,}5 \cdot 0{,}15 + 1{,}5 \cdot 0{,}20 + 2{,}5 \cdot 0{,}20 = 1{,}75$

$Var(X) = 4{,}5^2 \cdot 0{,}03 + 3{,}5^2 \cdot 0{,}07 + 2{,}5^2 \cdot 0{,}10 + 1{,}5^2 \cdot 0{,}12$ 29
$+ 0{,}5^2 \cdot 0{,}13 + 0{,}5^2 \cdot 0{,}15 + 1{,}5^2 \cdot 0{,}20 + 2{,}5^2 \cdot 0{,}20 = 4{,}13$

$Var(X)$ ist hier größer als $A(X)$, da die meisten Abweichungen vom Erwartungswert größer als 1 sind und daher beim Quadrieren größer werden.

**b)**

| $y_i$ | 1 | 2 |
|---|---|---|
| $p_i$ | 0,5 | 0,5 |

$\Rightarrow \mu = 1 \cdot 0{,}5 + 2 \cdot 0{,}5 = 1{,}5$
$A(Y) = 0{,}5 \cdot 0{,}5 + 0{,}5 \cdot 0{,}5 = 0{,}5$
$Var(Y) = 0{,}5^2 \cdot 0{,}5 + 0{,}5^2 \cdot 0{,}5 = 0{,}25$

| $z_i$ | 1 | 3 |
|---|---|---|
| $p_i$ | 0,5 | 0,5 |

$\Rightarrow \mu = 1 \cdot 0{,}5 + 3 \cdot 0{,}5 = 2$
$A(Z) = 1 \cdot 0{,}5 + 1 \cdot 0{,}5 = 1$
$Var(Z) = 1^2 \cdot 0{,}5 + 1^2 \cdot 0{,}5 = 1$

**c)** $M_1(X) = \max_i(x_i) - \min_i(x_i)$
ist sehr sensitiv auf Ausreißer, d. h. auf Werte, die ungewöhnlich weit vom Erwartungswert entfernt sind.

$M_2(X) = \sum_{i=1}^{n} (x_i - \mu)^4 \cdot p_i$
berücksichtigt größere Abweichungen im Vergleich zur Varianz stärker als kleinere Abweichungen (vgl. die Diskussion zur Varianz im Schülerbuch auf Seite 24).

**26 a)** $\mu_z = E(Z) = \sum_{i=1}^{n} z_i \cdot p_i = \sum_{i=1}^{n} \frac{x_i - \mu}{\sigma} \cdot p_i = \frac{1}{\sigma} \sum_{i=1}^{n} x_i \cdot p_i - \frac{\mu}{\sigma} \sum_{i=1}^{n} p_i$
$= \frac{1}{\sigma} \cdot \mu - \frac{\mu}{\sigma} \cdot 1 = 0$

**b)** $\sigma_z^2 = Var(Z) = \sum_{i=1}^{n} (z_i - 0)^2 \cdot p_i = \sum_{i=1}^{n} \frac{(x_i - \mu)^2}{\sigma^2} \cdot p_i = \frac{1}{\sigma^2} \sum_{i=1}^{n} (x_i - \mu)^2 \cdot p_i$
$= \frac{1}{\sigma^2} \cdot \sigma^2 = 1 \quad \Rightarrow \sigma_z = \sqrt{1} = 1$

**c)** $\mu \approx -0{,}08$; $\sigma \approx 1{,}11$ (siehe Seite 22 ff. im Schülerbuch); $z_i = \frac{x_i - \mu}{\sigma}$

| $x_i$ | 1 | 2 | 3 | $-1$ |
|---|---|---|---|---|
| $p_i$ | $\frac{75}{216}$ | $\frac{15}{216}$ | $\frac{1}{216}$ | $\frac{125}{216}$ |
| $z_i$ | 0,97 | 1,87 | 2,77 | $-0{,}83$ |

29

**27 a)** $\mu_1 = E(X_1) = 1\cdot\frac{4}{20}+2\cdot\frac{2}{20}+3\cdot\frac{5}{20}+4\cdot\frac{8}{20}+5\cdot\frac{1}{20}+6\cdot\frac{0}{20} = \frac{60}{20} = 3$

$Var(X_1) = 2^2\cdot\frac{4}{20} + 1^2\cdot\frac{2}{20} + 0\cdot\frac{5}{20} + 1^2\cdot\frac{8}{20} + 2^2\cdot\frac{1}{20} + 3^2\cdot\frac{0}{20} = \frac{30}{20} = 1{,}5$

$\sigma_1 = \sqrt{Var(X_1)} \approx 1{,}22$

$\mu_2 = E(X_2) = 1\cdot\frac{2}{20} + 2\cdot\frac{5}{20} + 3\cdot\frac{3}{20} + 4\cdot\frac{2}{20} + 5\cdot\frac{7}{20} + 6\cdot\frac{1}{20} = \frac{70}{20} = 3{,}5$

$Var(X_2) = 2{,}5^2\cdot\frac{2}{20} + 1{,}5^2\cdot\frac{5}{20} + 0{,}5^2\cdot\frac{3}{20} + 0{,}5^2\cdot\frac{2}{20} + 1{,}5^2\cdot\frac{7}{20} + 2{,}5^2\cdot\frac{1}{20}$

$= \frac{47}{20} = 2{,}35$

$\sigma_2 = \sqrt{Var(X_2)} \approx 1{,}53$

**b)** $z_1 = \frac{x_1-\mu_1}{\sigma_1}$; $z_2 = \frac{x_2-\mu_2}{\sigma_2}$

| $x_{1/2}$ | 1 | 2 | 3 | 4 | 5 | 6 |
|---|---|---|---|---|---|---|
| $z_1$ | −1,64 | −0,82 | 0 | 0,82 | 1,64 | 2,46 |
| $z_2$ | −1,64 | −0,98 | −0,33 | 0,33 | 0,98 | 1,64 |

**28 a)** Erwartungswert: Durchschnittliche Sprungweite

Varianz: Streuung der Sprungweiten um den Durchschnitt

**b)** Zunächst wird man wohl Springer mit einer hohen durchschnittlichen Sprungweite bevorzugt in die Mannschaft aufnehmen. Es kann sinnvoll sein einen Springer mit großer Streuung zu nominieren, da dieser auch besonders große Weiten erzielen kann - wenn auch selten. Ein sicherheitsbewußter Trainer wird eher auf Springer mit kleiner Streuung setzen, da hier ein besonders schlechtes Ergebnis unwahrscheinlich ist.

**29 a)** Beispiel: Werfen eines Würfels.

$X$ ordnet dem Wurf die Augenzahl zu; $E(X) = \frac{1}{6}(1+2+3+4+5+6) = 3{,}5$

**b)**

| $y_i = x_i - E(X)$ | −2,5 | −1,5 | −0,5 | 0,5 | 1,5 | 2,5 |
|---|---|---|---|---|---|---|
| $p_i$ | $\frac{1}{6}$ | $\frac{1}{6}$ | $\frac{1}{6}$ | $\frac{1}{6}$ | $\frac{1}{6}$ | $\frac{1}{6}$ |

$E(Y) = \frac{1}{6}(-2{,}5 - 1{,}5 - 0{,}5 + 0{,}5 + 1{,}5 + 2{,}5) = 0$

**c)** $E(X - E(X)) = \sum_{i=1}^{n}(x_i - E(X))\cdot p_i = \sum_{i=1}^{n} x_i\cdot p_i - E(X)\cdot\sum_{i=1}^{n} p_i$

$= E(X) - E(X)\cdot 1 = 0$

29

**30 a)** Beispiel: Werfen eines Würfels.

$X$ ordnet dem Wurf die Augenzahl zu.

$Y$ ordnet dem Wurf die Zahl 1 zu, falls die 1 fällt, andernfalls die Zahl 0.

$E(X) = \frac{1}{6}(1+2+3+4+5+6) = \frac{21}{6}$; $E(Y) = \frac{1}{6}\cdot 1 + \frac{5}{6}\cdot 0 = \frac{1}{6}$

**b)**

| $z_i = x_i + y_i$ | 2 | 3 | 4 | 5 | 6 |
|---|---|---|---|---|---|
| $p_i$ | $\frac{1}{6}+\frac{1}{6}$ | $\frac{1}{6}$ | $\frac{1}{6}$ | $\frac{1}{6}$ | $\frac{1}{6}$ |

**c)** $E(Z) = \frac{1}{3}\cdot 2 + \frac{1}{6}\cdot(3+4+5+6) = \frac{22}{6} = E(X) + E(Y)$

**d)** $E(X+Y) = \sum_{i=1}^{n}(x_i+y_i)\cdot p_i = \sum_{i=1}^{n} x_i\cdot p_i + \sum_{i=1}^{n} y_i\cdot p_i = E(X) + E(Y)$

**e)** $E(\sum_{k=1}^{m} X_k) = \sum_{i=1}^{n}(\sum_{k=1}^{m} x_{k,i})\cdot p_i = \sum_{k=1}^{m}\sum_{i=1}^{n} x_{k,i}\cdot p_i = \sum_{k=1}^{m} E(X_k)$

## Hinweise zum Projekt

30

### Dechiffrieren

1. Der erste Schritt besteht darin, das Vorkommen jedes einzelnen Buchstabens unter Zuhilfenahme eines Textverarbeitungsprogramms zu zählen. Damit gelangt man zu dem Ergebnis, dass der Buchstabe R in dem Text mit Abstand am häufigsten vorkommt. Der am häufigsten im Deutschen verwendete Buchstabe ist das e. Es ist daher naheliegend, im ersten Schritt den Buchstaben R durch e zu ersetzen, und zwar ersetzen wir Kleinbuchstaben für die Großbuchstaben des Textes, um zwischen schon ersetzten und noch zu ersetzenden unterscheiden zu können. Am Ende der dritten Zeile des zweiten Abschnitts steht jetzt das Wort ePT. Ein kurzer Blick ins Wörterbuch zeigt, dass dafür nur die beiden Wörter „ein“ und „eng“ in Frage kommen, wobei ersteres freilich ein wesentlich häufiger benutztes Wort ist, das daher mit einer viel größeren Wahrscheinlichkeit in dem Text vorkommt. Wir ersetzen also ePT durch ein, also alle P durch i und alle T durch n.

2. Nach dieser Ersetzung tauchen die Wörter Yie und Yen in dem Text mehrmals auf. Daraus lässt sich schließen, dass Y ein d verschlüsselt, denn

30 das ist die einzige Möglichkeit, aus den beiden Buchstabenkombinationen jeweils ein deutsches Wort zu erhalten. Man ersetze also Y durch d.

3. Der dritte Absatz beginnt nun mit dem Wort dWnn. Dieses kann nicht „denn“ bedeuten, da alle vorkommenden e's schon in den Text eingesetzt wurden. Es bleibt daher nur noch die Möglichkeit, W durch a zu ersetzen, um an dieser Stelle ein deutsches Wort zu erhalten.

4. Die Kombination daMM die, die jetzt in der ersten Zeile steht, legt die Ersetzung
M $\mapsto$ s fest.

5. Die Kombination deJ, die „der“, „den“ oder „des“ bedeuten könnte, kommt nun sehr häufig in dem Text vor. Da n und s schon eingesetzt wurden, bleibt nur noch die Möglichkeit, J durch r zu ersetzen. Durch die jetzt entstandenen Wörter Uie wird die Ersetzung U $\mapsto$ w bestimmt, da d und s schon eingesetzt wurden.

6. Das Wort erBannKe kann nur „erkannte“ heißen, also muss B durch k und K durch t ersetzt werden. Das Wort nilDt in der ersten Zeile kann nur „nicht“ bedeuten, was zusätzlich durch die Tatsache unterstützt wird, dass der Buchstabe I im Text nur in den Kombinationen ID oder Ik vorkommt, er also der Funktion des c im Deutschen entspricht. Also ersetzen wir I durch c und D durch h.

7. Aus der ersten Zeile erhält man nun die Ersetzungen N $\mapsto$ z und C $\mapsto$ m.

8. An dieser Stelle lässt sich der Text nun schon sicher erraten. Man ersetze in jedes erratenen Wort die noch fehlenden Buchstaben, zum Schluss bleiben nur noch die Buchstaben L auf der einen und q auf der anderen Seite übrig. Nach der letzten Ersetzung L $\mapsto$ q erhält man den entschlüsselten Text:

> man weiss zwar nicht, wer zum ersten mal erkannte, dass die unterschiedliche haeufigkeit der buchstaben in texten dazu benutzt werden konnte, geheimschriften zu entschluesseln, doch die frueheste bekannte technik stammt von einem gelehrten des neunten jahrhunderts namens abu yusuf ya'qub ibn is-haq ibn as-sabbah ibn 'omran ibn ismail al-kindi. al-kindi, der als „philosoph der araber“ bezeichnet wurde, hat 290 buecher ueber medizin, astronomie, mathematik, linguistik und musik verfasst. seine bedeutendste abhandlung, die erst 1987 im istanbuler sueleiman-osman-archiv wiederentdeckt wurde, traegt den titel „abhandlung ueber die entzifferung kryptographischer botschaften“. sie enthaelt eingehende untersuchungen ueber statistik, arabische phonetik und arabische syntax, doch die revolutionaere methode der kryptoanalyse liegt in zwei abschnitten verborgen:
>
> eine moeglichkeit, eine verschluesselte botschaft zu entziffern, vorausgesetzt, wir kennen ihre sprache, besteht darin, einen klartext in derselben sprache zu finden, der lang genug ist, um ein oder zwei blaetter zu fuellen, und dann zu zaehlen, wie oft jeder buchstabe vorkommt. wir nennen den haeufigsten buchstaben den „ersten“, den zweithaeufigsten den „zweiten“ buchstaben, den folgenden den „dritten“ und so weiter, bis wir alle buchstaben in der klartextprobe durchgezaehlt haben.
>
> dann betrachten wir den geheimtext, den wir entschluesseln wollen, und ordnen auch seine symbole. wir finden das haeufigste symbol und geben ihm die gestalt des „ersten“ buchstabens der klartextprobe, das zweithaeufigste symbol wird zum „zweiten“ buchstaben, das dritthaeufigste zum „dritten“ buchstaben und so weiter, bis wir alle symbole des kryptogramms, das wir entschluesseln wollen, auf diese weise zugeordnet haben.
>
> (aus: simon singh: geheime botschaften - die kunst der verschluesselung von der antike bis in die zeiten des internet. wissenschaftliche buchgesellschaft. darmstadt 2000)

# 2 Flächeninhalt und bestimmtes Integral

## 2.1 Integralfunktionen und ihre Eigenschaften

### Hinweise zur Bearbeitung der Aufträge

34

**Auftrag 1** **Auf und Ab**

Dieser Auftrag wird bei der Erarbeitung (Seite 35 ff.) verwendet.

**Auftrag 2** **Wasservorräte**

Zunächst wird man den Auftrag nur qualitativ bearbeiten:

- In den ersten 1,5 min nimmt die Abflussgeschwindigkeit zu, d. h. der Inhalt des Wasserbeckens wird schneller als proportional zur Zeit abnehmen;
- in dem Zeitintervall 1,5 min $< t <$ 10 min ist die Abflussgeschwindigkeit konstant, der Inhalt des Wasserbeckens nimmt linear mit der Zeit ab;
- danach nimmt der Inhalt des Wasserbeckens bis zum Zeitpunkt $t$ = 11,5 min zwar weiterhin ab, aber nicht mehr linear mit der Zeit;
- in den folgenden 1,5 min nimmt der Inhalt des Beckens zu, aber deutlich schneller als er in den 1,5 min vorher abgenommen hat;
- im Zeitintervall 13 min $< t <$ 16 min ist die Zuflussgeschwindigkeit konstant, der Inhalt des Reservoirs nimmt linear mit der Zeit zu;
- in der letzten Minute nimmt der Inhalt des Beckens noch langsam zu, die Zuflussgeschwindigkeit nimmt aber bis auf $0\frac{\text{m}^3}{\text{s}}$ ab.

34

Man erkennt außerdem, dass zunächst etwa 10 min $\cdot\, 30\frac{\text{m}^3}{\text{min}} = 300\ \text{m}^3$ abfließen, anschließend etwas mehr als 4 min $\cdot\, 60\frac{m^3}{\text{min}} = 240\ \text{m}^3$ wieder zufließen. Trägt man dies in ein geeignetes Koordinatensystem ein, beginnend bei 600 m$^3$ zum Zeitpunkt $t = 0$ min, so erhält man etwa folgendes Bild:

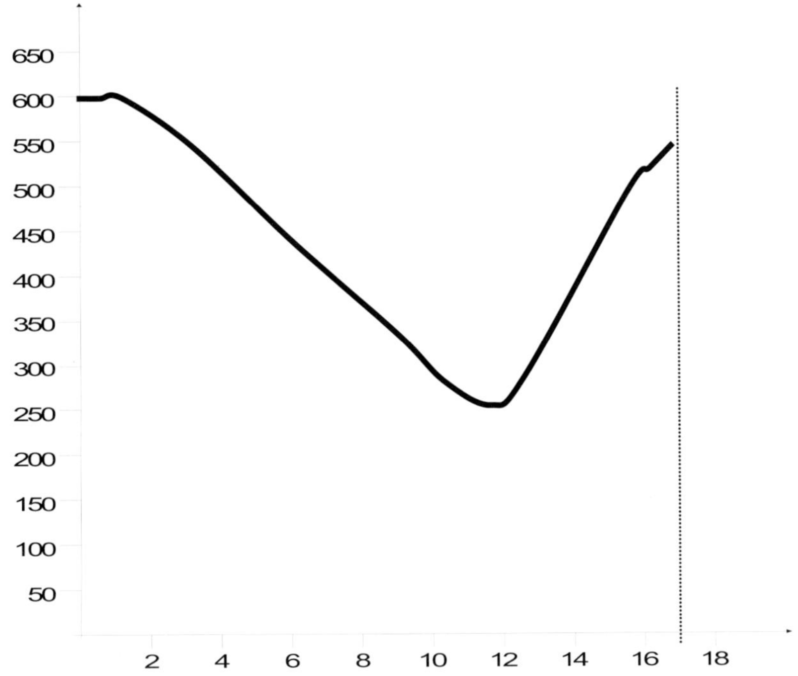


Bei einer genaueren quantitativen Betrachtung der Abfluss- und Zuflussraten erkennt man einerseits, dass die Abnahme des Wasserinhalts des Beckens im Intervall 1,5 min $< t <$ 10 min gleich dem Produkt 8,5 min $\cdot\, 30\frac{\text{m}^3}{\text{min}} = 255\ \text{m}^3$, die Zunahme im Intervall 13 min $< t <$ 16 min gleich dem Produkt 3 min $\cdot\, 60\frac{\text{m}^3}{\text{min}} = 180\ \text{m}^3$ ist, die Maßzahl also jeweils der Maßzahl des Inhalts der entsprechenden Rechtecksflächen entspricht.
Da der Graph der Abflussrate für 0 min $< t <$ 1,5 min und 10 min $< t <$ 11,5 min symmetrisch verläuft, ist unmittelbar einsichtig, dass die Abflussmenge in beiden Intervallen zusammen

$1{,}5\text{ min} \cdot 30\frac{\text{m}^3}{\text{min}} = 45\text{ m}^3$ beträgt, in jedem der beiden Zeitintervalle also $22{,}5\text{ m}^3$ (denn würde man die Abflussraten addieren, so erhielte man zu jedem Zeitpunkt die konstante Abflussrate $-30\frac{\text{m}^3}{\text{min}}$). Diese Maßzahl ist aber wiederum geometrisch gerade die Maßzahl des Flächeninhalts der vom Graphen und der $t$-Achse eingeschlossenen Fläche.

Verallgemeinert man dies dahingehend, dass die Maßzahl der ab- bzw. zufließenden Wassermenge stets gleich dem Inhalt der vom Graphen und der $t$-Achse eingeschlossenen Fläche ist, so erhält man für das Intervall $11{,}5\text{ min} < t < 13\text{ min}$ eine Zuflussmenge von $\frac{1}{2} \cdot 1{,}5\text{ min} \cdot 1{,}0 \cdot 60\frac{\text{m}^3}{\text{min}} = 45\text{ m}^3$ und für das Intervall $16\text{ min} < t < 17\text{ min}$ eine Zuflussmenge von $1\text{ min} \cdot 1{,}0 \cdot 60\frac{\text{m}^3}{\text{min}} = 30\text{ m}^3$. Insgesamt ist das Becken nach 17 min also wieder voll aufgefüllt.

Der Verlauf des Graphen der Zu- bzw. Abflussrate des Stausees lässt sich aus den jahreszeitlichen Gegebenheiten (Zuflüsse im Winter und im Frühjahr durch Schmelzwasser und Regenfälle, Entnahme von Wasser in der heißen Jahreszeit) erklären.
Die Füllmenge des Stausees wird sich in Analogie zu den Betrachtungen am Wasserreservoir aus der Flächenbilanz der Flächen ober- und unterhalb der Zeitachse ergeben. Damit kommt man - wie in dem bearbeiteten Auftrag - zwanglos zur Definition des Begriffs Integralfunktion.

Will man als Beispiel für eine Integralfunktion die Funktion $V$, die den Wasserinhalt des Beckens in Abhängigkeit von der Zeit angibt, explizit berechnen, so muss man zunächst die Zu- und Abflussrate (günstigerweise in $\frac{\text{m}^3}{\text{min}}$ in Abhängigkeit von der Zeit in min) durch eine stückweise lineare Funktion $f$ wiedergeben:

$$f : t \mapsto \begin{cases} -20 \cdot t & \text{für } 0 \leq t < 1{,}5 \\ -30 & \text{für } 1{,}5 \leq t < 10 \\ 20 \cdot (t - 11{,}5) & \text{für } 10 \leq t < 11{,}5 \\ 40 \cdot (t - 11{,}5) & \text{für } 11{,}5 \leq t < 13 \\ 60 & \text{für } 13 \leq t < 16 \\ -60 \cdot (t - 17) & \text{für } 16 \leq t < 17 \end{cases}$$

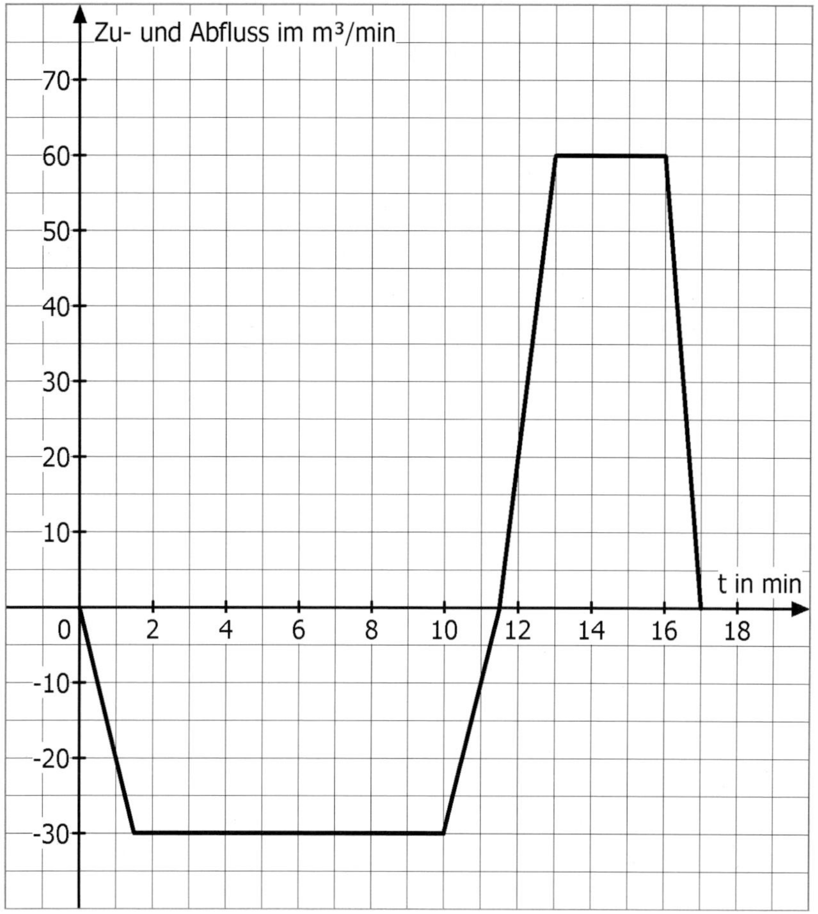


Für die Berechnung der Funktion $V$ benötigt man lediglich die Formeln zur Berechnung von Flächeninhalten von Rechtecken, Dreiecken und Trapezen. Man erhält:

$$V(t) = \begin{cases} 600 - \frac{1}{2} \cdot 20 \cdot t \cdot t & \text{für } 0 \leq t < 1{,}5 \\ 577{,}5 - 30 \cdot (t - 1{,}5) & \text{für } 1{,}5 \leq t < 10 \\ 322{,}5 + (130 + 10t) \cdot (t - 10) & \text{für } 10 \leq t < 11{,}5 \\ 300 + \frac{1}{2} \cdot 40 \cdot (t - 11{,}5) \cdot (t - 11{,}5) & \text{für } 11{,}5 \leq t < 13 \\ 390 + 60 \cdot (t - 13) & \text{für } 13 \leq t < 16 \\ 570 + (540 - 30t) \cdot (t - 16) & \text{für } 16 \leq t < 17 \end{cases}$$

34

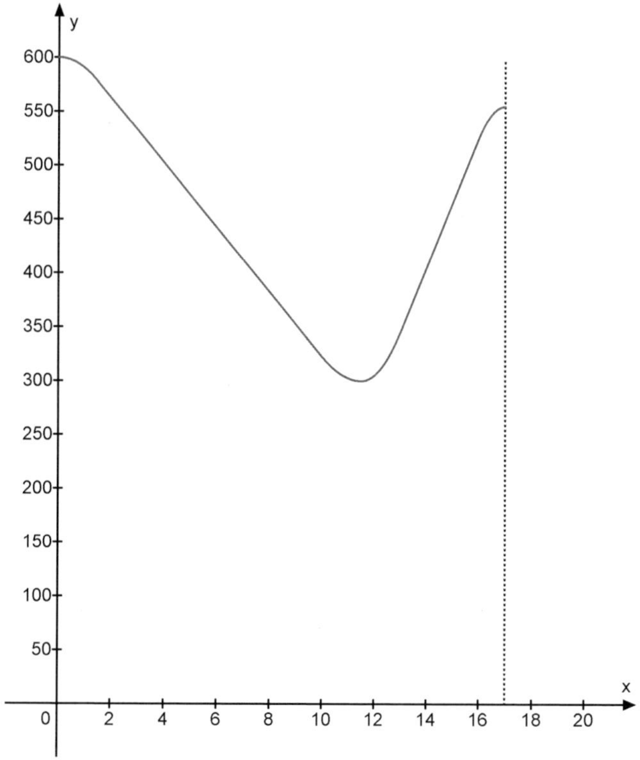


35 **Auftrag 3** Mittelwerte

(1) Das arithmetische Mittel der höchsten und der tiefsten Tagestemperatur ist $T_1 = \frac{30{,}9° + 8{,}8°}{2} \approx 19{,}9°$.

(2) Das gewichtete arithmetische Mittel der Temperaturen um 7:00, 14:00 Uhr und 21:00 Uhr ist $T_2 = \frac{17{,}5° + 30{,}9° + 2 \cdot 24{,}4°}{4} = 24{,}3°$.

(3) Das arithmetische Mittel aller stündlich gemessenen Temperaturen ist $T_3 \approx 21{,}2°$.

Das folgende Bild zeigt den Temperaturverlauf des 25. Juni 2008 in einem Säulendiagramm:

35

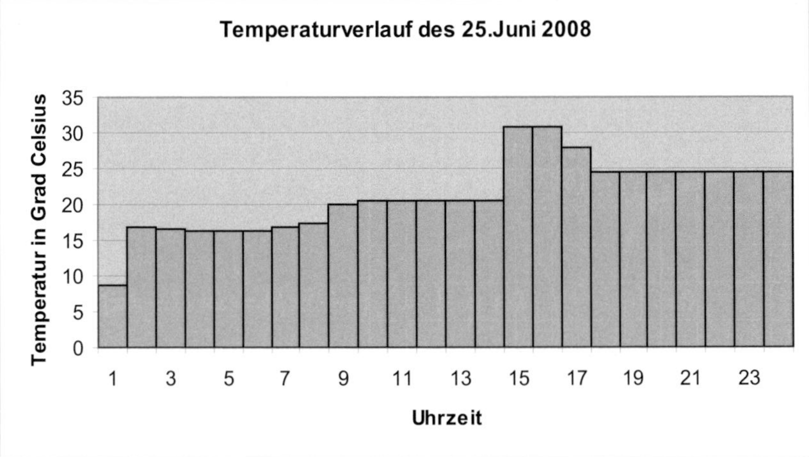


Wählt man als Breite der Säulen in dem Säulendiagramm eine Längeneinheit, dann lässt sich die Berechnung des Mittelwerts $T_3$ folgendermaßen geometrisch interpretieren:
Man addiert die Flächen aller Rechtecke in dem Säulendiagramm, berechnet also die Gesamtfläche unter dem Graphen der stückweise konstanten Funktion und dividiert diese durch 24, also die Länge des Gesamtintervalls auf der Zeitachse. Dadurch erhält man die Höhe eines Rechtecks, das denselben Flächeninhalt hat wir die Fläche zwischen der stückweise konstanten Funktion und der Zeitachse.

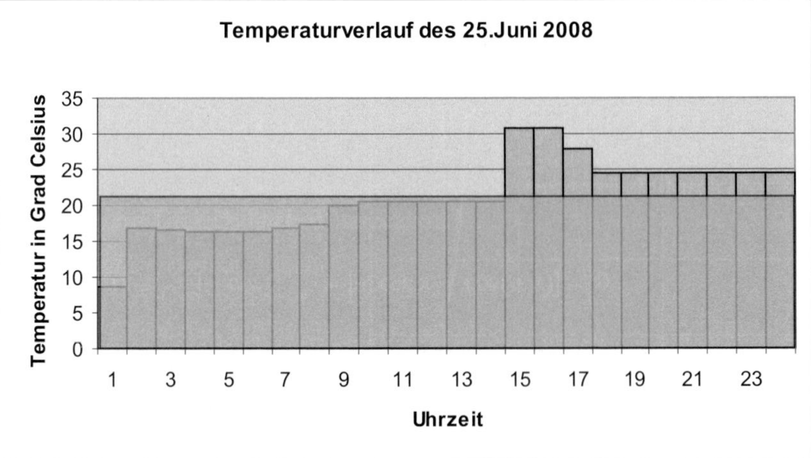

35 Wollte man die Ungenauigkeit vermeiden, die dadurch entsteht, dass man annimmt, die Temperatur sei stets eine Stunde lang konstant, so müsste man demnach den Inhalt der Fläche bestimmen, die vom Graphen der Temperaturfunktion (Bild 35/2) und der Zeitachse im Intervall von 0 bis 24 Uhr eingeschlossen wird und die Maßzahl dieses Flächeninhalts durch die Länge des Zeitintervalls dividieren.

Für den 4. Januar 2008 ergibt sich als arithmetisches Mittel der Temperaturen von 0 - 24 Uhr der Wert $T_m \approx -1{,}6°C$. Interpretiert man diesen Wert wie oben geometrisch, so müssen die Maßzahlen der Flächeninhalte der Rechtecke unter der Zeitachse in dem Säulendiagramm mit einem negativen Vorzeichen versehen werden. Die Summe dieser „vorzeichenbehafteten" Flächeninhalte gibt dann eine Flächenbilanz wieder, die in diesem Fall negativ ausfällt:

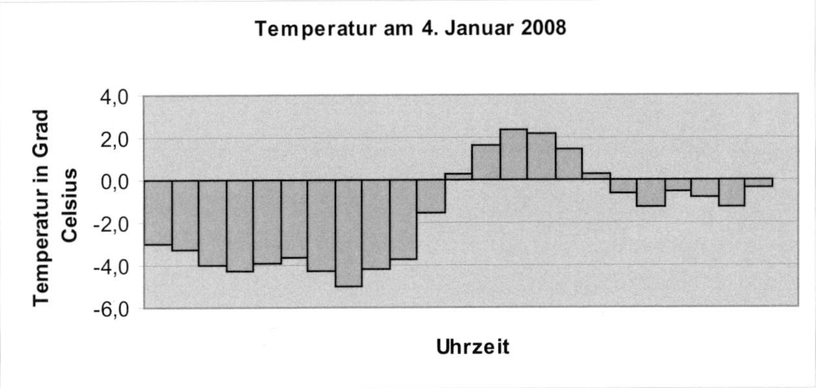


Um wiederum die Fehler zu vermeiden, die sich dadurch ergeben, dass man annimmt, die Temperatur sei jeweils eine Stunde lang konstant, müsste man die Bilanz der Flächeninhalte der Flächen zwischen dem Graphen der Temperaturfunktion und der Zeitachse berechnen, wobei die Maßzahlen der Flächen unterhalb der Zeitachse mit einem negativen Vorzeichen zu versehen wären.

Damit hat man einen unmittelbaren Zugang zu dem Begriff der Integralfunktion.

## Lösungen der Aufgaben

*Hinweis: Für das Skizzieren von Graphen von Integralfunktionen stehen nur deren Definition und Eigenschaften zur Verfügung. Deshalb kann der Verlauf der in den Aufgaben geforderten Skizzen nur geometrisch begründet werden. Dabei kann man im Wesentlichen folgenden Argumentationsmustern folgen:*

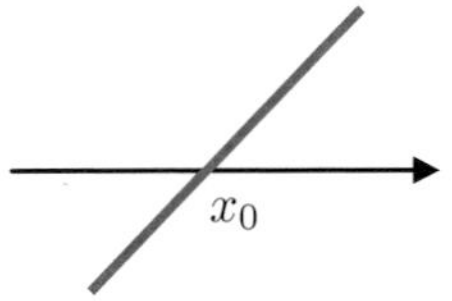


*$x_0$ muss eine Minimumstelle jeder zugehörigen Integralfunktion sein, da (falls die untere Integrationsgrenze $< x_0$ ist) in der Nähe von $x_0$ für $x < x_0$ „negative Flächeninhalte" addiert werden, für $x > x_0$ aber positive.*

*Falls die untere Integrationsgrenze $> x_0$ ist, sind in der Nähe von $x_0$ die Flächenstücke unter der x-Achse positiv, die Flächenbilanz wird also für $x \to x_0^-$ kleiner. Für $x > x_0$ wird der Betrag des negativen Anteils der Flächenbilanz kleiner.*

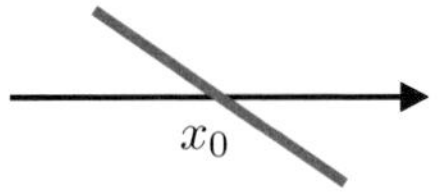


*Analog erhält man in dieser Situation, dass $x_0$ eine lokale Maximumstelle jeder zugehörigen Integralfunktion sein muss.*

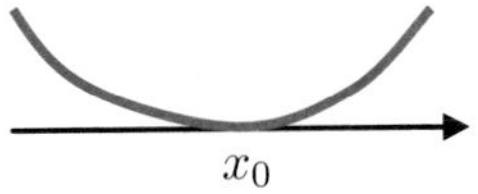


*In diesem Fall muss der Graph einer Integralfunktion F an der Stelle $x_0$ einen Terrassenpunkt haben, da der Graph von F streng monoton steigt, die Änderungsrate der Flächenbilanz für $x \to x_0$ aber gegen 0 geht.*

*Bei den Skizzen wird bewusst kein Wert auf quantitative Richtigkeit gelegt, weil es an dieser Stelle für die Schüler im Allgemeinen noch nicht möglich ist, Funktionswerte von Integralfunktionen anzugeben. Aus diesem Grund wurden die Graphen der Integralfunktionen in diesen Lösungen z. T. auch nicht mit einem Funktionsplotter erstellt, sondern per Hand skizziert.*

### Erarbeiten

**1** Jede Integralfunktion $F$ von $f$ nimmt an der Stelle $-4$ ein Minimum an, für $x < -4$ ist der Graph von $F$ streng monoton fallend, für 40

$x > -4$ streng monoton steigend. Die untere Integrationsgrenze $a$ ist stets Nullstelle von $F$, aus Symmetriegründen muss in diesem Fall dann auch $-4-a$ Nullstelle von $F$ sein.

Das Bild zeigt den Graphen von $f$ und Skizzen der geforderten Integralfunktionen.

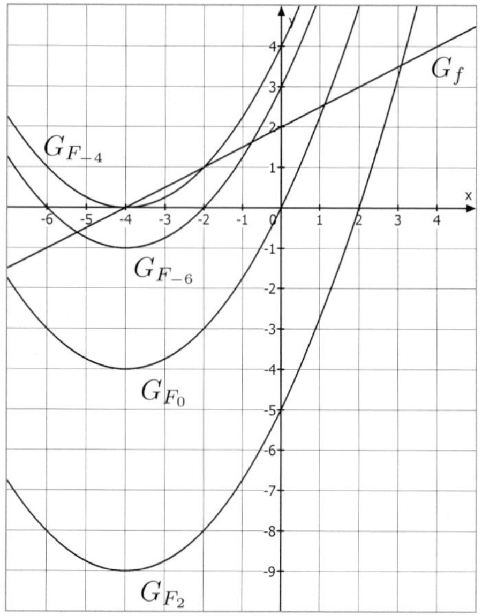


Integralfreie Darstellungen ergeben sich aus der folgenden Skizze:

Für $a = -4$ ist der Inhalt $F_{-4}(t)$ des dunkelgrau schraffierten Dreiecks zu berechnen:

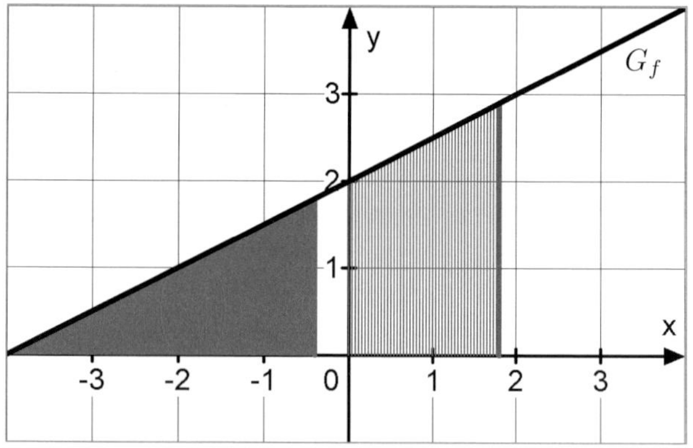


$F_{-4}(t) = 0{,}5 \cdot (t+4) \cdot (0{,}5 \cdot t + 2) = 0{,}25 \cdot t^2 + 2t + 4,$

d. h. $F_{-4} : t \mapsto 0{,}25 \cdot t^2 + 2t + 4$ ist die Integralfunktion zu $f$ mit der unteren Grenze $-4$.

Aus der Zeichnung sieht man, dass man die Integralfunktion $F_0$ zur unteren Grenze $a = 0$ aus $F_{-4}$ erhält, indem man die Maßzahl des Flächeninhalts des Dreiecks zwischen dem Graphen von $f$ und der $x$-Achse im Intervall $[-4; 0]$ subtrahiert:

$F_0(t) = 0{,}25 \cdot t^2 + 2t + 4 - 4 = 0{,}25 \cdot t^2 + 2t,$

d. h. $F_0 : t \mapsto 0{,}25 \cdot t^2 + 2t$ ist die Integralfunktion zu $f$ mit der unteren Grenze 0.

Entsprechend erhält man für $a = 2$ die Funktion $F_2 : t \mapsto 0{,}25 \cdot t^2 + 2t - 5$ und für $a = -6$ die Funktion $F_{-6} : t \mapsto 0{,}25 \cdot t^2 + 2t + 3$.

**2 a)** Der Graph zu $t \mapsto |t|$ ist im Bild durchgehend gezeichnet.
Der Graph von $F$ geht durch den Ursprung des Koordinatensystems, ist für x > 0 und für $x < 0$ streng monoton steigend.
Er ist punktsymmetrisch zum Ursprung, da der Graph von $f$ achsensymmetrisch zur $y$-Achse ist. Mit $F(1) = 0{,}5$, $F(2) = 2$ und $F(3) = 4{,}5$ (die Inhalte der entsprechenden Dreiecksflächen kann man ablesen) ergibt sich der eingezeichnete Graph von $F$ (gestrichelt).

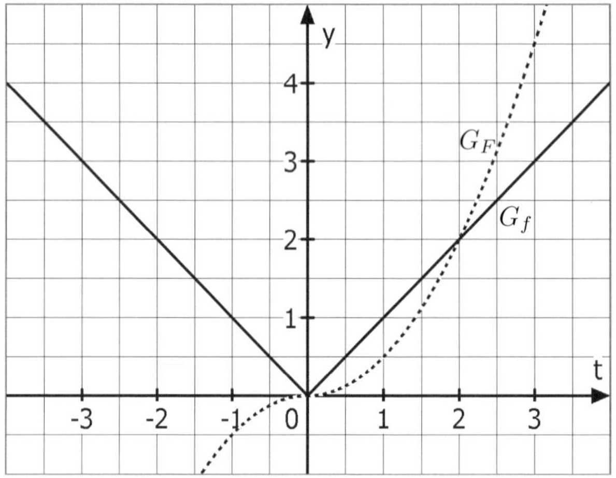


Der Wert $F(x) = \int_0^x f(t)dt$ der Integralfunktion ist für $x > 0$ der Inhalt des schraffierten Dreiecks:

$\int_0^x f(t)dt = 0{,}5 \cdot x \cdot x = 0{,}5 \cdot x^2.$

Für $x < 0$ erhält man entsprechend den Wert $-0{,}5 \cdot x^2$.

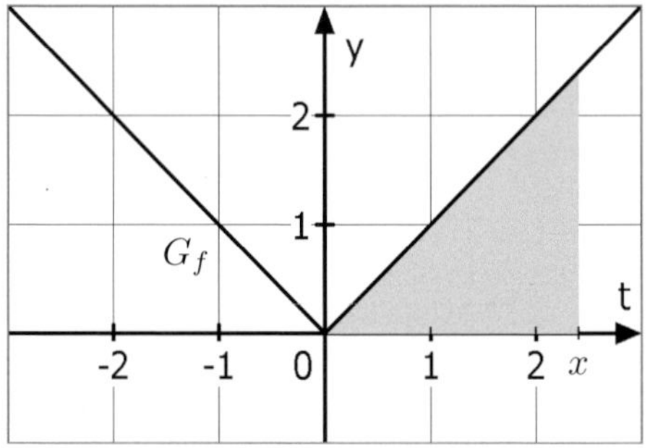


Der Graph von $F$ setzt sich also aus zwei Parabelbögen zusammen.

**b)** Die Integralfunktion $F$ hat an der Stelle 0 den Wert 0, nimmt im Intervall $]0;4[$ stets negative Werte an, hat an der Stelle 2 ein lokales Minimum mit dem Wert $-2$. $F(4) = 0$, für $x > 4$ sind die Funktionswerte von $F$ positiv.

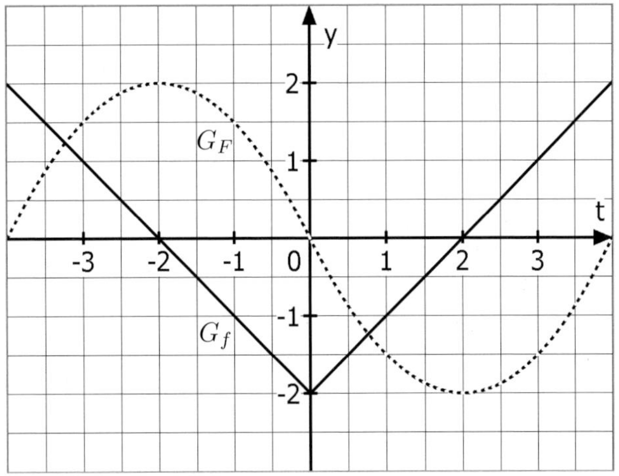


Da der Graph von $f$ achsensymmetrisch zur $y$-Achse ist, ist der Graph von $F$ punktsymmetrisch zum Ursprung, besitzt also eine Nullstelle für $x = -4$, einen Hochpunkt für $x = 2$. $F$ nimmt im Intervall $]-4;0[$ nur positive Werte an, im Intervall $x < -4$ negative Werte.

Für $x > 0$ ergibt sich als Wert $F(x)$ der Integralfunktion:

$$F(x) = x \cdot 0{,}5 \cdot (-2 + x - 2)$$
$$= 0{,}5x^2 - 2x$$

(Flächeninhalt eines Trapezes).

Für $x < 0$ erhält man entsprechend: $F(x) = -0{,}5x^2 + 2x$.

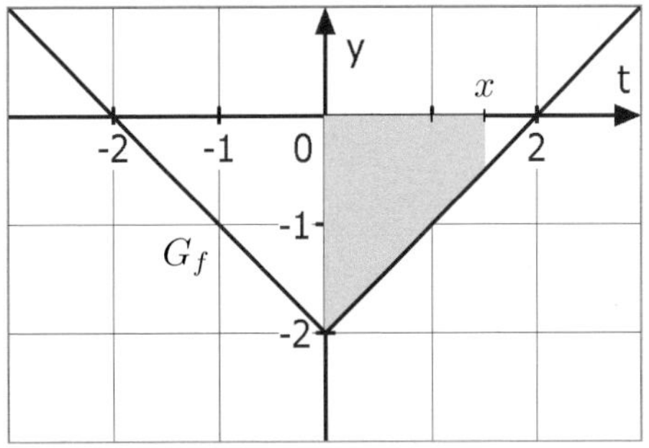


**3** Der Graph der Integralfunktion $x \to \int_0^x \sin t \, dt$ geht durch den Ursprung. Er steigt streng monoton im Intervall $]0;\pi[$, hat an der Stelle $\pi$ einen Hochpunkt, da im Intervall $]\pi;2\pi[$ „negative Flächeninhalte" addiert werden. An der Stelle $2\pi$ berührt er wieder die $x$-Achse, da die Inhalte der vom Graphen von sin und der $x$-Achse begrenzten Flächenstücke in den Intervallen $[0;\pi]$ und $[\pi;2\pi]$ gleich groß sind.

Alle Funktionswerte der Integralfunktion $x \to \int_0^x \sin t \, dt$ sind $\geq 0$.

Da der Graph der Sinusfunktion in der Nähe dese Ursprungs durch die Funktion $f\colon x \mapsto x$ sehr gut angenähert wird ($f$ ist Tangentenfunktion zu sin im Ursprung), ähnelt der Graph der Integralfunktion in der Nähe des Ursprungs einer Parabel (vgl. etwa Aufgabe 2a)).
Insgesamt erhält man das folgende Bild und kann vermuten, dass die Integralfunktion im Wesentlichen eine Kosinusfunktion ist.

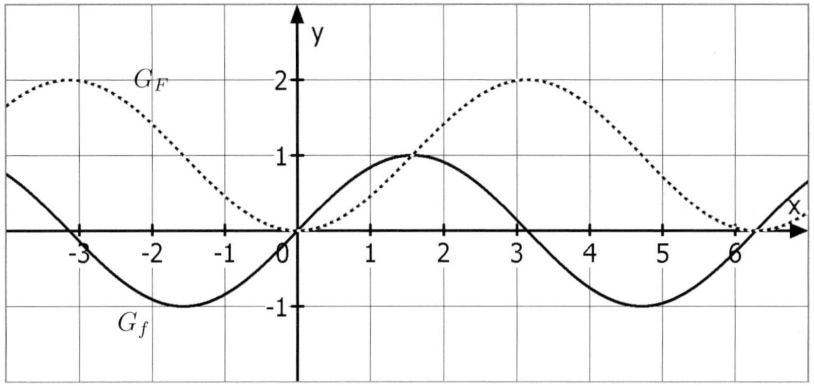


**4 a)** Der Graph der Integralfunktion $F_1$ schneidet an der Stelle $-1$ die $x$-Achse, steigt bis $x = 1$ linear an mit der Steigung 2 (pro Einheit auf der $x$-Achse erhöht sich der Flächeninhalt um 2 FE), d. h. $F_{-1}(1) = 4$. Für $x = 3$ nimmt $F_{-1}$ das Maximum 6 an, nimmt dann bis $x = 4$ um 0,5 ab und fällt für $x > 4$ linear mit der Steigung $-1$.

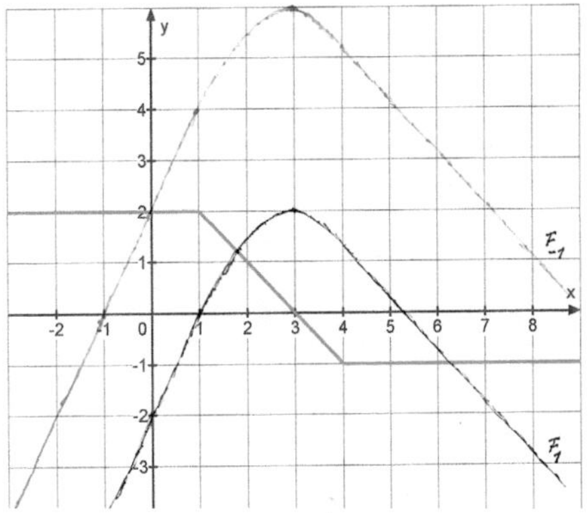

Den Graphen von $F_1$ erhält man, indem man den Graphen von $F_{-1}$ um $-4$ in Richtung der $y$-Achse verschiebt, denn der Inhalt der Fläche zwischen dem Graphen von $f$ und der $x$-Achse im Intervall $[-1;1]$ beträgt genau 4 FE.

40

**b)** Der Graph der Integralfunktion $F_{-1}$ schneidet an der Stelle $-1$ die $x$-Achse, fällt bis $x = 2$ linear mit der Steigung $-1$ (pro Einheit auf der $x$-Achse vermindert sich der vorzeichenbehaftete Flächeninhalt um 1 FE), d. h. $F_{-1}(2) = -3$. Für $x = 4$ nimmt $F_{-1}$ ein lokales Maximum an. $F_{-1}(4) = -1$, denn es werden zu $F_{-1}(2)$ 2 FE addiert. Danach fällt der Graph von $F_{-1}$ um 0,5, um dann mit der Steigung 2 linear zu steigen.

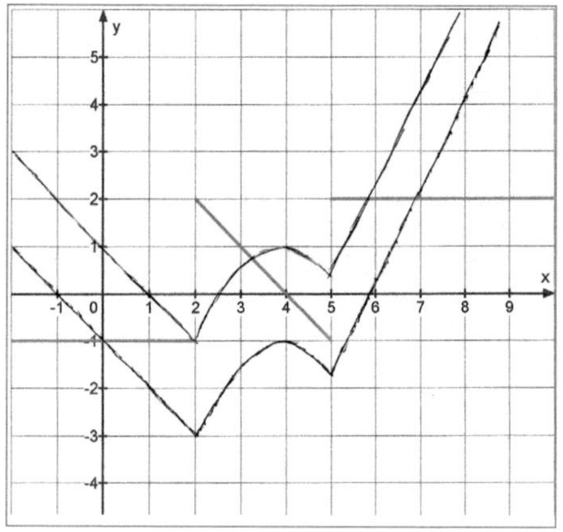


Den Graphen von $F_1$ erhält man, indem man den Graphen von $F_{-1}$ um 2 Einheiten in Richtung der $y$-Achse verschiebt.

**5** Als untere Grenze der Integralfunktion $F$ ist $-3$ Nullstelle von $F$, wegen der Punktsymmetrie des Graphen von $f$ muss auch 3 eine Nullstelle von $F$ sein.

Die Nullstellen 3 und $-3$ sind zugleich lokale Minimumstellen von $F$, denn für $x \neq 3, -3$ sind alle Funktionswerte von $F$ positiv.

0 ist eine lokale Maximumstelle, denn im Intervall $-3 < x < 0$ nehmen die Funktionswerte von $F$ monoton zu (der Graph von $f$ liegt oberhalb der $x$-Achse), im Intervall $0 < x < 3$ monoton ab.

Den qualitativen Verlauf des Graphen von $F$ zeigt das nebenstehende Bild.

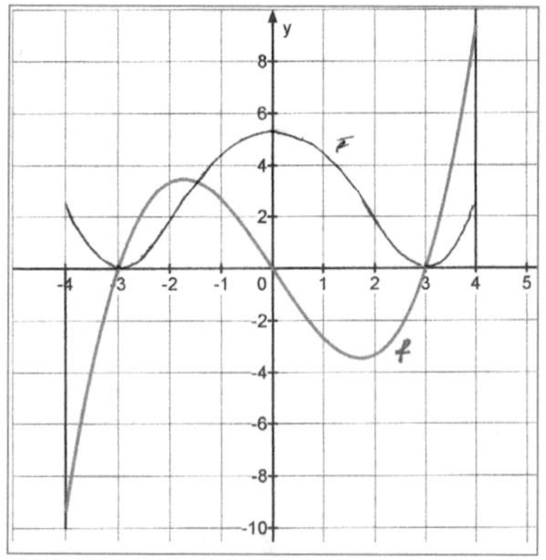


**6** Da der Graph von $f\colon x \to \sqrt{4 - x^2}$ ein Halbkreis mit dem Radius 2 und dem Flächeninhalt $2\pi$ ist, kennt man spezielle Funktionswerte der Integralfunktion $F_{-2}\colon x \mapsto \int_{-2}^{x} f(t)dt : F_{-2}(0) = \pi;\ F_{-2}(2) = 2\pi$.

Außerdem muss der Graph von $F_{-2}$ streng monoton steigend sein, da der Halbkreis oberhalb der $x$-Achse liegt.

Den qualitativen Verlauf des Graphen von $F$ zeigt das nebenstehende Bild.

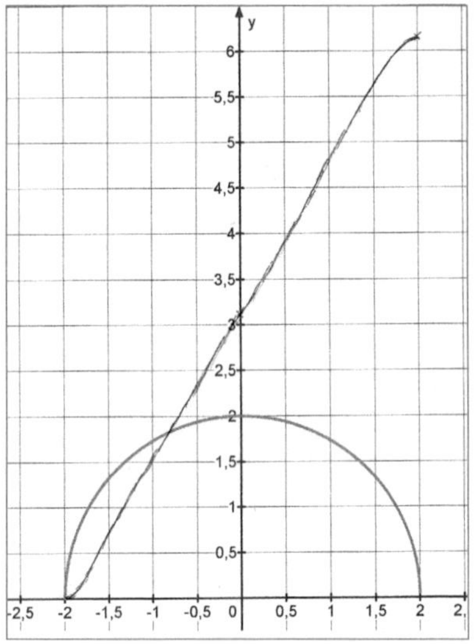


**7** $\int_0^x 2t\ dt$ ist für $x > 0$ die Maßzahl des Flächeninhalts des in dem nebenstehenden Bild schraffierten Dreiecks mit den Kathetenlängen $x$ und $2x$.

Der Flächeninhalt ist also $0{,}5 \cdot x \cdot 2x = x^2$.

Für $x < 0$ erhält man auf Grund der Punktsymmetrie des Graphen von $t \mapsto 2t$ dasselbe Ergebnis.

Also ist $\int_0^x 2t\ dt = x^2$ für alle $x$.

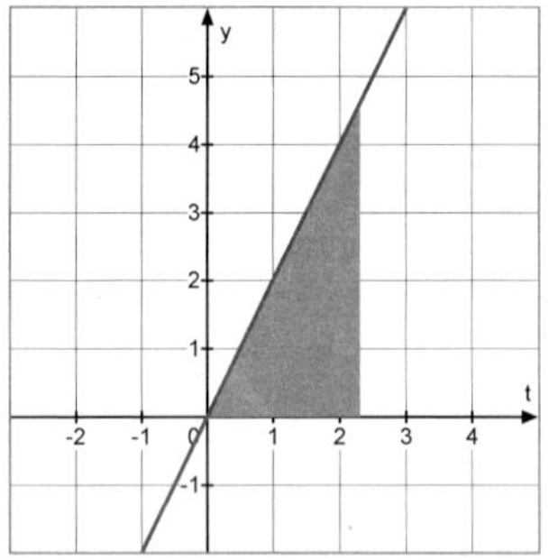


Um die Funktion $x \mapsto \int_{-2}^{x} 2t\ dt$ integralfrei anzugeben, kann man entweder die Intervalladditivität ausnützen (siehe Satz 2.2) oder geometrisch argumentieren.

Aus $\int_0^x 2t\ dt = \int_0^2 2t\ dt + \int_2^x 2t\ dt$ ergibt sich $\int_2^x 2t\ dt = \int_0^x 2t\ dt - \int_0^2 2t\ dt = x^2 - 4$.

Dasselbe Ergebnis erhält man aus dem folgenden Bild:

**40** Die Fläche des grau gefärbten Trapezes erhält man als Differenz des Inhalts des großen Dreiecks, also von $\int_0^x 2t\,dt$, und des heller schraffierten Dreiecks.

Entsprechend erhält man

$\int_{-3}^{x} 2t\,dt = \int_{-3}^{x} 2t\,dt + \int_{0}^{x} 2t\,dt,$

also $\int_{-3}^{x} 2t\,dt = x^2 - 9.$

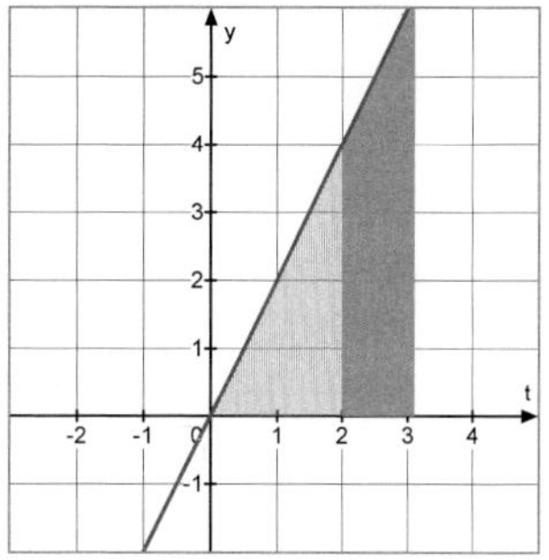


**41** **8** Die Stelle 0 ist zugleich Nullstelle und Maximumstelle der Integralfunktion $F\colon x \mapsto \int_0^x f(t)dt$. Der Verlauf des Graphen der Funktion $f$ zeigt, dass die Stelle $-4$ eine Minimumstelle von $F$ ist, die Ableitung von $F$ dort den Wert 0 annehmen muss. Außerdem ist der Graph von $F$ im Intervall $[-4; 0]$ streng monoton steigend.

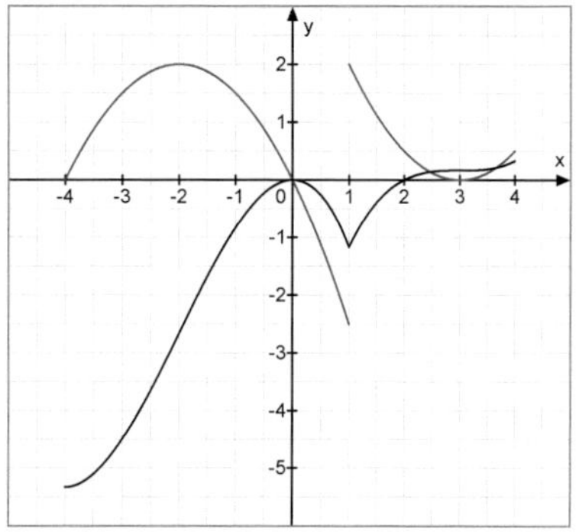


Im Intervall $[0; 1]$ sind die Werte von $F$ negativ, die Stelle 1 muss eine Minimumstelle von $F$ sein, da für $x > 1$ die Inhalte der hinzukommenden Flächenstücke addiert werden. Im Intervall $[1; 4]$ steigt der Graph von $F$ streng monoton, da der Graph von $f$ in diesem Intervall oberhalb der $x$-Achse liegt. Die Stelle 3 wird zu einem Terrassenpunkt des Graphen von $F$ gehören, da die Änderungsrate des vorzeichenbehafteten Flächeninhalts dort 0 ist.

**9 b)** Für $x > 2$ ist $G(x) = \int_2^x g(t)dt$ gleich dem Inhalt des in dem nebenstehenden Bild hellgrau schraffierten Dreiecks,

d.h $G(x) = 0{,}5 \cdot (x-2) \cdot (-1{,}5x + 3)$.

$\quad = -0{,}75x^2 + 3x - 3$

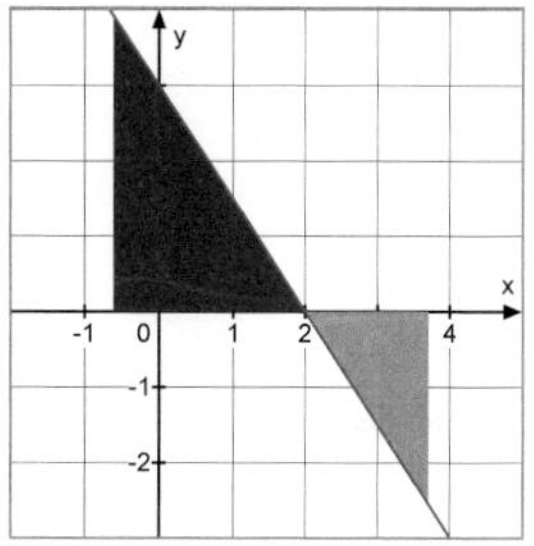


Für $x < 2$ ist $G(x) = \int_2^x g(t)dt$ gleich der negativen Maßzahl des Inhalts des dunkelgrau schraffierten Dreiecks, d. h. $G(x) = -0{,}5\cdot(2-x)\cdot(-1{,}5x+3) = -0{,}75x^2+3x-3$.

Also gilt für alle $x \in \mathbb{R} : G(x) = \int_2^x g(t)dt = -0{,}75x^2 + 3x - 3.$ **41**

**a)** Aufgrund der Intervalladditivität gilt:

$\int_0^x g(t)dt = \int_0^2 g(t)dt + \int_2^x g(t)dt.$

Aus der Zeichnung liest man ab: $\int_0^2 g(t)dt = 3$, also ergibt sich

$\int_0^x g(t)dt = -0{,}75x^2 + 3x.$

**c)** Analog erhält man: $\int_{-4}^{x} g(t)dt = \int_{-4}^{2} g(t)dt + \int_{2}^{x} g(t)dt.$

Wegen $\int_{-4}^{2} g(t)dt = 0{,}5 \cdot 6 \cdot (-1{,}5 \cdot (-4) + 3) = 27$ ist also

$\int_{-4}^{x} g(t)dt = -0{,}75x^2 + 3x + 24.$

**10 a)** Bild 41/2 zeigt den Graphen einer stückweise linearen Funktion $f$, die aus den beiden Teilfunktionen $f_1 : x \mapsto x + 1$ und $f_2 : x \mapsto -\frac{2}{3}x + \frac{8}{3}$ zusammengesetzt ist. Um die Integralfunktion $F_{-2}$ integralfrei anzugeben, nützt man die Intervalladditivität der Integrale aus:

Der Graph:

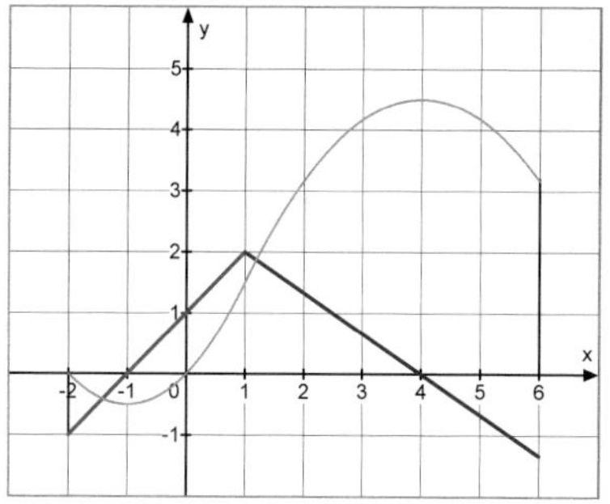


Für $-2 \le x \le 1$ gilt:

$\int_{-2}^{x} f(t)dt = \int_{-2}^{-1} f_1(t)dt + \int_{-1}^{x} f_1(t)dt = -0{,}5 + 0{,}5 \cdot (x+1)^2 = 0{,}5x^2 + x;$

für $1 < x \le 6$ gilt:

$\int_{-2}^{x} f(t)dt = \int_{-2}^{1} f_1(t)dt + \int_{1}^{x} f_4(t)dt$ (das gilt auch für $4 < x \le 6$)

$\quad = 1{,}5 + 3 + 0{,}5 \cdot (x-4) \cdot (-\frac{2}{3}x + \frac{8}{3})$

$\quad = 4{,}5 - \frac{1}{3}(x-4)^2 = -\frac{1}{3}x^2 + \frac{8}{3}x - \frac{5}{6}$

Damit erhält man insgesamt:

$$F_{-2}(x) = \begin{cases} 0{,}5x^2 + x \text{ für } -2 \le x \le 1 \\ -\frac{1}{3}x^2 + \frac{8}{3}x - \frac{5}{6} \text{ für } 1 < x \le 6 \end{cases}$$

**b)** Man geht vor wie in Teilaufgabe a) mit den Teilfunktionen $f_1 : x \mapsto -x - 2$ und $f_2 : x \mapsto -2$.

Für $-3 \le x \le 0$ erhält man:

$$\int_{-3}^{x} f(t)dt = \int_{-3}^{-2} f_1(t)dt + \int_{-2}^{x} f_1(t)dt = 0{,}5 + 0{,}5 \cdot (x+2)(-x-2) = -0{,}5x^2 - 2x - 1{,}5\,;$$

für $0 < x \le 6$ ist

$$\int_{-3}^{6} f(t)dt = -1{,}5 - 2x.$$

Der Graph:

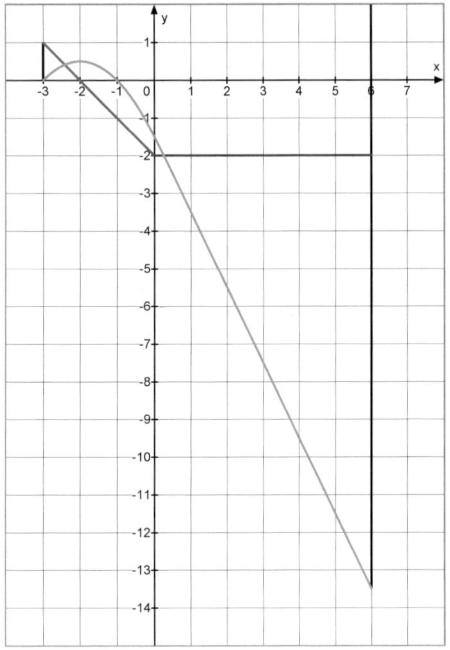

**11 a)** $\int_{-2}^{2} t\; dt = 4$

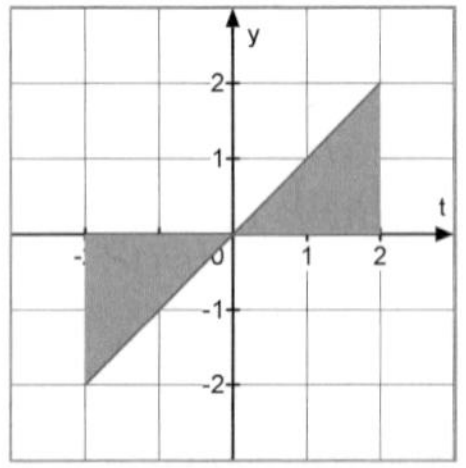

**b)** $\int_{-2}^{3} |t|\; dt = 6{,}5$

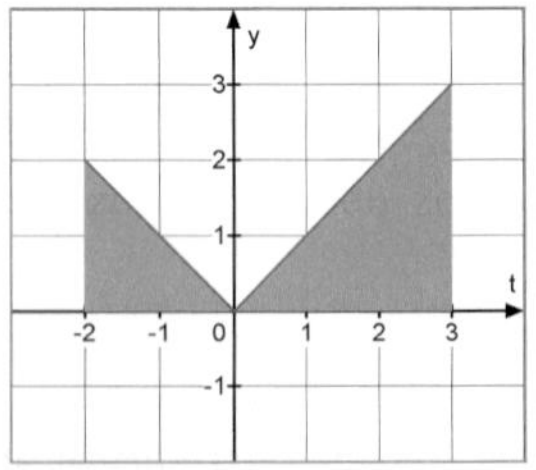

**c)** $\int_{-3}^{4} (\frac{1}{2}x + 1)\; dx = 9{,}25$

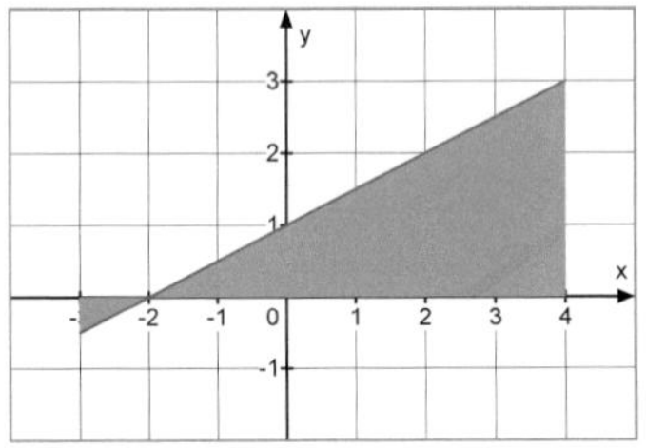

**d)** $\int_{0}^{5} (-\frac{2}{3}t - 1)\; dt = 12{,}5$

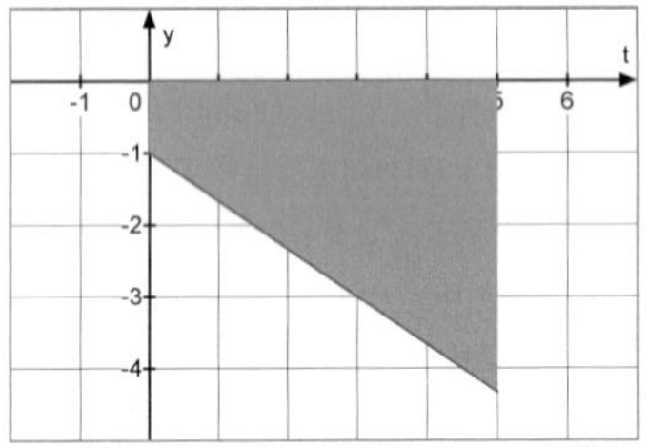

**e)** $\int_{0}^{4} (|2t - 4| - 1)\; dt = 8$

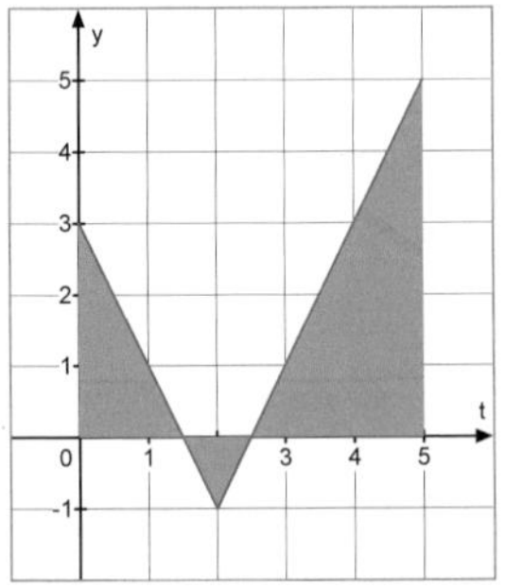

**f)** $\int_{-1}^{5} \frac{1}{3}(x-2)^3\; dx = 0$

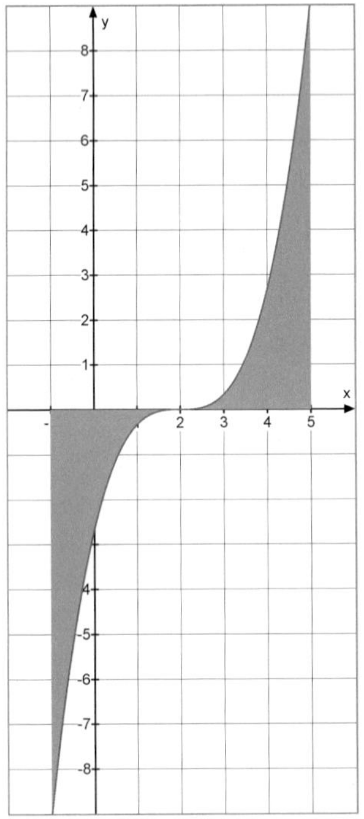

**12** Man berechnet zunächst $F_2$ anhand des Bildes:

$$F_2(x) = \int_2^x (\tfrac{1}{2}t - 1)\,dt = 0{,}5 \cdot (x-2)(\tfrac{1}{2}x - 1)$$
$$= 0{,}25 \cdot (x-2)^2 = 0{,}25x^2 - x + 1$$

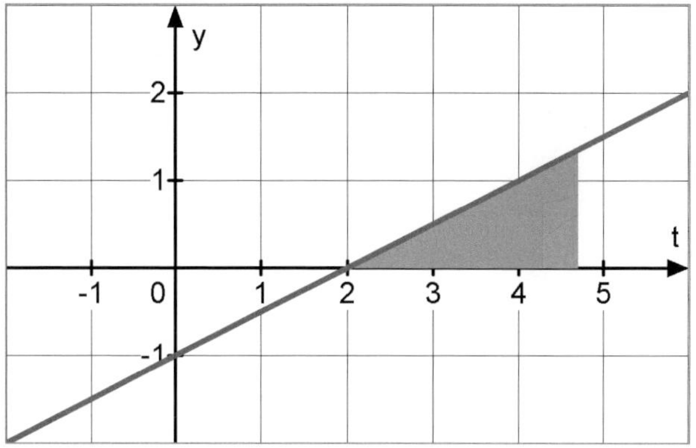


Aus dem Bild liest man ab:

$F_0 = F_2 - 1$,

also $F_0(x) = 0{,}25x^2 - x$ und

$F_{-2} = F_0 - 3 = 0{,}25x^2 - x - 3$

Die Graphen der verschiedenen Integralfunktionen gehen durch eine Translation in Richtung der $y$-Achse auseinander hervor.

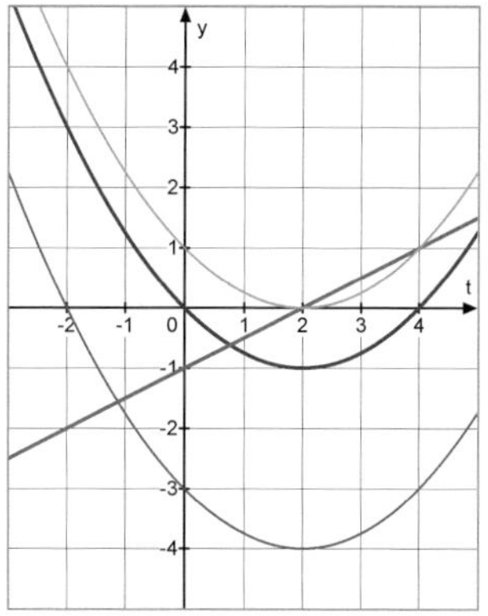

**13** Die integralfreie Darstellung von $F$ mit $F(x) = \int_{-2}^{x} f(t)dt$ erfordert lediglich die Berechnung des Inhalts von Trapezen.

$-2 \le x \le 0: F(x) = 0{,}5 \cdot (3 - 0{,}5x + 2) \cdot (x + 2) = -0{,}25x^2 + 2x + 5$

$0 < x \le 4: F(x) = F(0) + 0{,}5 \cdot (2 + 2 + x) \cdot x = 5 + 2x + 0{,}5x^2$

$4 < x \le 10: F(x) = F(4) + 0{,}5 \cdot (3 + 2x - 5) \cdot (x - 4) = x^2 - 5x + 25$

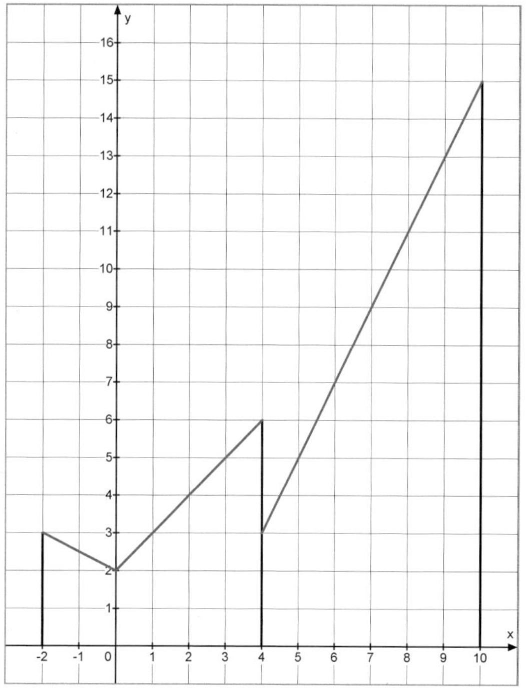

**14** Soll die Definition der Integralfunktion auf den Fall für $c < a$ ($a$ untere Grenze) erweitert werden und soll weiterhin die Intervalladditivität erfüllt sein, so muss gelten:

$\int_a^c f(t)dt + \int_c^a f(t)dt = \int_a^a f(t)dt = 0$, also $\int_c^a f(t)dt = -\int_a^c f(t)dt$.

**15** Sind $F_a$ und $F_b$ zwei Integralfunktionen einer Funktion $f$ und sind beide auf einem Intervall $I$ definiert, so gilt aufgrund der Intervalladditivität:

$F_a(x) = \int_a^x f(t)dt = \int_a^b f(t)dt + \int_b^x f(t)dt$ (dabei kann der Einfachheit halber $a \le b$ angenommen werden).

Die beiden Integralfunktionen unterscheiden sich also nur um den konstanten Summanden $\int_a^b f(t)dt$. Dieser gibt die Bilanz der Inhalte der

41 Flächen zwischen dem Graphen von $f$ und der $x$-Achse im Intervall $[a; b]$ wieder.

42 **16** $\int_2^7 f(t)dt = 0$ bedeutet geometrisch, dass im Intervall $[2; 7]$ die Inhalte der Flächen zwischen dem Graphen von $f$ und der $x$-Achse oberhalb und unterhalb der $x$-Achse gleich groß sind.

**17** Für die konstante Funktion $t \mapsto c\ (c \in \mathbb{R})$ ist $\int_a^x c\ dt$ gleich dem vorzeichenbehafteten Flächeninhalt des Rechtecks mit den Seitenlängen $|c|$ und $|x - a|$. Für $x > a$ und $c > 0$ erhält man $\int_a^x c\,dt = c\cdot(x-a)$.

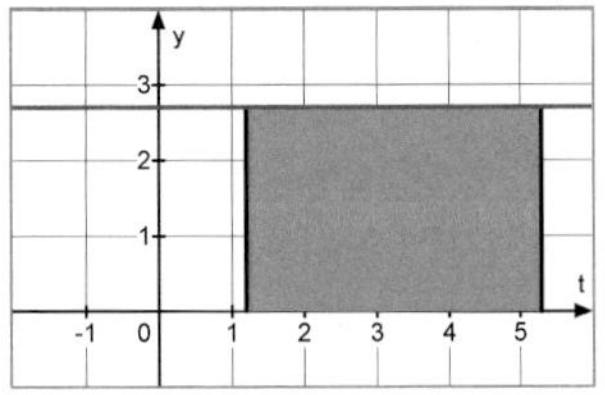

Dieses Ergebnis ist aber auch für $c < 0$ (Rechteck unterhalb der $t$-Achse) bzw. für $x < a$ richtig.

**18 a)** Aus dem nebenstehenden Bild liest man ab:

$$\int_2^4 f(x)dx = 0{,}5 \cdot (1 + 5) \cdot 2 = 6$$

(hellgrau schraffiertes Trapez).

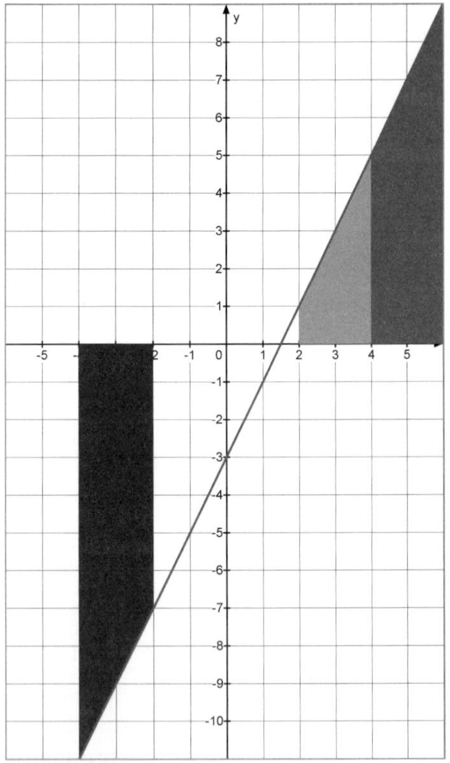

Die Teilaufgaben **b) - e)** löst man mithilfe der Intervalladditivität des Integrals:

**b)** $$\int_2^{2,5} f(t)dt - \int_{2,5}^4 f(t)dt$$
$$= \int_2^4 f(t)dt = 6$$

**c)** $$\int_2^6 f(x)dx - \int_6^4 f(x)dx = \int_2^4 f(x)dx + \int_4^6 f(x)dx - \int_6^4 f(x)dx$$
$$= 6 + 2 \cdot \int_4^6 f(x)dx = 6 + 2 \cdot 14 = 34$$

($\int_4^6 f(x)dx \rightarrow$ grau schraffiertes Trapez.)

42

**d)** $$\int_4^6 f(t)dt + \int_6^2 f(t)dt = \int_4^6 f(t)dt + \int_6^4 f(t)dt + \int_4^2 f(t)dt$$
$$= -\int_2^4 f(t)dt = -6$$

**e)** $$\int_6^4 f(t)dt - \int_2^4 f(t)dt = \int_6^4 f(t)dt + \int_4^2 f(t)dt = -\int_6^2 f(t)dt = -20$$

**f)** $$\int_{-2}^{-4} f(x)dx = 0{,}5 \cdot (7 + 11) \cdot 2 = 18$$ (dunkelgrau schraffiertes Trapez).

**19** Man wendet die Abschätzbarkeit des Integrals (Satz 2.8, (3)) an und berechnet zunächst die absoluten Extrema der Funktion
$f\colon x \mapsto \frac{1}{24}x^4 - \frac{1}{9}x^3 - \frac{1}{4}x^2 + 2$ im Intervall $[-2; 1]$.

Die Nullstellen von $f'\colon x \mapsto \frac{1}{6}x^3 - \frac{1}{3}x^2 - \frac{1}{2}x$ sind $0$, $-1$ und $3$.

Nur die lokale Minimumstelle $-1$ und die lokale Maximumstelle $0$ liegen im Intervall $[-2; 1]$.
Der Vergleich der Funktionswerte $f(-1) \approx 1{,}9$, $f(0) = 2$ mit den Randwerten $f(-2) \approx 2{,}556$ und $f(1) \approx 1{,}681$ zeigt, dass die absoluten Extrema am Rand des Intervalls liegen.

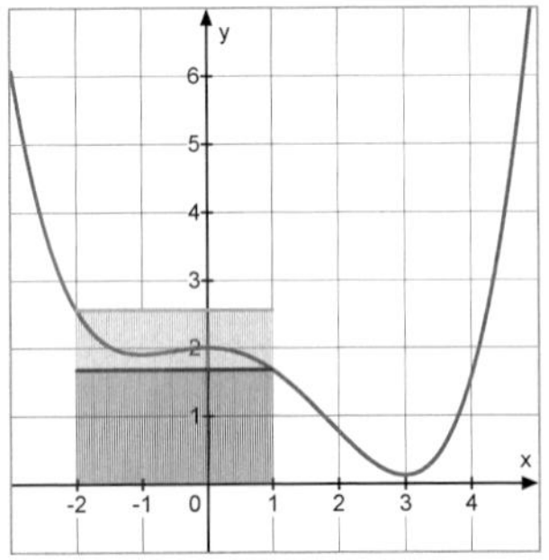

Daraus erhält man folgende Abschätzung:

$$1{,}681 \cdot 3 < \int_{-2}^{1} \left(\tfrac{1}{24}x^4 - \tfrac{1}{9}x^3 - \tfrac{1}{4}x^2 + 2\right)dx < 2{,}556 \cdot 3,$$

$$5{,}043 < \int_{-2}^{1} \left(\tfrac{1}{24}x^4 - \tfrac{1}{9}x^3 - \tfrac{1}{4}x^2 + 2\right)(x)dx < 7{,}668.$$

Die graphische Interpretation zeigt das Bild.

**20** Die Bedingung $f(x) \leq g(x)$ im Intervall $[a; b]$ bedeutet, dass der Graph von $g$ in diesem Intervall nict unterhalb des Graphen von $f$ verläuft.

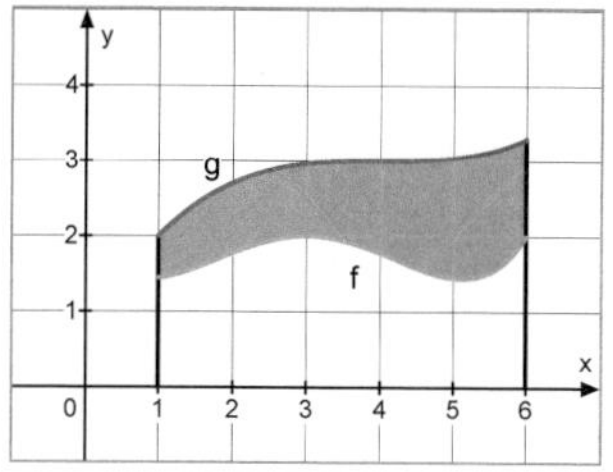


Verlaufen beide Graphen in dem Intervall oberhalb der $x$-Achse, so ist unmittelbar einsichtig, dass der Inhalt der Fläche, die der Graph von $f$ mit der $x$-Achse einschließt, nicht größer sein kann, als der Inhalt der Fläche, die der Graph von $g$ mit der $x$-Achse einschließt (siehe Bild).

Die Differenz der Flächeninhalte und damit die Differenz $\int_a^b g(x)dx - \int_a^b f(x)dx$ ist offensichtlich gerade der Inhalt der Fläche zwischen den beiden Graphen. Diese ändert sich aber nicht, wenn man die beiden Graphen im Koordinatensystem verschiebt. Bei einer Verschiebung in Richtung der $x$-Achse ändert sich nichts an den beiden Integralen, bei einer Verschiebung in Richtung der $y$-Achse wird zu beiden Integralen derselbe Summand addiert.

**21** Die Gleichung $\int_0^k (x^2+1)dx = -1$ ist für kein $k \in \mathbb{R}^+$ erfüllbar, denn die Parabel zu $x \mapsto x^2+1$ liegt oberhalb der $x$-Achse. Daher ist $\int_0^k (x^2+1)dx$ für alle $k \in \mathbb{R}^+$ positiv.

Dagegen ist die Gleichung $\int_0^k (x^2+1)dx = -1$ für $k \in \mathbb{R}^-$ erfüllbar. Denn für $k \in \mathbb{R}^-$ ist das Integral negativ. Da die Werte von $x^2+1$ beliebig groß werden, nimmt das Integral $\int_0^k (x^2+1)dx$ für $k \leq 0$ alle Werte von 0 bis $-\infty$ an.

**22** Der Graph der Funktion $x \mapsto \sqrt{16-x^2}$ ist der Halbkreis mit dem Radius 4 und mit dem Mittelpunkt (0|0). Damit ist $\int_{-4}^{4} (\sqrt{16-x^2})dx = 8\pi$.

**23** $\int_k^{4k} x\,dx = 0{,}5 \cdot 4k \cdot 4k - 0{,}5 \cdot k \cdot k$
$= 8k^2 - 0{,}5 \cdot k^2 = 7{,}5 \cdot k^2.$

$7{,}5 \cdot k^2 = 15 \Leftrightarrow k^2 = 2$
$\Leftrightarrow k = \sqrt{2} \lor k = -\sqrt{2}.$

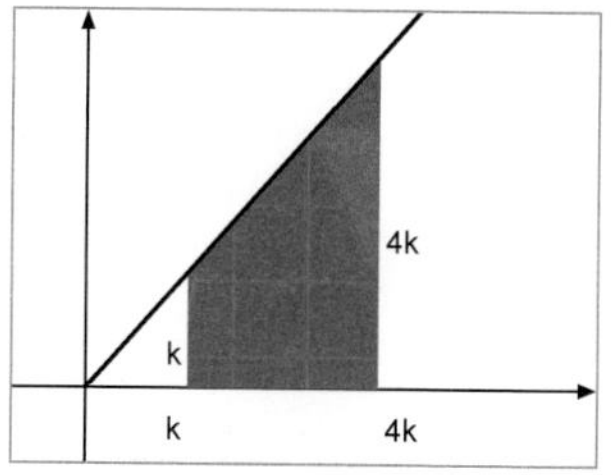




**Noch fit?**

**I a)** Aus $A(5|3|0{,}5)$, $B(9|2|-0{,}5)$, $C(5|7|-3{,}5)$ erhält man:

$\overrightarrow{AB} = \begin{pmatrix} 4 \\ -1 \\ -1 \end{pmatrix}$, $\overrightarrow{BC} = \begin{pmatrix} -4 \\ 5 \\ -3 \end{pmatrix}$, $\overrightarrow{AC} = \begin{pmatrix} 0 \\ 4 \\ -4 \end{pmatrix}$.

Um zu zeigen, dass das Dreieck $ABC$ rechtwinklig ist, gibt es mehrere Alternativen:

- Man bildet die Skalarprodukte der „Seitenvektoren“ und erhält z. B. $\overrightarrow{AB} \circ \overrightarrow{AC} = -4 + 4 = 0$.
  Also ist das Dreieck $ABC$ rechtwinklig mit dem rechten Winkel bei $A$ und der Hypotenuse $[BC]$.
- Man berechnet die Längen der Dreiecksseiten und wendet die Umkehrung des Satzes des Pythagoras an:
  $\overline{AB} = 3 \cdot \sqrt{2}$, $\overline{BC} = 5 \cdot \sqrt{2}$, $\overline{AC} = 4 \cdot \sqrt{2}$.
  Damit erhält man $\overline{AB}^2 + \overline{AC}^2 = \overline{BC}^2$, also ist das Dreieck $ABC$ rechtwinklig mit der Hypotenuse $[BC]$.
- Man verwendet den Satz des Thales und zeigt, dass der Mittelpunkt einer Dreiecksseite gleichzeitig Mittelpunkt des Umkreises ist. Das ist allerdings etwas aufwändiger, da man zunächst die „richtige“, d. h. die längste Dreiecksseite auswählen muss.

Wenn das Dreieck $ABC$ rechtwinklig ist und $[BC]$ die Hypotenuse ist, dann ist $M$ mit $\vec{M} = \vec{B} + \frac{1}{2}\overrightarrow{BC} = \begin{pmatrix} 9 \\ 2 \\ -0{,}5 \end{pmatrix} + \frac{1}{2}\begin{pmatrix} -4 \\ 5 \\ -3 \end{pmatrix} = \begin{pmatrix} 7 \\ 4{,}5 \\ -2 \end{pmatrix}$ der Mittelpunkt des Umkreises. Man erhält also $M(7|4{,}5|-2)$.

**b)** Mit $M(7|4{,}5|-2)$ und $S(9|8{,}5|2)$ erhält man: $\overrightarrow{MS} = \begin{pmatrix} 2 \\ 4 \\ 4 \end{pmatrix}$.

42 Um zu zeigen, dass es sich bei der Pyramide ABCS um eine gerade Pyramide handelt, gibt es wieder mehrere Alternativen:

- Man zeigt dass alle Seitenkanten der Pyramide gleich lang sind:
$\overrightarrow{AS} = \begin{pmatrix} 4 \\ 5{,}5 \\ 1{,}5 \end{pmatrix} \Rightarrow \overline{AS}^2 = 16 + 30{,}25 - 2{,}25 = 48{,}5$
$\overrightarrow{BS} = \begin{pmatrix} 0 \\ 6{,}5 \\ -2{,}5 \end{pmatrix} \Rightarrow \overline{BS}^2 = 42{,}25 + 6{,}25 = 48{,}5$
$\overrightarrow{CS} = \begin{pmatrix} 4 \\ 1{,}5 \\ 5{,}5 \end{pmatrix} \Rightarrow \overline{CS}^2 = 16 + 2{,}25 + 30{,}25 = 48{,}5$
- Man zeigt, dass $MS$ ein Lot zur Dreiecksfläche ist, d. h. dass $MS$ z. B. auf zwei Dreiecksseiten senkrecht steht:
$\overrightarrow{MS} \circ \overrightarrow{AB} = \begin{pmatrix} 2 \\ 4 \\ 4 \end{pmatrix} \circ \begin{pmatrix} 4 \\ -1 \\ -1 \end{pmatrix} = 8 - 4 - 4 = 0$ und
$\overrightarrow{MS} \circ \overrightarrow{BC} = \begin{pmatrix} 2 \\ 4 \\ 4 \end{pmatrix} \circ \begin{pmatrix} -4 \\ 5 \\ -3 \end{pmatrix} = 8 + 20 - 12 = 0.$
- Man zeigt, dass $\overrightarrow{MS} = \begin{pmatrix} 2 \\ 4 \\ 4 \end{pmatrix}$ ein Vielfaches des Lots auf die Dreiecksfläche ist, also z. B. ein Vielfaches des Vektorprodukts $\overrightarrow{AB} \times \overrightarrow{AC}$:
$\overrightarrow{AB} \times \overrightarrow{AC} = \begin{pmatrix} 4 \\ -1 \\ -1 \end{pmatrix} \times \begin{pmatrix} 0 \\ 4 \\ 4 \end{pmatrix} = \begin{pmatrix} 8 \\ 16 \\ 16 \end{pmatrix} \Rightarrow \overrightarrow{MS} = \frac{1}{4} \cdot \overrightarrow{AB} \times \overrightarrow{AC}$
- Man kann auch mithilfe des Satzes des Pythagoras zeigen, dass $[MS]$ sowohl auf $[BC]$ als auch auf $[AM]$ senkrecht steht.

Skizze:

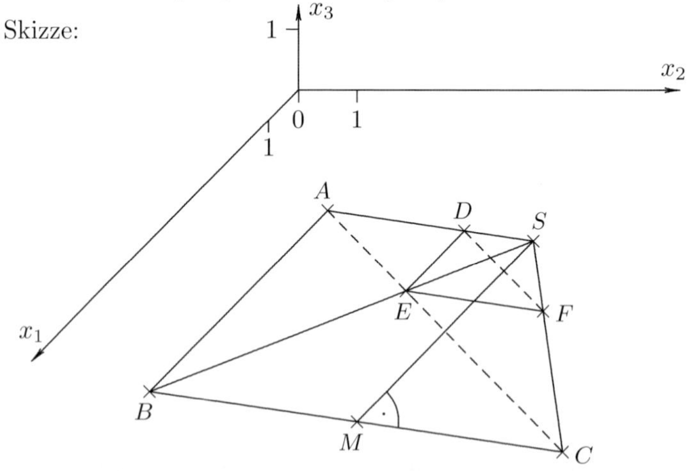


**c)** Der Inhalt der Grundfläche der Pyramide ist der Flächeninhalt des rechtwinkligen Dreiecks $ABC$, also das halbe Produkt der Kathetenlängen:

$\frac{1}{2} \cdot \overline{AB} \cdot \overline{AC} = \frac{1}{2} \cdot 3\sqrt{2} \cdot 4\sqrt{2} = 12.$

Die Höhe der Pyramide ist die Länge des Vektors $\overrightarrow{MS} = \begin{pmatrix} 2 \\ 4 \\ 4 \end{pmatrix}$:

$\overline{MS} = \sqrt{36} = 6.$

Daraus ergibt sich für das Volumen $V$ der Pyramide: $V = \frac{1}{3} \cdot 12 \cdot 6 = 24.$

**d)** Die Höhe $h'$ der abgeschnittenen Spitze verhält sich zur Höhe der ganzen Pyramide wie $1 : 3$. Nach dem Strahlensatz verhalten sich auch die Seitenlängen der Spitze zu den Seitenlängen der ganzen Pyramide wie $1 : 3$ (siehe Skizze für die Seite $[BS]$).

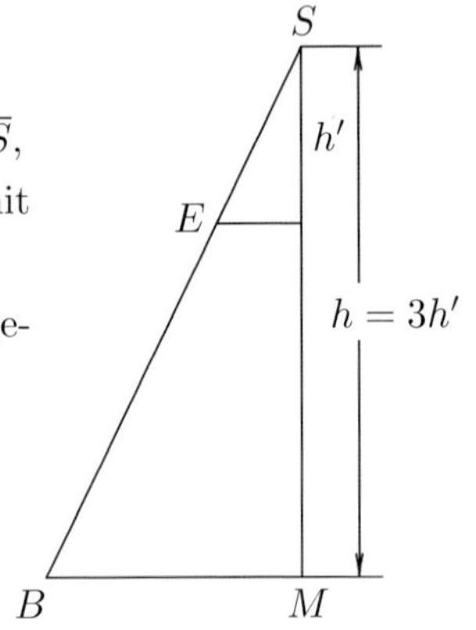


Damit erhält man:

$\overline{ES} = \frac{1}{3}\overline{BS} = \frac{1}{3}\sqrt{48{,}5} = \frac{1}{6}\sqrt{194} = \overline{DS} = \overline{FS}$,

wenn man die Eckpunkte der Grundfläche mit $D$, $E$ und $F$ bezeichnet.

Für den Inhalt der Grundfläche $G'$ der abgeschnittenen Spitze erhält man dann:

$G' = (\frac{1}{3})^2 \cdot G = \frac{1}{9} \cdot 12 = \frac{4}{3}$;

für das entsprechende Volumen

$V' = (\frac{1}{3})^3 \cdot V = \frac{1}{27} \cdot 24 = \frac{8}{9}$.

## Anwenden

**24** 43

$$\int_{-1}^{9} f(x)dx = -9 + \frac{1}{4}(2\sqrt{2})^2\pi = -9 + 2\pi$$

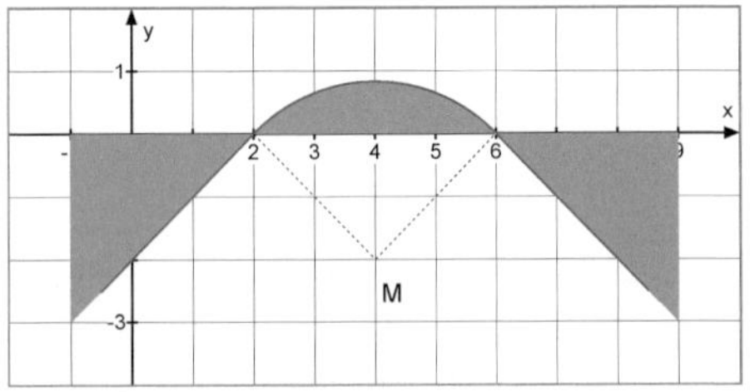

**25 a)** Für den zurückgelegten Weg $s$ erhält man:
$s = v_1 \cdot (t_1 - t_0) + v_2 \cdot (t_2 - t_1) = 10\text{ m} + 9\text{ m} = 19\text{ m}.$
Die durchschnittliche Geschwindigkeit ist $\bar{v} = \frac{s}{t_2 - t_0} = \frac{19}{8}\frac{\text{m}}{\text{s}} = 2{,}375\frac{\text{m}}{\text{s}}$ .

**b)** $s = v_1 \cdot (t_1 - t_0) + v_2 \cdot (t_2 - t_1)$

$\bar{v} = \frac{v_1(t_1 - t_0) + v_2(t_2 - t_1)}{t_2 - t_0}$

**c)** Geometrisch erhält man den zurückgelegten Weg durch die Summe der Inhalte der beiden hellgrau schraffierten Rechteckflächen. Die Durchschnittsgeschwindigkeit ist dadurch gegeben, dass das grau schraffierte Rechteck den gleichen Flächeninhalt hat wie die beiden hellgrau schraffierten Rechtecke zusammen.

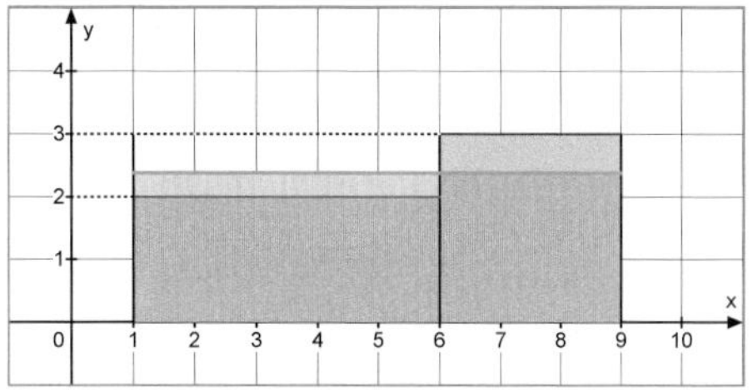

**d)** Aus c) folgt unmittelbar: $\bar{v} = \frac{1}{t_2 - t_0} \cdot \int\limits_{t_0}^{t_2} v(t)dt$, wobei

$v(t) = \begin{cases} v_1 \text{ für } t_0 \le t \le t_1 \\ v_2 \text{ für } t_1 \le t \le t_2 \end{cases}$

(vergleiche auch Aufgabe 28).

**26**

| Bedeutung des Integranden | Bedeutung von Integralfunktionen |
|---|---|
| Geschwindigkeit in Abhängigkeit von der Zeit | *zurückgelegte Strecke* |
| *Stromstärke* | elektrische Ladung in Abhängigkeit von der Zeit |
| Grenzkosten in Abhängigkeit von der produzierten Stückzahl | *Produktionskosten* |
| *Zu-/ Abflussrate eines Wasserbehälters* | *Volumenänderung* |
| *Kraft in Abhängigkeit vom Weg* | *mechanische Arbeit längs des Wegs* |

(vgl. auch Aufgaben 30, 32, 33, 34)

**27** Die beiden Funktionen haben keine Nullstelle, beide Graphen verlaufen vollständig oberhalb der $x$-Achse. Da aber jede Integralfunktion mindestens eine Nullstelle hat (die untere Grenze ist stets Nullstelle), können beide Funktionen keine Integralfunktionen sein.

**28 a)** Vgl. Aufgabe 25: Der Mittelwert einer Funktion $f$ über einem Intervall $[a; b]$ ist so definiert, dass das Rechteck aus der Intervalllänge $b - a$ und dem Mittelwert denselben vorzeichenbehafteten Flächeninhalt hat wie das Flächenstück, das in diesem Intervall vom Graphen von $f$ und der $x$-Achse begrenzt wird.

**b)** Das arithmetische Mittel reeller Zahlen kann man folgendermaßen veranschaulichen:
Man stellt jede Zahl durch eine Säule der Breite 1 und der Höhe, die dieser Zahl entspricht, dar. So erhält man eine Treppenfunktion $f$, für die Maßzahl des vorzeichenbehafteten Inhalts der Fläche zwischen ihrem Graphen und der $x$-Achse gleich der Summe dieser Zahlen ist. Die Anzahl der Zahlen ist die Länge des zu dem Säulendiagramm gehörenden Intervalls auf der $x$-Achse. Damit ist das arithmetische Mittel der Zahlen gerade der Quotient aus dem Wert des Integrals über $f$ in diesem Intervall und der Intervalllänge (vgl. auch Auftrag 3).

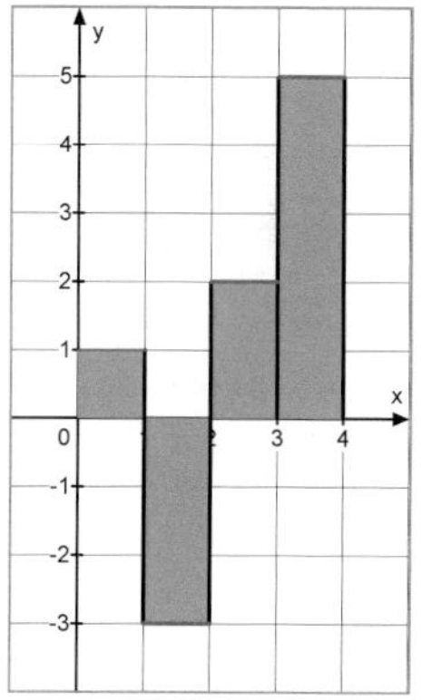

Beispiel: Das arithmetische Mittel der Zahlen 1, $-3$, 2, 5.

Das Integral über die Treppenfunktion im Intervall $[0; 4]$ ist 5, die Intervalllänge 4. Das arithmetische Mittel ist 1,25.

**29 a)** $\int\limits_0^6 x\,dx = 18$ (vgl. Aufgabe 23),
der Mittelwert von $f$ im Intervall $[0; 6]$ ist also 3.

**b)** $\int\limits_{-4}^{4} |x|\,dx = 16$ (vgl. Aufgabe 2a)),
der Mittelwert von $f$ im Intervall $[-4; 4]$ ist also 2.

43 **c)** $\int\limits_{-2}^{2}(2x^3-3x)dx = 0$,

denn der Graph von $f$ ist punktsymmetrisch zum Ursprung.
Also ist auch der Mittelwert von $f$ im Intervall $[-2; 2]$ gleich 0.

**d)** Aus dem Graphen der Funktion $f$ liest man ab:

$\int\limits_{-2}^{5} f(x)dx = 5 + 10{,}5 + \frac{16}{3} = \frac{125}{6}$.

Der gesuchte Mittelwert ist also $\frac{1}{7}\cdot\frac{125}{6} = \frac{125}{42}$.

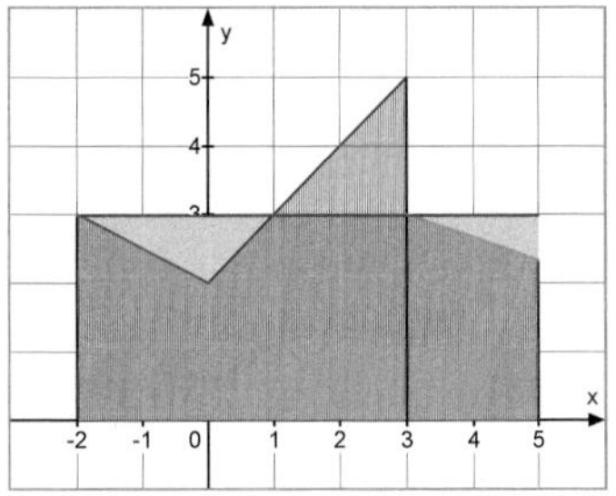


## Vernetzen

46 **30 a)** Die Kraftfunktion ist eine lineare Funktion mit Definitionsbereich $[0; b]$, wobei $b$ die obere Grenze des sogenannten Hookeschen Bereichs angibt, also des Bereichs, in dem das lineare Kraftgesetz gilt. Der Graph der Kraftfunktion ist Teil einer Ursprungsgeraden.

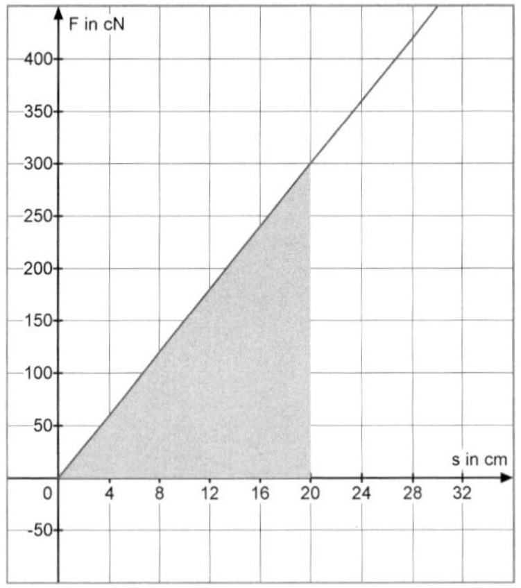


**b)** $\int\limits_{0}^{20} F(s)ds = 3000$. Dies bedeutet (vgl. Aufgabe 26), dass eine Arbeit von 3000 cNcm = 0,3 Nm verrichtet werden muss, um die unbelastete Feder um 20 cm zu dehnen.

**31 a)** Eine grobe Abschätzung von $\int\limits_{0}^{\pi}\sin x\ dx$ erhält man aus Satz 2.8, (3) mit $0 \leq \int\limits_{0}^{\pi}\sin x\ dx \leq \pi$.

46 Eine bessere Abschätzung erreicht man, wenn man wie in der Erarbeitung von Auftrag 1 das Intervall $[0; \pi]$ z. B. in 6 gleich lange Teilintervalle einteilt.
Die Summe der Inhalte der hellgrau schraffierten Rechtecke ist kleiner als das Integral, die Summe der Inhalte der umbeschriebenen Rechtecke größer als das Integral.

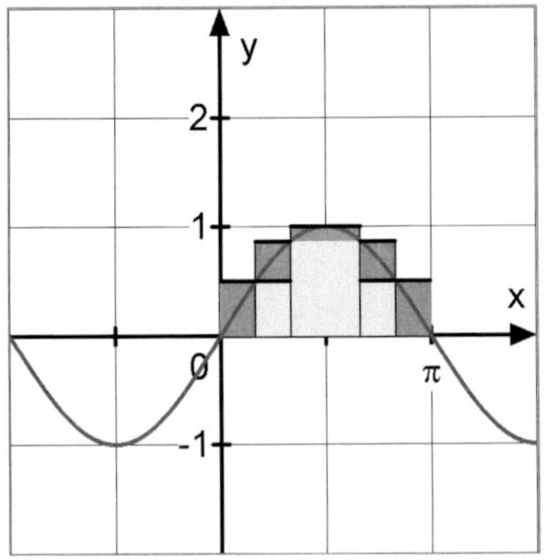


Das ergibt die folgende Abschätzung:

$$\left(\tfrac{2}{6}\cdot 0{,}5 + \tfrac{2}{6}\cdot 0{,}5\cdot\sqrt{3}\right)\pi \leq \int\limits_{0}^{\pi}\sin x\ dx \leq \left(\tfrac{2}{6}\cdot 0{,}5 + \tfrac{2}{6}\cdot 0{,}5\cdot\sqrt{3} + \tfrac{2}{6}\cdot 1\right)\pi$$

$$1{,}43 \leq \int\limits_{0}^{\pi}\sin x\ dx \leq 2{,}48$$

**b)** $\int\limits_{0}^{\pi}\cos x\ dx = 0$,

denn der Graph des cos ist punktsymmetrisch zu $(\frac{\pi}{2}|0)$, also sind im Intervall $[0; \pi]$ die Inhalte der Flächen, die von cos und der $x$-Achse oberhalb bzw. unterhalb der $x$-Achse eingeschlossen werden, gleich groß.

Analog erhält man den Wert 0 für die Integrale in den Teilaufgaben d) und f).

**c)** Wie in Teilaufgabe a) gewinnt man zunächst eine grobe Abschätzung mithilfe von Satz 2.8, (3):

$0 \leq \int\limits_{-1}^{1} e^{-x^2}\ dx \leq 2$.

Eine bessere Abschätzung ergibt sich, wenn man das Intervall $[-1; 1]$ z. B. in vier gleich große Teilintervalle aufteilt (siehe Skizze). Man erhält:

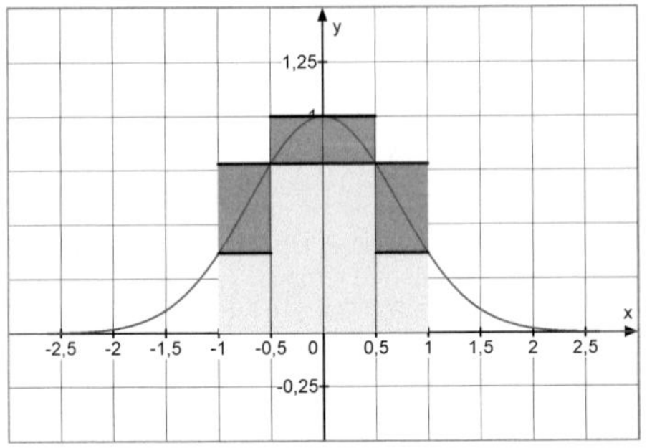

$$2 \cdot 0{,}5 \cdot e^{-1} + 2 \cdot 0{,}5 \cdot e^{-0{,}25} \leq \int_{-1}^{1} e^{-x^2}\,dx \leq 2 \cdot 0{,}5 \cdot e^{-0{,}25} + 2 \cdot 0{,}5 \cdot e^{0}$$

$$1{,}15 \leq \int_{-1}^{1} e^{-x^2}\,dx \leq 1{,}78$$

**d)** Die Funktion $f\colon x \mapsto \frac{1}{3}x^3 - x$ ist ungerade, der Graph von $f$ also punktsymmetrisch zum Ursprung. Deshalb ist $\int_{-1}^{1} (\frac{1}{3}x^3 - x)dx = 0$.

**e)** Um mithilfe des Satzes 2.8, (3) eine Abschätzung für $\int_{\frac{1}{e}}^{e} (x - \ln x + 1)dx$ zu erhalten, muss man zunächst die absoluten Extrema der Funktion $f\colon x \mapsto x - \ln x + 1$ auf dem Intervall $[\frac{1}{e}; e]$ ermitteln.

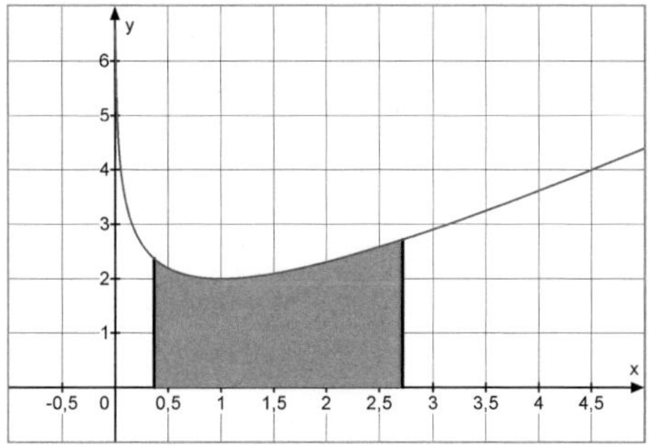


$f'(x) = 1 - \frac{1}{x}$

$f'(x) = 0 \Leftrightarrow x = 1$

Die Vorzeichenverteilung von $f'(x)$ zeigt, dass 1 absolute Minimumstelle von $f$ ist und dass der Graph von $f$ für $x > 1$ streng monoton steigt, für $x < 1$ streng monoton fällt. Also ist das Minimum von $f$ auf dem Intervall $[\frac{1}{e}; e]$ gleich $f(1) = 2$. Das Maximum liegt am Rand und ist wegen $f(\frac{1}{e}) \approx 0{,}37$ und $f(e) = e \approx 2{,}72$ gleich $e$. Damit ergibt sich folgende Abschätzung:

$$(e - \tfrac{1}{e}) \cdot 2 \leq \int_{\frac{1}{e}}^{e} (x - \ln x + 1)dx \leq (e - \tfrac{1}{e}) \cdot e \quad \text{oder}$$

$$4{,}70 \leq \int_{\frac{1}{e}}^{e} (x - \ln x + 1)dx \leq 6{,}39.$$

**f)** Die Funktion $f\colon x \mapsto \frac{e^x - e^{-x}}{2}$ ist ungerade, deshalb ist

$$\int_{-2}^{2} \frac{e^x - e^{-x}}{2}\,dx = 0.$$

**32 a)** Im Bild ist der Graph der Funktion gezeichnet, der die Querschnittsfläche $q$ (in $\text{cm}^2$) des Stabes in Abhängigkeit von der Länge $l$(in cm) beschreibt.

Nimmt man näherungsweise an, dass der Querschnitt im Längenintervall [75cm; 100cm] konstant bleibt, dann gibt der Inhalt der Fläche des (dunkelgrauen) Rechtecks ein Volumen wieder und zwar eines zylinderförmigen Stabstücks.

Durch solche zylinderförmigen Stabstücke kann man einerseits das Volumen des Stabes beliebig genau annähern, andererseits approximieren die Inhalte der entsprechenden Rechtecksflächen beliebig genau den Inhalt der Fläche zwischen Querschnittsfunktion und Längenachse.

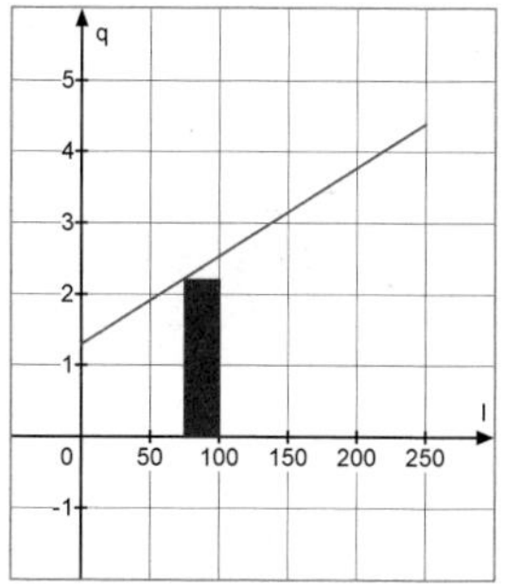


Folglich ist $\int_{0}^{250} q(x)dx$ das Volumen $V$ des Stabes in $\text{cm}^3$. Man erhält:

$V = 0{,}5 \cdot (1{,}3 + 4{,}5) \cdot 250\ \text{cm}^3 = 731{,}25\ \text{cm}^3$.

Die Masse $m$ des Stabes ist dann $731{,}25 \cdot 7{,}9\ \text{g} \approx 5777\ \text{g} \approx 5{,}8\ \text{kg}$.

**b)** Die Überlegung aus Teilaufgabe a) lässt sich direkt auf einen Kegelstumpf übertragen. Der Radius der Querschnittsfläche $q$ des Kegelstumpfs nimmt linear mit der Höhe $h$ von 20 cm auf 10 cm ab. Die zugehörige Funktion ist $f : h \mapsto 20 - \frac{10}{20} \cdot h$.

Die Querschnittsfläche $q$ selbst wird demnach durch die Funktion $q : h \mapsto (20 - \frac{10}{20} \cdot h)^2\pi$ beschrieben.

Um das Volumen des Kegelstumpfes zu berechnen, müsste man also das Integral $\int_{0}^{20} (20 - \frac{10}{20} \cdot h)^2\pi\,dh$ berechnen. Dies ist jedoch erst im Anschluss an Kapitel 2.2 möglich.

**33** $\int_{t_1}^{t_2} P(t)dt$ ist die gesamte im Zeitintervall $[t_1; t_2]$ von der Sonne an die Photovoltaikanlage abgegebene Energie.

**34** Die während des Ladevorgangs eingebrachte Ladung $Q$ ist das Integral über die Stromstärke im Zeitintervall [0 min; 30 min].

Der Wert dieses Integrals lässt sich aus Bild 46/1 bestimmen:

$$Q = 6\ \text{min} \cdot 8\ \text{A} + 10\ \text{min} \cdot 5{,}5\ \text{A} + 0{,}5 \cdot 2{,}5\ \text{A} \cdot 10\ \text{min} + 14\ \text{min} \cdot 1\ \text{A}$$
$$= 129{,}5\ \text{Amin} \approx 2{,}16\ \text{Ah}$$

46

# 2.2 Hauptsatz der Differential- und Integralrechnung

## Hinweise zur Bearbeitung der Aufträge

47 **Auftrag 1** **Eine unbekannte Funktion**

Dieser Auftrag wird bei der Erarbeitung (Seite 48 ff.) verwendet.

**Auftrag 2** **Ergebnisse interpretieren**

Der Auftrag spricht weitestgehend für sich. In der Erarbeitung des Auftrags 1 aus Kapitel 2.1 und in den Aufgaben zu 2.1 findet man Beispiele von Integralfunktionen linearer Funktionen, mithilfe eines Computer-Algebra-Systems kann man für verschiedene (am besten natürlich) ganzrationale Funktionen oder die trigonometrischen Funktionen Integralfunktionen berechnen und die dann wohl nahe liegende Vermutung des Hauptsatzes auch an komplizierteren Funktionen testen.
Um zu einer Formulierung des Hauptsatzes, insbesondere zu der notwendigen Voraussetzung der Stetigkeit, zu gelangen, wird man z. B. auf die Aufgaben 4b) oder 8 in Kapitel 2.1 hinweisen müssen.
Beim Beweis des Hauptsatzes kann man sich dann an der Erarbeitung von Auftrag 1 im Buch orientieren.

**Auftrag 3** **Schwingungen**

Auftrag 3 greift Grundideen aus Kapitel 2.1 auf:

- Welche Informationen einer Integralfunktion kann ich auf Grund der Definition von Integralfunktionen aus dem Graphen des Integranden ablesen (im Grunde wird die Aussage des Hauptsatzes ja auf intuitiver Basis bereits in Kapitel 2.1 vorbereitet und genutzt)?
- Wie zeichne ich den Graphen einer Integralfunktion bei vorliegendem Graphen des Integranden?
- Welche inhaltlichen Zusammenhänge zwischen Integralfunktion und Integranden gibt es in Anwendungssituationen (s. Aufträge 1 und 2 und Aufgaben 25, 26 in Kapitel 2.1)

Aus Kapitel 2.1 sollte klar sein, dass die Integralfunktion $F\colon x \mapsto \int_0^x v(t)dt$ eine Zeit-Orts-Funktion darstellt. Folgende Eigenschaften dieser Integralfunktion im Fall der vorliegenden Zeit-Geschwindigkeits-Funktion lassen sich aus dem Graphen ablesen (vgl. auch Aufgabe 3 in Kapitel 2.1): 47

Der schwingende Körper entfernt sich im Zeitintervall $[0; t_1]$ zunächst langsam, dann immer schneller vom Ausgangspunkt zum Zeitpunkt $t = 0$.
Im Zeitpunkt $t_1$ erreicht er seine größte Geschwindigkeit.
Im Zeitintervall $[t_1; t_2]$ entfernt sich der Körper weiter vom Ausgangspunkt, seine Geschwindigkeit nimmt jedoch ab und erreicht den Wert 0 zum Zeitpunkt $t_2$.
Im Zeitpunkt $t_2$ kehrt sich die Richtung der Geschwindigkeit um. Zu diesem Zeitpunkt ist die Entfernung des Körpers vom Ausgangspunkt am größten.
Im Zeitintervall $[t_2; t_4]$ bewegt sich der Körper wieder auf den Ausgangspunkt zu, bis zum Zeitpunkt $t_3$ mit zunehmender Geschwindigkeit, dann mit abnehmender Geschwindigkeit. Im Zeitpunkt $t_4$ hat der Körper seinen Ausgangspunkt wieder erreicht (wegen der Punktsymmetrie des Graphen der Zeit-Geschwindigkeits-Funktion) und das Spiel beginnt von neuem (wegen der Periodizität der Zeit-Geschwindigkeits-Funktion).

Auf Grund dieser Ergebnisse muss der Graph der Integralfunktion wie in dem folgenden Bild skizziert verlaufen (wenn man den Ausgangspunkt durch eine negative $s$-Koordinate kennzeichnet).

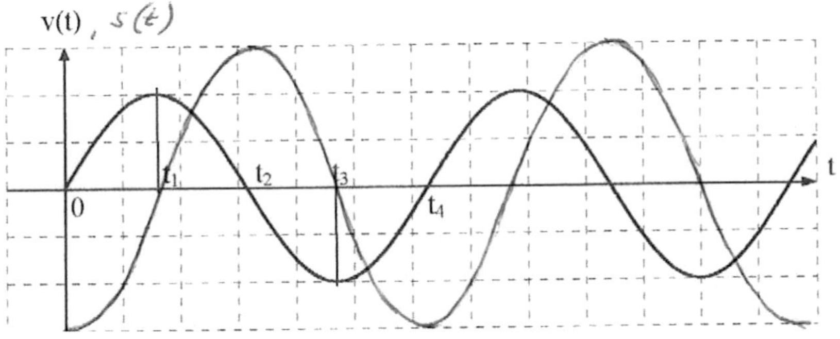


Sowohl aus dem Zusammenhang Zeit-Orts-Funktion/Zeit-Geschwindigkeits-Funktion als auch aus den Graphen ergibt sich die Vermutung, dass die Integrandenfunktion die Ableitung der Integralfunktion ist. Diese Ver-

47 mutung lässt sich an verschiedenen Anwendungssituationen bestätigen. Beispiele:

- Bei einem Kondensator etwa ergibt sich die Ladung als Integralfunktion über die Stromstärke, umgekehrt beschreibt die Stromstärke die zeitliche Änderung der Ladung.
- Das Volumen eines Stausees erhält man als Integralfunktion der Zu- bzw. Abflussraten, umgekehrt beschreiben die Zu- bzw. Abflussraten die zeitliche Änderung des Volumens des Stausees.

Aus diesen Beobachtungen und Ergebnissen ergibt sich der Hauptsatz weitgehend zwanglos (bis auf die Tatsache, dass die Integrandenfunktion als stetig vorausgesetzt werden muss, vgl. aber die Aufgaben 4b) und 8 in Kapitel 2.1).
Beim Beweis des Hauptsatzes kann man sich dann an der Erarbeitung von Auftrag 1 im Buch orientieren.

## Lösungen der Aufgaben

### Erarbeiten

52 **1** Funktionsterme von Stammfunktionen sind

**a)** $F(x) = -x^3$ **d)** $F(x) = -\frac{3}{x}$ **g)** $F(t) = e^t - 2t$

**b)** $F(x) = \frac{1}{4}x^4 - \frac{1}{3}x^3$ **e)** $F(x) = 2 \cdot \sqrt{x}$ **h)** $F(x) = -2\cos x$

**c)** $F(x) = -\sin x$ **f)** $F(x) = \frac{x^5}{20} + \frac{1}{2x^2}$

**2** Man bestimmt jeweils den Term einer Stammfunktion $F$ und dann die Konstante $c$ so, dass der Graph der Funktion $G = F + c$ durch den vorgegebenen Punkt verläuft.

**a)** $F(x) = \frac{1}{6}x^3 + 3x;\ \frac{1}{6} \cdot 2^3 + 3 \cdot 2 + c = 5 \Leftrightarrow c = -\frac{7}{3}$

$\Rightarrow G(x) = \frac{1}{6}x^3 + 3x - \frac{7}{3}$

**b)** $F(x) = \frac{1}{4}x^4 - 2x^3 + \frac{1}{2}x^2;\ \frac{1}{4} \cdot 2^4 - 2 \cdot 2^3 + \frac{1}{2} \cdot 2^2 + c = 0 \Leftrightarrow c = 10$

$\Rightarrow G(x) = \frac{1}{4}x^4 - 2x^3 + \frac{1}{2}x^2 + 10$

**c)** $F(x) = \frac{2}{3} \cdot x^{\frac{3}{2}};\ \frac{2}{3} \cdot 1^{\frac{3}{2}} + c = 1 \Leftrightarrow c = \frac{1}{3} \Rightarrow G(x) = \frac{2}{3} \cdot x^{\frac{3}{2}} + \frac{1}{3}$ 52

**d)** $F(t) = \frac{1}{2}t^4 + \frac{1}{t^2};\ \frac{1}{2} \cdot 1^4 + \frac{1}{1^2} + c = 0 \Leftrightarrow c = -\frac{3}{2}$

$\Rightarrow G(t) = \frac{1}{2}t^4 + \frac{1}{t^2} - \frac{3}{2}$

**e)** $F(x) = -\cos x - \frac{1}{2}x^2;\ -\cos 0 - 0 + c = 0 \Leftrightarrow c = 1$

$\Rightarrow G(x) = -\cos x - \frac{1}{2}x^2 + 1$

**f)** $F(x) = \ln(x) - 2e^x;\ \ln(1) - 2e + c = e \Leftrightarrow c = 3e$

$\Rightarrow G(x) = \ln(x) - 2e^x + 3e$

**3** Funktionsterme von Stammfunktionen sind:

**a)** $F_t(x) = \frac{1}{4}x^4 - \frac{1}{2}tx^2 + x^2 - tx$

**b)** $G_k(t) = k^3t - \frac{1}{2}k^2t^2 + 2kt - \frac{1}{2}t^2$

**4** Es ist jeweils zu zeigen, dass $F' = f$ ist.

**a)** $G'(x) = -\frac{1}{2\sqrt{16-x^2}} \cdot (-2x) = \frac{x}{\sqrt{16-x^2}} = g(x)$

(Ableitung der Wurzelfunktion und Kettenregel)

**b)** $F'(x) = \ln x + x \cdot \frac{1}{x} - 1 = \ln x = f(x)$

(Produktregel, Ableitung des ln, Summenregel)

**c)** $H'(x) = e^x \cdot (x-1) + e^x \cdot 1 = x \cdot e^x = h(x)$

(Ableitung von $x \mapsto e^x$, Produktregel)

**d)** $K'(x) = \frac{1}{(x+1)^2} \cdot 2 \cdot (x+1) - (-\frac{2}{(x+1)^2}) = \frac{2x+4}{(x+1)^2} = k(x)$

(Ableitung des ln, Kettenregel, Ableitung von $x \mapsto \frac{1}{x}$)

**5 a)** $\int_0^{\pi} \cos x \, dx = [\sin x]_0^{\pi} = 0$

**b)** $\int_1^{-2} (x^2 - 3) \, dx = \left[\frac{1}{3}x^3 - 3x\right]_1^{-2} = \left[-\frac{8}{3} + 6 - (\frac{1}{3} - 3)\right] = 6$

**c)** $\int_{-2}^{4} 3 \, dt = [3t]_{-2}^{4} = 12 + 6 = 18$

**d)** $\int\limits_0^4 e^x\, dx = [e^x]_0^4 = e^4 - 1$

**e)** $\int\limits_1^{2e} \frac{1}{t}\, dt = [\ln t]_1^{2e} = \ln(2e) - \ln 1 = \ln(2e) = 1 + \ln 2$

**f)** $\int\limits_1^x \frac{1}{\sqrt{t}}\, dt = \left[2\sqrt{t}\right]_1^x = 2\sqrt{x} - 2$ (definiert nur für $x > 0$)

**g)** $\int\limits_1^2 (x^3 - \frac{1}{x^2})\, dx = \left[\frac{1}{4}x^4 + \frac{1}{x}\right]_1^2 = \left[4 + \frac{1}{2} - (\frac{1}{4} + 1)\right] = \frac{13}{4}$

**h)** $\int\limits_{-2}^2 (x + \sin x)\, dt = \left[\frac{1}{2}x^2 - \cos x\right]_{-2}^2 = [2 - \cos 2 - 2 + \cos 2] = 0$

**6** Da die Integrandenfunktion $t \mapsto \frac{1}{t^2}$ an der Stelle 0 eine Definitionslücke hat, also nicht im ganzen Intervall $[-2; 2]$ definiert und stetig ist, kann man Satz 2.4 nicht anwenden. Die Rechnung ist also falsch.

**7 a)** $F(x) = \left[t - \frac{1}{9}t^3\right]_1^x = x - \frac{1}{9}x^3 - \frac{8}{9}$

**b)** $H(a) = \left[-\frac{1}{t}\right]_a^2 = -\frac{1}{2} + \frac{1}{a}$ $(a > 0)$

**c)** $G(u) = \left[x^5 - x^3\right]_0^u = u^5 - u^3$

**d)** $K(x) = \left[2\sqrt{u} - \frac{1}{2}u^2\right]_2^x = 2\sqrt{x} - \frac{1}{2}x^2 - 2\sqrt{2} + 2$

**8** Da die Funktion $f$ die Ableitung der Integralfunktion $F$ ist, ergeben sich aus dem Graphen von $f$ die folgenden Eigenschaften von $F$:

- die Extremstellen von $f$ sind Wendestellen von $F$;
- die Nullstellen von $f$ sind Extremstellen von $F$, da dort die Funktionswerte von $f$ ihr Vorzeichen wechseln; $-2$ und 2 sind Maximumstellen, $-4$, 0 und 4 sind Minimumstellen;

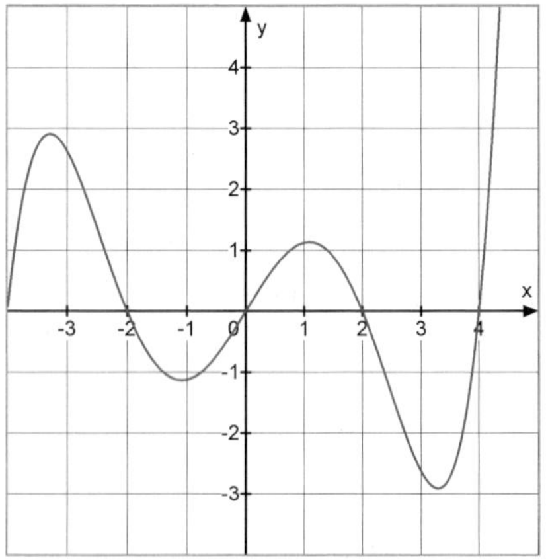


- in den Intervallen $[-4; -2]$, $[0; 2]$ ist der Graph der Funktion $F$ streng monoton wachsend, in den Intervallen $[-2; 0]$ und $[2; 4]$ streng monoton fallend.
- Da die Funktion $f$ eine ungerade Funktion ist, ist $F$ eine gerade Funktion. Wegen $F(-3) = 0$ ist also auch $F(3) = 0$.

53

**9 a)** $\int\limits_1^{-2} (x^2 - 1)\, dx = \left[\frac{1}{3}x^3 - x\right]_1^{-2} = \left[-\frac{8}{3} + 2 - (\frac{1}{3} - 1)\right] = 0$

**b)** $\int\limits_{-1}^{-2} (\frac{1}{x^2} + \frac{1}{x^3})\, dx = \left[-\frac{1}{x} - \frac{1}{2x^2}\right]_{-1}^{-2} = \left[\frac{1}{2} - \frac{1}{8} - (1 - \frac{1}{2})\right] = -\frac{1}{8}$

**c)** $\int\limits_{-0,5}^{-1} (\frac{1}{t^4} + \frac{1}{2}t^2 + 1)\, dt = \left[\frac{1}{3t^3} + \frac{1}{6}t^3 + t\right]_{-0,5}^{-1}$
$= \left[-\frac{1}{3} - \frac{1}{6} - 1 - (-\frac{8}{3} - \frac{1}{48} - 0{,}5)\right] = \frac{81}{48} = \frac{27}{16}$

**d)** $\int\limits_1^2 (2 - 3x)^2\, dx = \int\limits_1^2 (4 - 12x + 9x^2)\, dx = \left[4x - 6x^2 + 3x^3\right]_1^2$
$= [8 - 24 + 24 - (4 - 6 + 3)] = 7$

**e)** $\int\limits_0^{\frac{3}{2}\pi} (x - \cos x)\, dx = \left[\frac{1}{2}x^2 - \sin x\right]_0^{\frac{3}{2}\pi} = \frac{9}{8}\pi^2 + 1$

**f)** $\int\limits_2^3 \frac{x^3 - 1}{x^2}\, dx = \int\limits_2^3 (x - \frac{1}{x^2})\, dx = \left[\frac{1}{2}x^2 + \frac{1}{x}\right]_2^3 = \left[\frac{9}{2} + \frac{1}{3} - (2 + \frac{1}{2})\right] = \frac{7}{3}$

**g)** $\int\limits_{-2}^3 |x|\, dx = \int\limits_{-2}^0 (-x)\, dx + \int\limits_0^3 x\, dx = \left[-\frac{1}{2}x^2\right]_{-2}^0 + \left[\frac{1}{2}x^2\right]_0^3 = 2 + \frac{9}{2} = \frac{13}{2}$

(Natürlich kann man dieses Integral auch rein geometrisch durch die Berechnung von Dreiecksflächen berechnen.)

**h)** $\int\limits_{-\pi}^{\pi} \sin t\, dt = [-\cos t]_{-\pi}^{\pi} = [-\cos\pi + \cos(-\pi)] = 0$

(sin ist eine ungerade Funktion!)

**i)** $\int\limits_{-2}^3 (4u^3 - 2u^2 + 1)\, du = \left[u^4 - \frac{2}{3}u^3 + u\right]_{-2}^3$
$= \left[81 - 18 + 3 - (16 + \frac{16}{3} - 2)\right] = \frac{140}{3}$

**10** Die Funktion $f$ ist jeweils die Ableitungsfunktion der gegebenen Funktion $F$. $F$ lässt sich nur dann als Integralfunktion schreiben, wenn $F$ wenigstens eine Nullstelle besitzt.

**a)** $f(x) = F'(x) = -\frac{1}{2\cdot\sqrt{x^3}}$. $F$ lässt sich nicht als Integralfunktion schreiben, da $F$ keine Nullstelle hat.

**b)** $f(x) = F'(x) = \frac{\cos^2(x)+\sin^2(x)}{\cos^2(x)} = \frac{1}{\cos^2(x)}$ (Quotientenregel).

$F$ kann als Integralfunktion geschrieben werden, da $F(0) = 0$ ist:

$$F(x) = \int_0^x \frac{1}{\cos^2(t)}\,dt.$$

**c)** $f(x) = F'(x) = \frac{2x}{x^2+1}$. Wegen $F(0) = \ln 1 = 0$ ist $F(x) = \int_0^x \frac{2t}{t^2+1}\,dt$.

**d)** $F'(x) = -2x\cdot e^{-x^2}$ (Kettenregel). $F$ lässt sich nicht als Integralfunktion schreiben, da $F$ keine Nullstelle hat.

**e)** $F(x) = x + 3 \Rightarrow F'(x) = 1$. $F(x) = \int_{-3}^x dt$

**f)** $F'(x) = -2\cdot(2x-\pi)\cdot 2\cdot\sin(2x-\pi)^2 = 4\cdot(2x-\pi)\cdot\sin(2x-\pi)^2$ (Kettenregel).

$F(x) = 0$ z. B. für $(2x-\pi)^2 = \frac{\pi}{2} \Leftrightarrow x = \pm\frac{1}{2}\sqrt{\frac{\pi}{2}} + \frac{\pi}{2}$, also ist z. B.

$$F(x) = \int_{\frac{\sqrt{2\pi}+2\pi}{4}}^x (4\cdot(2t-\pi)\cdot\sin(2t-\pi)^2)\,dt$$

**11** Da $F$ differenzierbar ist mit $F'(x) = f(x)$, ist auch $G\colon x \mapsto \frac{1}{a}F(ax)$ differenzierbar und es gilt: $G'(x) = \frac{1}{a}F'(ax)\cdot a = f(ax)$. Also ist $G$ eine Stammfunktion zu $x \mapsto f(ax)$.

**12 a)** Da $-\cos$ eine Stammfunktion zu sin ist, folgt aus dem Ergebnis von Aufgabe 11:

$$\int_0^\pi 2\sin(2x)\,dx = 2\int_0^\pi \sin(2x)\,dx = 2\left[-\tfrac{1}{2}\cos(2x)\right]_0^\pi = -\cos(2\pi) + \cos(0)$$
$$= 0$$

(Das gleiche Ergebnis erhält man auch, wenn man beachtet, dass der Graph von $x \mapsto \sin(2x)$ punktsymmetrisch zum Punkt $(\frac{\pi}{2}|0)$ ist.)

**b)** Da für $x > 0$ die Funktion $F\colon x \mapsto \ln(x+1)$ eine Stammfunktion zu $f\colon x \mapsto \frac{1}{x+1}$ ist, erhält man:

$$\int_1^3 \frac{1}{3x+1}\,dx = \left[\tfrac{1}{3}\cdot\ln(3x+1)\right]_1^3 = \tfrac{1}{3}\cdot\ln(10) - \tfrac{1}{3}\cdot\ln(4) = \tfrac{1}{3}\cdot\ln(2{,}5).$$

**c)** Da $F\colon x \mapsto 2\cdot\sqrt{x+1}$ eine Stammfunktion zu $f\colon x \mapsto \frac{1}{\sqrt{x+1}}$ ist erhält man:

$$\int_0^2 \frac{1}{\sqrt{0{,}5x+1}}\,dx = \left[\frac{1}{0{,}5}\cdot 2\cdot\sqrt{0{,}5x+1}\right]_0^2 = 4\cdot\sqrt{2} - 4.$$

**d)** Da $F: t \mapsto e^t$ eine Stammfunktion zu $f: t \mapsto e^t$ ist, erhält man:

$$\int_1^x e^{-2t}\,dt = \left[-\tfrac{1}{2}\cdot e^{-2t}\right]_1^x = -\tfrac{1}{2}\cdot e^{-2x} + \tfrac{1}{2}\cdot e^{-2}.$$

**13** $\int_0^k (x^2+1)\,dx = \frac{4}{3} \Leftrightarrow \left[\frac{1}{3}x^3 + x\right]_0^k = \frac{4}{3} \Leftrightarrow \frac{1}{3}k^3 + k = \frac{4}{3}$
$\Leftrightarrow k^3 + 3k - 4 = 0 \Leftrightarrow k = 1$.

(Dass 1 die einzige Lösung der Gleichung ist, entnimmt man entweder einer Skizze des Graphen der Funktion $x \mapsto x^3 + 3x - 4$ oder einer Monotoniebetrachtung dieser Funktion oder man löst die Gleichung - wenn behandelt - mithilfe der Polynomdivision.)

**14 a)** Die Funktion $f$ ist die Ableitung der Funktion $F$, deren Graph in Bild 53/1 gezeichnet ist.
Daraus ergeben sich folgende Eigenschaften von $f$:

- Die Extremstellen ($x_1 < x_2 < x_3$) von $F$ sind Nullstellen von $f$;
- für $x < x_1$ und für $x_2 < x < x_3$ sind die Funktionswerte von $f$ negativ, für $x_1 < x < x_2$ und für $x_3 < x$ positiv.
- Die Wendestellen $x_4$ und $x_5$ von $F$, die etwa bei 0,7 und bei 3,7 liegen, sind Extremstellen von $f$.
- Für $x < x_4$ und für $x_5 < x$ ist der Graph von $f$ streng monoton steigend, für $x_4 < x < x_5$ streng monoton fallend.

53 **b)**

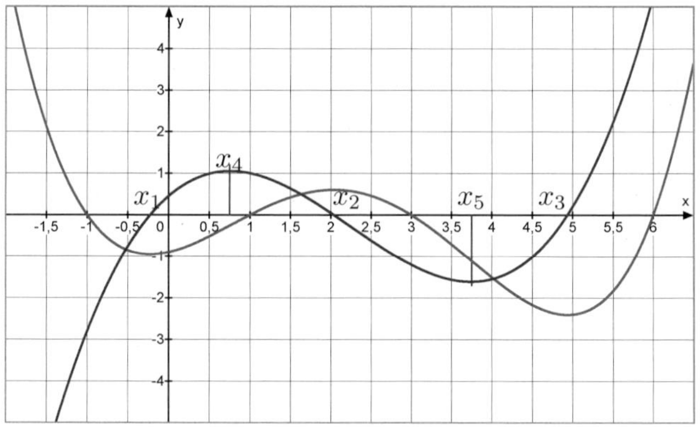


**c)** Für $a$ kommen nur die Nullstellen von $F$ in Frage, also $-1$, 1, 3 und 6.

**Noch fit?**

**I a)** $\overrightarrow{RS} = \frac{1}{2}\overrightarrow{HG} + \overrightarrow{GC} + \frac{1}{2}\overrightarrow{CB} = \frac{1}{2}\vec{a} - \vec{c} - \frac{1}{2}\vec{b}$

**b)** $\vec{B} = \vec{A} + \vec{a} = \begin{pmatrix}-1\\1\\2\end{pmatrix} + \begin{pmatrix}1\\4\\1\end{pmatrix} = \begin{pmatrix}0\\5\\3\end{pmatrix} \Rightarrow B(0|5|3)$

$\vec{C} = \vec{A} + \vec{a} + \vec{b} = \vec{B} + \vec{b} = \begin{pmatrix}0\\5\\3\end{pmatrix} + \begin{pmatrix}-1\\3\\2\end{pmatrix} = \begin{pmatrix}-1\\8\\5\end{pmatrix} \Rightarrow C(-1|8|5)$

$\vec{D} = \vec{A} + \vec{b} = \begin{pmatrix}-1\\1\\2\end{pmatrix} + \begin{pmatrix}-1\\3\\2\end{pmatrix} = \begin{pmatrix}-2\\4\\4\end{pmatrix} \Rightarrow D(-2|4|4)$

$\vec{E} = \vec{A} + \vec{c} = \begin{pmatrix}-1\\1\\2\end{pmatrix} + \begin{pmatrix}2\\-1\\5\end{pmatrix} = \begin{pmatrix}1\\0\\7\end{pmatrix} \Rightarrow E(1|0|7)$

$\vec{F} = \vec{B} + \vec{c} = \begin{pmatrix}0\\5\\3\end{pmatrix} + \begin{pmatrix}2\\-1\\5\end{pmatrix} = \begin{pmatrix}2\\4\\8\end{pmatrix} \Rightarrow F(2|4|8)$

$\vec{G} = \vec{C} + \vec{c} = \begin{pmatrix}-1\\8\\5\end{pmatrix} + \begin{pmatrix}2\\-1\\5\end{pmatrix} = \begin{pmatrix}1\\7\\10\end{pmatrix} \Rightarrow G(1|7|10)$

$\vec{H} = \vec{D} + \vec{c} = \begin{pmatrix}-2\\4\\4\end{pmatrix} + \begin{pmatrix}2\\-1\\5\end{pmatrix} = \begin{pmatrix}0\\3\\9\end{pmatrix} \Rightarrow H(0|3|9)$

$\vec{R} = \vec{H} + \frac{1}{2}\vec{a} = \begin{pmatrix}0\\3\\9\end{pmatrix} + \frac{1}{2}\begin{pmatrix}1\\4\\1\end{pmatrix} = \begin{pmatrix}0,5\\5\\9,5\end{pmatrix} \Rightarrow R(0,5|5|9,5)$ 53

$\vec{S} = \vec{B} + \frac{1}{2}\vec{b} = \begin{pmatrix}0\\5\\3\end{pmatrix} + \frac{1}{2}\begin{pmatrix}-1\\3\\2\end{pmatrix} = \begin{pmatrix}-0,5\\6,5\\4\end{pmatrix} \Rightarrow S(-0,5|6,5|4)$

**c)** Aus Teilaufgabe a) erhält man: $\overrightarrow{RS} = \begin{pmatrix}-1\\1,5\\-5,5\end{pmatrix}$,

somit ist $\overline{RS} = \sqrt{(-1)^2 + 1,5^2 + (-5,5)^2} = \sqrt{33,5}$.

**II** Der Vektor $\overrightarrow{UV}$ ist in vier gleiche Teile zu teilen, den gesuchten Punkt $S$ erhält man durch $\vec{S} = \vec{U} + \frac{1}{4}\overrightarrow{UV} = \begin{pmatrix}7\\7\\3\end{pmatrix} + \frac{1}{4}\begin{pmatrix}-4\\-8\\2\end{pmatrix} = \begin{pmatrix}6\\5\\3,5\end{pmatrix}$.

$S$ hat also die Koordinaten $S(6|5|3,5)$.

**III** Den Schwerpunkt $S$ des Dreiecks erhält man (siehe Skizze) durch

$\vec{S} = \vec{U} + \frac{2}{3}\overrightarrow{UT} = \vec{U} + \frac{2}{3}(\frac{1}{2}\vec{v} + \frac{1}{2}\vec{w})$
$= \vec{U} + \frac{1}{3}\vec{v} + \frac{1}{3}\vec{w}$.

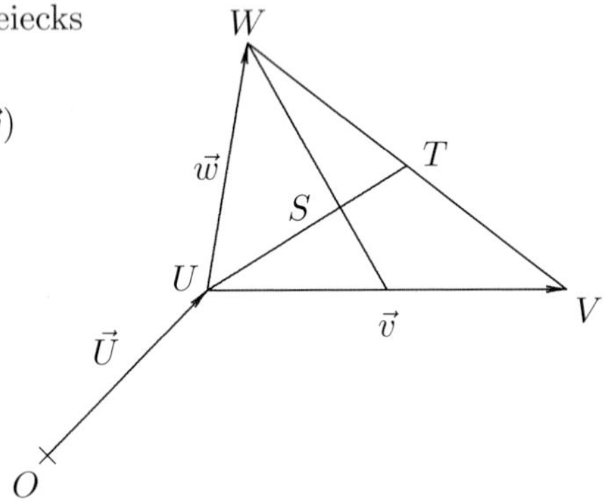


In der Merkhilfe ist angegeben:
$\vec{S} = \frac{1}{3}(\vec{U} + \vec{V} + \vec{W})$.

Ersetzt man darin $\vec{V}$ durch $\vec{U} + \vec{v}$ und $\vec{W}$ durch $\vec{U} + \vec{w}$, so erhält man:

$\vec{S} = \frac{1}{3}(\vec{U} + \vec{U} + \vec{v} + \vec{U} + \vec{w}) = \vec{U} + \frac{1}{3}\vec{v} + \frac{1}{3}\vec{w}$, also das obige Ergebnis.

## Anwenden

**15 a)** $F'(x) = 3x^2$, $F(1) = 0$, also ist $F(x) = \int_1^x (3t^2)dt$. 54

**b)** $F'(x) = \frac{2}{x}$, $F(e^2) = 0$, also ist $F(x) = \int_{e^2}^x (\frac{2}{t})dt$.

**c)** $F$ besitzt keine Nullstelle, deshalb lässt sich $F$ nicht als Integralfunktion schreiben.

**d)** $F'(x) = \frac{x}{\sqrt{x^2-1}}$, $F(1) = F(-1) = 0$.

Da aber weder 1 noch $-1$ in der maximalen Definitionsmenge von $F'$ enthalten sind, kann man $F$ nicht als Integralfunktion schreiben.

*Hinweis: Man kann diese Teilaufgabe zum Anlass nehmen, den Grenzwert von* $\int_a^x \left(\frac{t}{\sqrt{t^2-1}}\right)dt$ *für* $a \mapsto 0$ *zu betrachten.*

**16 a)** $F'(x) = \frac{1}{2\cdot\sqrt{x+1}}$

$$G'(x) = \frac{1+\sqrt{x+1}-x\cdot\frac{1}{2\cdot\sqrt{x+1}}}{(1+\sqrt{x+1})^2} = \frac{2\cdot\sqrt{x+1}+2\cdot(x+1)-x}{1+2\cdot\sqrt{x+1}+x+1}\cdot\frac{1}{2\cdot\sqrt{x+1}} = \frac{1}{2\cdot\sqrt{x+1}}$$

Also sind sowohl $F$ als auch $G$ Stammfunktionen der Funktion $x \mapsto \frac{1}{2\cdot\sqrt{x+1}}$.

**b)** $F(3) = 0$, $G(0) = 0$,

also gilt:

$$F(x) = \int_3^x \frac{1}{2\cdot\sqrt{t+1}}\,dt,$$

$$G(x) = \int_0^x \frac{1}{2\cdot\sqrt{t+1}}\,dt.$$

$$G(x) = F(x) + \int_0^3 \frac{1}{2\cdot\sqrt{t+1}}\,dt$$
$$= F(x) + \left[\sqrt{t+1}\right]_0^3$$
$$= F(x) + 2\ .$$

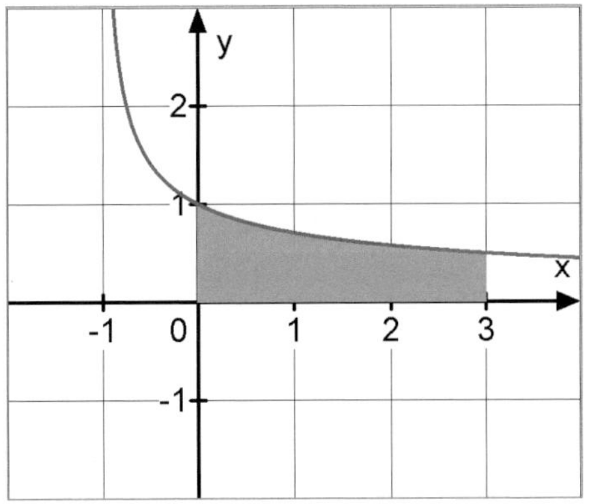


Dies bedeutet, dass der Inhalt der Fläche zwischen dem Graphen der Funktion $x \mapsto \frac{1}{2\cdot\sqrt{t+1}}$ und der $x$-Achse im Intervall $[0;3]$ gleich 2 FE beträgt (s. Skizze).

**17 a)** $\int_{-3}^{3}(2x^4 - x^3 + 2x)dx = \int_{-3}^{3}(2x^4)dx + \int_{-3}^{3}(-x^3 + 2x)dx.$

Da der Graph der Funktion $f\colon x \mapsto -x^3 + 2x$ punktsymmetrisch zum Ursprung ist und das Integrationsintervall $[-3;3]$ symmetrisch zu 0, ist der Wert des zweiten Integrals gleich 0 (die Flächen zwischen dem Graphen von $f$ und der $x$-Achse oberhalb und unterhalb der $x$-Achse sind gleich groß).

**b)** Die Integrationsintervalle sind bei allen drei Integralen symmetrisch zu 0, deshalb kann man entsprechend zu den Überlegungen in Teilaufgabe a) den ungeraden Anteil des Integranden jeweils vernachlässigen.

$$\int_{-2}^{2}(x^3 - 2x^2 + 4x - 1)dx = \int_{-2}^{2}(-2x^2 - 1)dx = 2\cdot\int_0^2(-2x^2 - 1)dx$$
$$= 2\cdot\left[-\tfrac{2}{3}x^3 - x\right]_0^2 = \tfrac{11}{3}\ ;$$

$$\int_{-\pi}^{\pi}(x^2 - \sin^3 x)dx = \int_{-\pi}^{\pi} x^2\,dx = 2\cdot\int_0^{\pi} x^2\,dx = 2\cdot\left[\tfrac{1}{3}x^3\right]_0^{\pi} = \tfrac{2}{3}\pi^3;$$

$$\int_{-\frac{\pi}{4}}^{\frac{\pi}{4}}(\tan x + e^x)dx = 2\cdot\int_0^{\frac{\pi}{4}} e^x\,dx = 2\cdot\left[e^x\right]_0^{\frac{\pi}{4}} = 2\cdot e^{\frac{\pi}{4}} - 2$$

(tan ist eine ungerade Funktion).

**c)** Der Graph der Funktion sin ist punktsymmetrisch zum Punkt $(\pi|0)$, das Integrationsintervall $[0;2\pi]$ ist ebenfalls symmetrisch zu diesem Punkt. Deshalb ist $\int_0^{2\pi}(2+\sin x)dx = \int_0^{2\pi} 2\,dx$ also gleich der Flächenmaßzahl des Rechtecks mit der Seitenlängen 2 und $2\pi$.

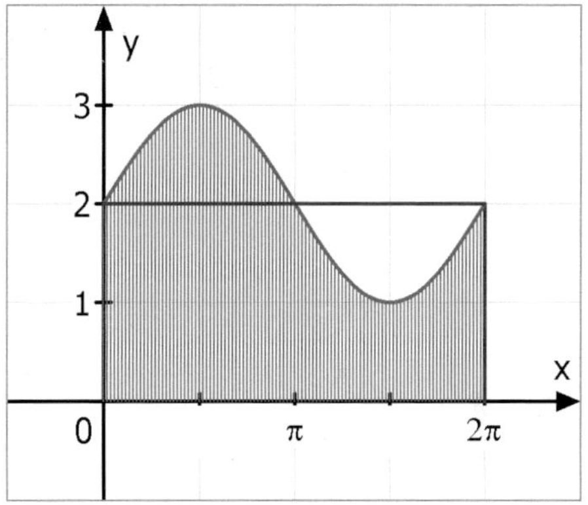


Der Graph der Funktion $x \mapsto 2 + \sin x$ entsteht aus dem Graphen der Sinusfunktion durch Translation um 2 Einheiten in Richtung der $y$-Achse, die Flächenbilanz der Flächenstücke zwischen dem Graphen der Funktion $x \mapsto 2 + \sin x$ und der Geraden $y = 2$ im Intervall $[0;2\pi]$ ist 0.

**18** Auf Seite 43 ist der Mittelwert einer Funktion $f$ auf dem Intervall $[a;b]$ der Definitionsmenge definiert durch $\frac{1}{b-a}\int_a^b f(x)dx$.

Dementsprechend erhält man folgende Mittelwerte:

54 **a)** $\frac{1}{2} \cdot \int\limits_1^3 (x^2 - 3 - \frac{5}{x^2})dx$

$= \frac{1}{2}\left[\frac{1}{3}x^3 - 3x + \frac{5}{x}\right]_1^3$

$= \frac{1}{2} \cdot \left[(9 - 9 + \frac{5}{3}) - (\frac{1}{3} - 3 + 5)\right]$

$= -\frac{1}{3}$

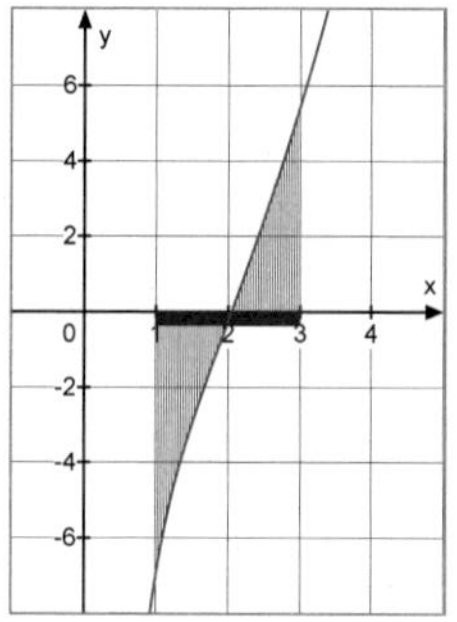


**b)** $\frac{1}{\pi} \cdot \int\limits_0^{\pi} (1 - \sin(2x))dx = \frac{1}{\pi} \cdot \left[x + \frac{1}{2}\cos(2x)\right]_0^{\pi}$

$= \frac{1}{\pi} \cdot (\pi + \frac{1}{2} - \frac{1}{2}) = 1$

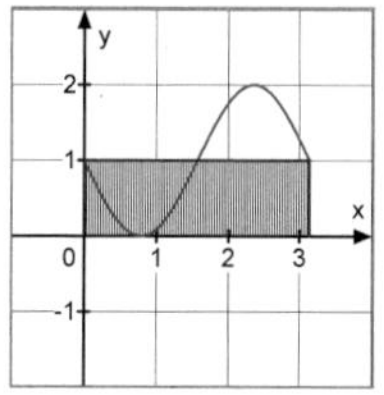


**c)** Da die Funktion $f\colon x \mapsto 0{,}5x^2 + \cos(2x)$ gerade ist, ist

$\int\limits_{-\frac{\pi}{2}}^{\frac{\pi}{2}} (0{,}5x^2 + \cos(2x))dx = 2 \cdot \int\limits_0^{\frac{\pi}{2}} (0{,}5x^2 + \cos(2x))dx.$

Da andererseits das Intervall $[-\frac{\pi}{2}; \frac{\pi}{2}]$ doppelt so lang ist wie das Intervall $[0; \frac{\pi}{2}]$ sind die Mittelwerte der Funktion $f$ in beiden Intervallen gleich.

$\frac{2}{\pi} \cdot \int\limits_0^{\frac{\pi}{2}} (0{,}5x^2 + \cos(2x))dx = \frac{2}{\pi} \cdot \left[\frac{1}{6}x^3 + \frac{1}{2}\sin(2x)\right]_0^{\frac{\pi}{2}} = \frac{\pi^2}{24}.$

**19 a)**

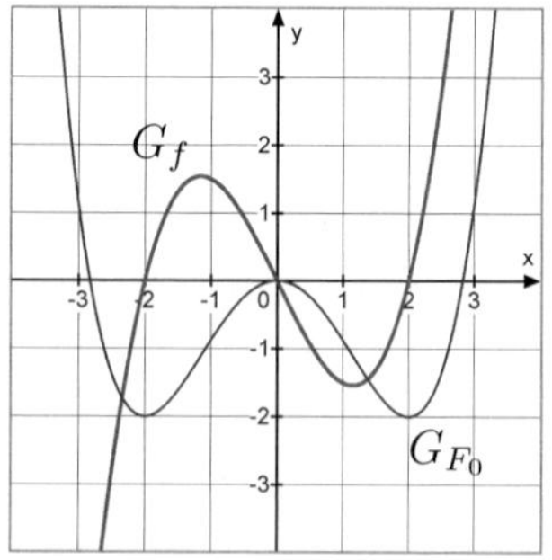


**b)** Jede Stammfunktion zu $f: t \mapsto \frac{1}{2}t^3 - 2t$ ist von der Form $F: t \mapsto \frac{1}{8}t^4 - t^2 + c$ mit einer reellen Konstanten $c$. 54

Aus $F(4) = 0$ erhält man $c = -16$.

$F: t \mapsto \frac{1}{8}t^4 - t^2 - 16$ ist die gesuchte Stammfunktion.

$F$ ist eine gerade Funktion, also ist auch $F(-4) = 0$.

**c)** $F_0(x) = \int\limits_0^x (\frac{1}{2}t^3 - 2t)dt = \frac{1}{8}x^4 - x^2$, d. h. $F_0(x) = F(x) + 16$.

Geometrisch bedeutet dies, dass die Flächenbilanz der Flächenstücke zwischen dem Graphen von $f$ und der $x$-Achse im Intervall $[-4; 0]$ bzw. im Intervall $[0; 4]$ vom Betrag her gleich 16 ist (sowohl $\int\limits_{-4}^0 (\frac{1}{2}t^3 - 2t)dt$ als auch $\int\limits_4^0 (\frac{1}{2}t^3 - 2t)dt$ ist gleich $-16$).

**d)** Die Extremstellen der Funktion $F_0$ sind die Nullstellen von $f$; $-2$ und 2 sind Minimumstellen, 0 ist eine Maximumstelle für $F_0$. Die zugehörigen Funktionswerte sind $-2$ bzw. 0. (Der Graph von $F_0$ ist in Teilaufgabe a) eingezeichnet.)

**20** Die maximale Definitionsmenge der Funktion $g\colon x \mapsto -\frac{1}{x^2}$ ist $\mathbb{R}\backslash 0$, besteht also aus den beiden disjunkten Teilintervallen $]-\infty; 0[$ und $]0; \infty[$. Zwei Stammfunktionen von $g$ unterscheiden sich auf jedem der beiden Teilintervalle um eine additive Konstante, diese beiden Konstanten müssen aber nicht gleich sein. Deshalb kann man in jedem der beiden Teilintervalle einen Funktionswert für eine Stammfunktion vorgeben.

Jede Stammfunktion zu $g$ hat also die Form $G: x \mapsto \begin{cases} \frac{1}{x} + c_1 \text{ für } x > 0, \\ \frac{1}{x} + c_2 \text{ für } x < 0. \end{cases}$

Aus den Vorgaben der Aufgabe ergeben sich $c_1 = 1$ und $c_2 = 6$.

**21**

$F(x) = \ln|x| = \begin{cases} \ln x \text{ für } x > 0, \\ \ln -x \text{ für } x < 0. \end{cases}$

54 Für $x > 0$ erhält man unmittelbar $F'(x) = \frac{1}{x}$, für $x < 0$ liefert die Kettenregel $F'(x) = \frac{1}{-x} \cdot (-x)$. Also ist $F$ mit $F(x) = \ln|x|$ eine Stammfunktion zu $x \mapsto x^{-1}$.

Wenn man die Definitionsmenge der Funktion $x \mapsto x^{-1}$ auf $x > 0$ bzw. auf $x < 0$ beschränkt (was bei der Berechnung von Integralen dieser Funktion immer der Fall ist), dann erhält man mit $x \mapsto \ln|x| + c$ ($c \in \mathbb{R}$) tatsächlich alle Stammfunktionen auf diesem Intervall.

**22** Die Ableitung der Funktion $G$ ist die Integrandenfunktion $g: t \mapsto \frac{10t}{t^2+4}$. Die einzige Nullstelle von $g$ ist 0, für $x < 0$ sind die Funktionswerte negativ, für $x > 0$ positiv.
Also ist der Graph von $G$ für $x < 0$ streng monoton fallend, für $x > 0$ streng monoton steigend. 0 eine lokale (sogar absolute) Minimumstelle für $G$.
Da die absolute Minimumstelle 0 als untere Integrationsgrenze gleichzeitig Nullstelle von $G$ ist, ist 0 die einzige Nullstelle von $G$.

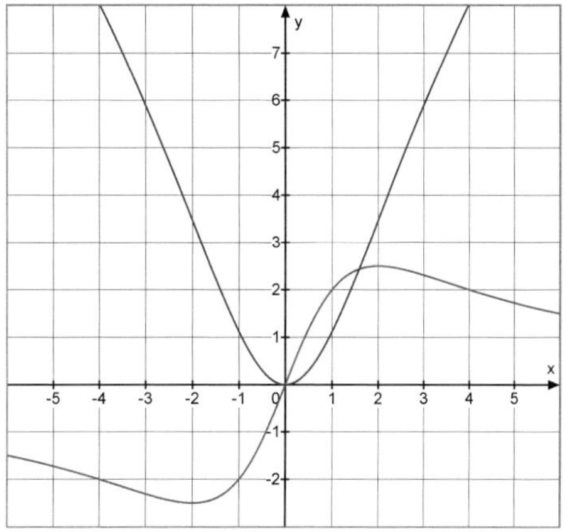


55 **23** $F'(x) = \frac{1}{(2x^2+8)^2} \cdot 4x$
$= \frac{4x}{4\cdot(x^2+4)^2} = f(x)$

$G'(x) = \frac{2x\cdot(2x^2+8)-(x^2+3)\cdot 4}{(2x^2+8)^2}$
$= \frac{4x^3+16x-4x^3-12x}{4\cdot(x^2+4)^2}$
$= \frac{x}{(x^2+4)^2} = f(x)$

Beide Funktionen sind tatsächlich Stammfunktionen von $f$. Wie man leicht nachrechnet, ist $G(x) = F(x) + \frac{1}{2}$.
Keine der beiden Funktionen ist eine Integralfunktion zu $f$.

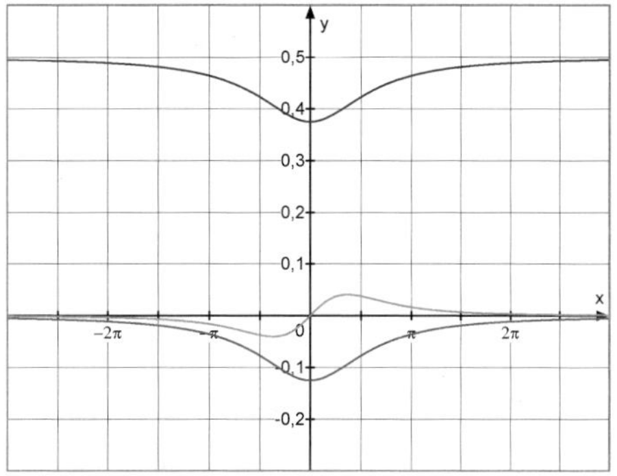


**24** Für die Funktion $f$ ist 2 eine Sprungstelle, d. h. die Funktion $f$ ist an der Stelle 2 nicht stetig. Deshalb sind die Voraussetzungen für den Hauptsatz nicht erfüllt.

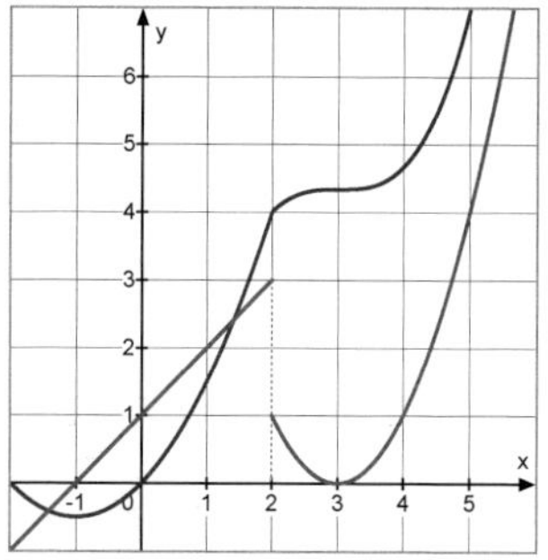


Für $x \le 2$ gilt:

$$F(x) = \int_0^x f(t)dt = \int_0^x (t+1)dt = \left[\tfrac{1}{2}t^2 + t\right]_0^x$$
$$= \tfrac{1}{2}x^2 + x.$$

Für $x > 2$ gilt: $F(x) = F(2) + \int_2^x (t^2 - 6t + 9)dt = \left[\tfrac{1}{3}t^3 - 3t^2 + 9t\right]_2^x$
$$= \tfrac{1}{3}x^3 - 3x^2 + 9x - \tfrac{14}{3}.$$

Der rechtsseitige Grenzwert von $F$ an der Stelle 2 ist $F(2) = 4$, ebenso der linksseitige Grenzwert, also ist $F$ stetig an der Stelle 2. Jedoch ist die linksseitige Ableitung gleich 1, die rechtsseitige Ableitung gleich 3. Also ist $F$ an der Stelle 2 nicht differenzierbar.

## Vernetzen

**25** Dies ist eine direkte Folgerung aus dem Hauptsatz der Differential- und Integralrechnung.

**26** $\int_1^x \frac{1}{t^2}\,dt = \left[-\frac{1}{t}\right]_1^x = -\frac{1}{x} + 1;$

damit ergibt sich $\lim\limits_{x\to\infty} \int_1^x \frac{1}{t^2}dt = 1.$

Dieses Resultat bedeutet, dass die sich ins Unendliche erstreckende Fläche zwischen dem Graphen von $t \mapsto \frac{1}{t^2}$ und der $t$-Achse den endlichen Flächeninhalt 1 hat.

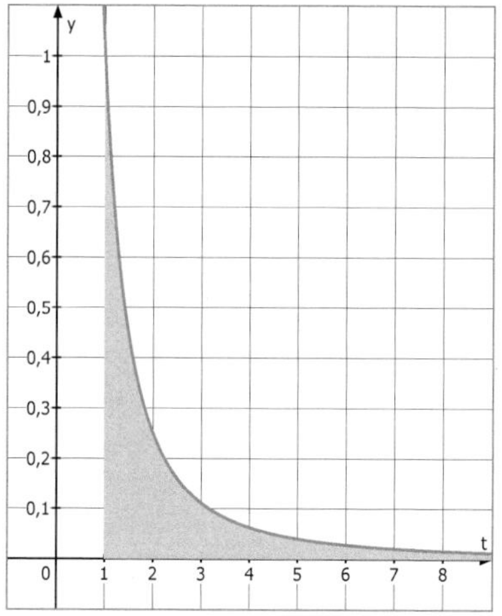

**27 a)** Die Arbeit, die erforderlich ist, um die Rakete in 300 km Höhe zu bringen ist gleich dem Integral über die Anziehungskraft in den Grenzen von 6370 km bis 6670 km. Verwendet man alle gegebenen Daten in den Grundeinheiten m, s, kg, so ergibt sich:

$$\int\limits_{6{,}370\cdot 10^6}^{6{,}670\cdot 10^6} \frac{6{,}673\cdot 10^{-11}\cdot 5\cdot 10^5\cdot 5{,}97\cdot 10^{24}}{x^2}dx \approx 1{,}992\cdot 10^{20}\left[-\tfrac{1}{x}\right]_{6{,}370\cdot 10^6}^{6{,}670\cdot 10^6}$$
$$= 1{,}992\cdot 10^{14}\cdot\left(-\tfrac{1}{6{,}670}+\tfrac{1}{6{,}370}\right)$$
$$\approx 1{,}407\cdot 10^{12}.$$

Es ist also die Arbeit von ca. $1{,}407\cdot 10^{12}$ J erforderlich.

**b)** Die Arbeit $W_\infty$, die notwendig ist, um die Rakete aus dem Gravitationsfeld der Erde zu bringen, erhält man, wenn man in der Rechnung in Teilaufgabe a) die obere Integrationsgrenze gegen $\infty$ gehen lässt.

Man erhält: $W_\infty \approx 1{,}992\cdot 10^{14}\cdot\frac{1}{6{,}370}$ J $\approx 3{,}172\cdot 10^{13}$ J.

**c)** Die kinetische Energie eines Körpers der Masse $m$, der sich mit der Geschwindigkeit $v$ bewegt, ist $E_{\text{kin}} = \frac{1}{2}mv^2$.

Wenn die Rakete mit der Masse 500 t beim Start die kinetische Energie $W_\infty$ haben soll, muss ihre Anfangsgeschwindigkeit $v$ der Gleichung $W_\infty = \frac{1}{2}\cdot 5\cdot 10^5$ kg $\cdot\, v^2$ genügen.

Damit ergibt sich: $3{,}172\cdot 10^{13}\text{ J} = \frac{1}{2}\cdot 5\cdot 10^5\text{ kg}\cdot v^2$

$$\Leftrightarrow v = \sqrt{\frac{2\cdot 3{,}172\cdot 10^{13}}{5\cdot 10^5}\frac{\text{m}}{\text{s}}} \approx 1{,}126\cdot 10^4\frac{\text{m}}{\text{s}} = 11{,}26\frac{\text{km}}{\text{s}}$$

Die Mindestgeschwindigkeit, die ein Körper besitzen muss, um von einem Punkt der Erdoberfläche das Gravitationsfeld der Erde zu überwinden, d. h. sich ohne weiteren Antrieb aus dem Gravitationsfeld der Erde entfernen zu können, beträgt ca. $11{,}26\frac{\text{km}}{\text{s}}$.

Diese Geschwindigkeit bezeichnet man auch als Fluchtgeschwindigkeit.

**28 a)/b)** In dem Bild gibt die schwarze Kurve den zeitlichen Verlauf der Strahlungsleistung wieder.

Der Graph der Funktion $f\colon x \mapsto 480\cdot\cos(0{,}4\cdot x - 49) + 510$ ($x$: Uhrzeit) ist in Hellgrau eingetragen.



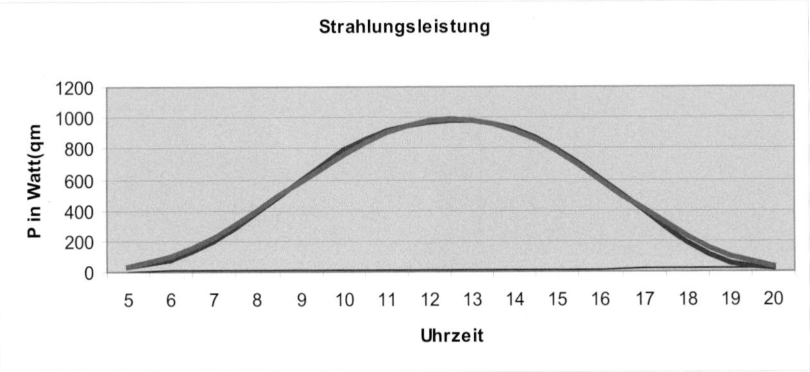


**c)** Die Gesamtenergie, mit der die Sonne im Laufe des Tages einen Quadratmeter der Photovoltaikanlage bestrahlt hat, erhält man durch Integration der Funktion $f$ im Zeitintervall $[5;20]$.

$$\int\limits_5^{20}(480\cdot\cos(0{,}4\cdot x - 49) + 510)dx = \left[\tfrac{480}{0{,}4}\sin(0{,}4x - 49) + 510x\right]_5^{20}$$
$$\approx 10390 - 2402 = 7988$$

Im Laufe des Tages hat die Sonne einen Quadratmeter der Photovoltaikanlage mit einer Energie von ca. 7990 Ws bestrahlt. Dieser Wert unterscheidet sich nur wenig von dem Näherungswert 7930 Ws, den man erhält, wenn man annimmt, die eingestrahlte Leistung pro Quadratmeter wäre jeweils für eine Stunde konstant geblieben.

### Hinweise zur Bearbeitung der Aufträge

56 **Auftrag 1** **Logo**

Dieser Auftrag wird bei der Erarbeitung (Seite 58 ff.) verwendet.

**Auftrag 2** **Ponte dei Salti**

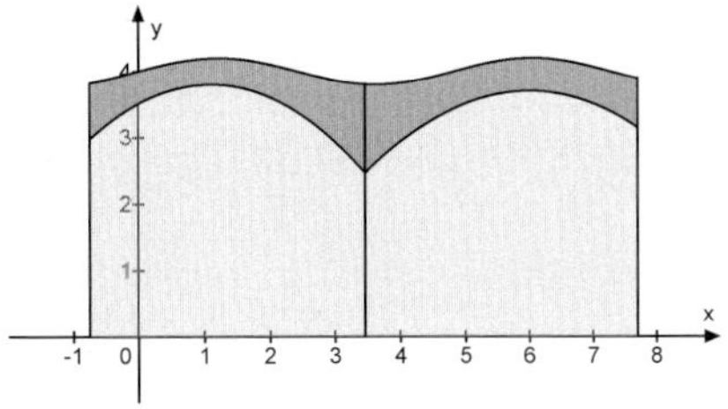


Aus dem nebenstehenden Bild erkennt man unmittelbar, dass man den gesuchten Inhalt $A$ der Seitenflächen dadurch erhält, dass man von dem Inhalt der Fläche zwischen dem Graphen von $f$ und der $x$-Achse in den Intervallen $[-0{,}75; 3{,}45]$ und $[3{,}45; 7{,}7]$ den Inhalt der Fläche zwischen dem Graphen von $g$ bzw. $h$ in diesen Intervallen subtrahiert und die beiden Ergebnisse addiert:

$$A = \int_{-0,75}^{3,45} f(x)dx - \int_{-0,75}^{3,45} g(x)dx + \int_{3,45}^{7,7} f(x)dx - \int_{3,45}^{7,7} h(x)dx.$$

Die numerische Berechnung wird einfacher, wenn man die Intervalladditivität des Integrals verwendet:

$$A = \int_{-0,75}^{7,7} f(x)dx - \int_{-0,75}^{3,45} g(x)dx - \int_{3,45}^{7,7} h(x)dx$$
$$= \left[-\tfrac{0,2}{1,3}\cos(1{,}3x) + 4x\right]_{-0,75}^{7,7} - \left[-0{,}08(x-1{,}1)^3 + 3{,}8x\right]_{-0,75}^{3,45}$$
$$- \left[-\tfrac{0,19}{3}(x-6)^3 + 3{,}7x\right]_{3,45}^{7,7} \approx 34{,}01 - 14{,}42 - 14{,}36 = 5{,}23.$$

Nützt man dagegen die Linearität des Integrals aus, so erhält man:

$$\int_{-0,75}^{3,45} (f(x) - g(x))dx + \int_{3,45}^{7,7} (f(x) - h(x))dx$$

und wird bereits formulieren können, wie man die Fläche zwischen den Graphen zweier Funktionen $f$ und $g$ berechnet. Allerdings bedarf es hier der Betrachtung weiterer Beispiele, um das Vorgehen auch dann zu beschreiben, wenn die Graphen sich in dem betrachteten Intervall schneiden.

**Auftrag 3** **Eisenbahnlinie** 57

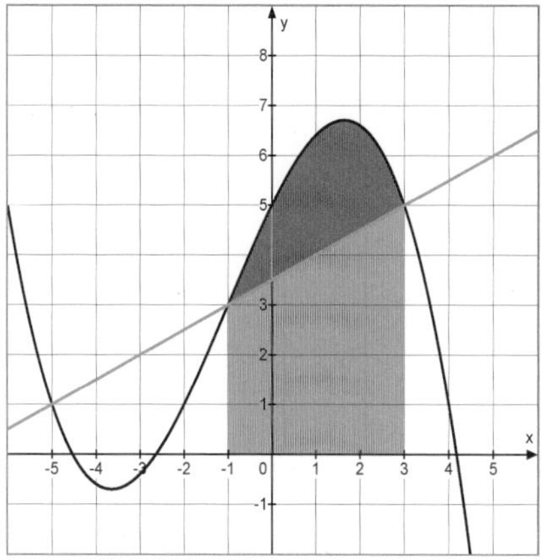


Das nebenstehende Bild zeigt die Situation in einem Koordinatensystem. Die Gleichung der Geraden (Bahnlinie) durch die Punkte $(-5|1)$ und $(3|5)$ ist $y = 0{,}5x + 3{,}5$, sie schneidet den Graphen der Funktion $f$ in einem 3.Punkt $(-1|3)$. Dies überprüft man einfach durch Einsetzen.
Der Inhalt der Fläche $A_1$ zwischen Fluss und Bahnlinie im Intervall $[-1; 3]$ ergibt sich – wie in dem Bild unmittelbar zu erkennen ist – dadurch, dass man den Inhalt der Fläche zwischen der Geraden und der $x$-Achse von dem Inhalt der Fläche zwischen dem Graphen von $f$ und der $x$-Achse subtrahiert.

$$A_1 = \int_{-1}^{3} f(x)dx - \int_{-1}^{3} (0{,}5x + 3{,}5)dx.$$

Wendet man den Satz über die Linearität des Integrals an, so erhält man:

$$A_1 = \int_{-1}^{3} (f(x) - 0{,}5x - 3{,}5)dx = \int_{-1}^{3} (-0{,}1x^2 - 0{,}3x^2 + 1{,}3x + 1{,}5x)dx$$
$$= \left[-0{,}025x^4 - 0{,}1x^3 + 0{,}65x^2 + 1{,}5x\right]_{-1}^{3} = 5{,}625 + 0{,}775 = 6{,}4.$$

Um den Inhalt $A_2$ der Fläche zwischen dem Graphen von $f$ und der Geraden im Intervall $[-5; -1]$ zu berechnen, überlegt man sich, dass eine Translation beider Graphen (z. B. um 2) parallel zur $y-$Achse den Inhalt dieser Fläche nicht verändert und dass man dann im Prinzip ebenso vorgehen kann wie im Intervall $[-1; 3]$.
Man erhält:

$$A_2 = \int_{-5}^{-1} (0{,}5x + 3{,}5 + 2)dx - \int_{-5}^{-1} (f(x) + 2)dx = \int_{-5}^{-1} (0{,}5x + 3{,}5 - f(x))dx$$

und sieht, dass man direkt über die Differenz der beiden Funktionen integrieren kann (die vorhergehende Verschiebung der beiden Graphen also unnötig ist). Die Rechnung liefert für $A_2$ ebenfalls den Wert 6,4, also für den Inhalt der Gesamtfläche zwischen dem Graphen von $f$ und der Geraden 12,8 (FE).

57 Dass $A_2$ gleich $A_1$ ist, erhält man natürlich unmittelbar, wenn man erkennt, dass der Punkt $(-1|3)$ Wendepunkt und damit Symmetriepunkt des Graphen von $f$ ist.

Fasst man alle Ergebnisse zusammen, so erhält man - wie in der Erarbeitung von Auftrag 1 - eine Beschreibung des Vorgehens bei der Berechnung des Inhalts eines Flächenstücks, das von den Graphen zweier Funktionen $f$ und $g$ berandet ist.

**Auftrag 4** **Rangierlok**

Die Zeit-Geschwindigkeits-Funktion der Rangierlok ist die stückweise definierte Funktion $f$ mit

$$f(t) = \begin{cases} -\frac{2}{9}(t-3)^2+6 & \text{für } 0 \le t < 4 \\ -\frac{4}{3}t + \frac{32}{3} & \text{für } 4 \le t < 8 \\ 0 & \text{für } 8 \le t < 14 \\ \frac{1}{2}(t-18)^2 - 8 & \text{für } 14 \le t < 18 \\ -8 & \text{für } 18 \le t < 20 \end{cases}$$

Für beide Fragestellungen sind die bestimmten Integrale über $f$ in den entsprechenden Intervallen zu berechnen.

$$\int_0^4 f(t)dt = \int_0^4 (-\tfrac{2}{9}(t-3)^2+6)dt = \left[-\tfrac{2}{27}(t-3)^3+6t\right]_0^4 \approx 21{,}93$$

$$\int_4^8 f(t)dt = \int_4^8 (-\tfrac{4}{3}t+\tfrac{32}{3})dt = \left[-\tfrac{2}{3}t^2+\tfrac{32}{3}t\right]_4^8 = \tfrac{32}{3} \approx 10{,}67$$

$$\int_{14}^{18} f(t)dt = \int_{14}^{18} (\tfrac{1}{2}(t-18)^2-8)dt = \left[\tfrac{1}{6}(t-18)^3-8t\right]_{14}^{18} = -\tfrac{64}{3} \approx -21{,}33$$

$$\int_{18}^{20} f(t)dt = \int_{18}^{20} (-8)dt = -16$$

Die Entfernung der Rangierlok von ihrem Startpunkt nach 20 s ist die Flächenbilanz der Flächen zwischen dem Graphen von $f$ und der $t$-Achse im Intervall $[0;20]$, also

$$\int_0^{20} f(t)dt \approx 21{,}93+10{,}67-21{,}33-16 = -4{,}73.$$

Die Rangierlok befindet sich nach 20 s ca. 5 m von ihrem Startpunkt entfernt und zwar in Gegenrichtung zur Fahrtrichtung in den ersten 8 s.

Um die Wegstrecke $s$ zu erhalten, die die Rangierlok in den 20$s$ zurückgelegt hat, muss man die Beträge der einzelnen Teilintegrale addieren, also die Inhalte der Flächenstücke zwischen dem Graphen von $f$ und der $t$-Achse in den einzelnen Zeitintervallen: 57
$s \approx 21{,}93+10{,}67+21{,}33+16+8{,}73 = 78{,}66$.
Die Rangierlok hat also ca. 79 m zurückgelegt.

Zusammenfassend kommt man zu einer Beschreibung des Vorgehens, wie man die Fläche zwischen dem Graphen einer Funktion $f$ und der $x$-Achse in einem vorgegebenen Intervall berechnet.
Die Verallgemeinerung auf die Berechnung des Inhalts einer von zwei Graphen eingeschlossenen Fläche bedarf weiterführender Beispiele.

## Lösungen der Aufgaben

### Erarbeiten

**1** Das nebenstehende Bild zeigt den Graphen von $f$ und (grau schraffiert) das Flächenstück, dessen Inhalt zu berechnen ist. 61
Die Punkte $A$ und $B$ haben die Koordinaten $(-2|-6)$ bzw. $(4|6)$, die Gerade $AB$ hat demnach die Gleichung $y = 2x - 2$.
Für den gesuchten Flächeninhalt $F$ erhält man:

$$F = \int_{-2}^{4} (6+4x-x^2-2x+2))dx$$
$$= \int_{-2}^{4} (-x^2+2x+8)dx$$
$$= \left[-\tfrac{x^3}{3}+x^2+8x\right]_{-2}^{4}$$
$$= \tfrac{80}{3}+\tfrac{28}{3} = 36.$$

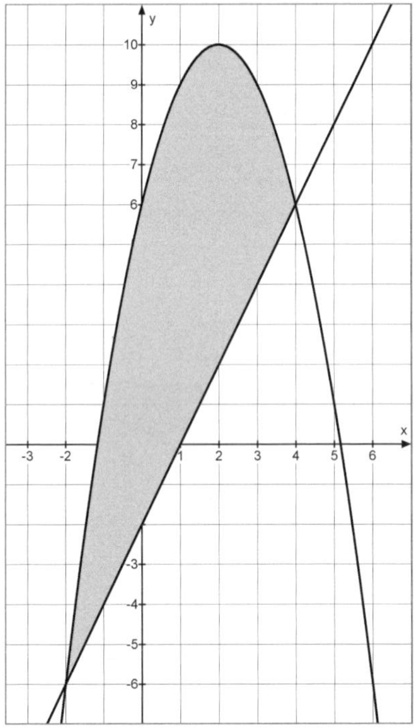

**2** Der Inhalt des im nebenstehenden Bild schraffierten Flächenstücks ist zu berechnen. Die Schnittstellen der beiden Graphen:

$f(x) = g(x)$

$\Leftrightarrow\ -0{,}5x^2 + x + 1{,}5 = x - 3$

$\Leftrightarrow\ -0{,}5x^2 + 4{,}5 = 0$

$\Leftrightarrow\ x = 3\ \vee\ x = -3.$

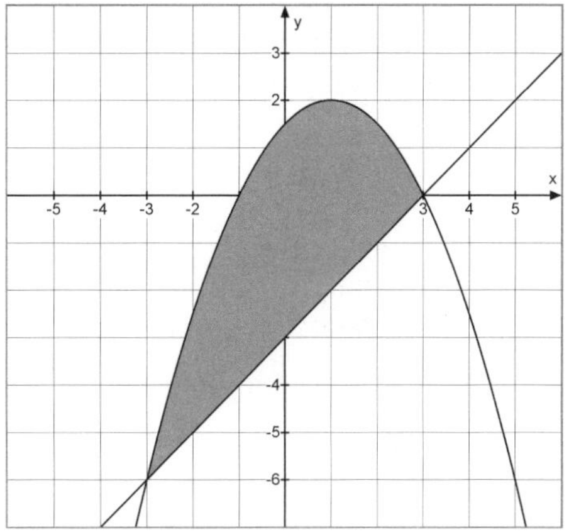


$$\int_{-3}^{3} (f(x) - g(x))dx = \int_{-3}^{3} (-0{,}5x^2 + 4{,}5)dx = \left[-\tfrac{1}{6}x^3 + 4{,}5x\right]_{-3}^{3} = 18.$$

Der Inhalt des schraffierten Flächenstücks ist 18 FE.

**3 a)** Die Nullstellen der Funktion $f$ in $[0; 3\pi]$:

$\sin x + \frac{\sqrt{2}}{2} = 0$

$\Leftrightarrow\ x = \frac{5}{4}\pi\ \vee\ x = \frac{7}{4}\pi.$

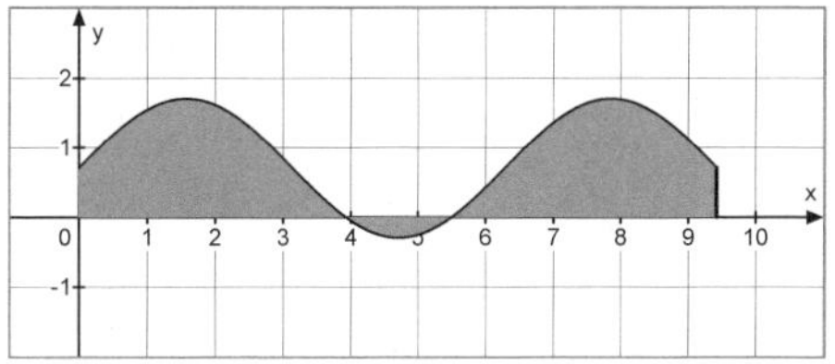


$$\int_{0}^{\frac{5\pi}{4}} f(x) = \left[-\cos x + \tfrac{\sqrt{2}}{2}x\right]_{0}^{\frac{5\pi}{4}} = \tfrac{\sqrt{2}}{2} + \tfrac{5\sqrt{2}\pi}{8} + 1 = \tfrac{\sqrt{2}}{8}(5\pi + 4) + 1$$

$$\int_{\frac{5\pi}{4}}^{\frac{7\pi}{4}} f(x) = \left[-\cos x + \tfrac{\sqrt{2}}{2}x\right]_{\frac{5\pi}{4}}^{\frac{7\pi}{4}} = -\tfrac{\sqrt{2}}{2} + \tfrac{7\sqrt{2}\pi}{8} - \tfrac{\sqrt{2}}{2} - \tfrac{5\sqrt{2}\pi}{8} = \tfrac{\sqrt{2}}{8}(2\pi - 8).$$

Aus Symmetriegründen ist $\int_{\frac{7\pi}{4}}^{3\pi} f(x)dx = \frac{\sqrt{2}}{8}(5\pi + 4) + 1.$

Der gesamte Flächeninhalt ist demnach:

$2 \cdot (\frac{\sqrt{2}}{8}(5\pi + 4) + 1) + \frac{\sqrt{2}}{8}(8 - 2\pi) = \frac{\sqrt{2}}{8}(8\pi + 16) + 2 \approx 9{,}27$ (FE).

**b)** Die Nullstellen der Funktion $f$ im Intervall $[-2; 3]$:

$x^3 - 2x^2 - 3x = 0 \Leftrightarrow x = 0 \vee x = -1 \vee x = 3.$

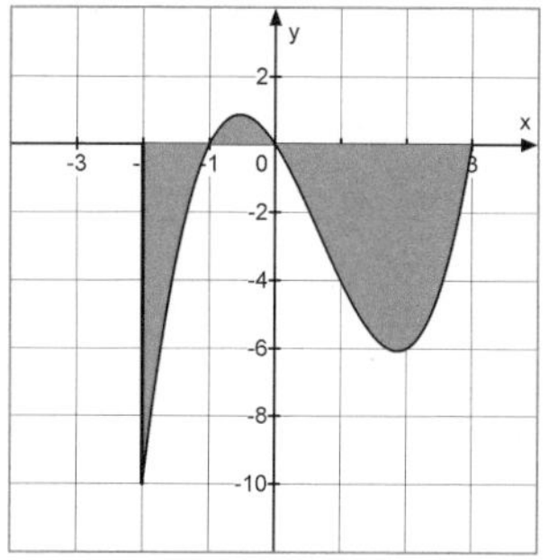


$$\int_{-2}^{-1} f(x)dx = \left[\tfrac{1}{4}x^4 - \tfrac{2}{3}x^3 - \tfrac{3}{2}x^2\right]_{-2}^{-1} = -\tfrac{47}{12}$$

$$\int_{-1}^{0} f(x)dx = \left[\tfrac{1}{4}x^4 - \tfrac{2}{3}x^3 - \tfrac{3}{2}x^2\right]_{-1}^{0} = \tfrac{7}{12}$$

$$\int_{0}^{3} f(x)dx = \left[\tfrac{1}{4}x^4 - \tfrac{2}{3}x^3 - \tfrac{3}{2}x^2\right]_{0}^{3} = -\tfrac{45}{4}.$$

Der Inhalt des schraffierten Flächenstücks ist also $\frac{47}{12} + \frac{7}{12} + \frac{45}{4} = \frac{63}{4}$ (FE).

**c)** Die einzige Nullstelle in dem angegebenen Intervall ist 1.

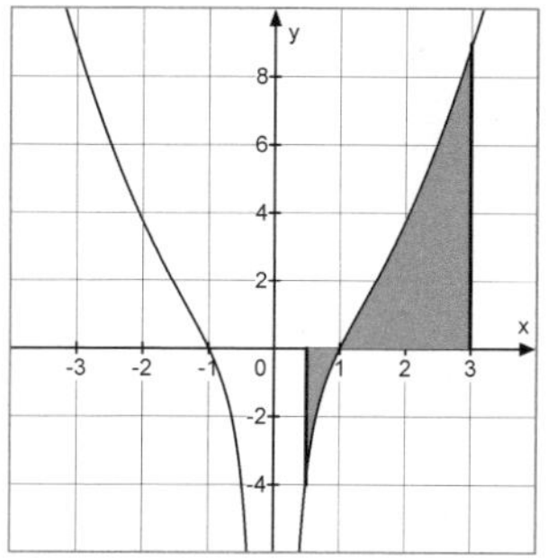


$$\int_{0{,}5}^{1} f(x)dx = \int_{0{,}5}^{1} (x^2 - \tfrac{1}{x^2})dx = \left[\tfrac{x^3}{3} + \tfrac{1}{x}\right]_{0{,}5}^{1}$$
$$= \tfrac{4}{3} - \tfrac{1}{24} - 2 = -\tfrac{17}{24}$$

$$\int_{1}^{3} f(x)dx = \int_{1}^{3} (x^2 - \tfrac{1}{x^2})dx = \left[\tfrac{x^3}{3} + \tfrac{1}{x}\right]_{1}^{3}$$
$$= 9 + \tfrac{1}{3} + \tfrac{4}{3} = 8.$$

Der Inhalt der gesamten Fläche ist demnach $8 + \frac{17}{24} = \frac{209}{24}$(FE).

**d)** Berechnung der Nullstelle:

$e^x - 3 = 0 \Leftrightarrow x = \ln 3.$

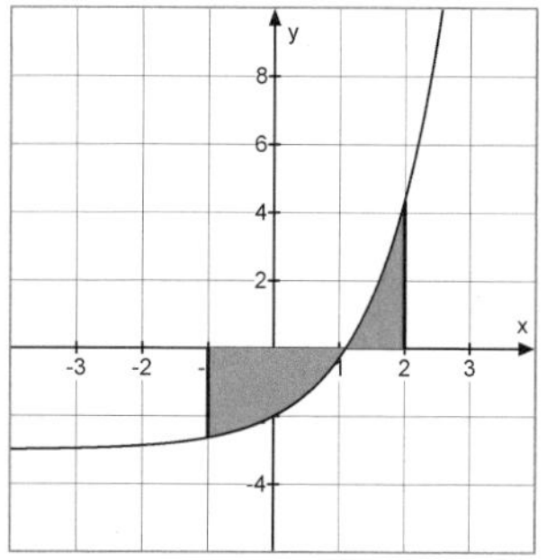


$$\int_{-1}^{\ln 3} f(x)dx = [e^x - 3x]_{-1}^{\ln 3}$$
$$= 3 - 3\ln 3 - e^{-1} - 3$$
$$= \ln 27 - e^{-1}$$

$$\int_{\ln 3}^{2} f(x)dx = [e^x - 3x]_{\ln 3}^{2}$$
$$= e^2 - 6 - 3 + 3\ln 3$$
$$= e^2 + \ln 27 - 9$$

Die gesamte Fläche hat also den Inhalt $e^2 + 2\ln 27 + e^{-1} - 9 \approx 5{,}35$ (FE).

**e)** $\int_1^2 f(x)dx = \int_1^2 (1 + x - \frac{1}{x^3})dx$

$= \left[x + \frac{x^2}{2} + \frac{1}{2x^2}\right]_1^2$

$= 2 + 2 + \frac{1}{8} - (1 + \frac{1}{2} + \frac{1}{2})$

$= \frac{17}{8}$

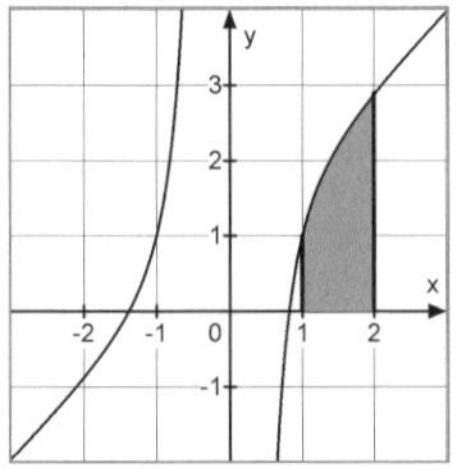

Die schraffierte Fläche hat den Inhalt $\frac{17}{8}$ (FE).

**f)** $\int_{-2}^1 f(x)dx = \int_{-2}^1 (4x^2 - x^4)dx$

$= \left[\frac{4}{3}x^3 - \frac{1}{5}x^5\right]_{-2}^1$

$= \frac{4}{3} - \frac{1}{5} - (-\frac{32}{3} + \frac{32}{5})$

$= \frac{27}{5}$

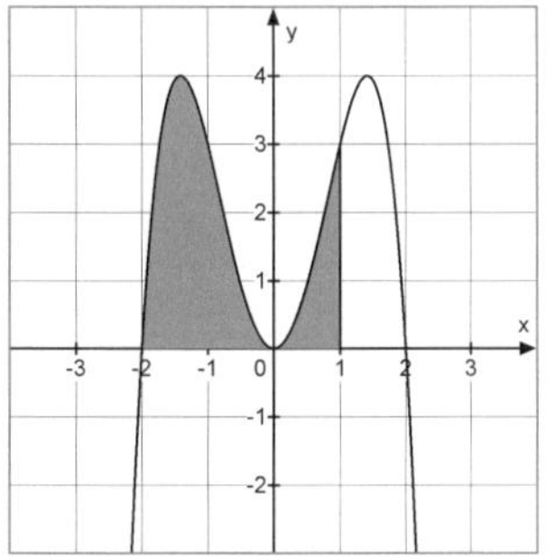

Der Inhalt der schraffierten Fläche ist $\frac{27}{5}$ (FE).

**4 a)** Die Nullstellen der Funktion $f$ mit $f(x) = 0{,}5x^3 - 4{,}5x^2$ sind 0 und 9.

$\int_0^9 f(x)dx$

$= \int_0^9 (0{,}5x^3 - 4{,}5x^2)dx$

$= \left[\frac{1}{8}x^4 - \frac{3}{2}x^3\right]_0^9$

$= -273{,}375.$

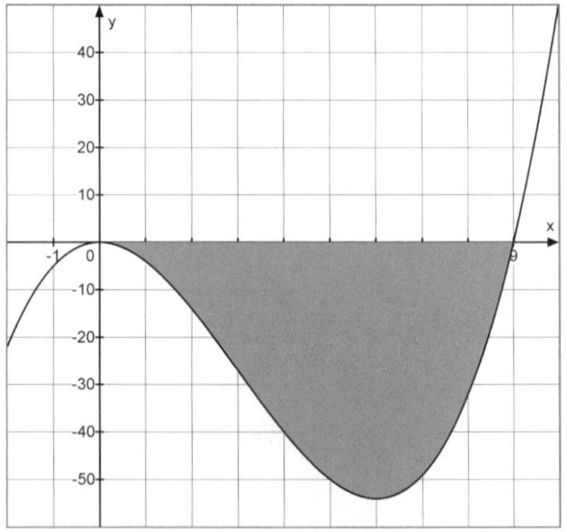

Der Inhalt der gesuchten Fläche beträgt 273,375 FE.

**b)** Die Nullstellen der Funktion $f$ mit $f(x) = x^3 - 4x^2 + 3x$ sind 0; 1 und 3.

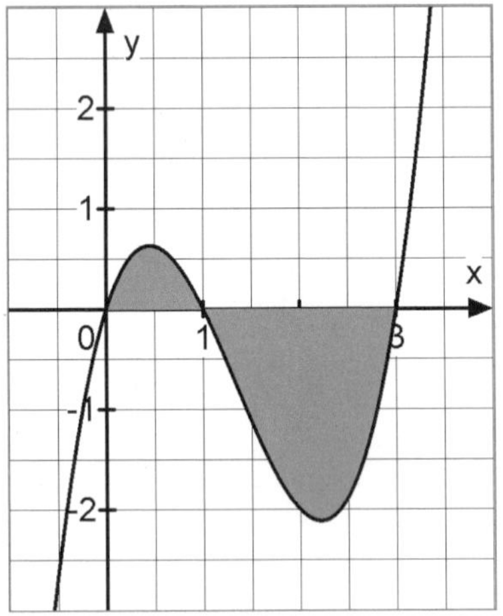

$\int_0^1 f(x)dx = \int_0^1 (x^3 - 4x^2 + 3x)dx$

$= \left[\frac{1}{4}x^4 - \frac{4}{3}x^3 + \frac{3}{2}x^2\right]_0^1$

$= \frac{1}{4} - \frac{4}{3} + \frac{3}{2} = \frac{5}{12}$

$\int_1^3 f(x)dx = \int_1^3 (x^3 - 4x^2 + 3x)dx$

$= \left[\frac{1}{4}x^4 - \frac{4}{3}x^3 + \frac{3}{2}x^2\right]_1^3$

$= \frac{81}{4} - 36 + \frac{27}{2} - \frac{5}{12}$

$= -\frac{8}{3}$

Der gesuchte Flächeninhalt ist demnach $\frac{5}{12} + \frac{8}{3} = \frac{37}{12}$ (FE).

**c)** Die Nullstellen der Funktion $f$ mit $f(x) = 0{,}5 \cdot (x-4) \cdot (x^3 - 2x^2)$ sind 0; 2 und 4. Um eine Stammfunktion zu $f$ zu finden, wird $f(x)$ ausmultipliziert: $f(x) = 0{,}5x^4 - 3x^3 + 4x^2$.

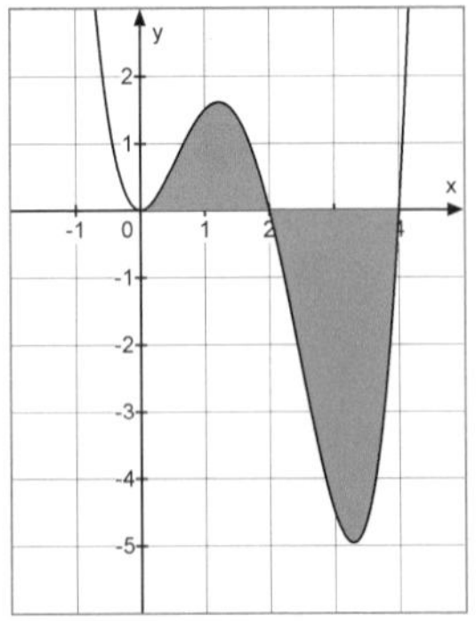

$\int_0^2 f(x)dx = \int_0^2 (0{,}5x^4 - 3x^3 + 4x^2)dx$

$= \left[\frac{1}{10}x^5 - \frac{3}{4}x^4 + \frac{4}{3}x^3\right]_0^2$

$= \frac{16}{5} - 12 + \frac{32}{3} = \frac{28}{15}$

$\int_2^4 f(x)dx = \int_2^4 (0{,}5x^4 - 3x^3 + 4x^2)dx$

$= \left[\frac{1}{10}x^5 - \frac{3}{4}x^4 + \frac{4}{3}x^3\right]_2^4 = -\frac{64}{15} - \frac{28}{15} = -\frac{92}{15}$

Die vom Graphen von $f$ und der $x$-Achse eingeschlossene Fläche hat also den Inhalt $\frac{28}{15} + \frac{92}{15} = \frac{120}{15} = 8$ (FE).

**d)** Die Nullstellen der Funktion $f$ mit $f(x) = x^2 - 3\sqrt{x}$ sind 0 und $\sqrt[3]{9}$.

$$\int_0^{\sqrt[3]{9}} f(x)dx = \int_0^{\sqrt[3]{9}} (x^2 - 3\sqrt{x})dx = \left[\frac{x^3}{3} - 2\sqrt{x^3}\right]_0^{\sqrt[3]{9}} = 3 - 6 = -3$$

Die von dem Graphen von $f$ und der $x$-Achse eingeschlossene Fläche hat den Inhalt 3 FE.

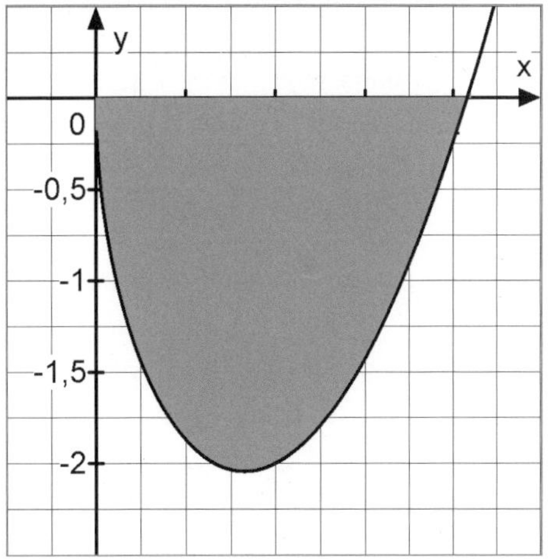


**e)** Die Nullstellen der Funktion $f\colon x \mapsto \frac{13x^2 - 4x^3 - 9}{x^2}$ sind die Nullstellen des Zählers, also $-\frac{3}{4}$; 1 und 3. Die für die Aufgabe relevanten Nullstellen 1 und 3 kann man am Graphen ablesen und durch Einsetzen bestätigen.

$$\int_1^3 f(x)dx = \int_1^3 \left(\frac{13x^2 - 4x^3 - 9}{x^2}\right)dx = \int_1^3 \left(13 - 4x - \frac{9}{x^2}\right)dx = \left[13x - 2x^2 + \frac{9}{x}\right]_1^3 = 39 - 18 + 3 - (13 - 2 + 9) = 4$$

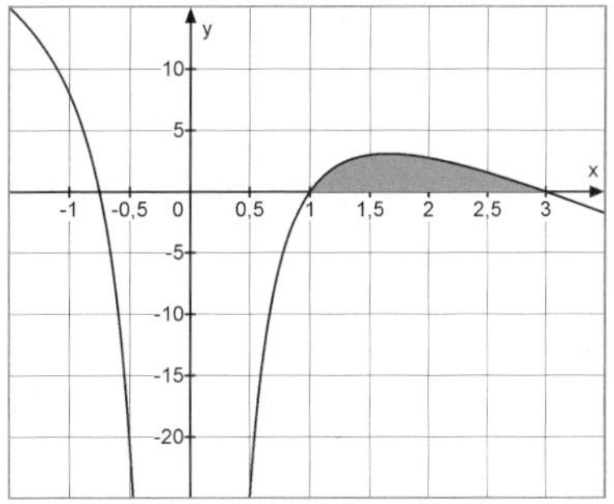


Der Inhalt der vom Graphen von $f$ und der $x$-Achse eingeschlossenen Fläche ist 4 FE.

**f)** Die Nullstellen der Funktion $f$ mit $f(x) = 7 - x - \frac{6}{\sqrt{x}}$ sind 1 und 4. Dies entnimmt man der nebenstehenden Skizze des Graphen und bestätigt es durch Einsetzen. Eine weitere Nullstelle kann es nicht geben, da der Graph der Funktion für $x > 4$ streng monoton fällt.

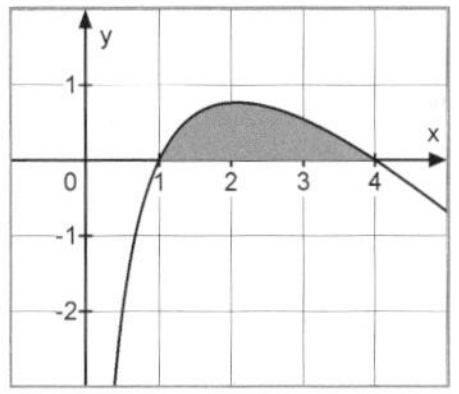


Die Berechnung der Nullstellen von $f$ ist aufwendiger und erfordert die Kenntnis der Polynomdivision:

$7 - x - \frac{6}{\sqrt{x}} = 0 \Leftrightarrow 7 - x = \frac{6}{\sqrt{x}}$.

Quadrieren liefert:

$$49 - 14x + x^2 = \frac{36}{x} \Leftrightarrow 49x - 14x^2 + x^3 - 36 = 0 \ (x \neq 0)$$
$$\Leftrightarrow x = 1 \vee x^2 - 13x + 36 = 0$$
(Erraten einer Nullstelle und Polynomdivision)
$$\Leftrightarrow x = 1 \vee x = 4 \vee x = 9.$$

Da das Quadrieren einer Gleichung keine Äquivalenzumformung ist, ist eine Probe erforderlich. Diese zeigt, dass 9 keine Lösung der Ausgangsgleichung, also auch keine Nullstelle der Funktion $f$ ist.

$$\int_1^4 f(x)dx = \int_1^4 \left(7 - x - \frac{6}{\sqrt{x}}\right)dx = \left[7x - \frac{x^2}{2} - 12\sqrt{x}\right]_1^4 = 28 - 8 - 24 - \left(7 - \frac{1}{2} - 12\right) = \frac{3}{2}$$

Die von dem Graphen von $f$ und der $x$-Achse eingeschlossene Fläche hat den Inhalt 1,5 FE.

**5 a)** Mit $F(x) = 2 \cdot x \cdot \sin x - (x^2 - 2) \cdot \cos x$ ist

$F'(x) = 2 \cdot \sin x + 2 \cdot x \cdot \cos x - 2 \cdot x \cdot \cos x - (x^2 - 2) \cdot (-\sin x)$
(zweimal Produktregel)
$= x^2 \cdot \sin x = f(x)$.

Also ist $F$ eine Stammfunktion zu $f$.

**b)** $$\int_{-\pi}^{\pi} f(x)dx = F(\pi) - F(-\pi) = -(\pi^2 - 2) \cdot \cos\pi + ((-\pi)^2 - 2) \cdot \cos(-\pi) = 0$$

Da die Funktion $f$ eine ungerade Funktion und das Integrationsintervall symmetrisch zu 0 ist, hat das Flächenstück zwischen dem Graphen von $f$ und der $x$-Achse im Intervall $[-\pi; 0]$ den gleichen Inhalt wie das entsprechende Flächenstück im Intervall $[0; \pi]$,

d. h. es gilt $\int_{-\pi}^{0} f(x)dx = -\int_0^{\pi} f(x)dx$ und damit $\int_{-\pi}^{\pi} f(x)dx = 0$.

**c)** $$\int_{-\frac{\pi}{2}}^{0} f(x)dx = 2 + \pi \cdot (-1) = 2 - \pi$$

$\int\limits_0^{\pi} f(x)dx = -(\pi^2 - 2)\cdot\cos\pi - 2 = \pi^2 - 4$

Also ist der Inhalt der Fläche, die vom Graphen von $f$ und der $x$-Achse im Intervall $[-\frac{\pi}{2};\pi]$ eingeschlossen wird, gleich $\pi^2 + \pi - 6 \approx 7{,}01$.

**6 a)** Berechnung der Schnittstellen von $f$ und $g$:

$f(x) = g(x)$

$\Leftrightarrow x^3 - x^2 - 2 = x^3 - 2x^2 + x$

$\Leftrightarrow x^2 - x - 2 = 0 \Leftrightarrow x = -1 \ \vee \ x = 2$

$\int\limits_{-1}^{2} (f(x) - g(x))dx$

$= \int\limits_{-1}^{2} (x^2 - x - 2)dx = \left[\frac{x^3}{3} - \frac{x^2}{2} + 2x\right]_{-1}^{2}$

$= \frac{8}{3} - 2 - 4 - (-\frac{1}{3} - \frac{1}{2} + 2) = -4{,}5$

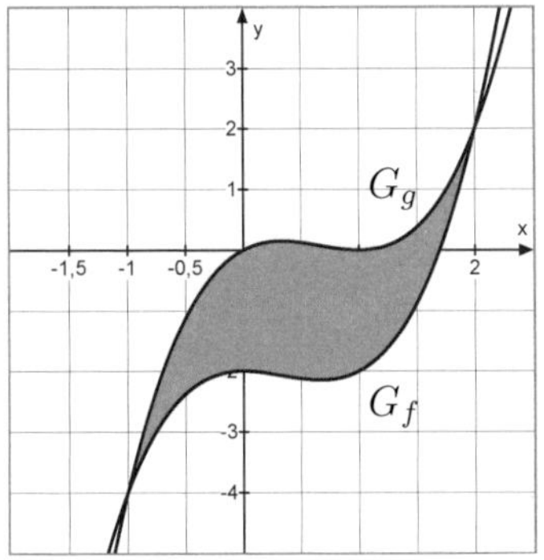


Der Inhalt des Flächenstücks, das von den Graphen von $f$ und von $g$ eingeschlossen wird, hat den Inhalt 4,5 FE.

**b)** Berechnung der Schnittstellen von $f$ und $g$:

$(x^2 - 2)^2 = x^2 \Leftrightarrow x^4 - 5x^2 + 4 = 0$

$\Leftrightarrow x^2 = 1 \ \vee \ x^2 = 4$

$\Leftrightarrow x = -1 \ \vee \ x = -2$

$\vee \ x = 1 \ \vee \ x = 2.$

Da beide Funktionen gerade sind, genügt es, die eingeschlossene Fläche für $x \geq 0$ zu betrachten:

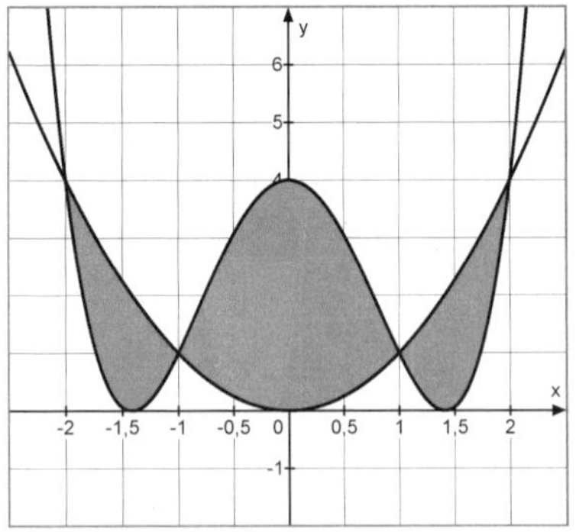


$\int\limits_0^1 (f(x) - g(x))dx = \int\limits_0^1 (x^4 - 5x^2 + 4)dx = \left[\frac{x^2}{5} - \frac{5x^3}{3} + 4x\right]_0^1 = \frac{1}{5} - \frac{5}{3} + 4 = \frac{38}{15}$

$\int\limits_1^2 (f(x) - g(x))dx = \int\limits_1^2 (x^4 - 5x^2 + 4)dx = \left[\frac{x^2}{5} - \frac{5x^3}{3} + 4x\right]_1^2$

$= \frac{32}{5} - \frac{40}{3} + 8 - \frac{38}{15} = -\frac{22}{15}$

Der Inhalt der von den Graphen von $f$ und $g$ eingeschlossenen Fläche ist $2 \cdot \frac{60}{15} = 8$ (FE).



**c)** Berechnung der Schnittstellen von $f$ und $g$:

$x^3 - 5x^2 + 7x - 3 = x - 3$

$\Leftrightarrow x^3 - 5x^2 + 6x = 0$

$\Leftrightarrow x = 0 \ \vee \ x = 2 \ \vee \ x = 3$

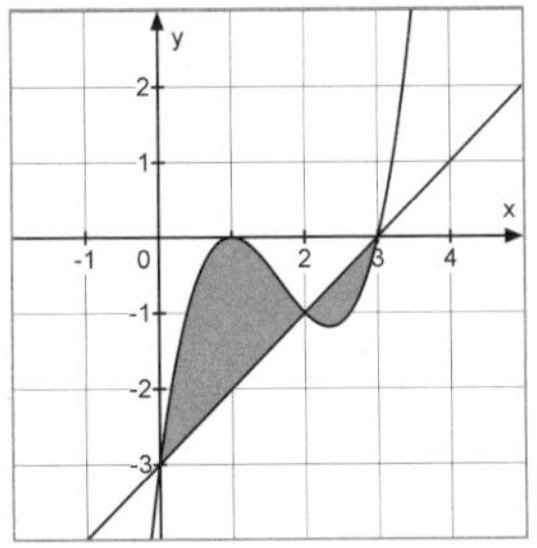


$\int\limits_0^2 (f(x) - g(x))dx = \int\limits_0^2 (x^3 - 5x^2 + 6x)dx$

$= \left[\frac{x^4}{4} - \frac{5x^3}{3} + 3x^2\right]_0^2$

$= 4 - \frac{40}{3} - 12 = \frac{8}{3}$

$\int\limits_2^3 (f(x) - g(x))dx = \int\limits_2^3 (x^3 - 5x^2 + 6x)dx = \left[\frac{x^4}{4} - \frac{5x^3}{3} + 3x^2\right]_2^3$

$= \frac{81}{4} - 45 + 27 - \frac{8}{3} = -\frac{5}{12}$

Der Inhalt der von den Graphen von $f$ und $g$ eingeschlossenen Fläche ist $\frac{37}{12}$ FE.

**7** Zunächst sind die Schnittstellen der beiden Graphen in Abhängigkeit von $k > 0$ zu bestimmen:

$x^2 - k^2 = -\frac{1}{k}x^2 + k$

$\Leftrightarrow x^2(1 + \frac{1}{k}) = k^2 + k \Leftrightarrow x^2\frac{k+1}{k} = k(1 + k)$

$\Leftrightarrow x^2 = k^2 \Leftrightarrow x = k \ \vee \ x = -k.$

Das nebenstehende Bild zeigt die Situation für $k = 2$. Aus Symmetriegründen ist $k > 0$ so zu bestimmen, dass gilt:

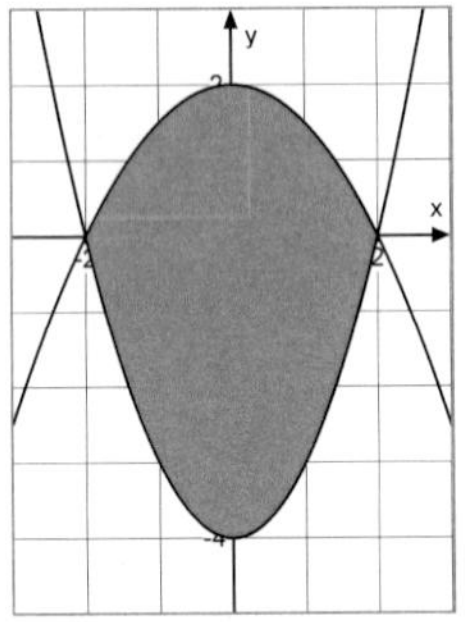


$\int\limits_0^k (k^2 + k - x^2(1 + \frac{1}{k}))dx = 8$

$\int\limits_0^k (k^2 + k - x^2(1 + \frac{1}{k}))dx = \left[(k^2 + k)x - x^3\frac{k+1}{3k}\right]_0^k = k^3 + k^2 - \frac{k^3 + k^2}{3}$

$= \frac{2}{3}(k^3 + k^2)$

Für $k > 0$ ist $\frac{2}{3}(k^3 + k^2) > 0$, also ist die Gleichung $\frac{2}{3}(k^3 + k^2) = 8$ zu lösen.

$\frac{2}{3}(k^3 + k^2) = 8 \Leftrightarrow k^3 + k^2 - 12 = 0.$

61 Man erkennt unmittelbar, dass $k = 2$ eine Lösung dieser Gleichung ist (man kann dies auch am Graphen der Funktion $x \mapsto x^3 + x^2 - 12$ ablesen, siehe Bild) und dass dies auch die einzige Lösung dieser Gleichung ist (der Graph der Funktion ist für $x > 0$ streng monoton steigend).

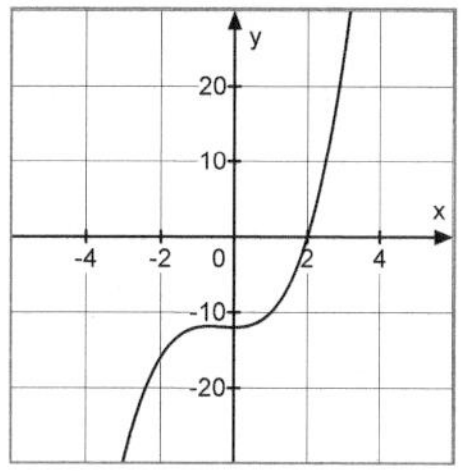


62 **8** Bestimmung der Schnittstellen der beiden Graphen:
Da die beiden Graphen achsensymmetrisch zur $y$-Achse sind, genügt es, den Fall $x > 0$ zu betrachten. Für $x > 0$ gilt:

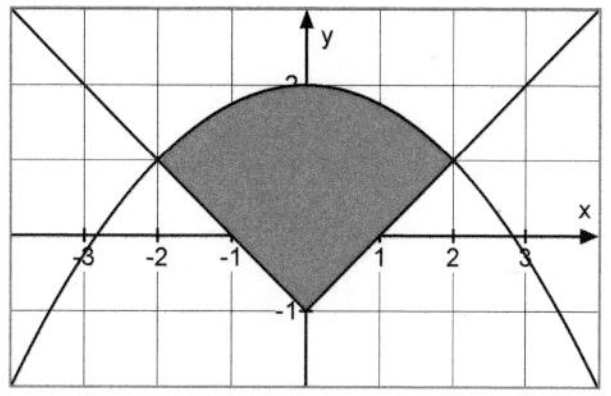


$-\frac{1}{4}x^2 + 2 = |x| - 1 \Leftrightarrow -\frac{1}{4}x^2 + 2 = x - 1$
$\Leftrightarrow x^2 + 4x - 12 = 0 \Leftrightarrow x = 2.$

Der Inhalt der Fläche zwischen den Graphen im Intervall $[0; 2]$ ist

$$\int_0^2 (-\tfrac{1}{4}x^2 - x + 3)dx = \left[-\tfrac{1}{12}x^3 - \tfrac{1}{2}x^2 + 3x\right]_0^2 = -\tfrac{2}{3} - 2 + 6 = \tfrac{10}{3}.$$

Die Fläche, die von den beiden Graphen eingeschlossen wird, ist doppelt so groß. Ihr Inhalt ist also $\frac{20}{3}$ FE.

**9 a)** Die Nullstellen der Funktionen $f_a$ sind 0 und $a$, d. h. das Flächenstück, dass der Graph $G_a$ von $f_a$ mit der $x$-Achse einschließt, hat den Inhalt

$$\int_0^a (-x^2 + ax)dx = \left[-\tfrac{x^3}{3} + \tfrac{ax^2}{2}\right]_0^a = \tfrac{a^3}{6}.$$

**b)** Die Schnittstellen der Normalparabel mit den Scharkurven zu $a = 3$ bzw. $a = 4$ sind 0 und 1,5 bzw. 2.
Für beliebiges $a$ sind die Schnittstellen 0 und $\frac{a}{2}$.
Für $a = 3$ ist der Inhalt des Flächenstücks zwischen Normalparabel und $G_a$ gleich

$$\int_0^{1,5} (3x - 2x^2)dx = \left[\tfrac{3}{2}x^2 - \tfrac{2x^3}{3}\right]_0^{1,5} = 1{,}125$$

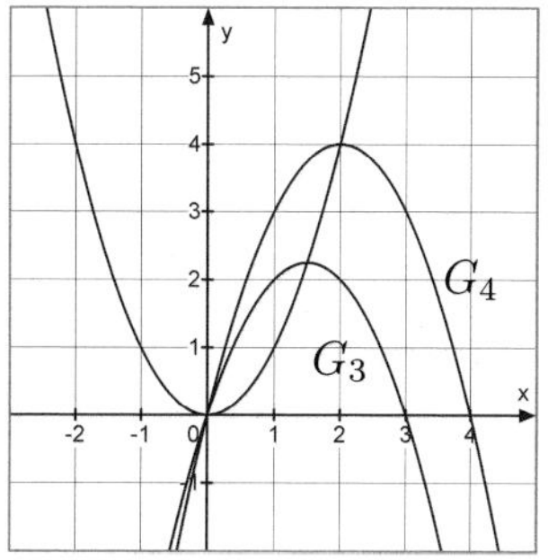


Das Flächenstück zwischen $G_3$ und der $x$-Achse hat den Inhalt $\frac{3^3}{6} = 4{,}5$ (siehe a)). Also ist das Verhältnis der beiden Teilflächen gleich $1 : 3$. Genauso rechnet man aus, dass im Fall $a = 4$ das Verhältnis der beiden Teilflächen ebenfalls gleich $1 : 3$ ist. Man wird also vermuten, dass für beliebiges $a > 0$ das Verhältnis der beiden Teilflächen stets gleich $1 : 3$ ist. 62
Wie oben berechnet man den Inhalt der Fläche zwischen dem Graphen $G_a$ und der Normalparabel:

$$\int_0^{\frac{a}{2}} (-2x^2 + ax)dx = \left[-\tfrac{2}{3}x^3 + \tfrac{ax^2}{2}\right]_0^{\frac{a}{2}} = \tfrac{a^3}{24}.$$

Für das Verhältnis der beiden Teilflächen ergibt sich deshalb:

$$\tfrac{a^3}{24} : (\tfrac{a^3}{6} - \tfrac{a^3}{24}) = \tfrac{a^3}{24} : \tfrac{a^3}{8} = 8 : 24 = 1 : 3.$$

**10** $\int_0^a (4\cos x)dx = [4\sin x]_0^a = 4\sin a;$

$4\sin a = 2 \Leftrightarrow \sin a = 0{,}5 \Leftrightarrow a = \frac{\pi}{6} + 2k\pi, k \in \mathbf{Z}.$

**11** Der Inhalt des Flächenstücks zwischen der Sinuskurve und der $x$-Achse im Intervall $[0; \pi]$ ist $\int_0^{\pi} \sin x\, dx = [-\cos x]_0^{\pi} = -\cos\pi + \cos 0 = 2.$

Also ist $k$ so zu bestimmen, dass $\int_0^k (kx - x^2)dx = 2$ ist.

$$\int_0^k (kx - x^2)dx = \left[\tfrac{kx^2}{2} - \tfrac{x^3}{3}\right]_0^k = \tfrac{k^3}{6};\ \tfrac{k^3}{6} = 2 \Leftrightarrow k^3 = 12 \Leftrightarrow k = \sqrt[3]{12}.$$

Die gesuchte Parabel hat die Gleichung $y = \sqrt[3]{12} \cdot x - x^2$.

**12** Lösung für beliebiges $n \in \mathbb{N}$:
Der Flächeninhalt des Quadrats ist 1 FE.
Der Inhalt des Flächenstücks zwischen dem Graphen $G_n$ der Potenzfunktion $p_n$ und der $x$-Achse im Intervall $[0; 1]$ ist $\int_0^1 p_n(x)dt = \left[\frac{x^{n+1}}{n+1}\right]_0^1 = \frac{1}{n+1}.$

Das Verhältnis der beiden Teilflächen ist demnach

$$\tfrac{1}{n+1} : (1 - \tfrac{1}{n+1}) = \tfrac{1}{n+1} : \tfrac{n}{n+1} = 1 : n.$$

**13 a)**

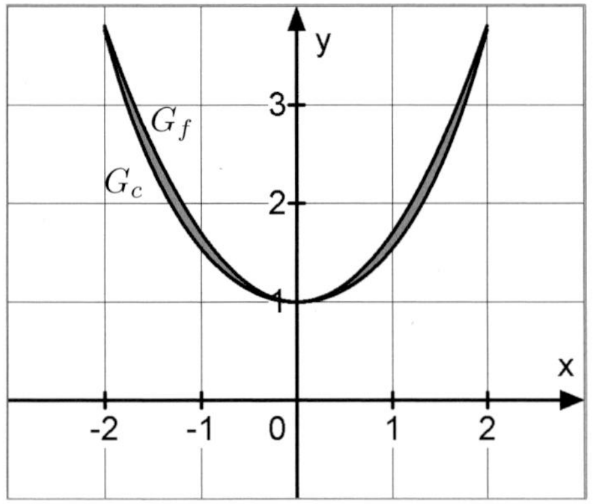


**b)** Um den Inhalt $A$ der von den beiden Graphen begrenzten Fläche zu berechnen, kann man ausnützen, dass beide Graphen symmetrisch zur $y$-Achse sind. Damit erhält man für den gesuchten Flächeninhalt :

$$A = 2 \cdot \int_0^2 (f(x) - c(x))dx = 2 \cdot \int_0^2 \left(0{,}7x^2 + 1 - \frac{e^x + e^{-x}}{2}\right) dx$$
$$= \left[\frac{0{,}7}{3}x^3 + x - \frac{e^x - e^{-x}}{2}\right]_0^2 = 2 \cdot \left(\frac{5{,}6}{3} + 2 - \frac{e^x - e^{-x}}{2}\right) \approx 0{,}48.$$

Die von den beiden Graphen im Intervall $[-2; 2]$ eingeschlossene Fläche hat einen Inhalt von ca. 0,48 FE.

**Noch fit?**

**I a)** Den Flächeninhalt $F_{\triangle ABC}$ des Dreiecks $ABC$ erhält man mithilfe des Vektorprodukts:

$$F_{\triangle ABC} = \frac{1}{2}|\overrightarrow{AB} \times \overrightarrow{AC}| = \frac{1}{2}\left|\begin{pmatrix}8\\4\\6\end{pmatrix} \times \begin{pmatrix}8\\2\\6\end{pmatrix}\right| = \frac{1}{2}\left|\begin{pmatrix}12\\0\\-16\end{pmatrix}\right| = \frac{1}{2} \cdot \sqrt{144 + 256}$$
$$= 10.$$

**b)** Der Mittelpunkt $M$ der Strecke $[BC]$ ergibt sich aus

$$\vec{M} = \frac{1}{2} \cdot (\vec{B} + \vec{C}) = \frac{1}{2}\left(\begin{pmatrix}4\\5\\4\end{pmatrix} + \begin{pmatrix}4\\3\\4\end{pmatrix}\right) = \begin{pmatrix}4\\4\\4\end{pmatrix}.$$

Für das Volumen $V$ der Pyramide gilt: $V = \frac{1}{3} \cdot F_{\triangle ABC} \cdot |\overrightarrow{MS}|$.

Mit $V = 50$ und $F_{\triangle ABC} = 10$ erhält man $\overrightarrow{MS} = 15$.

Die Höhe der Pyramide ist also 15.

Die beiden möglichen Spitzen der Pyramide erhält man demnach, wenn man von dem Punkt $M$ aus jeweils 15 Längeneinheiten in Richtung eines Normalenvektors zur Ebene des Dreiecks $ABC$ geht. Einen solchen Normalenvektor $\vec{n}$ liefert das Vektorprodukt $\overrightarrow{AB} \times \overrightarrow{AC}$.

Aus Teilaufgabe a) entnimmt man z. B. $\vec{n} = \begin{pmatrix}3\\0\\-4\end{pmatrix}$. Wegen $|\vec{n}| = 5$ ergibt sich für die beiden möglichen Spitzen der gesuchten Pyramide:

$$\vec{S_1} = \begin{pmatrix}4\\4\\4\end{pmatrix} + 15 \cdot \frac{1}{5} \cdot \begin{pmatrix}3\\0\\-4\end{pmatrix} = \begin{pmatrix}13\\4\\-8\end{pmatrix} \text{ und } \vec{S_2} = \begin{pmatrix}4\\4\\4\end{pmatrix} - 15 \cdot \frac{1}{5} \cdot \begin{pmatrix}3\\0\\-4\end{pmatrix} = \begin{pmatrix}-5\\4\\16\end{pmatrix}.$$

Die beiden möglichen Spitzen sind $S_1(13|4|-8)$ bzw. $S_2(-5|4|16)$.

**II a)** Man berechnet die beiden Vektoren $\overrightarrow{PQ} = \begin{pmatrix}2\\4\\1\end{pmatrix}$ und $\overrightarrow{SR} = \begin{pmatrix}2\\4\\1\end{pmatrix}$.

Da die beiden Vektoren gleich sind, ist das Viereck $PQRS$ ein Parallelogramm.

**b)** Die Koordinaten des Schnittpunkts $M$ der Diagonalen erhält man aus $\vec{M} = \vec{P} + \frac{1}{2}(\overrightarrow{PQ} + \overrightarrow{PS}) = \begin{pmatrix}1\\0\\0\end{pmatrix} + \frac{1}{2} \cdot \begin{pmatrix}-1\\3\\-1\end{pmatrix} = \begin{pmatrix}0\\3\\-1\end{pmatrix}$.

Damit ergibt sich $\overrightarrow{MT} = \begin{pmatrix}-7\\1\\10\end{pmatrix}$.

$M$ ist genau dann Fußpunkt des Lotes von $T$ auf die Parallelogrammebene, wenn $\overrightarrow{MT}$ ein Vielfaches eines Lotvektors zu der Parallelogrammebene ist. Einen solchen Lotvektor erhält man mithilfe des Vektorprodukts:

$\overrightarrow{PQ} \times \overrightarrow{PS} = \begin{pmatrix}2\\4\\1\end{pmatrix} \times \begin{pmatrix}-4\\2\\-3\end{pmatrix} = \begin{pmatrix}-14\\2\\20\end{pmatrix}$. Also ist $\overrightarrow{MT} = \frac{1}{2} \cdot \overrightarrow{PQ} \times \overrightarrow{PS}$.

Die Koordinaten des Spiegelpunkts $T'$ von $T$ an der Parallelogrammebene erhält man aus $\vec{T'} = \vec{T} + 2 \cdot \overrightarrow{TM} = \begin{pmatrix}-7\\4\\9\end{pmatrix} + 2 \cdot \begin{pmatrix}7\\1\\10\end{pmatrix} = \begin{pmatrix}7\\6\\29\end{pmatrix}$.

Der Spiegelpunkt ist demnach der Punkt $T'(7|6|29)$.

62 **c)** Das Volumen $V$ der Doppelpyramide berechnet man mithilfe des Spatprodukts:

$$V = 2 \cdot \tfrac{1}{3} \cdot |(\overrightarrow{PQ} \times \overrightarrow{PS}) \circ \overrightarrow{PT}| = \tfrac{2}{3} \cdot \left| \begin{pmatrix} -14 \\ 2 \\ 20 \end{pmatrix} \circ \begin{pmatrix} -8 \\ 4 \\ 9 \end{pmatrix} \right|$$
$$= \tfrac{2}{3} \cdot (112 + 8 + 180) = 200.$$

**III** Das Viereck $ABCD$ ist ein ebenes Viereck, wenn die beiden Dreiecke $ABC$ und $ACD$ in einer Ebene liegen, insbesondere also Normalenvektoren zu den Dreiecksebenen parallel sind.
Einen Normalenvektor zur Ebene des Dreiecks $ABC$ erhält man durch

$$\overrightarrow{AB} \times \overrightarrow{BC} = \begin{pmatrix} 2 \\ -2 \\ -2 \end{pmatrix} \times \begin{pmatrix} 2 \\ 3 \\ 0 \end{pmatrix} = \begin{pmatrix} 6 \\ -4 \\ 10 \end{pmatrix},$$

einen Normalenvektor zur Ebene des Dreiecks $ACD$ durch

$$\overrightarrow{CD} \times \overrightarrow{DA} = \begin{pmatrix} -1 \\ 1 \\ 1 \end{pmatrix} \times \begin{pmatrix} -3 \\ -2 \\ 1 \end{pmatrix} = \begin{pmatrix} 3 \\ -2 \\ 5 \end{pmatrix}.$$

Die beiden Vektoren sind offensichtlich parallel zueinander.

## Anwenden

63 **14 a)** Wesentliche Eigenschaften des Graphen $G_f$ der Funktion $f$ mit $f(x) = \frac{1}{9}x^3 - \frac{4}{3}x$:

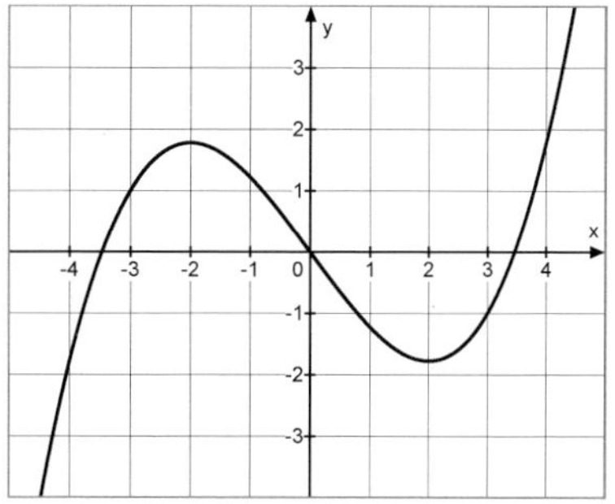


- $G_f$ ist punktsymmetrisch zum Ursprung des Koordinatensystems;
- Nullstellen: $0, \pm \frac{6\sqrt{3}}{3}$;
- $f'(x) = \frac{x^2}{3} - \frac{4}{3} \Rightarrow -2$ und $2$ sind mögliche Extremstellen; $(-2|\frac{16}{9})$ ist Hochpunkt von $G_f$, $(2|-\frac{16}{9})$ ist Tiefpunkt.
- $\lim\limits_{x\to-\infty} f(x) = -\infty$; $\lim\limits_{x\to\infty} f(x) = \infty$.

**b)** Die Gleichung der Tangente im Hochpunkt $(-2|\frac{16}{9})$ ist $y = \frac{16}{9}$. 63
$f(4) = \frac{1}{9}4^3 - \frac{4}{3}4 = \frac{64-48}{9} = \frac{16}{9}$. Also schneidet die Tangente im Hochpunkt den Graphen $G_f$ ein weiteres Mal an der Stelle $4 = -2x_0$.

**c)** Zu berechnen ist $\int\limits_{-2}^{4} (\frac{16}{9} - \frac{1}{9}x^3 + \frac{4}{3}x)dx$.

$$\int\limits_{-2}^{4} (\tfrac{16}{9} - \tfrac{1}{9}x^3 + \tfrac{4}{3}x)dx = \left[\tfrac{16}{9}x - \tfrac{x^4}{36} + \tfrac{2x^2}{3}\right]_{-2}^{4} = \tfrac{64}{9} - \tfrac{64}{9} + \tfrac{32}{3} - (\tfrac{-32}{9} - \tfrac{4}{9} + \tfrac{8}{3})$$
$$= 12.$$

Der Inhalt der Fläche zwischen $G_f$ und der Tangente im Hochpunkt ist 12 FE.

**d)** Der Hochpunkt des Graphen $G$ zu $f$ mit $f(x) = ax^3 - bx$ $(a, b > 0)$ ist $\left(-\sqrt{\frac{b}{3a}} \,\middle|\, \frac{2}{3}b\sqrt{\frac{b}{3a}}\right)$.

$f\left(2\sqrt{\frac{b}{3a}}\right) = 8a \cdot \frac{b}{3a}\sqrt{\frac{b}{3a}} - 2b\sqrt{\frac{b}{3a}} = \sqrt{\frac{b}{3a}}\left(\frac{8}{3}b - 2b\right) = \frac{2}{3}b\sqrt{\frac{b}{3a}}$. Also schneidet die Tangente an den Hochpunkt des Graphen von $G_f$, die Gerade $y = \frac{2}{3}b\sqrt{\frac{b}{3a}}$, den Graphen von $f$ an der Stelle $2\sqrt{\frac{b}{3a}}$ ein weiteres Mal.

**15** Die Schnittstellen des Graphen von $f\colon x \mapsto ax(x^2 - 9)$ mit der Winkelhalbierenden des ersten Quadranten sind $0$ und $\pm\sqrt{\frac{1+9a}{a}}$.

Aus Symmetriegründen genügt es, $a > 0$ so zu bestimmen, dass die Fläche zwischen dem Graphen von $f$ und der Winkelhalbierenden des ersten Quadranten für $x \geq 0$ minimal wird.

Da $0$, $-3$ und $3$ die Nullstellen von $f$ sind und die Funktionswerte von $f$ für $x > 3$ positiv sind, liegt der Graph von $f$ in dem betrachteten Intervall unterhalb der Winkelhalbierenden, deshalb ist das Integral $\int\limits_{0}^{\sqrt{\frac{1+9a}{a}}} (x - ax^3 + 9ax)dx$ zu minimieren.

$$\int\limits_{0}^{\sqrt{\frac{1+9a}{a}}} (x - ax^3 + 9ax)dx = \left[(9a+1) \cdot \tfrac{x^2}{2} - \tfrac{ax^4}{4}\right]_{0}^{\sqrt{\frac{1+9a}{a}}}$$
$$= (9a+1)^2 \tfrac{1}{2a} - \tfrac{a}{4}(\tfrac{1+9a}{a})^2 = \tfrac{1}{4a}(1+9a)^2$$

Bestimmung des Minimums der Funktion $g : a \mapsto \frac{1}{4a}(1+9a)^2$:

$g(a) = \frac{1}{4a} + \frac{9}{2} + \frac{81}{4}a \Rightarrow g'(a) = -\frac{1}{4a^2} + \frac{81}{4}$

$g'(a) = 0 \Leftrightarrow -\frac{1}{4a^2} + \frac{81}{4} = 0 \Leftrightarrow a^2 = \frac{1}{81} \Leftrightarrow a = \frac{1}{9} \lor a = -\frac{1}{9}$.

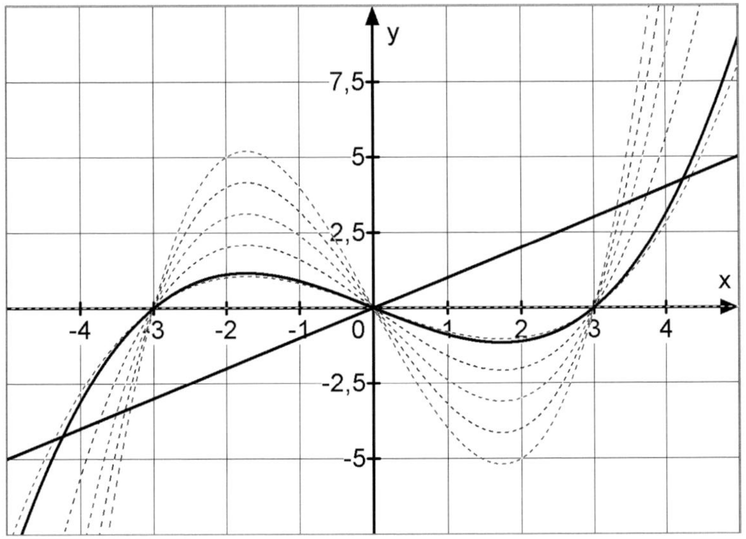


Wegen $g''(\frac{1}{9}) > 0$ ist $\frac{1}{9}$ der gesuchte Wert für $a$. Das Bild zeigt die Graphen von $f$ für $0 < a < 0{,}5$ (gestrichelt, in Schritten von 0,1) und den „minimalen“ Graphen.

**16** Für die Ableitung von $G$ mit $G(x) = 8 \cdot \ln(x^2+4)$ erhält man $G'(x) = 8 \cdot \frac{1}{x^2+4} \cdot 2x$
$= \frac{16x}{x^2+4} = g(x)$ (Kettenregel!).

Für den gesuchten Flächeninhalt $A$ ergibt sich:

$A = 2 \cdot \int\limits_0^2 \frac{16x}{x^2+4}\,dx$
$= 2 \cdot \left[8 \cdot \ln(x^2+4)\right]_0^2$
$= 2 \cdot (8 \cdot \ln 8 - 8 \cdot \ln 4)$
$= 16 \cdot \ln 2$ (FE).

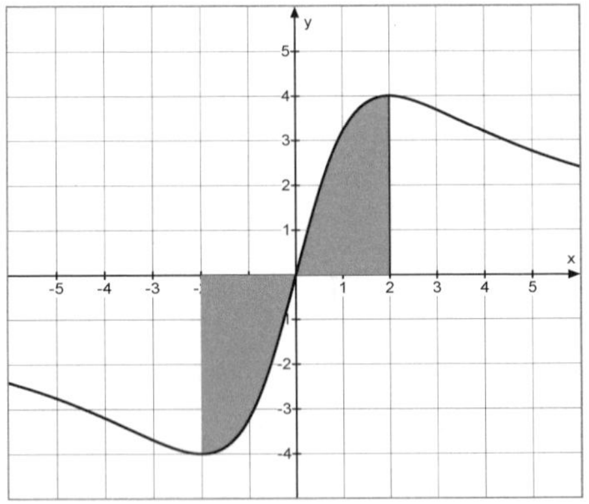



**17 a)** Die Asymptote zum Graphen $G_f$ für $x \to \infty$ hat die Gleichung $y = \frac{1}{4}x$.

**b)** Der Inhalt $A_k$ der Fläche zwischen dem Graphen von $f$ und seiner Asymptote im Intervall $[1; k]$ ist

$A_k = \int\limits_1^k \frac{2}{x^2}\,dx = \left[-\frac{2}{x}\right]_1^k$
$= -\frac{2}{k} + 2$.

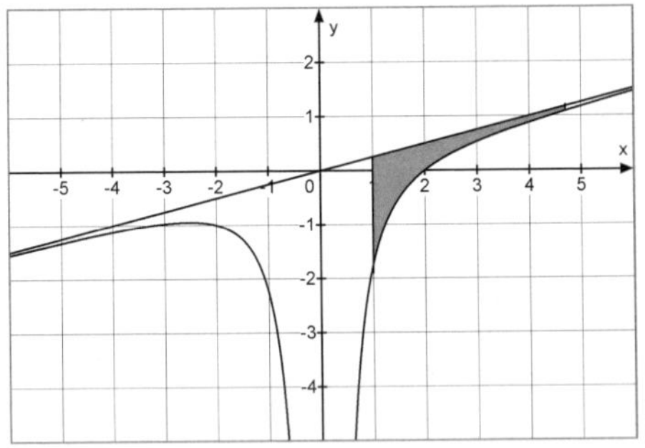

**c)** $\lim\limits_{k\to\infty} A_k = 2$, d. h. die sich für $x \geq 1$ ins Unendliche erstreckende Fläche zwischen dem Graphen von $f$ und seiner Asymptote hat den endlichen Inhalt 2 FE.

**18** Für die Ableitung der Funktion $F$: $x \mapsto \ln\frac{2x-1}{2x+1}$ erhält man

$F'(x) = \frac{2x+1}{2x-1} \cdot \frac{2\cdot(2x+1)-(2x-1)\cdot 2}{(2x+1)^2} = \frac{4}{4x^2-1} = f(x)$,

also ist $F$ eine Stammfunktion zu $f$.

Für den Inhalt $A_k$ der Fläche zwischen dem Graphen von $f$ und der $x$-Achse im Intervall $[1; k]$ $(k > 1)$ erhält man

$A_k = \int\limits_1^k f(x)dx = \left[\ln\frac{2x-1}{2x+1}\right]_1^k$
$= \ln\frac{2k-1}{2k+1} - \ln\frac{1}{3}$.

Wegen $\lim\limits_{k\to\infty} A_k = \ln 1 - \ln\frac{1}{3}$
$= \ln 3$

hat die sich für $x \geq 1$ ins Unendliche erstreckende Fläche zwischen dem Graphen von $f$ und der $x$-Achse den endlichen Inhalt $\ln 3$ FE.

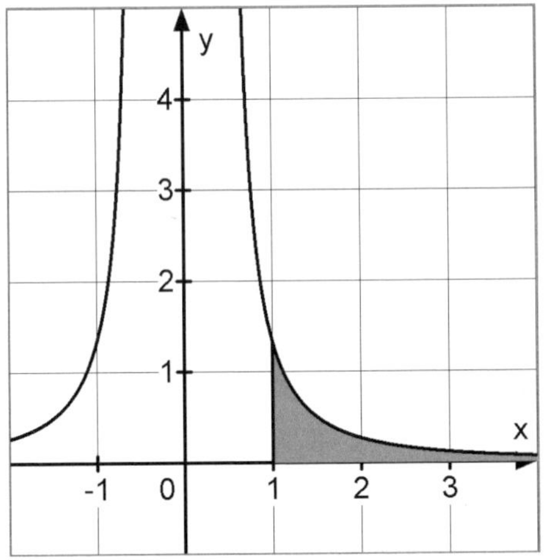

63 **19** Die Nullstellen der Funktion $f$ sind 0, 2 und 4. Die beiden vom Graphen von $f$ und der $x$-Achse eingeschlossenen Flächenstücke sind gleich groß, wenn $\int_0^4 f(x)dx = 0$ ist.

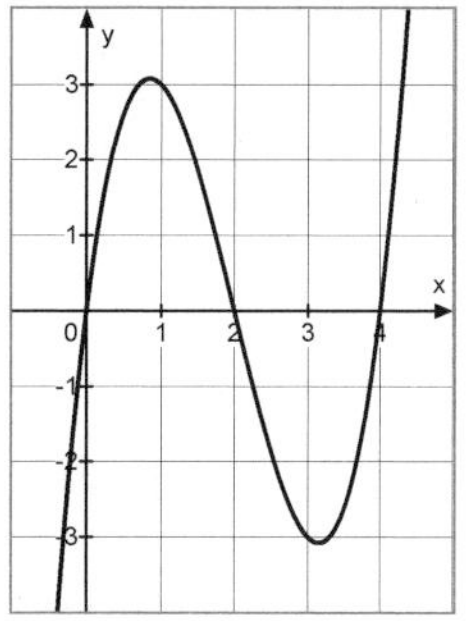


$$\int_0^4 f(x)dx = \int_0^4 (x^3 - 6x^2 + 8x)dx$$
$$= \left[\frac{x^4}{4} - 2x^3 + 4x^2\right]_0^4 = 64 - 128 + 64 = 0.$$

Dass die beiden Flächenstücke gleich groß sind, liegt offensichtlich daran, dass der Graph von $f$ punktsymmetrisch zum Punkt $(2|0)$ ist.

**20 a)** Die Flächenstücke $A$ und $B$ werden vom Graphen der Funktion $f\colon x \mapsto x^3$ und von der Geraden mit der Gleichung $y = k^3$ eingeschlossen:

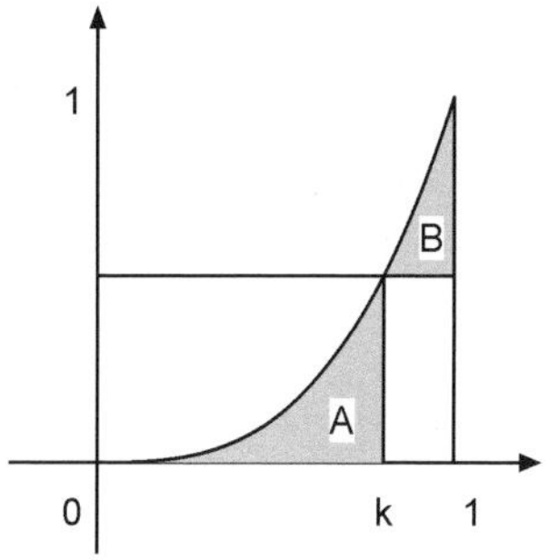


Der Flächeninhalt von $A$ ist
$$\int_0^k (k^3 - x^3)dx = \left[k^3 x - \frac{x^4}{4}\right]_0^k = \frac{3}{4}k^4,$$
der Flächeninhalt von $B$ ist
$$\int_k^1 (x^3 - k^3)dx = \left[\frac{x^4}{4} - k^3 x\right]_k^1 = \frac{1}{4} - k^3 + \frac{3}{4}k^4.$$

Die Summe der Flächeninhalte von $A$ und $B$ ist $\frac{3}{2}k^4 - k^3 + \frac{1}{4}$. Also ist $k$ so zu bestimmen, dass die Funktion $g : k \mapsto \frac{3}{2}k^4 - k^3 + \frac{1}{4}$ ein Extremum annimmt.

$g'(k) = 6k^3 - 3k^2$, $g'(k) = 0$

$\Leftrightarrow k = 0 \lor k = \frac{1}{2}$.

Wegen $g''(\frac{1}{2}) = 1{,}5$ handelt es sich bei $k = \frac{1}{2}$ um eine Minimumstelle (das Bild zeigt den Graphen von $g$). Das Minimum ist $\frac{7}{32}$.

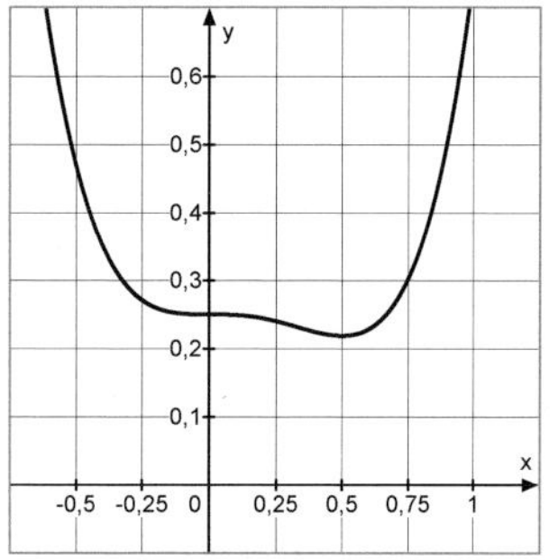


**b)** Damit die Inhalte von $A$ und $B$ gleich groß sind, ist $k$ so zu bestimmen, dass die Gleichung $\frac{3}{4}k^4 = \frac{1}{4} - k^3 + \frac{3}{4}k^4$ erfüllt ist. Die Lösung ist $k = \sqrt[3]{0{,}25}$.

Alternativ kann man auch den Wert $k$ so bestimmen, dass

$\int_0^1 (x^3 - k^3)dx = 0$ wird. 63

Dies führt offensichtlich zu derselben Gleichung für $k$.

**c)** Jetzt ist $k$ so zu bestimmen, dass $\int_0^k x^3\, dx = \int_k^1 x^3\, dx$ ist.

Dies führt zu der Gleichung $\frac{k^4}{4} = \frac{1}{4} - \frac{k^4}{4}$ mit der Lösung $k = \sqrt[4]{0{,}5}$.

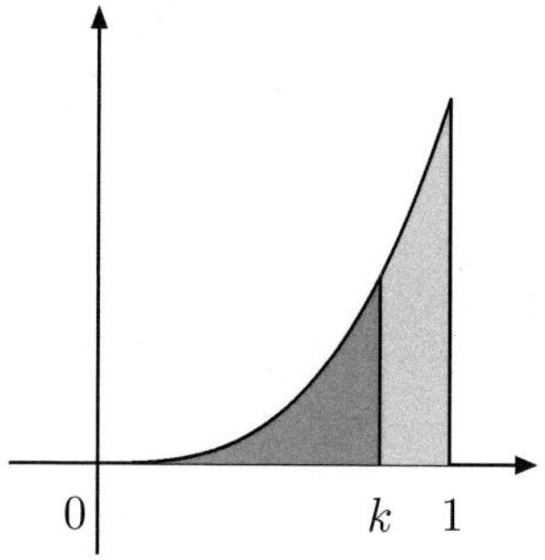


## Vernetzen

**21 a)** Da $g\colon x \mapsto \sqrt[3]{x}$ die Umkehrfunktion zu $f\colon x \mapsto x^3$ ist, haben die Flächenstücke, die von der Winkelhalbierenden des 1. Quadranten und den Graphen dieser beiden Funktionen berandet werden, den gleichen Inhalt. Es genügt also zu zeigen, dass $\int_0^1 (g(x) - f(x))dx = 0{,}5$ ist. 64

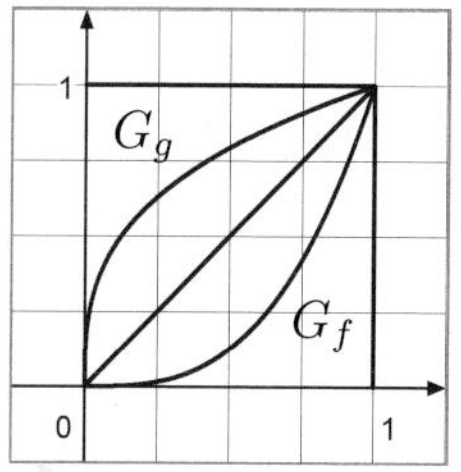


$$\int_0^1 (g(x) - f(x))dx = \int_0^1 (\sqrt[3]{x} - x^3)dx = \left[\frac{3}{4}x^{\frac{4}{3}} - \frac{1}{4}x^4\right]_0^1 = \frac{3}{4} - \frac{1}{4} = \frac{1}{2}.$$

**b)** Der Inhalt der von den Kreisbogen begrenzte Fläche ist $2\cdot(\frac{1}{4}\pi - \frac{1}{2}) = \frac{\pi}{2} - 1$ (zweimal Flächeninhalt eines Viertelkreises mit Radius 1 minus Flächeninhalt eines rechtwinkligen Dreiecks mit den Kathetenlängen 1). Wegen $\frac{\pi}{2} > 1{,}5$ ist der Inhalt der Fläche in b) größer als der der entsprechenden Fläche in a).

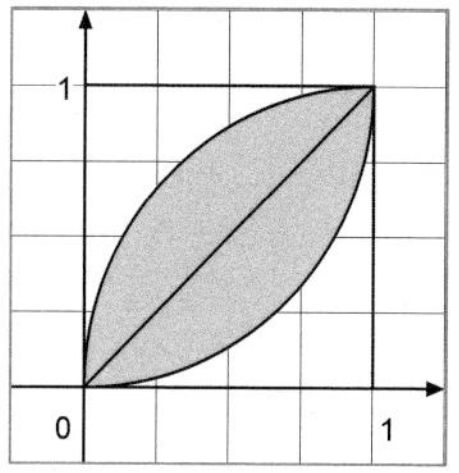


$\frac{\frac{\pi}{2} - 1}{0{,}5} = \pi - 2 \approx 1{,}14$, also ist die Fläche in b) um ca. 14% größer als die entsprechende Fläche in a).

64

**22** Aus Symmetriegründen genügt es, zunächst nur den Inhalt der grau schraffierten Fläche im 1. Quadrarnten zu berechnen. Die beiden Randfunktionen sind $f$: $x \mapsto x^2 - 4x + 6$ und deren Umkehrfunktion $g$ für $x \leq 2$.

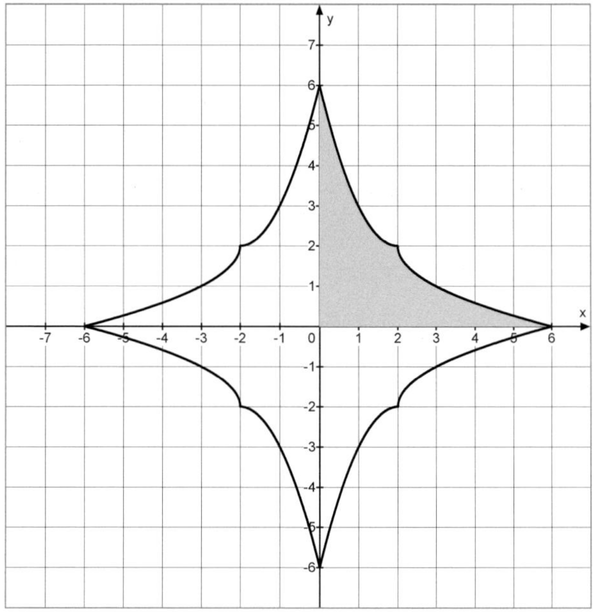


Die Funktionsvorschrift für $g$ erhält man, indem man die Gleichung $y = x^2 - 4x + 6$ für $x \leq 2$ nach $x$ auflöst und anschließend die Variablen $x$ und $y$ vertauscht.

$y = x^2 - 4x + 6 \Leftrightarrow x = \frac{4 \pm \sqrt{16-4(6-y)}}{2} = 2 \pm \sqrt{y-2}.$

Für $x \leq 2$ erhält man also die Umkehrfunktion $g$: $x \mapsto 2 - \sqrt{x-2}$.
Für den Inhalt der grau schraffierten Fläche erhält man demnach:

$$\int_0^2 (x^2 - 4x + 6)dx + \int_2^6 (2 - \sqrt{x-2})dx$$
$$= \left[\frac{x^3}{3} - 2x^2 + 6x\right]_0^2 + \left[2x - \frac{2}{3}(x-2)^{\frac{3}{2}}\right]_2^6$$
$$= \frac{8}{3} - 8 + 12 + 12 - \frac{2}{3} \cdot 8 - 4 = \frac{28}{3}\ .$$

Die Gesamtfläche der Figur ist also $\frac{112}{3}$ FE.

**23 a)** Den Inhalt der schraffierten Fläche erhält man jeweils durch Integration über die Differenz der Randfunktionen in dem angegebenen Intervall.
In beiden Fällen ist die Differenz der Randfunktionen die konstante Funktion $x \mapsto 2$, der Flächeninhalt also im Fall von Bild 64/4 gleich $2 \cdot 2\pi = 4\pi$, im Fall von Bild 64/5 gleich $2 \cdot 5 = 10$.

**b)** Da die Differenzfunktion eine Konstante ist, ist der Inhalt der von den beiden Funktionen eingeschlossenen Fläche gleich dem Flächeninhalt eines Rechtecks mit der Länge des Integrationsintervalls als einer Seite und der Konstanten als zweiter Seite.

**c)** Bild 64/6: $\int_{-2}^{3} (\cos x + 0{,}5x + 1 - \cos x)\, dx = \int_{-2}^{3} (0{,}5x + 1)\, dx$
$= \left[\frac{x^2}{4} + x\right]_{-2}^{3} = \frac{9}{4} + 3 - 1 + 2 = \frac{25}{4}\ .$

Bild 64/7: $\int_{-2}^{3} (\frac{4}{1+x^2} + 0{,}5x + 1 - \frac{4}{1+x^2})\, dx = \int_{-2}^{3} (0{,}5x + 1)\, dx.$

Das Ergebnis ist wieder $\frac{25}{4}$.

Verallgemeinerung: Der Inhalt der Fläche zwischen den Graphen einer Funktion $f$ und einer Funktion $h$ der Form $h = f + g$ in einem Intervall $[a; b]$ ist gleich dem Inhalt der Fläche zwischen dem Graphen von $g$ und der $x$-Achse in demselben Intervall (sofern die Funktionen $f$ und $g$ in diesem Intervall definiert und integrierbar sind). Dies ist eine einfache Folge der Intervalladditivität des Integrals.

Dass die genannte Einschränkung notwendig ist, sieht man an dem Beispiel $h(x) = x + \frac{1}{x}$, $f(x) = \frac{1}{x}$ und $g(x) = x$, wenn das Intervall $[a; b]$ den Ursprung enthält.

**d)** Eine mögliche Formulierung des Prinzips von Cavalieri ist die folgende:
*Werden zwei Körper, die auf derselben Ebene stehen, von allen dazu parallelen Ebenen in gleich großen Flächen geschnitten, so haben diese Körper gleiches Volumen.*
Als Ergebnis dieser Aufgabe erhält man ein ebenes Analogon:
Werden zwei Flächen durch eine Gerade und alle dazu parallelen Geraden in Strecken gleicher Länge geschnitten, so haben die Flächen den gleichen Flächeninhalt.

65

**24** Man approximiert den Graphen der Funktion $f$: $x \mapsto \frac{1}{x}$ durch eine Treppenfunktion wie im Bild auf Seite 55, d. h. jeweils durch die konstante Funktion $\frac{1}{n}$ im Intervall $[n; n+1]$ $(n \in \mathbb{N})$. Der Inhalt der durch die Treppenfunktion begrenzten Fläche im Intervall $[1; n+1]$ ist gleich der Teilsumme der harmonischen Reihe. Sie ist für jedes $n$ größer als die Maßzahl des Flächeninhalts unter dem Graphen von $f$, d. h. für jedes $n \in \mathbb{N}$

gilt:

$$1 + \frac{1}{2} + \frac{1}{3} + \frac{1}{4} + \ldots + \frac{1}{n} > \int\limits_1^{n+1} \frac{1}{x}\,dx.$$

Für $n \to \infty$ gilt:

$$\lim_{n\to\infty} \int\limits_1^{n+1} \frac{1}{x}\,dx = \lim_{n\to\infty} (\ln(n+1) = \infty.$$

Deshalb muss auch die Folge der Teilsummen der harmonischen Reihe für $n \to \infty$ gegen $\infty$ streben, d. h. die harmonische Reihe divergiert.

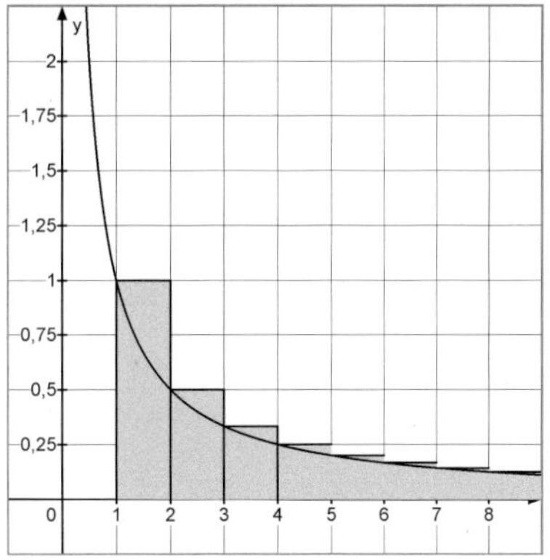


**25 a)** Analog zum Vorgehen in Aufgabe 24 approximiert man den Graphen der Funktion $f\colon x \mapsto \frac{1}{x^2}$ durch eine Treppenfunktion, nun aber ersetzt man die Funktion $f$ im Intervall $[n-1; n]$ durch die konstante Funktion $\frac{1}{n^2}$ $(n \in \mathbb{N})$. Der Inhalt der durch die Treppenfunktion begrenzten Fläche im Intervall $[1; n]$ ist gleich der Teilsumme $\frac{1}{2^2} + \frac{1}{3^2} + \frac{1}{4^2} + \ldots + \frac{1}{n^2}$. Sie ist für jedes $n$ kleiner als die Maßzahl des Flächeninhalts unter dem Graphen von $f$, d. h. für jedes $n \in \mathbb{N}$ gilt:

$$\frac{1}{2^2} + \frac{1}{3^2} + \frac{1}{4^2} + \ldots + \frac{1}{n^2} < \int\limits_1^{n+1} \frac{1}{x^2}\,dx.$$

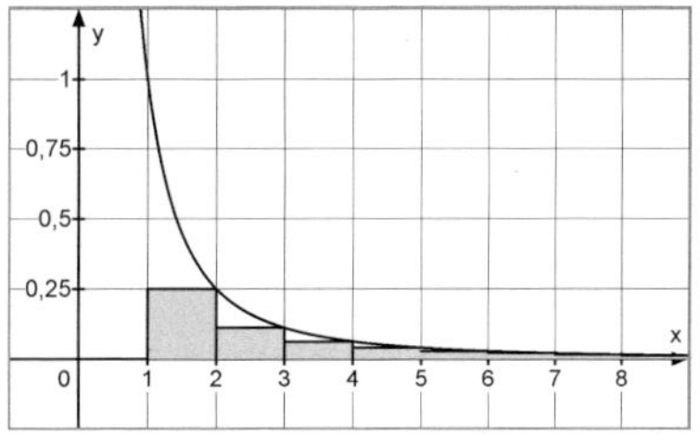


Für $n \to \infty$ gilt: $\lim\limits_{n\to\infty} \int\limits_1^{n+1} \frac{1}{x^2}\,dx = \lim\limits_{n\to\infty} (-\frac{1}{n+1} + 1) = 1.$

Deshalb ist die monoton wachsende Folge der Teilsummen der Reihe $1 + \frac{1}{4} + \frac{1}{9} + \frac{1}{16} + \ldots + \frac{1}{n^2} + \ldots$ nach oben durch 2 beschränkt und muss deshalb gegen einen Wert $< 2$ konvergieren.

**b)** Die Bilder des Kopfes von Leonhard Euler werden immer kleiner. Die größten Bilder füllen jeweils $\frac{1}{4}$ des Quadrats aus, die nächstkleineren $\frac{1}{16}$, wiederum die nächstkleineren $\frac{1}{64}$ usw. Nimmt man als Maßzahl des Flächeninhalts des Quadrats den Wert 1 an, dann ist die Flächenmaßzahl der Bilder jeweils der Reihe nach $\frac{1}{4}, \frac{1}{16}, \frac{1}{64}, \frac{1}{125}, \ldots, \frac{1}{4^n}, \ldots$ Die Summe einer Folge von Bildern füllt gerade $\frac{1}{3}$ des Quadrats aus, d. h. der Wert der geometrischen Reihe $\sum\limits_1^{\infty} \frac{1}{4^n} = \frac{1}{4} + \frac{1}{16} + \frac{1}{64} + \ldots + \frac{1}{4^n} + \ldots$ ist $\frac{1}{3}$.



**26 a/b)** Berechnung des Inhalts $A$ des vom Graphen von $f_a\colon x \mapsto x^3 - a^2x$ und der $x$-Achse für $x \geq 0$ eingeschlossenen Flächenstücks:
Die Nullstellen von $f_a$ sind $-a$, 0 und $a$.

$$\int\limits_0^a (x^3 - a^2)dx = \left[\frac{x^4}{4} - \frac{a^2x^2}{2}\right]_0^a = -\frac{a^4}{4},$$

also ist $A = \frac{a^4}{4}$.
Berechnung des Inhalts $B$ des vom Graphen von $f_a$ und der Geraden zu $g_a\colon x \mapsto \frac{1}{a^2}x$ für $x \geq 0$ eingeschlossenen Flächenstücks:
Die Schnittstellen von $f_a$ und $g_a$ sind $\pm\sqrt{a^2 + \frac{1}{a^2}}$ und 0.

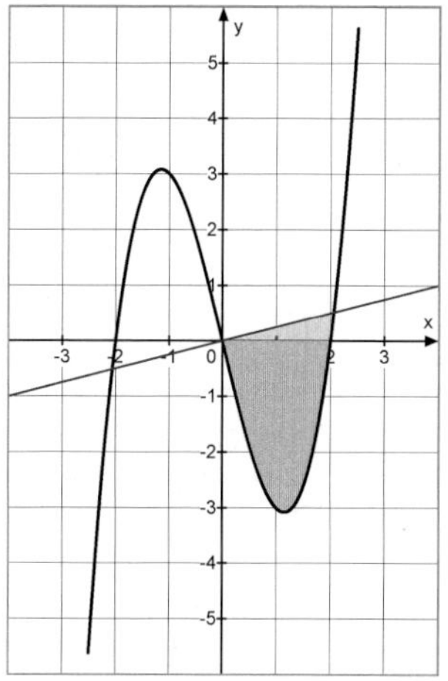


$$\int\limits_0^{\sqrt{a^2+\frac{1}{a^2}}} ((a^2 + \tfrac{1}{a^2})x - x^3)dx = \left[(a^2 + \tfrac{1}{a^2})\frac{x^2}{2} - \frac{x^4}{4}\right]_0^{\sqrt{a^2+\frac{1}{a^2}}} = \frac{1}{4}(a^2 + \tfrac{1}{a^2})^2.$$

Also ist $B = \frac{1}{4}(a^2 + \frac{1}{a^2})^2$.

**c)** Für $a \to \infty$ strebt die Steigung der Geraden zu $g_a$ gegen 0, d. h. das von dem Graphen von $f_a$ und der Geraden zu $g_a$ eingeschlossene Flächenstück unterscheidet sich für $a \to \infty$ beliebig wenig von dem von dem Graphen von $f_a$ und der $x$-Achse eingeschlossenen Flächenstück. Die Inhalte dieser Flächenstücke sind asymptotisch gleich, ihr Verhältnis strebt gegen 1.

Das bestätigt auch die Rechnung:

$$\frac{B}{A} = \frac{1}{4}(a^2 + \tfrac{1}{a^2})^2 : \frac{a^4}{4} = 1 + \frac{2}{a^4} + \frac{1}{a^8} \Rightarrow \lim_{a\to\infty} \frac{B}{A} = 1.$$

**d)** Für die Funktion $h : a \mapsto \frac{1}{4}(a^2 + \frac{1}{a^2})^2$ ist ein Extremum zu bestimmen.

$$h(a) = \frac{a^2}{4} + \frac{1}{2} + \frac{1}{4a^4} \Rightarrow h'(a) = a^3 - \frac{1}{a^5} \Rightarrow h''(a) = 3a^2 + \frac{5}{a^6}$$

$$h'(a) = 0 \Leftrightarrow a = 1 \ \vee\ a = -1.$$

Wegen $h''(1) > 0$ liegt an der Stelle $a = 1$ ein Minimum vor.
Dies ist auch ohne Rechnung plausibel, da für $a \to 0$ die Steigung von $g_a$ immer größer und damit auch $B$ immer größer wird, ebenso für $a \to \infty$.

**27 a/b)** Zu zeigen ist, dass gilt: $\int_a^b (f_k(x) - f_{-k}(x))dx = 2 \cdot \int_a^b (f_k(x) - f_0(x))dx.$

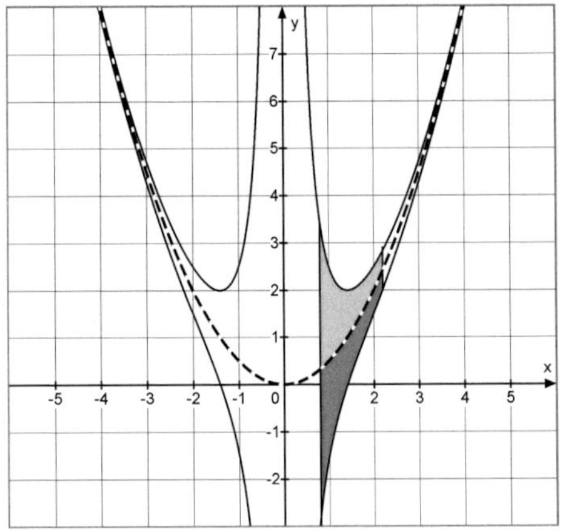


$\int_a^b (f_k(x) - f_{-k}(x))dx = \int_a^b \frac{2k}{x^2}\,dx = 2k(\frac{1}{a} - \frac{1}{b})$ und

$\int_a^b (f_k(x) - f_0(x))dx = \int_a^b \frac{k}{x^2}\,dx = k(\frac{1}{a} - \frac{1}{b})$ .

Also teilt die Parabel zu $f_0$ das von $f_k$ und $f_{-k}$ im Intervall $0 < a < b$ eingeschlossene Flächenstück im Verhältnis 1 : 1.

**c)** Das Flächenstück, das von $f_k$ und $f_{-k}$ im Intervall $[1; b]$ eingeschlossen wird, hat nach Teilaufgabe b) den Inhalt $2k \cdot (1 - \frac{1}{b})$. Für $b \to \infty$ ergibt sich der Grenzwert $2k$. Also ist der Inhalt des von $f_k$ und $f_{-k}$ im Intervall $[1; \infty[$ eingeschlossenen Flächenstücks gleich $2k$.

**d)** $c$ ist so zu bestimmen, dass $\int_1^c (f_k(x) - f_{-k}(x))dx = k$ ist.

Wegen $\int_1^c (f_k(x) - f_{-k}(x))dx = 2k \cdot (1 - \frac{1}{c})$ ist die Gleichung $2k \cdot (1 - \frac{1}{c}) = k$ zu lösen: $2k \cdot (1 - \frac{1}{c}) = k \Leftrightarrow \frac{1}{c} = \frac{1}{2} \Leftrightarrow c = 2.$

Unabhängig von der Wahl des Parameters $k$ wird die Fläche aus c) durch die Gerade mit der Gleichung $x = 2$ halbiert.

**28 a/b)**

$$f(x) = e^{-|x|} = \begin{cases} e^{-x} & \text{für } x \geq 0 \\ e^{x} & \text{für } x < 0 \end{cases}$$

Die Ableitung von $f$ ist $f'$ mit

$$f'(x) = \begin{cases} -e^{-x} & \text{für } x > 0. \\ e^{x} & \text{für } x < 0 \end{cases}$$

An der Stelle 0 ist $f$ nicht differenzierbar.

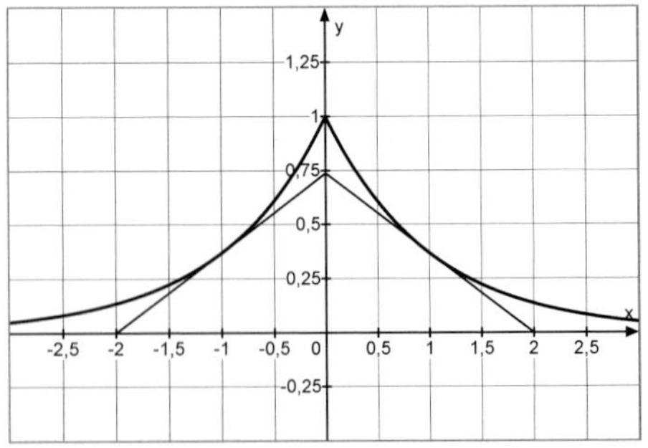


Damit erhält man für die Tangenten an den Stellen $a$ bzw. $-a$ $(a > 0)$ die Gleichungen $y = e^{-a} - e^{-a} \cdot (x - a)$ bzw. $y = e^{-a} + e^{-a} \cdot (x + a)$.

Die Gleichung $e^{-a} - e^{-a} \cdot (x - a) = e^{-a} + e^{-a} \cdot (x + a)$ hat 0 als einzige Lösung, die Tangenten schneiden sich also im Punkt $(0|e^{-a}(1 + a))$ (vgl. auch Bild des Graphen mit den Tangenten an den Stellen $-1$ und 1).
Die Tangenten schneiden die $x$-Achse an den Stellen $x = 1 + a$ bzw. $x = -(1 + a)$. Damit ergibt sich für den Flächeninhalt $A$ des von den Tangenten und der $x$-Achse gebildeten Dreiecks $A = (1 + a) \cdot e^{-a}(1 + a) = e^{-a}(1 + a)^2$.

**c)** Man sieht unmittelbar, dass der Flächeninhalt $A$ für $a \to \infty$ gegen 0 strebt, für $a = 0$ den Wert 1 annimmt, aber für $a = 1$ (siehe Bild) einen Wert deutlich größer als 1 hat. Also muss es einen Wert $a > 0$ geben, für den der Flächeninhalt $A$ maximal wird.
Diesen Wert für $a$ erhält man als Maximumstelle der Funktion $A: a \mapsto e^{-a}(1 + a)^2$.

$A'(a) = -e^{-a}(1 + a)^2 + e^{-a}(1 + a) \cdot 2 = e^{-a}(-1 - 2a - a^2 + 2 + 2a)$
$= e^{-a}(-a^2 + 1)$

$A'(a) = 0 \Leftrightarrow a = -1 \ \vee \ a = 1.$

Also nimmt der Flächeninhalt $A$ des Dreiecks für $a = 1$ ein Maximum an (nach den Vorüberlegungen ist klar, das es sich um ein Maximum handelt, man sieht dies aber auch unmittelbar am Monotonieverhalten von $A$). Das Maximum ist $\frac{4}{e} \approx 1{,}47$.

**d)** Aus Symmetriegründen genügt es, den entsprechenden Flächeninhalt für $x \geq 0$ zu berechnen.

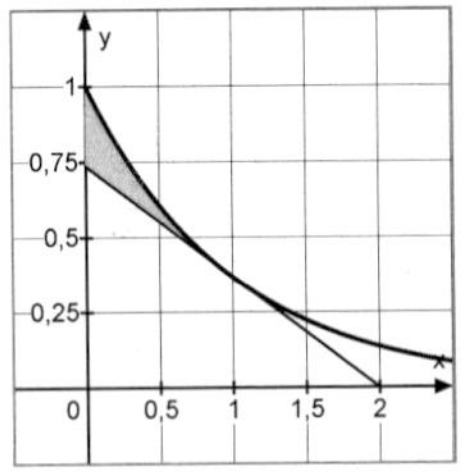


$\int_0^a e^{-x}\,dx = [-e^{-x}]_0^a = 1 - e^{-a}$

$\int_0^a (e^{-a} - e^{-a}(x - a))dx$
$= \left[e^{-a}x - \frac{x^2}{2} \cdot e^{-a} + ae^{-a}x\right]_0^a = ae^{-a} + \frac{a^2}{2} \cdot e^{-a}.$

Der gesuchte Flächeninhalt $B$ ist die doppelte Differenz der beiden Integrale:

$B = 2 \cdot \left(1 - e^{-a} - \left(ae^{-a} + \frac{a^2}{2} \cdot e^{-a}\right)\right) = 2 - 2 \cdot e^{-a}\left(1 + a + \frac{a^2}{2}\right).$

# 3 Geraden und Ebenen im Raum

## 3.1 Geraden

### Hinweise zur Bearbeitung der Aufträge

70 **Auftrag 1** **Himmlische Begegnungen**

Dieser Auftrag wird bei der Erarbeitung (Seite 72 ff.) verwendet.

**Auftrag 2** **„Gipfelstürmen“ ohne zu schwitzen**

$$\vec{X} = \begin{pmatrix}3\\3\\0\end{pmatrix} + \lambda \cdot \begin{pmatrix}0-3\\1-3\\4-1\end{pmatrix} = \begin{pmatrix}3\\3\\0\end{pmatrix} + \lambda \cdot \begin{pmatrix}-3\\-2\\4\end{pmatrix}$$

$\lambda = 0$: $\vec{X} = \vec{A}$ (Talstation)

$\lambda = 1$: $\vec{X} = \vec{B}$ (Bergstation)

Mittelstation:

$$\lambda_C = \tfrac{1}{2} \Rightarrow \vec{C} = \begin{pmatrix}3\\3\\0\end{pmatrix} + \tfrac{1}{2} \cdot \begin{pmatrix}-3\\-2\\4\end{pmatrix} = \begin{pmatrix}1{,}5\\2\\2\end{pmatrix},$$

$C(1{,}5|2|2)$

$$\lambda_D = 0{,}75 \Rightarrow \vec{D} = \begin{pmatrix}3\\3\\0\end{pmatrix} + \begin{pmatrix}-2{,}25\\-1{,}5\\3\end{pmatrix} = \begin{pmatrix}0{,}75\\1{,}5\\3\end{pmatrix},$$

$D(0{,}75|1{,}5|3)$

Prüfverfahren für einen beliebigen Punkt $P(P_1|P_2|P_3)$:

Gibt es ein $\lambda_P \in \mathbb{R}$, so dass $\vec{P} = \begin{pmatrix}3\\3\\0\end{pmatrix} + \lambda_P \cdot \begin{pmatrix}-3\\-2\\4\end{pmatrix}$?

(Gleichungssystem!) „Punktprobe“





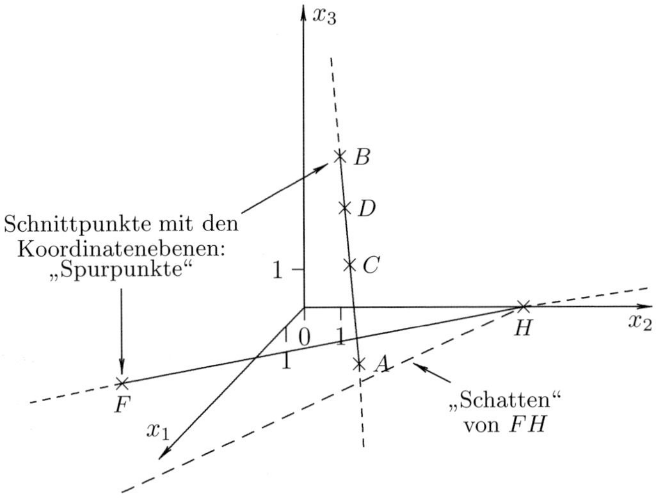


Einflugschneise $FH$: $\vec{X} = \begin{pmatrix}10\\0\\3\end{pmatrix} + \mu \cdot \begin{pmatrix}-10\\6\\-3\end{pmatrix}$

Am Schatten sieht man schon, dass die Einlugschneise „vor“ der Seilbahn verläuft, also keine Gefahr darstellt. Die Geraden schneiden sich also offenbar nicht, sind aber auch nicht parallel.

Definition: Solche Geraden nennt man zueinander windschief.

Verfahren zur Bestimmung der gegenseitigen Lage:

Richtungsvektoren parallel?

- ja: Liegt ein Aufpunkt auf der anderen Geraden?
  - ja: identisch!
  - nein: echt parallel!
- nein: Gibt es einen Schnittpunkt? (z. B. Gleichsetzen)
  - ja: schneiden sich! (Schnittwinkel: Skalarprodukt der Richtungsvektoren!)
  - nein: windschief!

**Auftrag 3** **Trauen sie ihren Augen nicht!**

$AB\colon \vec{X} = \begin{pmatrix}5\\0\\0\end{pmatrix} + \lambda \cdot \begin{pmatrix}-5\\3\\5\end{pmatrix}$

$\lambda = 0\colon \vec{X} = \vec{A}$
$\lambda = 1\colon \vec{X} = \vec{B}$
$\lambda \in [0;1] \quad \vec{X} \in [A+B]$
$\lambda = 0{,}5$: Mittelpunkt von $[A-B]$, also $(2{,}5|1{,}5|2{,}5)$
usw.

$CD\colon \vec{X} = \begin{pmatrix}5\\5\\0\end{pmatrix} + \mu \cdot \begin{pmatrix}-3\\0\\5\end{pmatrix}$

Ist $D \in AB$ ?: „Punktprobe“:

Gibt es ein $\lambda_D$ mit folgender Eigenschaft: $\vec{D} = \vec{A} + \lambda_D \cdot \overrightarrow{AB}$, also:

$\begin{pmatrix}2\\5\\5\end{pmatrix} \stackrel{?}{=} \begin{pmatrix}5\\0\\0\end{pmatrix} + \lambda_D \cdot \begin{pmatrix}-5\\3\\5\end{pmatrix}$

1. Koordinate: $2 = 5 - 5\lambda_D$ für $\lambda_D = 0{,}6$
2. Koordinate: $5 = 3\lambda_D$ für $\lambda_D = \frac{5}{3} = 1{,}\overline{6}$ Widerspruch!
(3. Koordinate: $5 = 5\lambda_D$ für $\lambda_D = 1$)

Es müsste ein Wert für $\lambda_D$ alle drei Koordinaten von $D$ liefern, damit $D$ auf $AB$ liegt. Dies ist nicht der Fall, also: $D \notin AB$.

(Das Verfahren funktioniert auch allgemein!)

Haben $AB$ und $CD$ einen gemeinsamen (Schnitt-) Punkt $S(s_1|s_2|s_3)$?

Wegen $\vec{S} = \vec{A} + \lambda_s \cdot \overrightarrow{AB}$ und $\vec{S} = \vec{C} + \mu_s \cdot \overrightarrow{CD}$ ergibt sich durch Gleichsetzen:

1. Koordinate: $5 - 5\lambda_S = 5 - 3\mu_S$ oder $5\lambda_S = 3\mu_S$
2. Koordinate: $3\lambda_S = 5$ oder $\lambda_S = \frac{5}{3} = 1{,}\overline{6}$
3. Koordinate: $5\lambda_S = 5\mu_S$ oder $\lambda_S = \mu_S$ (Widerspruch zur 1. Koordinate!)

Es gibt kein Wertepaar für $\lambda$ und $\mu$, das beide Gleichungssysteme erfüllt, also keinen Schnittpunkt.

Nun ist $E$ auf der Würfelkante von $D$ so zu wählen, dass $CE$ und $AB$ sich schneiden: $E(e_1|5|5)$ mit $0 \leq e_1 \leq 5$.

$CE\colon \vec{X} = \begin{pmatrix}5\\5\\0\end{pmatrix} + \sigma \cdot \begin{pmatrix}e_1-5\\0\\5\end{pmatrix}$

$\{S\} = AB \cap CE\colon \begin{pmatrix}5\\0\\0\end{pmatrix} + \lambda_S \cdot \begin{pmatrix}-5\\3\\5\end{pmatrix} = \begin{pmatrix}5\\5\\0\end{pmatrix} + \sigma_S \cdot \begin{pmatrix}e_1-5\\0\\5\end{pmatrix}$

liefert: (I) $-5\lambda_S = (e_1 - 5) \cdot \sigma_S$
(II) $3\lambda_S = 5$, also $\lambda_S = \frac{5}{3}$
(III) $5\lambda_S = 5\sigma_S$, also $\lambda_S = \sigma_S$

Das ergibt $\lambda_S = \sigma_S = \frac{5}{3}$ und für $e_1$:

$-\frac{25}{3} = (e_1 - 5) \cdot \frac{5}{3} \Leftrightarrow -5 = e_1 - 5 \Leftrightarrow e_1 = 0$, also $E(0|5|5)$.

(Das liefert eine Strahlensatzfigur, weil dann $BE \| AC$.)

Schnittpunkt (mit $\lambda_S = \sigma_S = \frac{5}{3}$): $S(-3\frac{1}{3}|5|8\frac{1}{3})$

Schnittwinkel $\varphi$: $\cos\varphi = \frac{\overrightarrow{CE} \circ \overrightarrow{AB}}{|\overrightarrow{CE}| \cdot |\overrightarrow{AB}|} = \frac{50}{\sqrt{50} \cdot \sqrt{59}} \approx 0{,}921$; $\varphi \approx 23{,}0°$

**Auftrag 4** **Spinnweben im Klassenzimmer**

Wählt man $A(6|0|0)$ und $B(0|8|3)$ als Endpunkte einer Raumgeraden, dann ist $AB\colon \vec{X} = \begin{pmatrix}6\\0\\0\end{pmatrix} + \lambda \begin{pmatrix}-6\\8\\3\end{pmatrix}$.

Liegt ein Punkt $P$ auf $AB$, dann gibt es einen Wert $\lambda_P$, so dass gilt:
$\vec{P} = \vec{A} + \lambda_P \cdot \overrightarrow{AB}$ („Punktprobe“).

*Hinweis: Schnittpunkte von Geraden mit Koordinatenebenen heißen Spurpunkte (hier: A, B).*

Beispiel:
$\lambda = 0 \quad \vec{P} = \vec{A}$
$\lambda = 1 \quad \vec{P} = \vec{B}$
$\lambda = 0{,}5$ Mitte von $[AB]$
$\lambda > 1$ jenseits von $B$ außerhalb des Quaders
$\lambda < 0$ jenseits von $A$ außerhalb des Quaders

So liegt etwa der Punkt $Q(2|4|1{,}5)$ nicht auf $AB$, denn:
(I) $2 = 6 + \lambda_Q \cdot (-6) \Leftrightarrow \lambda_Q = \frac{2}{3}$
(II) $4 = 0 + \lambda_Q \cdot 8 \Leftrightarrow \lambda_Q = \frac{1}{2}$ Widerspruch zu (I)
(III) $1{,}5 = 0 + \lambda_Q \cdot 3 \Leftrightarrow \lambda_Q = \frac{1}{2}$

71 *Hinweis: Als Aufpunkt von AB eignet sich statt A auch jeder andere Geradenpunkt, als Richtungsvektor auch jedes Vielfache von $\overrightarrow{AB}$.*

Bestimmung der gegenseitigen Lage zweier Geraden:

Als Beispiel hier die Raumdiagonale $CD$ mit $C(0|0|3)$ und $D(6|8|0)$:

$$CD\colon \vec{X} = \begin{pmatrix} 0 \\ 0 \\ 3 \end{pmatrix} + \mu \cdot \begin{pmatrix} 6 \\ 8 \\ -3 \end{pmatrix}$$

$$AB\colon \vec{X} = \begin{pmatrix} 6 \\ 0 \\ 0 \end{pmatrix} + \lambda \cdot \begin{pmatrix} -6 \\ 8 \\ 3 \end{pmatrix}$$

Parallel verlaufen die beiden Geraden nicht, weil $\overrightarrow{AB} \neq k \cdot \overrightarrow{CD}$ $(k \in \mathbb{R})$ (sonst könnten sie sogar identisch sein, wenn etwa $A \in CD$).

Haben sie einen gemeinsamen Schnittpunkt $S$?

Aus $\vec{S} = \begin{pmatrix} 0 \\ 0 \\ 3 \end{pmatrix} + \mu_S \cdot \begin{pmatrix} 6 \\ 8 \\ -3 \end{pmatrix}$ und $\vec{S} = \begin{pmatrix} 6 \\ 0 \\ 0 \end{pmatrix} + \lambda_S \cdot \begin{pmatrix} -6 \\ 8 \\ 3 \end{pmatrix}$ würde dann durch Gleichsetzen folgen:

$$\left.\begin{array}{ll} \text{(I)} & \mu_S = 6 - 6\lambda_S \Leftrightarrow \mu_S = 1 - \lambda_S \\ \text{(II)} & 8\mu_S = 8\lambda_S \Leftrightarrow \mu_S = \lambda_S \\ \text{(III)} & \mu_S = 3 - 3\lambda_S \Leftrightarrow 1 - \mu_S = \lambda_S \end{array}\right\} \mu_S = \lambda_S = \frac{1}{2}$$

In allen drei Koordinaten „passen" $\mu_S = \frac{1}{2}$ und $\lambda_S = \frac{1}{2}$, also ist $S(3|4|1{,}5)$ der Schnittpunkt von $AB$ und $CD$ (auch die anderen Raumdiagonalen verlaufen durch $S$).
Bei Geraden im Raum kann es auch vorkommen, dass sie nicht zueinander parallel verlaufen, aber auch keinen Schnittpunkt haben. Solche Geraden heißen dann windschief.

Beispiel: Verschiebt man $CD$ um 3 in $x_3$-Richtung, dann erhält man

$$g\colon \vec{X} = \begin{pmatrix} 0 \\ 0 \\ 6 \end{pmatrix} + \sigma \cdot \begin{pmatrix} 6 \\ 8 \\ -3 \end{pmatrix}.$$

$g$ schneidet $AB$ nicht. Bei obiger Suche nach einem Wertepaar für $\sigma$ und $\lambda$ ergibt sich in der 3. Koordinate ein Widerspruch:
$6 - 3\sigma = 3\lambda$ oder $2 - \sigma = \lambda$ (sonst würde $\sigma = \lambda = 0{,}5$ passen).

Dieses Verfahren lässt sich verallgemeinern:

Bestimmung der gegenseitigen Lage zweier Geraden $g\colon \vec{X} = \vec{A} + \lambda\vec{u}$ und $h\colon \vec{X} = \vec{B} + \mu\vec{v}$:

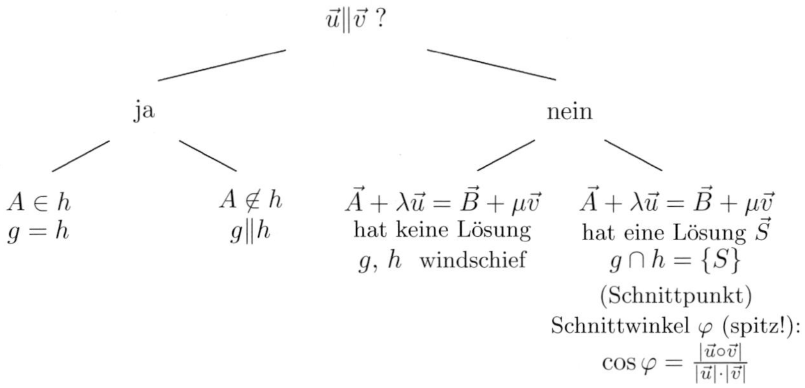

71

## Lösungen der Aufgaben

### Erarbeiten

76

**1** $\lambda_1 = 0$
$A_1(4|-2|5)$
$\lambda_2 = 1$
$A_2(3|0|4)$
$\lambda_3 = 4$
$A_3(0|6|1)$
$\lambda_4 = 5$
$A_4(-1|8|0)$
$\lambda_5 = -1$
$A_5(5|-4|6)$

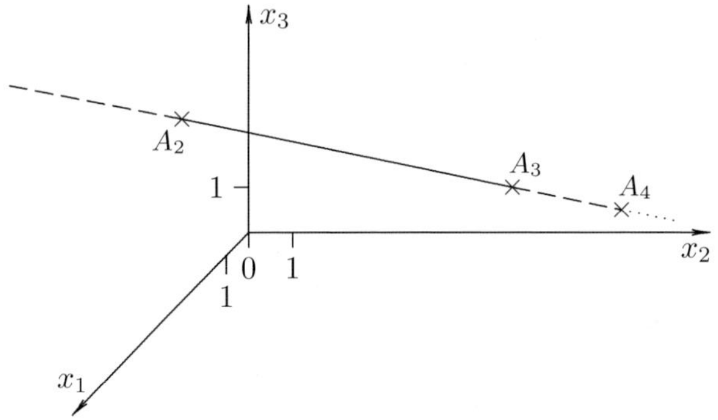


**2 a)** $AB\colon \vec{X} = \begin{pmatrix} 2 \\ 0 \\ -1 \end{pmatrix} + \lambda \cdot \begin{pmatrix} 0 \\ 4 \\ -1 \end{pmatrix}$

Spurpunkt mit $x_1$-$x_2$-Ebene:
$\lambda = -1$, also $(2|-4|0)$

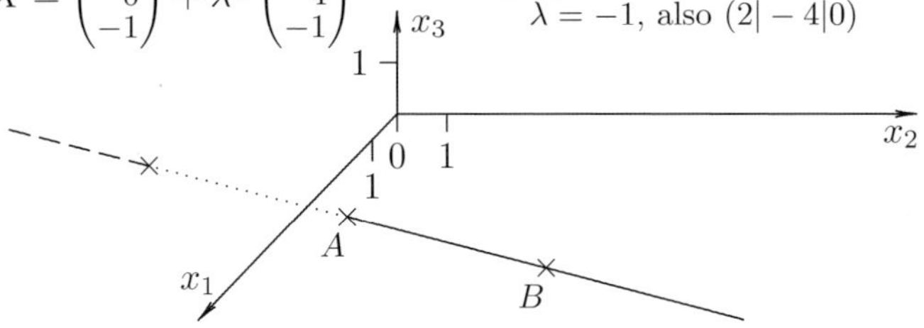

**b)** $g\colon \vec{X} = \begin{pmatrix} 1 \\ -2 \\ 0 \end{pmatrix} + \mu \cdot \begin{pmatrix} -1 \\ 1 \\ 2 \end{pmatrix}$

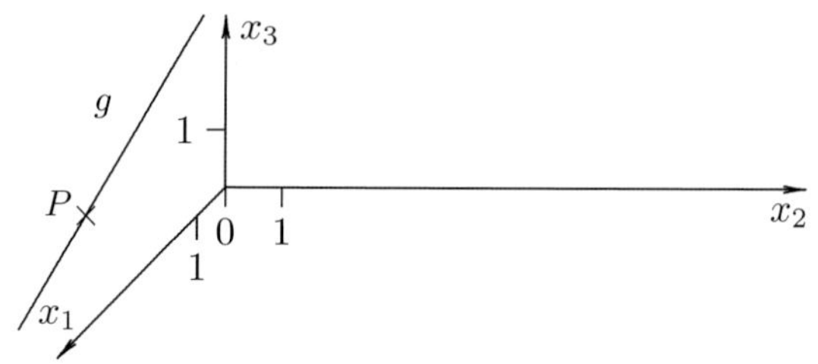


**c)** $V(9|0|6)$; $W(0|3|1)$

$$VW\colon \vec{X} = \begin{pmatrix} 9 \\ 0 \\ 6 \end{pmatrix} + \lambda \cdot \begin{pmatrix} -9 \\ 3 \\ -5 \end{pmatrix} = \begin{pmatrix} 0 \\ 3 \\ 1 \end{pmatrix} + \mu \cdot \begin{pmatrix} -9 \\ 3 \\ -5 \end{pmatrix} = \begin{pmatrix} 0 \\ 3 \\ 1 \end{pmatrix} + \sigma \cdot \begin{pmatrix} 18 \\ -6 \\ 10 \end{pmatrix}$$

Dritter Spurpunkt: $Z(z_1|z_2|0)$: $\lambda_Z = \frac{6}{5}$; $Z(-1{,}8|0{,}6|0)$

**3 a)** $AB\colon \vec{X} = \begin{pmatrix} -2 \\ 1 \\ 7 \end{pmatrix} + \lambda \cdot \begin{pmatrix} -1 \\ 4 \\ -2 \end{pmatrix}$; $C(1|-11|12)$

Für die ersten beiden Koordinaten folgt $\lambda_C = -3$, für die 3. Koordinate $\lambda_C = -2{,}5$. Widerspruch.

$C \notin AB$

**b)** $AB\colon \vec{X} = \begin{pmatrix} 14 \\ 0 \\ 2 \end{pmatrix} + \lambda \cdot \begin{pmatrix} -16 \\ 3 \\ 6 \end{pmatrix}$; $C(-10|1{,}5|11)$

Für die 1. Koordinate folgt $\lambda_C = \frac{3}{2}$, für die 2. Koordinate $\lambda_C = 0{,}5$. Widerspruch.

$C \notin AB$

**4** $AB = g\colon \vec{X} = \begin{pmatrix} 2 \\ 0 \\ -1 \end{pmatrix} + \lambda \cdot \begin{pmatrix} 3 \\ 3 \\ 5 \end{pmatrix}$

**a)** $C(-1|-3|-6) \in g$, wegen $\lambda_C = -1$.

$D(8|6|8) \notin g$, weil $\lambda = 2$ nur in der 1. und 2. Koordinate passt, in der 3. Koordinate aber nicht.

$E(3|1|1) \notin g$, weil $\lambda = \frac{1}{3}$ nur in der 1. und 2. Koordinate passt, in der 3. Koordinate aber nicht.

**b)** $F(-2|f_2|f_3)$; $\lambda_F = -\frac{4}{3}$ (1. Koordinate) $\Rightarrow f_2 = -4$; $f_3 = -7\frac{2}{3}$

$G(g_1|-2|g_3)$; $\lambda_G = -\frac{2}{3}$ (2. Koordinate) $\Rightarrow g_1 = 0$; $g_3 = -4\frac{1}{3}$

$H(h_1|h_2|-2)$; $\lambda_H = -\frac{1}{5}$ (3. Koordinate) $\Rightarrow h_1 = 1{,}4$; $h_2 = -0{,}6$

**c)** Gegenbeispiel: $\vec{X} = \begin{pmatrix} 1 \\ 0 \\ 0 \end{pmatrix} + \lambda \cdot \begin{pmatrix} 0 \\ 3 \\ 2 \end{pmatrix}$ hat immer 1 als 1. Koordinate, also niemals $-2$.

**5 a)**
(I) $4 - \lambda = -1 + 3\mu \Leftrightarrow \lambda = 5 - 3\mu$
(II) $1 + 2\lambda = -1 \Leftrightarrow \lambda = -1$ $*$
(III) $4 + 2\lambda = \mu \overset{\text{mit } *}{\Leftrightarrow} \mu = 2$

(II) und (III) erfüllen auch (I), also $\lambda_S = -1$; $\mu_S = 2$; $S(5|-1|2)$.

$$\cos\varphi = \frac{\left|\begin{pmatrix} -1 \\ 2 \\ 2 \end{pmatrix} \circ \begin{pmatrix} 3 \\ 0 \\ 1 \end{pmatrix}\right|}{3 \cdot \sqrt{10}} = \frac{1}{3 \cdot \sqrt{10}};\ \varphi \approx 83{,}9^\circ$$

**b)** $x_1$-Achse: $\vec{X} = \mu \cdot \begin{pmatrix} 1 \\ 0 \\ 0 \end{pmatrix}$

(I) $5 + 4\lambda = \mu$
(II) $3 - 2\lambda = 0 \Leftrightarrow \lambda = 1{,}5$
(III) $-6 + 4\lambda = 0 \Leftrightarrow \lambda = 1{,}5$

aus (II) und (III) folgt $\mu = 11$; $S(11|0|0)$.

$$\cos\varphi = \frac{\left|\begin{pmatrix} 4 \\ -2 \\ 4 \end{pmatrix} \circ \begin{pmatrix} 1 \\ 0 \\ 0 \end{pmatrix}\right|}{6 \cdot 1} = \frac{2}{3};\ \varphi \approx 48{,}2^\circ$$

**c)** $S(0|1|0)$ (gemeinsamer Aufpunkt, $g \nparallel h$!)

$$\cos\varphi = \frac{\left|\begin{pmatrix} -1 \\ 7 \\ 8 \end{pmatrix} \circ \begin{pmatrix} 4 \\ 4 \\ 1 \end{pmatrix}\right|}{\sqrt{114} \cdot \sqrt{33}} = \frac{32}{\sqrt{114} \cdot \sqrt{33}} \approx 0{,}522;\ \varphi \approx 58{,}6^\circ$$

**76** **d)** (I) $1-3\lambda = -2+5\mu$

(II) $5+\lambda = 6-5\mu$

(III) $2-2\lambda = 2\mu \Leftrightarrow \mu = 1-\lambda$, einsetzen in (I) und (II) ergibt:

(I) $1-3\lambda = -2+5(1-\lambda) \Leftrightarrow \lambda = 1$

(II) $5+\lambda = 6-5(1-\lambda) \quad \Leftrightarrow \lambda = 1$

aus (I) und (II) folgt $\mu = 1-\lambda = 0$; $S(-2|6|0)$.

$$\cos\varphi = \frac{\left|\begin{pmatrix}-3\\1\\-2\end{pmatrix}\circ\begin{pmatrix}5\\-5\\2\end{pmatrix}\right|}{\sqrt{14}\cdot\sqrt{54}} \approx 0{,}873;\quad \varphi \approx 29{,}2^\circ$$

**6** $RS\colon \vec{X} = \begin{pmatrix}-2\\7\\0\end{pmatrix} + \lambda\cdot\begin{pmatrix}1\\-7\\4\end{pmatrix}$

**a)** $\lambda \in ]0;1[$ **b)** $\lambda \in \mathbb{R}\backslash[0;1]$ **c)** $\lambda < 0$

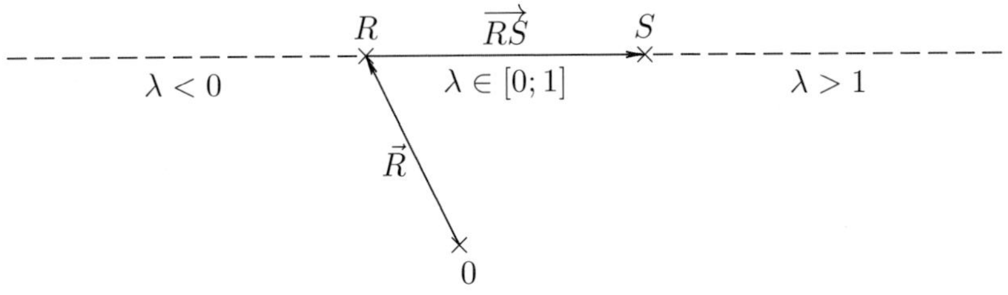


**7** $\begin{pmatrix}0\\1\\0\end{pmatrix} \neq k\cdot\begin{pmatrix}0\\4\\-2\end{pmatrix}$ für alle $k \in \mathbb{R}$, also $g_1 \nparallel g_2$.

Gibt es einen Schnittpunkt $S$?

Nein, vgl. 1. Koordinate: $x_1 = 3$ bei $g_1$, $x_1 = -2$ bei $g_2$

$\Rightarrow g_1, g_2$ windschief.

**77** **8 a)** $a = 6$

**b)** $a = -0{,}5$

**c)** $a = -9$

**d)** $a = 1$

**e)** Bedingungen:
$3\cdot(a-4) = a$ oder $a = 6$ (1. und 2. Koordinate)
und $a-6 = 0$ (3. Koordinate)
$\Rightarrow a = 6$

**9 a)** $A(7|0|7)$; $B(0|5|1)$; $C(9|0|1)$; $D(0|7|7)$ **77**

$$\left.\begin{array}{l} AB\colon \vec{X} = \begin{pmatrix}7\\0\\7\end{pmatrix} + \lambda\cdot\begin{pmatrix}-7\\5\\-6\end{pmatrix} \\ CD\colon \vec{X} = \begin{pmatrix}9\\0\\1\end{pmatrix} + \mu\cdot\begin{pmatrix}-9\\7\\6\end{pmatrix}\end{array}\right\} AB \nparallel CD$$

Schnittpunkt?

(I) $7-7\lambda = 9-9\mu \Leftrightarrow \lambda = -\frac{2}{7}+\frac{9}{7}\mu$

(II) $5\lambda = 7\mu \Leftrightarrow \lambda = 1{,}4\mu$

(III) $7-6\lambda = 1+6\mu \Leftrightarrow 1-\lambda = \mu$

Aus (II) und (III) folgt $\mu = \frac{5}{12}$ und $\lambda = \frac{7}{12}$, das „passt“ aber nicht zu (I), also sind $AB$ und $CD$ windschief.

**b)** $A(0|2|4)$; $B(10|0|4)$; $C(3|0|6)$; $D(3|6|0)$

$$\left.\begin{array}{l} AB\colon \vec{X} = \begin{pmatrix}0\\2\\4\end{pmatrix} + \tilde{\lambda}\cdot\begin{pmatrix}10\\-2\\0\end{pmatrix} = \begin{pmatrix}0\\2\\4\end{pmatrix} + \lambda\cdot\begin{pmatrix}5\\-1\\0\end{pmatrix} \\ CD\colon \vec{X} = \begin{pmatrix}3\\0\\6\end{pmatrix} + \tilde{\mu}\cdot\begin{pmatrix}0\\6\\-6\end{pmatrix} = \begin{pmatrix}3\\0\\6\end{pmatrix} + \mu\cdot\begin{pmatrix}0\\1\\-1\end{pmatrix}\end{array}\right\} AB \nparallel CD$$

(I) $5\lambda = 3 \quad \Leftrightarrow \lambda = 0{,}6$

(II) $2-\lambda = \mu$

(III) $4 = 6-\mu$

Aus (I) und (II) folgt $\mu = 1{,}4$, das steht im Widerspruch zu (III), weil $4 \neq 6-1{,}4$, also sind $AB$ und $CD$ windschief.

**c)** $C(0|1|3)$; $D(5|0|3)$; $A(0|2|1)$; $B(10|0|1)$

$$\left.\begin{array}{l} \overrightarrow{CD} = \begin{pmatrix}5\\-1\\0\end{pmatrix} \\ \overrightarrow{AB} = \begin{pmatrix}10\\-2\\0\end{pmatrix}\end{array}\right\} AB \| CD,\ AB \text{ und } CD \text{ sind echt parallel.}$$

**10** Gegenbeispiel: $g \| h$!

**11 a)** $\overrightarrow{LM} = \begin{pmatrix}2\\5\\2\end{pmatrix}$; $\overrightarrow{MN} = \begin{pmatrix}3\\3\\2\end{pmatrix}$; $\overrightarrow{NP} = \begin{pmatrix}1\\-2\\0\end{pmatrix}$;

$\overrightarrow{PL} = \begin{pmatrix}-6\\-6\\-4\end{pmatrix} = -2 \cdot \overrightarrow{MN}$,

also $MN \| PL \Rightarrow$ Trapez.

$\overline{LM} = \sqrt{4+25+4} = \sqrt{33}$,
$\overline{NP} = \sqrt{5} \neq \sqrt{33}$,
also ist das Trapez nicht gleichschenklig.

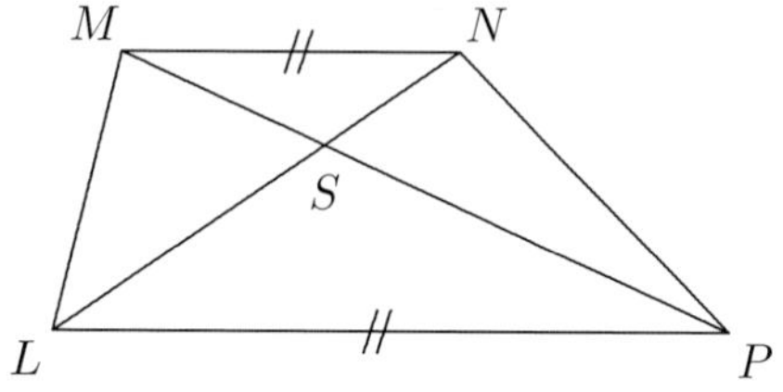


**b)** $MP \cap LN = \{S\}$

$MP$: $\vec{X} = \begin{pmatrix}-2\\5\\1\end{pmatrix} + \lambda \cdot \begin{pmatrix}4\\1\\2\end{pmatrix}$

$LN$: $\vec{X} = \begin{pmatrix}-4\\0\\-1\end{pmatrix} + \mu \cdot \begin{pmatrix}5\\8\\4\end{pmatrix}$

(I) $-2 + 4\lambda = -4 + 5\mu$
(II) $5 + \lambda = 8\mu \quad \Leftrightarrow \lambda = 8\mu - 5$
(III) $1 + 2\lambda = -1 + 4\mu$

Einsetzen von (II) in (I) und (III) ergibt:

$$\left.\begin{array}{lll}\text{(I)} & -2+4(8\mu) = -4+5\mu & \Leftrightarrow 27\mu = 18 \\ \text{(II)} & 1+2(8\mu-5) = -1+4\mu & \Leftrightarrow 12\mu = 8\end{array}\right\} \mu = \frac{2}{3}$$

$S(-4 + \frac{2}{3} \cdot 5 | \frac{2}{3} \cdot 8 | -1 + \frac{2}{3} \cdot 4) = (-\frac{2}{3} | 5\frac{1}{3} | 1\frac{2}{3})$

**c)** $ML \cap NP = \{Q\}$

$ML$: $\vec{X} = \begin{pmatrix}-2\\5\\1\end{pmatrix} + \tilde{\lambda} \cdot \begin{pmatrix}-2\\-5\\-2\end{pmatrix} = \begin{pmatrix}-2\\5\\1\end{pmatrix} + \lambda \cdot \begin{pmatrix}2\\5\\2\end{pmatrix}$

$NP$: $\vec{X} = \begin{pmatrix}1\\8\\3\end{pmatrix} + \mu \cdot \begin{pmatrix}1\\-2\\0\end{pmatrix}$

Schnittpunkt $Q$:

(I) $-2 + 2\lambda = 1 + \mu$
(II) $5 + 5\lambda = 8 - 2\mu$
(III) $1 + 2\lambda = 3 \quad \Leftrightarrow \lambda = 1$, eingesetzt in (I) und (II):

$$\left.\begin{array}{ll}\text{(I)} & -2+2 = 1+\mu \\ \text{(II)} & 5+5 = 8-2\mu\end{array}\right\} \mu = -1 \Rightarrow Q = (0|10|3)$$

Schnittwinkel $\varphi$: $\cos\varphi = \dfrac{\left|\begin{pmatrix}2\\5\\2\end{pmatrix} \circ \begin{pmatrix}1\\-2\\0\end{pmatrix}\right|}{\sqrt{33}\cdot\sqrt{5}} = \frac{8}{\sqrt{165}}$; $\quad \varphi \approx 51{,}5°$

**12 a)** $g$: $\vec{X} = \begin{pmatrix}8\\-12\\12\end{pmatrix} + \tilde{\lambda} \cdot \begin{pmatrix}-8\\24\\-16\end{pmatrix} = \begin{pmatrix}8\\-12\\12\end{pmatrix} + \lambda \cdot \begin{pmatrix}1\\-3\\2\end{pmatrix}$

Spurpunkte:
$\lambda_1 = -8$; $S_1(0|12|-4)$
$\lambda_2 = -4$; $S_2(4|0|4)$
$\lambda_3 = -6$; $S_3(2|6|0)$

**b)** $h$: $\vec{X} = \begin{pmatrix}-4\\9\\4\end{pmatrix} + \mu \cdot \begin{pmatrix}-4\\3\\2\end{pmatrix}$

Spurpunkte:
$\mu_1 = -1$; $S_1(0|6|2)$
$\mu_2 = -3$; $S_2(8|0|-2)$
$\mu_3 = -2$; $S_3(4|3|0)$

**c)** $k$: $\vec{X} = \begin{pmatrix}12\\-6\\-2\end{pmatrix} + \sigma \cdot \begin{pmatrix}-4\\3\\2\end{pmatrix}$

Spurpunkte:
$\sigma_1 = 3$; $S_1(0|3|4)$
$\sigma_2 = 2$; $S_2(4|0|2)$
$\sigma_3 = 1$; $S_3(8|-3|0)$

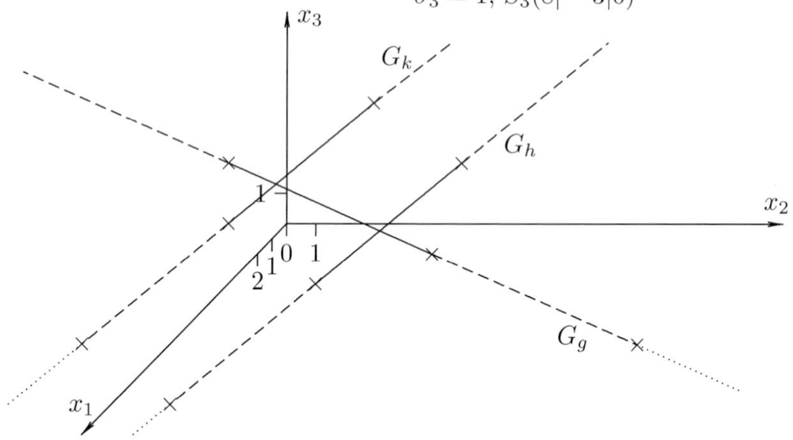

77 **13** Zylinderschale durch $C$ mit Symmetrieachse $AB$.

78 **14 a)** $g \nparallel h$; Schnittpunkt?

(I) $3+\lambda = \mu \quad \Leftrightarrow \lambda = \mu - 3$

(II) $-1-2\lambda = -2$

(III) $1+\lambda = 6+\mu \Leftrightarrow \lambda = 5+\mu$

(I) steht im Widerspruch zu (III), also sind $g$ und $h$ windschief.

**b)** $g \nparallel h$; Schnittpunkt?

(I) $4-\lambda = -1+2\mu$

(II) $2+\lambda = 7 \quad \Leftrightarrow \lambda = 5$

(III) $3 = 3+\mu \quad \Leftrightarrow \mu = 0$

Mit (II) und (III) folgt aus (I): $-1 = -1+0$, also $S(-1|7|3)$ als Aufpunkt von $h$.

$$\cos\varphi = \frac{\left|\begin{pmatrix}-1\\1\\0\end{pmatrix}\circ\begin{pmatrix}2\\0\\1\end{pmatrix}\right|}{\sqrt{2}\cdot\sqrt{5}} = \frac{2}{\sqrt{10}};\ \varphi \approx 50{,}8°$$

**c)** $g \nparallel h$; Schnittpunkt?

(I) $3 = 3\mu \quad \Leftrightarrow \mu = 1$

(II) $2\lambda = -2\lambda - 1$

(III) $-\lambda = \mu$

(III) passt zu (I) und (II), also $S(3|-2|1)$.

$$\cos\varphi = \frac{\left|\begin{pmatrix}0\\2\\-1\end{pmatrix}\circ\begin{pmatrix}3\\0\\1\end{pmatrix}\right|}{\sqrt{5}\cdot\sqrt{10}} = \frac{1}{\sqrt{50}};\ \varphi \approx 81{,}9°$$

**15 a)** $\vec{X} = \begin{pmatrix}1\\0\\2\end{pmatrix} + \lambda\cdot\begin{pmatrix}-1\\3\\0\end{pmatrix}$

1. Oktant: $x_1, x_2, x_3 > 0$

$$\left.\begin{array}{l} x_1 > 0 \Leftrightarrow \lambda < 1 \\ x_2 > 0 \Leftrightarrow \lambda > 0 \end{array}\right\} 0 < \lambda < 1 \Rightarrow \vec{X} \text{ im 1. Oktanten.}$$

$x_3 = 2\ (> 0)$

Analog:

$$\left.\begin{array}{l} x_1 < 0 \Leftrightarrow \lambda > 1 \\ x_2 < 0 \Leftrightarrow \lambda < 0 \\ x_3 = 2 \end{array}\right\} 0 < \lambda < 1 \Leftrightarrow \vec{X} \text{ nicht im 6. Oktanten.}$$

**b)** $\vec{X} = \begin{pmatrix}1\\0\\2\end{pmatrix} + \lambda\cdot\begin{pmatrix}-1\\3\\1\end{pmatrix}$

1. Oktant:

$$\left.\begin{array}{l} x_1 > 0 \Leftrightarrow \lambda < 1 \\ x_2 > 0 \Leftrightarrow \lambda > 0 \end{array}\right\} 0 < \lambda < 1 \Rightarrow \vec{X} \text{ im 1. Oktanten,}$$

$x_3 > 0 \Leftrightarrow \lambda > -2$

nicht im 6. Oktanten (vgl. a)).

**c)** $\vec{X} = \begin{pmatrix}1\\3\\2\end{pmatrix} + \lambda\cdot\begin{pmatrix}-1\\0\\1\end{pmatrix}$

1. Oktant:

$$\left.\begin{array}{l} x_1 > 0 \Leftrightarrow \lambda < 1 \\ x_2 = 3 \Leftrightarrow \lambda > 0 \\ x_3 > 0 \Leftrightarrow \lambda > -2 \end{array}\right\} -2 < \lambda < 1 \Leftrightarrow \vec{X} \text{ im 1. Oktanten.}$$

6. Oktant: $x_2 < 0$ nicht möglich, also nicht im 6. Oktanten.

**16** Eine Gerade hat höchstens drei Spurpunkte (an der Grenze zwischen zwei Oktanten), also durchläuft sie höchstens vier Oktanten.

**Noch fit?**

**I** $g(x) = \sqrt{1-3x^4}$; $\frac{1}{3} = x^4$; $x = \pm 3^{-\frac{1}{4}}$; $D_g = \left[-\sqrt[4]{\frac{1}{3}}; \sqrt[4]{\frac{1}{3}}\right]$

$g(-x) = g(x) \Rightarrow$ Symmetrie zur $y$-Achse.

$g'(x) = \frac{1}{2\sqrt{1-3x^4}}\cdot(-12x^3) = 0$

$\Rightarrow x = 0$ mit Vorzeichenwechsel von $+$ nach $- \Rightarrow$ Hochpunkt $(0|1)$.

Steigungstabelle:

| | $x <$ | 0 | $< x$ |
|---|---|---|---|
| Vorzeichen $g'(x)$ | + | 0 | − |
| $G_g$ | ↗ | Hochpunkt | ↘ |

**II a)** $f(x) = -x^2 + 1$

$A = \int\limits_0^4 |-x^2+1|\,dx$

$= \left[-\frac{1}{3}x^3 + x\right]_0^1 + \left[\frac{1}{3}x^3 - x\right]_1^4$

$= (-\frac{1}{3}+1) - 0 + \frac{64}{3} - 4 - \frac{1}{3} + 1$

$= 17\frac{1}{3}$

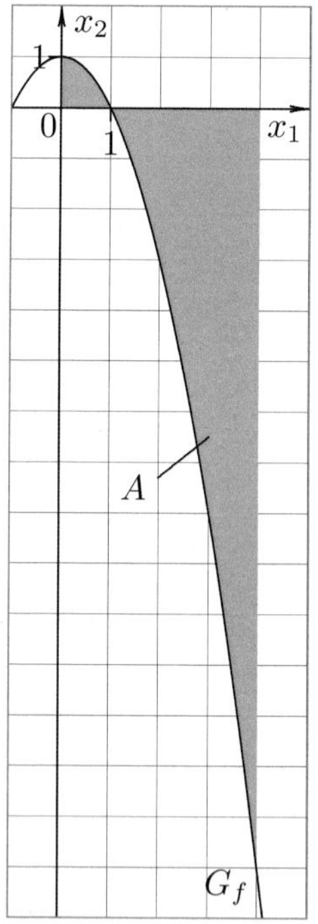


**b)** $f(x) = x^3 - 4x$

$A = \int\limits_{-1}^{0} f(x)\,dx - \int\limits_0^2 f(x)\,dx$

$= \left[\frac{1}{4}x^4 - 2x^2\right]_{-1}^0 - \left[\frac{1}{4}x^4 - 2x^2\right]_0^2$

$= -\frac{1}{4} + 2 - (4-8)$

$= 5\frac{3}{4}$

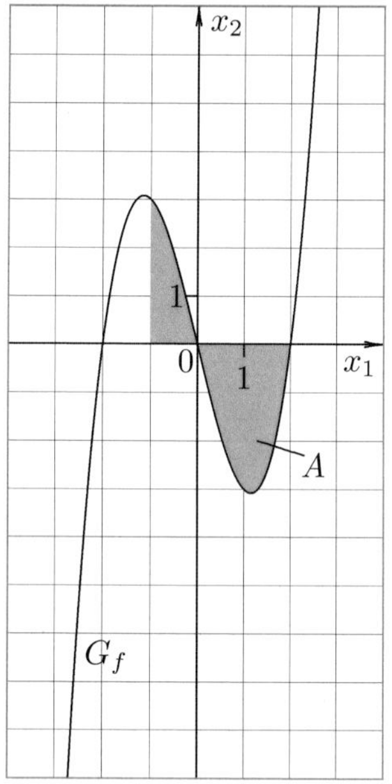


**c)** $f(x) = x^3 - 3x + 2$

$A = \int\limits_{-2}^{1} f(x)\,dx$

$= \left[\frac{1}{4}x^4 - \frac{3}{2}x^2 + 2x\right]_{-2}^1$

$= \frac{1}{4} - \frac{3}{2} + 2 - 4 + 6 + 4$

$= 6{,}75$

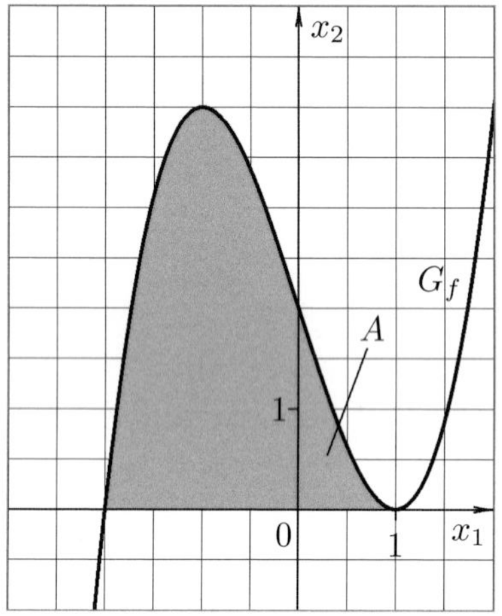


**d)** $f(x) = x^3 - x$
(punktsymmetrisch zu (0|0))

$A = -2 \cdot \int\limits_0^1 f(x)\,dx$

$= -2 \cdot \left[\frac{1}{4}x^4 - \frac{1}{2}x^2\right]_0^1$

$= -2 \cdot (\frac{1}{4} - \frac{1}{2}) = 0{,}5$

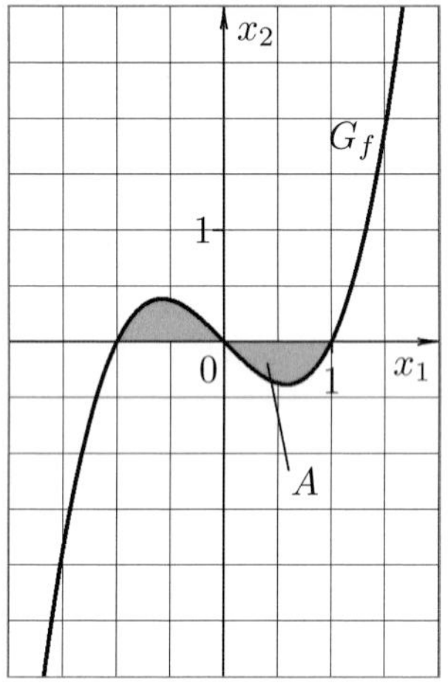


## Anwenden

**17** $g_1\colon \vec{X} = \begin{pmatrix} 3 \\ -1 \\ 0 \end{pmatrix} + k \cdot \begin{pmatrix} 4 \\ 1 \\ -1 \end{pmatrix}$

$g_2\colon \vec{X} = \begin{pmatrix} 1 \\ -5 \\ 6 \end{pmatrix} + \widetilde{\lambda} \cdot \begin{pmatrix} -9 \\ 3 \\ -6 \end{pmatrix} = \begin{pmatrix} 1 \\ -5 \\ 6 \end{pmatrix} + \lambda \cdot \begin{pmatrix} 3 \\ -1 \\ 2 \end{pmatrix}$

$g_1 \nparallel g_2$, Schnittpunkt ?

(I) $3 + 4k = 1 + 3\lambda \Leftrightarrow k = -\frac{1}{2} + \frac{3}{2}\lambda$
(II) $-1 + k = -5 - \lambda \Leftrightarrow k = -4 - \lambda$
(III) $-k = 6 + 2\lambda \Leftrightarrow k = -6 - 2\lambda$

Widerspruch, also sind $g_1$ und $g_2$ windschief.

78 $g_3\colon \vec{X} = \begin{pmatrix}5\\1\\1\end{pmatrix} + \tilde{\mu}\cdot\begin{pmatrix}-6\\2\\-4\end{pmatrix} = \begin{pmatrix}5\\1\\1\end{pmatrix} + \mu\cdot\begin{pmatrix}-3\\1\\-2\end{pmatrix}$

$g_3 \nparallel g_1$ (und $g_3 \nparallel g_2$)

Schnittpunkt $g_1$ und $g_3$?

(I) $3 + 4k = 5 - 3\mu$

(II) $-1 + k = 1 + \mu$

(III) $-k = 1 - 2\mu$

Widerspruch, also sind $g_1$ und $g_3$ windschief.

Schnittpunkt $g_2$ und $g_3$?

(I) $1 + 3\lambda = 5 - 3\mu$

(II) $-5 - \lambda = 1 + \mu \quad \Leftrightarrow \mu = -5 - \lambda$

(III) $6 + 2\lambda = 1 - 2\mu \Leftrightarrow \mu = 2{,}5 - \lambda$ Widerspruch zu II

Also sind $g_2$ und $g_3$ windschief.

**18** $AB\colon \vec{X} = \begin{pmatrix}8\\0\\0\end{pmatrix} + \tilde{\lambda}\cdot\begin{pmatrix}-8\\6\\2\end{pmatrix} = \begin{pmatrix}8\\0\\0\end{pmatrix} + \lambda\cdot\begin{pmatrix}-4\\3\\1\end{pmatrix}$, $\lambda_S = 1$, also $S \in AB$.

$CS\colon \vec{X} = \begin{pmatrix}0\\0\\3\end{pmatrix} + \mu\cdot\begin{pmatrix}4\\3\\-2\end{pmatrix}$, also $d_3 = 0$ für $\mu_0 = 1{,}5$; $D(6|4{,}5|0)$.

Schnittwinkel $\varphi$:

$$\cos\varphi = \frac{\left|\begin{pmatrix}-4\\3\\1\end{pmatrix}\circ\begin{pmatrix}4\\3\\-2\end{pmatrix}\right|}{\sqrt{26}\cdot\sqrt{29}} = \frac{9}{\sqrt{754}};\quad \varphi \approx 70{,}87°.$$

**19** $g\colon \vec{X} = \begin{pmatrix}4\\2\\0\end{pmatrix} + \lambda\cdot\begin{pmatrix}u_1\\u_2\\u_3\end{pmatrix}$; $g'\colon \vec{X} = \begin{pmatrix}4\\2\\0\end{pmatrix} + \mu\cdot\begin{pmatrix}u_1\\u_2\\-u_3\end{pmatrix}$

$g$ und $g'$ sind ohne Spurpunkte in der Ebene $x_2 = 0$, also sind $g$ und $g'$ parallel zur $x_1$-$x_3$-Ebene und $u_2 = 0$.

$\sphericalangle(g,g') = \varphi$

$$\cos\varphi = \frac{\left|\begin{pmatrix}u_1\\0\\u_3\end{pmatrix}\circ\begin{pmatrix}u_1\\0\\-u_3\end{pmatrix}\right|}{(u_1)^2+(u_3)^2} = \frac{|(u_1)^2-(u_3)^2|}{(u_1)^2+(u_3)^2} = 0{,}5;\quad \text{weil } \varphi = 60°$$ 78

$\Leftrightarrow (u_1)^2 = 3\cdot(u_3)^2$ oder $(u_3)^2 = 3\cdot(u_1)^2$

Also etwa $u_3 = \pm 1$ und $u_1 = \sqrt{3}$ oder stattdessen $u_1 = 1$ und $u_3 = \pm\sqrt{3}$.

$g_{1,2}\colon \vec{X} = \begin{pmatrix}4\\2\\0\end{pmatrix} + \lambda\cdot\begin{pmatrix}1\\0\\\pm\sqrt{3}\end{pmatrix}$ oder $g_{3,4}\colon \vec{X} = \begin{pmatrix}4\\2\\0\end{pmatrix} + \lambda\cdot\begin{pmatrix}\sqrt{3}\\0\\\pm 1\end{pmatrix}$.

Skizze:

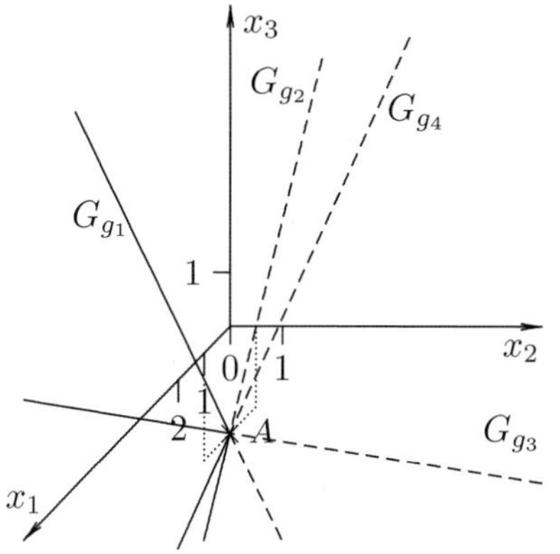


**20** $g = AB\colon \vec{X} = \begin{pmatrix}4\\0\\1\end{pmatrix} + \lambda\cdot\begin{pmatrix}-4\\3\\6\end{pmatrix}$ **b)** $g'(x)\colon \vec{X} = \begin{pmatrix}-4\\0\\1\end{pmatrix} + \sigma\cdot\begin{pmatrix}4\\3\\6\end{pmatrix}$ 79

**a)** $g'(x)\colon \vec{X} = \begin{pmatrix}4\\0\\1\end{pmatrix} + \mu\cdot\begin{pmatrix}-4\\-3\\6\end{pmatrix}$ **c)** $g'(x)\colon \vec{X} = \begin{pmatrix}4\\0\\-1\end{pmatrix} + \tau\cdot\begin{pmatrix}-4\\3\\-6\end{pmatrix}$

**21** $g\colon \vec{X} = \begin{pmatrix}0\\0\\5\end{pmatrix} + \lambda\cdot\begin{pmatrix}4\\3\\-2\end{pmatrix} \Rightarrow \lambda_{K'} = 2{,}5$ (weil $k_3' = 0$) $\Rightarrow K'(10|7{,}5|0)$.

**22** $A(3|0|5)$; $B(1|3|0)$; $AB = g\colon \vec{X} = \begin{pmatrix}3\\0\\5\end{pmatrix} + \lambda\cdot\begin{pmatrix}-2\\3\\-5\end{pmatrix}$

Spiegeln am Ursprung: $g'(x)\colon \vec{X} = \begin{pmatrix}-3\\0\\-5\end{pmatrix} + \mu\cdot\begin{pmatrix}2\\-3\\5\end{pmatrix} = \begin{pmatrix}-3\\0\\-5\end{pmatrix} + \sigma\cdot\begin{pmatrix}-2\\3\\-5\end{pmatrix}$

**23** Strahlensatzfigur:

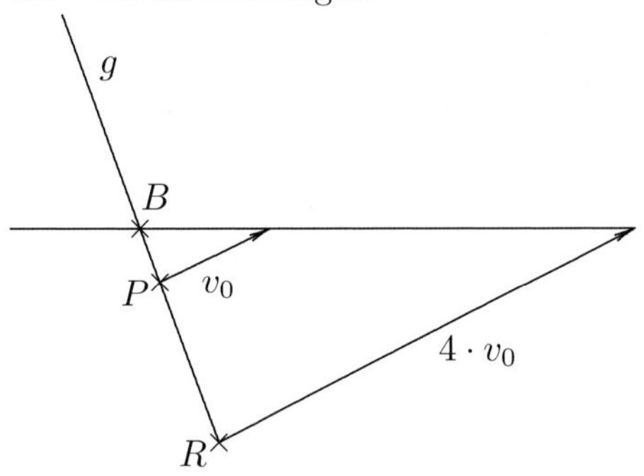


Strahlensatz $\Rightarrow \frac{\overline{BP}}{\overline{BR}} = \frac{1}{4}$

$4\overline{BP} = \overline{BR}$

$g$: $\vec{X} = \vec{R} + \lambda \cdot \overrightarrow{RP}$

$= \begin{pmatrix} -2 \\ 3 \\ 1 \end{pmatrix} + \lambda \cdot \begin{pmatrix} 5 \\ -11 \\ 1 \end{pmatrix}$

$\lambda_B = \frac{4}{3}$

$B(-2 + \frac{20}{3}|3 - \frac{44}{3}|1 + \frac{4}{3})$

$= B(4\frac{2}{3}| - 11\frac{2}{3}|2\frac{1}{3})$

**24 a)** $g_E$: $\vec{X} = \underset{(\vec{E})}{\begin{pmatrix} 6 \\ 8 \\ 5 \end{pmatrix}} + \lambda \cdot \begin{pmatrix} -1 \\ -2 \\ -1 \end{pmatrix}$; $\lambda_{E'} = 5$

$\Rightarrow E'(1| - 2|0)$, ebenso: $F'(1|1|0)$; $G'(-2|1|0)$; $H'(-2| - 2|0)$.

**b)** $EE'$: $\vec{X} = \begin{pmatrix} 6 \\ 8 \\ 3 \end{pmatrix} + \lambda \cdot \begin{pmatrix} -1 \\ -2 \\ -1 \end{pmatrix}$

(I) $\lambda = 6$ liefert $x_1 = 0$
(II) $\lambda = 4$ liefert $x_2 = 0$
(III) $\lambda = 5$ liefert $x_3 = 0$

Mit (I) folgt $E''(0|-4|-1)$ (nicht im 1. Oktanten), mit (II) folgt $E''(2|0|1)$.

$FF'$: $\vec{X} = \begin{pmatrix} 6 \\ 11 \\ 5 \end{pmatrix} + \mu \cdot \begin{pmatrix} -1 \\ -2 \\ -1 \end{pmatrix}$

(I) $\mu = 6$ liefert $x_1 = 0$
(II) $\mu = 5{,}5$ liefert $x_2 = 0$
(III) $\mu = 5$ liefert $x_3 = 0$ Mit (III) folgt $F'' = F'(1|1|0)$.

$GG'$: $\vec{X} = \begin{pmatrix} 3 \\ 11 \\ 5 \end{pmatrix} + \sigma \cdot \begin{pmatrix} -1 \\ -2 \\ -1 \end{pmatrix}$

(I) $\sigma = 3$ liefert $x_1 = 0$
(II) $\sigma = 5{,}5$ liefert $x_2 = 0$
(III) $\sigma = 5$ liefert $x_3 = 0$ Mit (I) folgt $G''(0|5|2)$.

$HH'$: $\vec{X} = \begin{pmatrix} 3 \\ 8 \\ 5 \end{pmatrix} + \tau \cdot \begin{pmatrix} -1 \\ -2 \\ -1 \end{pmatrix}$

(I) $\tau = 3$ liefert $x_1 = 0$
(II) $\tau = 4$ liefert $x_2 = 0$
(III) $\tau = 5$ liefert $x_3 = 0$ Mit (I) folgt $H''(0|2|2)$.

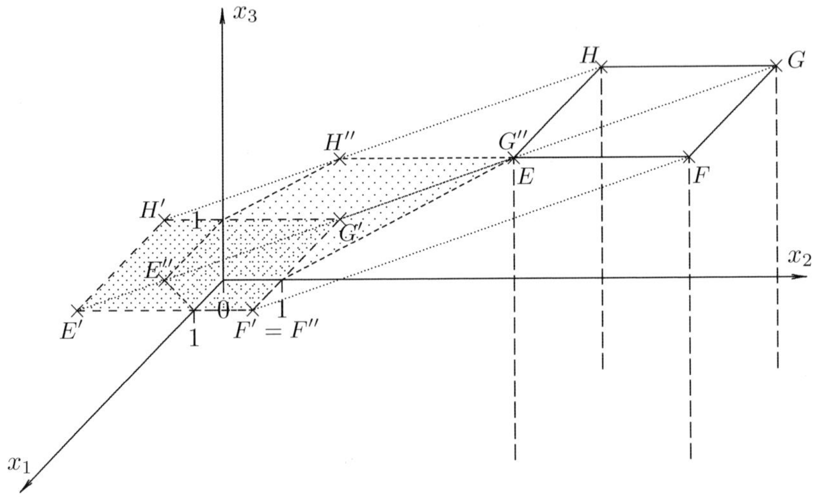


**25** Wenn sich zwei Geraden schneiden, dann sieht man das in fast jeder Blickrichtung (außer sie verdecken sich gegenseitig). Scheinen sie also in einer Ansicht parallel, dann können sie sich nicht schneiden.
Wenn zwei Geraden parallel zueinander verlaufen, dann sieht das aus jeder Richtung so aus. Wenn sie sich also in einer Blickrichtung scheinbar schneiden, dann können sie nicht parallel zueinander sein.
Also sind sie windschief, Jonathan hat recht.

79 **26 a)** $AB$: $\vec{X} = \begin{pmatrix}2\\-1\\3\end{pmatrix} + \lambda \cdot \begin{pmatrix}1\\2\\0\end{pmatrix} \Rightarrow x_2 = 4$ für $\lambda_C = 2{,}5 \Rightarrow C(4{,}5|4|3)$.

**b)** $AB$: $\vec{X} = \begin{pmatrix}2\\2\\-1\end{pmatrix} + \lambda \cdot \begin{pmatrix}-1\\0\\4\end{pmatrix} \Rightarrow x_2 = 4$ tritt niemals ein, weil $x_2 = 2$ ($AB$ ist parallel zur Ebene $x_2 = 4$).

**c)** $AB$: $\vec{X} = \begin{pmatrix}-2\\5\\1\end{pmatrix} + \lambda \cdot \begin{pmatrix}0\\-1\\2\end{pmatrix} \Rightarrow x_2 = 4$ für $\lambda_C = 1 \Rightarrow C(-2|4|3)$.

## Vernetzen

80 **27** Gegenbeispiel: $g$ und $h$ sind windschief.

$h$: $\vec{X} = \begin{pmatrix}1\\0\\2\end{pmatrix} + \mu \cdot \begin{pmatrix}-1\\1\\0\end{pmatrix}$

$g$: $\vec{X} = \begin{pmatrix}1\\0\\1\end{pmatrix} + \lambda \cdot \begin{pmatrix}0\\1\\0\end{pmatrix}$

Blickt man aber etwa von einem Punkt der Ebene $x_3 = 1{,}5$ in großer Entfernung auf $g$ und $h$, so sehen diese beiden Geraden in der Regel parallel zueinander aus.
Kevin hat also nicht Recht.

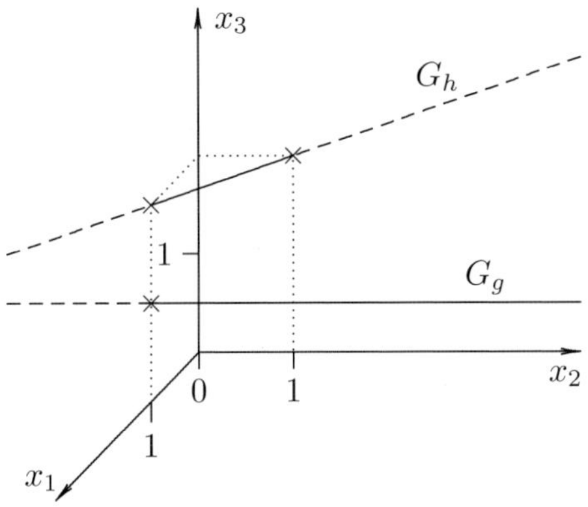


**28 a)** $B_1$: $\vec{X} = \begin{pmatrix}-3\\2\\5\end{pmatrix} + t \cdot \begin{pmatrix}2\\-1\\3\end{pmatrix}$; $B_2$: $\vec{X} = \begin{pmatrix}-8\\1\\1\end{pmatrix} + \tau \cdot \begin{pmatrix}2\\-0{,}5\\2{,}5\end{pmatrix}$

Schnittpunkt $S$:

(I) $-3 + 2t_S = -8 + 2\tau_S \Leftrightarrow 2{,}5 + t_S = \tau_S$
(II) $2 - t_S = 1 - 0{,}5\tau_S \Leftrightarrow 2t_S - 2 = \tau_S$
(III) $5 + 3t_S = 1 + 2{,}5\tau_S$

Mit (I) und (II) folgt $2{,}5 + t_S = 2t_S - 2 \Leftrightarrow 4{,}5 = t_S$, also $\tau_S = 7$, das passt zu (III), also $S(-3 + 4{,}5 \cdot 2|2 + 4{,}5 \cdot (-1)|5 + 4{,}5 \cdot 3) = S(6|-2{,}5|18{,}5)$. Dort kommen die beiden Raketen aber zu verschiedenen „Zeiten" an ($t_s = 4{,}5$, aber $\tau_S = 7$), daher gibt es keine Kollision.

**b)** $P \in B_2$ $(\tau_B = 18)$ 80

**29** Fesselballon: $g$: $\vec{X} = \begin{pmatrix}80\\600\\0\end{pmatrix} + t \cdot \begin{pmatrix}0\\0\\5\end{pmatrix}$ (Zeit $t$ in Sekunden)

Die $x_1$- und $x_2$-Koordinate bleiben konstant bei 80 bzw. 600.

Flugzeug: $h$: $\vec{X} = \begin{pmatrix}0\\-2000\\800\end{pmatrix} + t \cdot \begin{pmatrix}0\\40\\0\end{pmatrix}$

Nur die $x_2$-Koordinate ändert sich, $x_1$ bleibt 0 und $x_3$ bleibt 800.

Punkt $G$ auf $g$: $G(80|600|5 \cdot t)$

Punkt $H$ auf $h$: $H(0|40 \cdot t - 2000|800)$

Abstand: $\overline{GH}^2 = 6400 + (40t - 200)^2 + (800 - 5t)^2 = f(t)$

$f(t) = 1625t^2 - 216000t + 7406400$

$f'(t) = 3250t - 216000 \overset{!}{=} 0 \Leftrightarrow t \approx 66{,}46$

$f(66{,}46) \approx 222486 \approx 472^2$

Der Abstand beträgt also kurzzeitig weniger als 500 m, der Pilot muss reagieren.
*Der Abstand der Geraden beträgt sogar nur 80 m und lässt sich unmittelbar aus der Lage der Geraden ablesen.*

**30 a)** $A(0|3|0)$

$s_1$: $\vec{X} = \begin{pmatrix}0\\3\\0\end{pmatrix} + \lambda \cdot \begin{pmatrix}4\\-3\\0\end{pmatrix}$ ; $s_2$: $\vec{X} = \begin{pmatrix}0\\6\\0\end{pmatrix} + \mu \cdot \begin{pmatrix}4\\-3\\0\end{pmatrix}$

Lot $l$ auf $s_2$ durch $A$:

$l$: $\vec{X} = \begin{pmatrix}0\\3\\0\end{pmatrix} + \sigma \cdot \vec{n}$ mit $\vec{n} = \begin{pmatrix}n_1\\n_2\\0\end{pmatrix}$ und $\vec{n} \circ \begin{pmatrix}4\\-3\\0\end{pmatrix} = 4n_1 - 3n_2 = 0$, also etwa $n_1 = 3$, $n_2 = 4$.

$l$: $\vec{X} = \begin{pmatrix}0\\3\\0\end{pmatrix} + \sigma \cdot \begin{pmatrix}3\\4\\0\end{pmatrix}$

$\{F\} = l \cap s_2$: $\begin{pmatrix}0\\3\\0\end{pmatrix} + \sigma \cdot \begin{pmatrix}3\\4\\0\end{pmatrix} = \begin{pmatrix}0\\6\\0\end{pmatrix} + \mu \cdot \begin{pmatrix}4\\-3\\0\end{pmatrix}$

**80**

(I) $3\sigma = 4\mu \qquad \Leftrightarrow -12\sigma = -16\mu$

(II) $3 + 4\sigma = 6 - 3\mu \qquad \Leftrightarrow 9 + 12\sigma = 18 - 9\mu$

Einsetzen von (I) in (II) ergibt:
$9 = 18 - 25\mu \Leftrightarrow -9 = 25\mu \Leftrightarrow \mu = \frac{9}{25} = 0{,}36$

$F(4 \cdot 0{,}36|6 - 3 \cdot 0{,}36|0) = F(1{,}44|4{,}92|0)$

Abstand der Schienen: $\overline{AF} = \sqrt{1{,}44^2 + 1{,}92^2} = 2{,}4$

**b)**

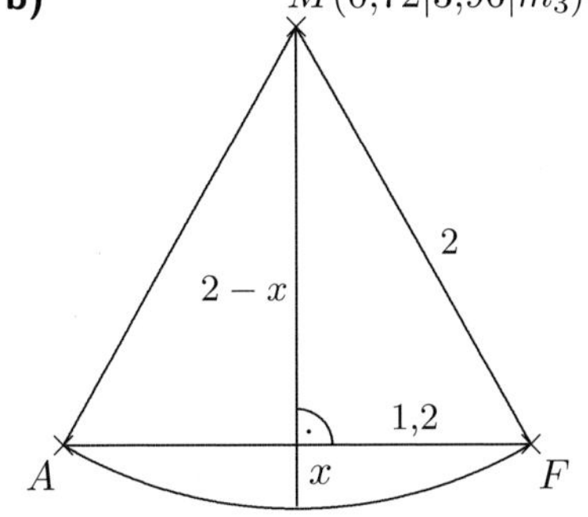


Pythagoras:

$$(2-x)^2 + 1{,}2^2 = 2^2$$
$$\Leftrightarrow 2^2 - 4x + x^2 + 1{,}2^2 = 2^2$$
$$\Leftrightarrow x^2 - 4x + 1{,}44 = 0;$$
$$x_{1,2} = \frac{4 \pm \sqrt{16 - 4 \cdot 1{,}44}}{2} = 2 \overset{(+)}{-} 1{,}6 = 0{,}4.$$

Die Kugel taucht bis $x_3 = -0{,}4$ nach „unten" ein.

**c)** Bahn von $M$: $\quad m\colon \vec{X} = \begin{pmatrix} 0{,}72 \\ 3{,}96 \\ 1{,}6 \end{pmatrix} + \tau \cdot \begin{pmatrix} 4 \\ -3 \\ 0 \end{pmatrix}$

**d)** Stoß gegen $x_1 = 0$: $\quad \tau_P = -\frac{0{,}72}{4} = -0{,}18 \Rightarrow P(0|4{,}5|1{,}6)$

**31 a)** $g_1\colon \vec{X} = \begin{pmatrix} 0 \\ 1 \\ 0 \end{pmatrix} + \lambda \cdot \begin{pmatrix} 1 \\ 0 \\ 0 \end{pmatrix}$; $g_2\colon \vec{X} = \begin{pmatrix} 0 \\ 6 \\ 0 \end{pmatrix} + \mu \cdot \begin{pmatrix} 1 \\ 0 \\ 0 \end{pmatrix}$

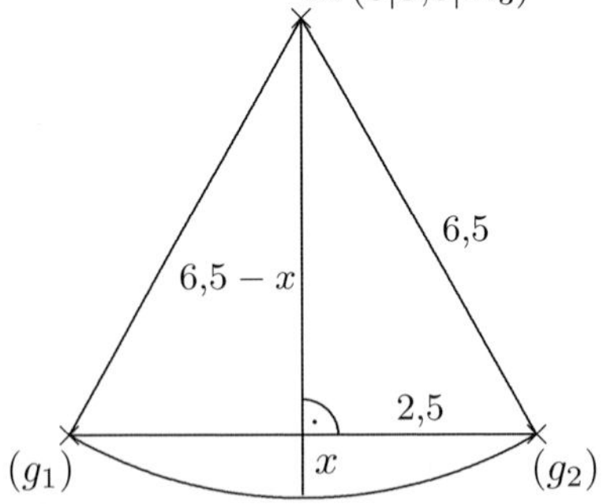


Pythagoras:

$$(6{,}5-x)^2 + 2{,}5^2 = 6{,}5^2$$
$$\Leftrightarrow 6{,}5^2 - 13x + x^2 + 2{,}5^2 = 6{,}5^2$$
$$\Leftrightarrow x^2 - 13x + 6{,}25 = 0;$$
$$x_{1,2} = \frac{13 \pm \sqrt{169 - 4 \cdot 6{,}25}}{2} = 6{,}5 \overset{(+)}{-} 6.$$
$$x = 0{,}5$$
$$m_3 = 6$$

**b)** $h\colon \vec{X} = \begin{pmatrix} 0 \\ 3{,}5 \\ 6 \end{pmatrix} + \sigma \cdot \begin{pmatrix} 1 \\ 0 \\ 0 \end{pmatrix}$

**c)**

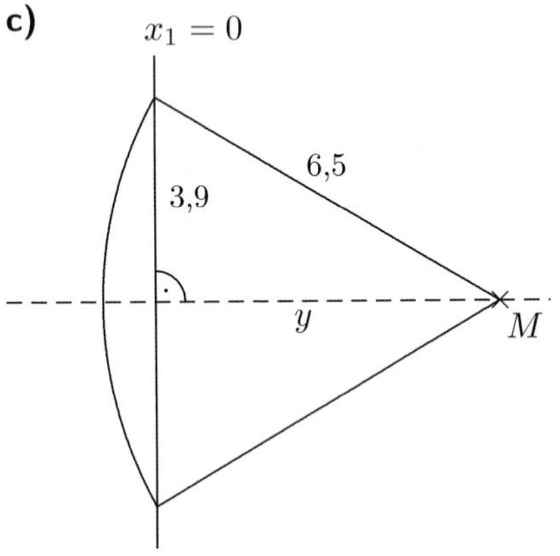


Mit Pythagoras folgt $y = 5{,}2$,
also $\sigma = 5{,}2$.

$M(5{,}2|3{,}5|6)$

**81**

**32** 1. Verfahren: $\quad g\colon \vec{C} = \vec{A} + \lambda \cdot \overrightarrow{AB}$

$C \in g$?

2. Verfahren: $\quad \overrightarrow{AB} \| \overrightarrow{AC}$?

**33** $g_1\colon \vec{X} = \begin{pmatrix} 4 \\ 2 \\ 0 \end{pmatrix} + \lambda \cdot \begin{pmatrix} 1 \\ 0 \\ 3 \end{pmatrix}$; $h_1\colon \vec{X} = \mu \cdot \begin{pmatrix} 5 \\ 1 \\ 9 \end{pmatrix}$

$g_1 \cap h_1$: $\mu = 2$; $P_1(10|2|18)$

$g_2\colon \vec{X} = \begin{pmatrix} 4 \\ 2 \\ 0 \end{pmatrix} + \sigma \cdot \begin{pmatrix} 4 \\ 1 \\ 8 \end{pmatrix}$; $h_2\colon \vec{X} = \tau \cdot \begin{pmatrix} 3 \\ 1 \\ 4 \end{pmatrix}$

$g_2 \cap h_2$: $\sigma = 2$, $\tau = 4$; $P_2(12|4|16)$

Flugrichtung: $\quad \vec{w} = \overrightarrow{P_1P_2} = \begin{pmatrix} 2 \\ 2 \\ -2 \end{pmatrix}$

$\overline{P_1P_2} = 2\sqrt{3}$ (zurückgelegte Strecke)

**34**

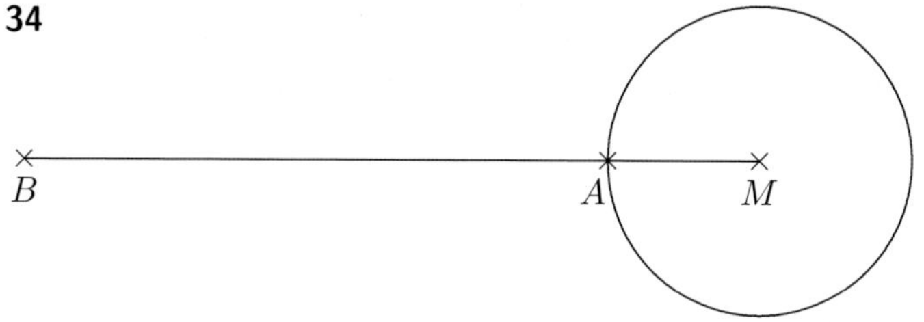


$M(0|0|180)$
$A(3|4|180)$
$\overline{BA} = 800$

$MA = AB$: $\vec{X} = \begin{pmatrix} 0 \\ 0 \\ 180 \end{pmatrix} + \tau \cdot \begin{pmatrix} 3 \\ 4 \\ 0 \end{pmatrix}$

Koordinaten von $B$: $B(h_1|h_2|180) = B(3\tau_B|4\tau_B|180)$

$$\begin{aligned} \overline{AB} &= \sqrt{(3-3\tau)^2 + (4-4\tau)^2} \\ &= \sqrt{9 - 18\tau + 9\tau^2 + 16 - 32\tau + 16\tau^2} \\ &= \sqrt{25 - 50\tau + 25\tau^2} = 5\sqrt{(1-\tau)^2} = 800 \end{aligned}$$

$\Leftrightarrow \tau - 1 = 160$ (oder $1 - \tau = 160$)

$\tau = 161$, also $B(483|644|180)$.

**35 a)** Alle Schargeraden liegen zueinander parallel in der Ebene $x_3 = 2$.

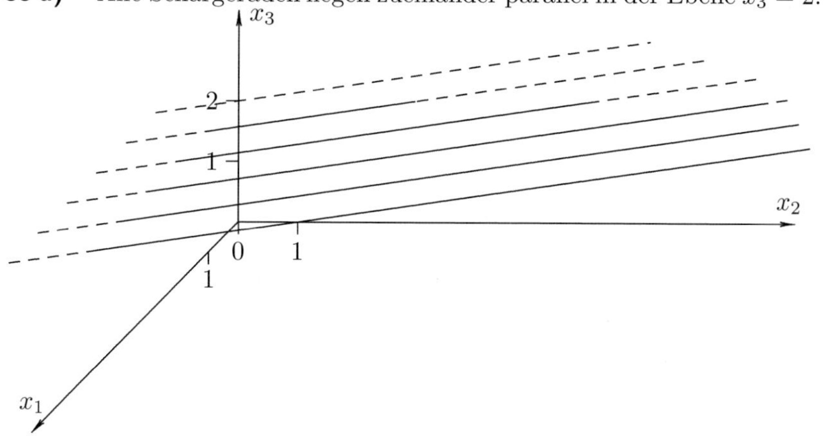


**b)** Geradenbüschel durch $(1|0|2)$ auf „Höhe“ $x_3 = 2$.

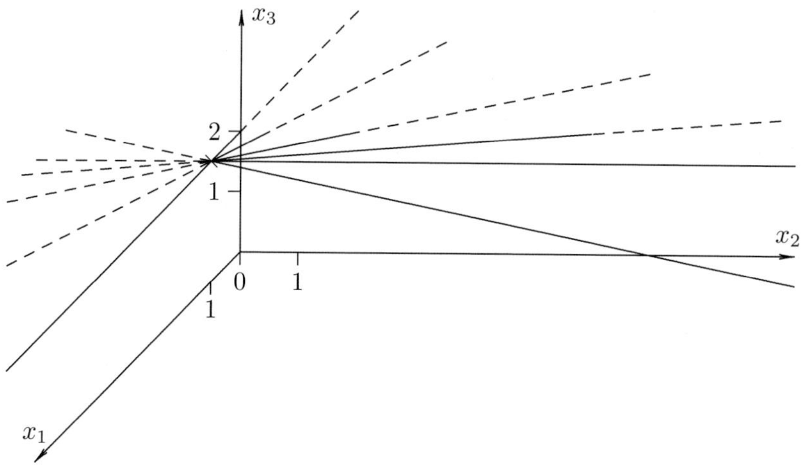


**c)** Alle Geraden verlaufen parallel zueinander, zu $\begin{pmatrix} -1 \\ 3 \\ 0 \end{pmatrix}$ und zur Ebene $x_3 = 0$.

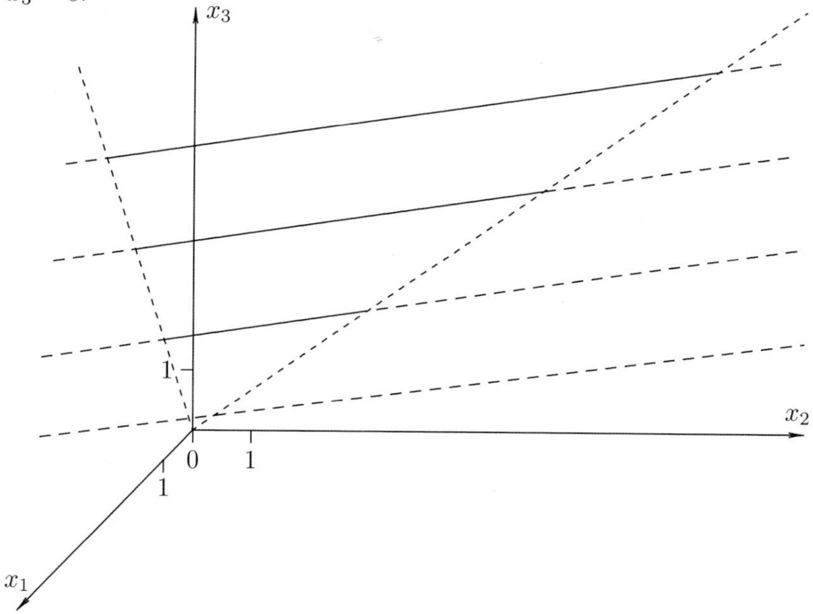

81 **d)** Alle Geraden sind identisch.

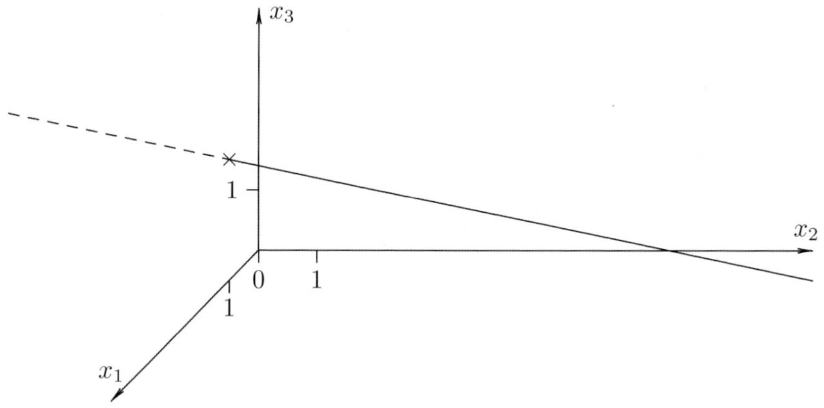


**36** Bild 81/1 („Kegel“): Grundkreis $b_1^2 + b_2^2 = 25$; $b_3 = 0$, also $B(b_1 | \pm\sqrt{25 - b_1^2} | 0)$, Spitze $A(0|0|7)$.

$$g\colon \vec{X} = \begin{pmatrix} 0 \\ 0 \\ 7 \end{pmatrix} + \lambda \cdot \begin{pmatrix} t \\ \pm\sqrt{25 - t^2} \\ -7 \end{pmatrix}$$

Bild 81/2 („Fächer“): $g\colon \vec{X} = \begin{pmatrix} 0 \\ 3 \\ 4 \end{pmatrix} + \lambda \cdot \begin{pmatrix} t \\ 0 \\ 4 \end{pmatrix}$

Bild 81/3 („Lattenzaun“): $g\colon \vec{X} = \begin{pmatrix} t \\ 3 \\ 0 \end{pmatrix} + \lambda \cdot \begin{pmatrix} 0 \\ 0 \\ 1 \end{pmatrix}$

Bild 81/4 („Streifentapete“): $g\colon \vec{X} = \begin{pmatrix} 0 \\ 0 \\ t \end{pmatrix} + \lambda \cdot \begin{pmatrix} 0 \\ 0{,}5 \cdot t \\ -t \end{pmatrix}$

Bild 81/5 („Zylinder“): $g\colon \vec{X} = \begin{pmatrix} 0 \\ t \\ \pm\sqrt{9 - t^2} \end{pmatrix} + \lambda \cdot \begin{pmatrix} 0 \\ 0 \\ 1 \end{pmatrix}$

# 3.2 Ebenen

## Hinweise zur Bearbeitung der Aufträge

82

**Auftrag 1** **Neue Bauernregeln?**

$\vec{X} = \vec{A} + \lambda \cdot \overrightarrow{AB} + \mu \cdot \overrightarrow{AC}$ heißt Parameterdarstellung der Ebene $E$ ( die durch $A$, $B$ und $C \notin AB$ festgelegt ist).

$\vec{X} = \vec{A} + \lambda \cdot \overrightarrow{AB} + \mu \cdot \overrightarrow{AC}$ mit $\lambda,\mu \in [0;1]$ beschreibt die Parallelogrammfläche $ABCD$ (mit $\vec{D} = \vec{A} + \overrightarrow{AB} + \overrightarrow{AC}$), $\lambda,\mu < 0$ und $\lambda,\mu > 1$ ergänzen diese Parallelogrammfläche zu einer Ebene.

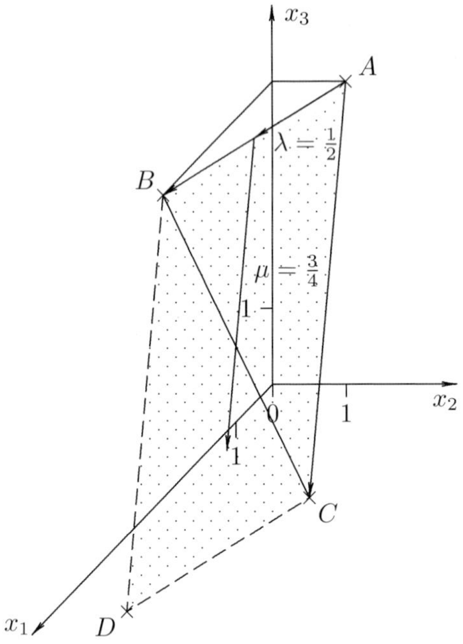


Punktprobe (Parameterdarstellung):

Ein Punkt gehört genau dann zur Ebene $E$, wenn es Werte $\lambda_P$ und $\mu_P$ gibt, so dass gilt:
$\vec{P} = \vec{A} + \lambda_P \cdot \overrightarrow{AB} + \mu_P \cdot \overrightarrow{AC}$.

*Hinweis (Uneindeutigkeit):*
*Bei einer Parameterdarstellung einer Ebene kann der Aufpunkt durch jeden anderen Ebenenpunkt ersetzt werden und das Paar der Richtungsvektoren durch jedes andere Paar von Vektoren, die parallel zur Ebene, aber nicht parallel zueinander sind.*

Der gesuchte Vektor $\overrightarrow{n_E}$ senkrecht auf $E$ heißt Normalenvektor, es eignet sich z. B. $\overrightarrow{n_E} = \overrightarrow{AB} \times \overrightarrow{AC} = \begin{pmatrix} 3 \\ -1 \\ 0 \end{pmatrix} \times \begin{pmatrix} 3 \\ 1 \\ -4 \end{pmatrix} = \begin{pmatrix} 4 \\ 12 \\ 6 \end{pmatrix}$.

Mit $\overrightarrow{AX} = \lambda \cdot \overrightarrow{AB} + \mu \cdot \overrightarrow{AC} = \lambda \cdot \begin{pmatrix} 3 \\ -1 \\ 0 \end{pmatrix} + \mu \cdot \begin{pmatrix} 3 \\ 1 \\ -4 \end{pmatrix} = \begin{pmatrix} 3\lambda + 3\mu \\ -\lambda + \mu \\ -4\mu \end{pmatrix}$

82 ergibt sich $\vec{n} \circ \overrightarrow{AX} = \begin{pmatrix} 4 \\ 12 \\ 6 \end{pmatrix} \circ \begin{pmatrix} 3\lambda + 3\mu \\ -\lambda + \mu \\ -4\mu \end{pmatrix} = 12\lambda + 12\mu - 12\lambda + 12\mu - 24\mu = 0.$

Geometrische Begründung:
Wenn $X$ in $E$ liegt (und $A$ sowieso), dann ist $\overrightarrow{AX} \perp \overrightarrow{n_E}$, also $\overrightarrow{n_E} \cdot \overrightarrow{AX} = 0$.
Mit der Schreibweise $\overrightarrow{AX} = \vec{X} - \vec{A}$ folgt auch

$$\vec{n} \circ (\vec{X} - \vec{A}) = \begin{pmatrix} 4 \\ 12 \\ 6 \end{pmatrix} \circ \begin{pmatrix} x_1 - 0 \\ x_2 - 1 \\ x_3 - 4 \end{pmatrix} = 4x_1 + 12x_2 + 6x_3 - 36 = 0$$

$\Leftrightarrow 2x_1 + 6x_2 + 3x_3 - 18 = 0$ (Darstellung von $E$ in Normalenform).

Punktprobe (in Normalenform): Einsetzen der Koordinaten.
Hier: $P(3|1|2) \in E$, weil $2 \cdot 3 + 6 \cdot 1 + 3 \cdot 2 - 18 = 0$.
$Q(3|1|3) \notin E$, weil $2 \cdot 3 + 6 \cdot 1 + 3 \cdot 3 - 18 = 3 \neq 0$.

Spurpunkte sind Ebenenpunkte auf den Koordinatenachsen, hier also (0|0|6), (0|3|0) und (9|0|0).
(Jede Ebene hat höchstens drei Spurpunkte.)
Die Verbindungen der Spurpunkte heißen Spurgeraden und erleichtern die Darstellung im Koordinatensystem.

Besondere Lage von Ebenen:

Siehe Text und Tabelle auf Seite 86 im Schülerbuch.

**Auftrag 2** **Designer-Carport**

Dieser Auftrag wird bei der Erarbeitung (Seite 84 ff.) verwendet.

83 **Auftrag 3** **Schnurgerade zum Ziel**

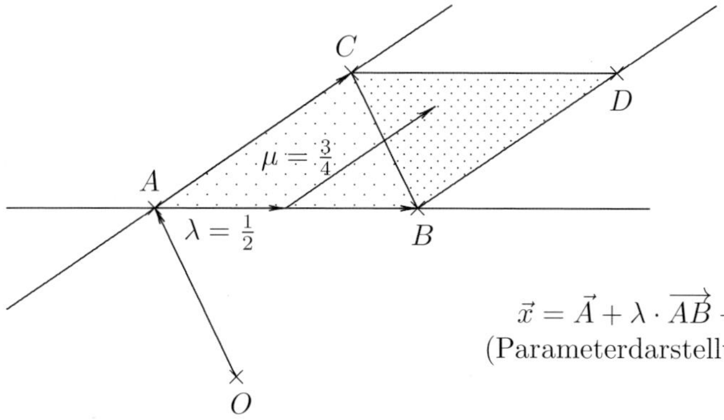


$\vec{x} = \vec{A} + \lambda \cdot \overrightarrow{AB} + \mu \cdot \overrightarrow{AC}$
(Parameterdarstellung von $E$)

Beschränkt man die Parameterwerte zunächst auf $\lambda, \mu \in [0; 1]$, dann bilden alle so beschriebenen Punkte die Parallelogrammfläche $ABCD$ (mit $\vec{D} = \vec{A} + \overrightarrow{AB} + \overrightarrow{AC}$). 83
Durch $\mu > 1$ wird diese Fläche „nach oben" ergänzt, durch $\lambda > 1$ „nach rechts" und durch $\mu, \lambda < 0$ „nach links" und „unten" zur Ebene $E$ (die durch $A$, $B$ und $C \notin AB$ festgelegt wird).

Punktprobe (Parameterfom):
$P$ liegt genau dann in $E$, wenn es $\lambda_P, \mu_P$ gibt mit $\vec{P} = \vec{A} + \lambda \cdot \overrightarrow{AB} + \mu \cdot \overrightarrow{AC}$.

*Hinweis: Aufpunkt bzw. Richtungsvektoren können durch andere Ebenenpunkte bzw. Vektoren parallel zu E ersetzt werden (die beiden Richtungsvektoren dürfen aber nicht zueinander parallel sein).*

*Die Ebenenpunkte A, B und C im Beispiel liegen auf den Koordinatenachsen und heißen Spurpunkte. Deren Verbindungen heißen Spurgeraden und erleichtern die Darstellung im Koordinatensystem.*

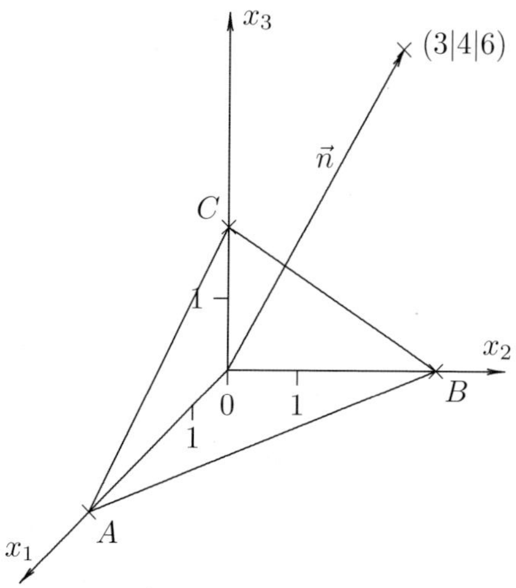


An der Parameterdarstellung

$$\vec{X} = \begin{pmatrix} 4 \\ 0 \\ 0 \end{pmatrix} + \lambda \cdot \begin{pmatrix} -4 \\ 3 \\ 0 \end{pmatrix} + \mu \cdot \begin{pmatrix} -4 \\ 0 \\ 2 \end{pmatrix}$$

und $\vec{n} = \begin{pmatrix} 3 \\ 4 \\ 6 \end{pmatrix}$

kann man erkennen, dass $\vec{n}$ auf beiden Richtungsvektoren (und damit auf der Ebene $E$) senkrecht steht:

$$\begin{pmatrix} 3 \\ 4 \\ 6 \end{pmatrix} \circ \begin{pmatrix} -4 \\ 3 \\ 0 \end{pmatrix} = 0 \text{ und } \begin{pmatrix} 3 \\ 4 \\ 6 \end{pmatrix} \circ \begin{pmatrix} -4 \\ 0 \\ 2 \end{pmatrix} = 0.$$

$\vec{n}$ heißt deswegen Normalenvektor zu $E$. Ein solcher Normalenvektor lässt sich z. B. durch das Vektorprodukt der Richtungsvektoren von $E$ finden.

Liegt ein Punk $X$ in der Ebene $E$ (wie auch der Aufpunkt $A$), dann steht $\overrightarrow{n_E}$ auch auf $\overrightarrow{AX}$ senkrecht, also muss sich $\overrightarrow{n_E} \circ \overrightarrow{AX} = 0$ ergeben.

83 $\vec{n_E} \circ \overrightarrow{AX} = \begin{pmatrix} 3 \\ 4 \\ 6 \end{pmatrix} \circ \begin{pmatrix} x_1 - 4 \\ x_2 \\ x_3 \end{pmatrix}$

$= 3x_1 + 4x_2 + 6x_3 - 12 = 0$ (Darstellung in Normalenform)

Punktprobe (in Normalenform): Einsetzen der Koordinaten.
Hier: $P(2|0|1) \in E$, weil $3 \cdot 2 + 4 \cdot 0 + 6 \cdot 1 - 12 = 0$.
$Q(5|3|1) \notin E$, weil $3 \cdot 5 + 4 \cdot 3 + 6 \cdot 1 - 12 = 21 \neq 0$.

Ebenen mit besonderer Lage:

Siehe Text und Tabelle auf Seite 86 im Schülerbuch.

**Auftrag 4** **Antike trifft Moderne**

Koordinaten der sogenannten Spurpunkte (Schnittpunkte der Ebene mit den Koordinatenachsen): $A(0|0|4)$, $B(8|0|0)$, $C(0|6|0)$.

*Hinweis: Die Verbindungen der Spurpunkte heißen Spurgeraden und erleichtern oft die Darstellung im Koordinatensystem.*

Senkrecht auf dieser Ebene durch $A$, $B$ und $C$:

z. B. $\vec{n_1} = \overrightarrow{AB} \times \overrightarrow{AC} = \begin{pmatrix} 4 \\ 0 \\ -4 \end{pmatrix} \times \begin{pmatrix} 0 \\ 6 \\ -4 \end{pmatrix} = \begin{pmatrix} 24 \\ 16 \\ 24 \end{pmatrix}$ oder $\vec{n} = \begin{pmatrix} 3 \\ 2 \\ 3 \end{pmatrix}$.

Parameterdarstellung von $E$:

$\vec{X} = \vec{A} + \lambda \cdot \overrightarrow{AB} + \mu \cdot \overrightarrow{AC} = \begin{pmatrix} 0 \\ 0 \\ 4 \end{pmatrix} + \lambda \cdot \begin{pmatrix} 4 \\ 0 \\ -4 \end{pmatrix} + \mu \cdot \begin{pmatrix} 0 \\ 6 \\ -4 \end{pmatrix}$

Beschränkt man die Parameterwerte zunächst auf $\lambda, \mu \in [0; 1]$, dann liegen alle so beschriebenen Punkte innerhalb des Parallelogramms $ABDC$ (mit $\vec{D} = \vec{A} + \overrightarrow{AB} + \overrightarrow{AC} = \begin{pmatrix} 4 \\ 0 \\ -4 \end{pmatrix}$).

Lässt man für die Parameter $\lambda$ und $\mu$ auch Werte kleiner als 0 oder größer als 1 zu, dann wird das Parallelogramm zur ganzen Ebene ergänzt (die durch $A$, $B$ und $C \notin AB$ festgelegt ist).

Punktprobe (Parameterform): $P(1|1{,}5|2) \in E$, weil

$\vec{P} = \begin{pmatrix} 0 \\ 0 \\ 4 \end{pmatrix} + \lambda_P \cdot \begin{pmatrix} 4 \\ 0 \\ -4 \end{pmatrix} + \mu_P \cdot \begin{pmatrix} 0 \\ 6 \\ -4 \end{pmatrix}$ für $\lambda_P = \frac{1}{4}$ und $\mu_P = \frac{1}{4}$.

$Q(2|2|2) \notin E$, denn es gibt kein entsprechendes Wertepaar $\lambda_Q$ und $\mu_Q$, das obige Gleichung erfüllt.

Allgemein: $P \in E$ genau dann, wenn es Werte $\lambda_P$ und $\mu_P$ gibt, so dass $\vec{P} = \vec{A} + \lambda_P \cdot \overrightarrow{AB} + \mu_P \cdot \overrightarrow{AC}$. 83

*Hinweis (Uneindeutigkeit der Parameterform): Der Aufpunkt A in dieser Darstellung kann durch jeden anderen Geradenpunkt ersetzt werden, die Richtungsvektoren durch jeden zu E parallelen (aber nicht zum anderen Richtungsvektor parallelen) Vektor.*

Liegt ein Punkt $X$ in $E$, dann ist $\overrightarrow{AX}$ parallel zu $E$ und der sogenannte Normalenvektor $\vec{n} = \begin{pmatrix} 3 \\ 2 \\ 3 \end{pmatrix}$ dazu senkrecht, also

$\vec{n} \circ \overrightarrow{AX} = \begin{pmatrix} 3 \\ 2 \\ 3 \end{pmatrix} \circ \begin{pmatrix} x_1 \\ x_2 \\ x_3 - 4 \end{pmatrix}$

$= 3x_1 + 2x_2 + 3x_3 - 12 = 0$ (Darstellung in Normalenform)

Punktprobe (Normalenform): Einsetzen der Koordinaten.
Hier: $P(1|1{,}5|2) \in E$, weil $3 \cdot 1 + 2 \cdot 1{,}5 + 3 \cdot 2 - 12 = 0$.
$Q(2|2|2) \notin E$, weil $3 \cdot 2 + 2 \cdot 2 + 3 \cdot 2 - 12 = 4 \neq 0$.

Besondere Lage von Ebenen:

Siehe Text und Tabelle auf Seite 86 im Schülerbuch.

## Lösungen der Aufgaben

### Erarbeiten

**1 a)** $\vec{n} = \overrightarrow{AB} \times \overrightarrow{AC} = \begin{pmatrix} 2 \\ -3 \\ 3 \end{pmatrix} \times \begin{pmatrix} -2 \\ 0 \\ 0 \end{pmatrix} = \begin{pmatrix} 0 \\ -6 \\ -6 \end{pmatrix} = -6 \cdot \begin{pmatrix} 0 \\ 1 \\ 1 \end{pmatrix}$ 88

Koordinaten von $A$ einsetzen: $x_2 + x_3 + 1 = 0$

**b)** $\vec{n} = \overrightarrow{AB} \times \overrightarrow{AC} = \begin{pmatrix} -4 \\ 1 \\ -1 \end{pmatrix} \times \begin{pmatrix} -3 \\ -2 \\ 3 \end{pmatrix} = \begin{pmatrix} 1 \\ 15 \\ 11 \end{pmatrix}$

$x_1 + 15x_2 + 11x_3 + 4 = 0$

**c)** $\vec{n} = \overrightarrow{AB} \times \overrightarrow{AC} = \begin{pmatrix} 1 \\ 1 \\ -5 \end{pmatrix} \times \begin{pmatrix} 2 \\ 0 \\ -4 \end{pmatrix} = \begin{pmatrix} -4 \\ -6 \\ -2 \end{pmatrix} = -2 \cdot \begin{pmatrix} 2 \\ 3 \\ 1 \end{pmatrix}$

$2x_1 + 3x_2 + x_3 + 1 = 0$

88 **d)** $\vec{n} = \overrightarrow{AB} \times \overrightarrow{AC} = \begin{pmatrix} -3 \\ -1 \\ 2 \end{pmatrix} \times \begin{pmatrix} -5 \\ -5 \\ 5 \end{pmatrix} = \begin{pmatrix} 5 \\ 5 \\ 10 \end{pmatrix} = 5 \cdot \begin{pmatrix} 1 \\ 1 \\ 2 \end{pmatrix}$

$x_1 + x_2 + 2x_3 - 3 = 0$

**2 a)** $\vec{X} = \begin{pmatrix} 1 \\ 1 \\ 2 \end{pmatrix} + \lambda \cdot \begin{pmatrix} 0 \\ 1 \\ -1 \end{pmatrix} + \mu \cdot \begin{pmatrix} 1 \\ 0 \\ -1 \end{pmatrix}$

$x_1 + x_2 + x_3 - 4 = 0$

Spurgeraden:

$s_1\colon \vec{X} = \begin{pmatrix} 0 \\ 0 \\ 4 \end{pmatrix} + \lambda \cdot \begin{pmatrix} 0 \\ 1 \\ -1 \end{pmatrix}$

$s_2\colon \vec{X} = \begin{pmatrix} 4 \\ 0 \\ 0 \end{pmatrix} + \tau \cdot \begin{pmatrix} 1 \\ 0 \\ -1 \end{pmatrix}$

$s_3\colon \vec{X} = \begin{pmatrix} 4 \\ 0 \\ 0 \end{pmatrix} + \sigma \cdot \begin{pmatrix} -1 \\ 1 \\ 0 \end{pmatrix}$

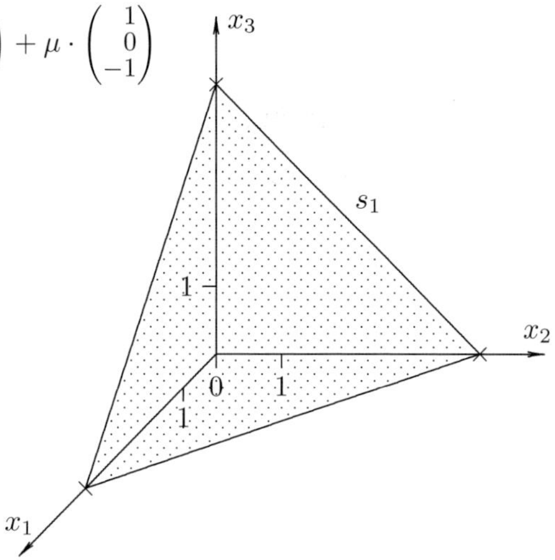


**b)** $\vec{X} = \begin{pmatrix} 1 \\ 1 \\ 2 \end{pmatrix} + \lambda \cdot \begin{pmatrix} 0 \\ 0 \\ 1 \end{pmatrix} + \mu \cdot \begin{pmatrix} 1 \\ 0 \\ -1 \end{pmatrix}$

$x_2 - 1 = 0$

Spurgeraden:

$s_1\colon \vec{X} = \begin{pmatrix} 0 \\ 2 \\ 0 \end{pmatrix} + \lambda \cdot \begin{pmatrix} 0 \\ 0 \\ 1 \end{pmatrix}$

$s_2$: fehlt

$s_3\colon \vec{X} = \begin{pmatrix} 0 \\ 2 \\ 0 \end{pmatrix} + \sigma \cdot \begin{pmatrix} 1 \\ 0 \\ 0 \end{pmatrix}$

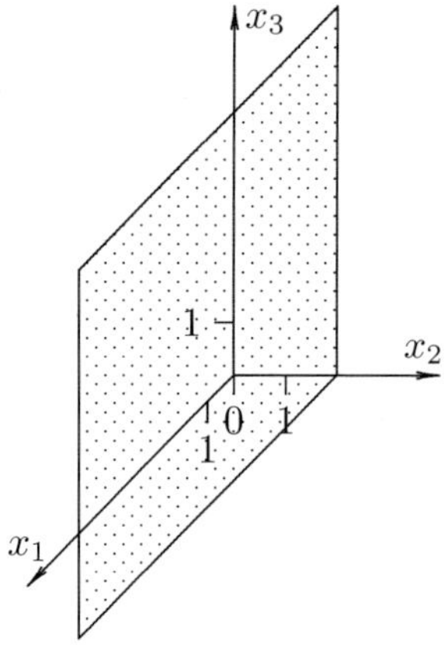


**3 a)** $E_1\colon 7x_1 + 12x_2 + 15x_3 - 1 = 0$

$E_2\colon 2x_1 + 2x_2 + x_3 - 2 = 0$

$E_3\colon -12x_1 + 2x_2 + 3x_3 - 2 = 0$

**b)** Das Vektorprodukt der Richtungsvektoren ist ein Normalenvektor der Ebene, dessen Koordinaten als Koeffizienten bei $x_1$,$x_2$,$x_3$ stehen. Das konstante Glied erhält man durch Einsetzen der Koordinaten eines der Punkte. 88

**4** $\overrightarrow{AB} = \begin{pmatrix} 1 \\ 4 \\ -4 \end{pmatrix}$; $\overrightarrow{AC} = \begin{pmatrix} -1 \\ 0 \\ 2 \end{pmatrix}$; $\vec{n} = \begin{pmatrix} 1 \\ 4 \\ -4 \end{pmatrix} \times \begin{pmatrix} -1 \\ 0 \\ 2 \end{pmatrix} = \begin{pmatrix} 8 \\ 2 \\ 4 \end{pmatrix} = 2 \cdot \begin{pmatrix} 4 \\ 1 \\ 2 \end{pmatrix}$

$4x_1 + x_2 + 2x_3 = 0$

**5 a)** $\vec{n} = \begin{pmatrix} 2 \\ -1 \\ 0 \end{pmatrix} \times \begin{pmatrix} -3 \\ 0 \\ -2 \end{pmatrix} = \begin{pmatrix} 2 \\ 4 \\ -3 \end{pmatrix}$; $E\colon 2x_1 + 4x_2 - 3x_3 + \underset{P \in E}{\underset{\uparrow}{15}} = 0$

**b)** $x_1x_2$-Ebene: $x_3 = 0$; $E\colon x_3 - 3 = 0$

**c)** $\vec{n} = \begin{pmatrix} 0 \\ 5 \\ 0 \end{pmatrix} \times \begin{pmatrix} 0 \\ 0 \\ 1 \end{pmatrix} = \begin{pmatrix} 5 \\ 0 \\ 0 \end{pmatrix} = 5 \cdot \begin{pmatrix} 1 \\ 0 \\ 0 \end{pmatrix}$; $E\colon x_1 - 1 = 0$

$g$, $h$ windschief (nicht parallel, kein Schnittpunkt, vgl. 1. Koordinate), also spannen $g$, $h$ keine Ebene auf.

**6** $E_1\colon \vec{X} = \begin{pmatrix} 3 \\ 0 \\ 0 \end{pmatrix} + \lambda \cdot \begin{pmatrix} 0 \\ 0 \\ 1 \end{pmatrix} + \mu \cdot \begin{pmatrix} -1 \\ 2 \\ 0 \end{pmatrix}$ oder $2x_1 + x_2 - 6 = 0$.

$E_2\colon \vec{X} = \lambda \cdot \begin{pmatrix} 0 \\ 0 \\ 1 \end{pmatrix} + \mu \cdot \begin{pmatrix} 1 \\ 2 \\ 0 \end{pmatrix}$ oder $2x_1 - x_2 = 0$.

$E_3\colon \vec{X} = \lambda \cdot \begin{pmatrix} 0 \\ 1 \\ 0 \end{pmatrix} + \mu \cdot \begin{pmatrix} 3 \\ 0 \\ 2 \end{pmatrix}$ oder $2x_1 - 3x_3 = 0$.

$E_4\colon \vec{X} = \begin{pmatrix} 3 \\ 0 \\ 0 \end{pmatrix} + \lambda \cdot \begin{pmatrix} 0 \\ 1 \\ 0 \end{pmatrix} + \mu \cdot \begin{pmatrix} 3 \\ 0 \\ -2 \end{pmatrix}$ oder $2x_1 + 3x_3 - 6 = 0$.

$E_5\colon \vec{X} = \lambda \cdot \begin{pmatrix} 1 \\ 0 \\ 0 \end{pmatrix} + \mu \cdot \begin{pmatrix} 0 \\ 3 \\ 1 \end{pmatrix}$ oder $x_2 - 3x_3 = 0$.

$E_6\colon \vec{X} = \begin{pmatrix} 3 \\ 0 \\ 2 \end{pmatrix} + \lambda \cdot \begin{pmatrix} 1 \\ 0 \\ 0 \end{pmatrix} + \mu \cdot \begin{pmatrix} 0 \\ 3 \\ -1 \end{pmatrix}$ oder $x_2 + 3x_3 - 6 = 0$.

88

**7** • $g \parallel h$ • $g$ und $P \notin g$ • $g, h$ mit $g \cap h = \{S\}$

Alle Möglichkeiten sind in der Tabelle auf Seite 95 im Schülerbuch durch Skizzen veranschaulicht.

**8** $x_2 = 3$; $x_1 = 3$; $x_3 = 3$

$x_2 = 0$; $x_1 = 0$; $x_3 = 0$

$x_1 + x_3 = 3$; $x_2 - x_3 = 0$; $x_1 + x_2 = 3$

$x_1 - x_3 = 0$; $x_2 + x_3 = 3$; $x_1 - x_2 = 0$

**9** Parallel: Wenn alle Koeffizienten bei $x_{1,2,3}$ gleich sind (evtl. nach Multiplikation der Gleichung).

Schnittgerade: Wenn die Ebenen nicht parallel zueinander sind.

**10** Ja, z. B. $\overrightarrow{n_E} = \overrightarrow{n_F} = \begin{pmatrix}0\\0\\1\end{pmatrix}$ für $E$: $x_3 = 0$ und $F$: $x_3 = 1$, aber etwa

$\vec{E}$: $\vec{X} = \lambda \cdot \begin{pmatrix}1\\2\\0\end{pmatrix} + \mu \cdot \begin{pmatrix}-1\\1\\0\end{pmatrix}$ und $\vec{F}$: $\vec{X} = \begin{pmatrix}0\\0\\1\end{pmatrix} + \sigma \cdot \begin{pmatrix}2\\-3\\0\end{pmatrix} + \tau \cdot \begin{pmatrix}-2\\7\\0\end{pmatrix}$.

89

**11 a)** Die Ebenen besitzen mindestens eine gemeinsame Schnittgerade durch diesen gemeinsamen Punkt.

**b)** Entweder besitzen die Ebenen eine Schnittgerade mit diesem gemeinsamen Richtungsvektor oder sie sind parallel zueinander.

**c)** Die Ebenen verlaufen parallel zueinander.

**d)** Die Gerade durch den Aufpunkt mit dem gemeinsamen Richtungsvektor ist beiden Ebenen gemeinsam, evtl. sind sie identisch.

**12** Z. B. $P(1|0|4)$; $Q(2|4|0)$; $R(0|0|6)$

**13 a)** Die Ebene $E$ ist parallel zur $x_2x_3$-Ebene.

**b)** Die Ebene $E$ halbiert den 1. Oktanten entlang der $x_1$-Achse.

**c)** Die Ebene $E$ enthält die $x_3$-Achse.

**d)** Die Ebene $E$ ist parallel zur $x_3$-Achse.

89

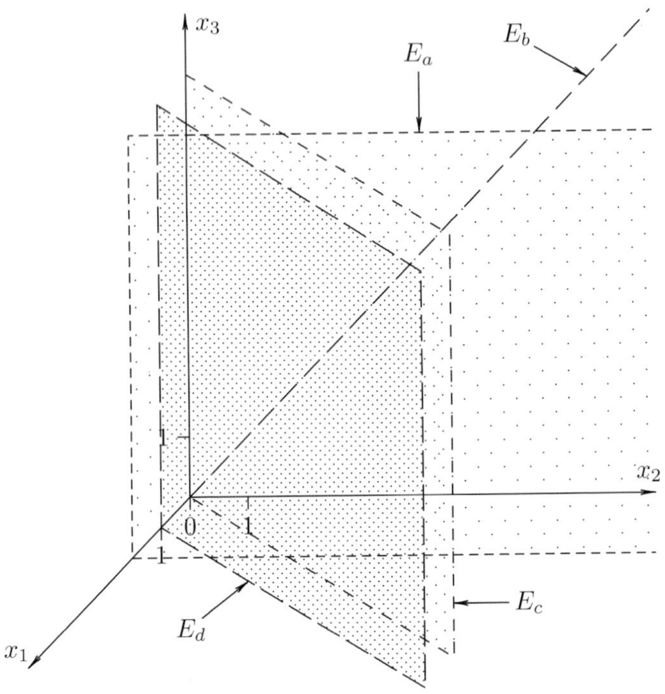


**14 a)** Die Ebenen sind echt parallel zueinander.

**b)** Die Ebenen schneiden sich in einer Geraden parallel zur $x_2x_3$-Ebene.

**15** $\begin{pmatrix}1\\0\\-2\end{pmatrix} \times \begin{pmatrix}-1\\1\\0\end{pmatrix} = \begin{pmatrix}2\\2\\1\end{pmatrix} = \overrightarrow{n_E}$

**a)** $\begin{pmatrix}2\\2\\1\end{pmatrix} \circ \begin{pmatrix}0\\3\\1\end{pmatrix} \neq 0 \Rightarrow \vec{c} \nparallel E$

**b)** $\begin{pmatrix}1\\1\\-4\end{pmatrix} \circ \begin{pmatrix}2\\2\\1\end{pmatrix} = 0 \Rightarrow \vec{c} \parallel E$

**c)** $\begin{pmatrix}-3\\2\\2\end{pmatrix} \circ \begin{pmatrix}2\\2\\1\end{pmatrix} = 0 \Rightarrow \vec{c} \parallel E$

**16 a)** Richtig.

**b)** Richtig.

**c)** Muss nicht sein, z. B. $x_3 = 0$ oder $\vec{X} = \lambda \cdot \begin{pmatrix} 1 \\ 0 \\ 0 \end{pmatrix} + \mu \cdot \begin{pmatrix} 0 \\ 1 \\ 0 \end{pmatrix}$;

$x_3 = 1$ oder $\vec{X} = \begin{pmatrix} 0 \\ 0 \\ 1 \end{pmatrix} + \sigma \cdot \begin{pmatrix} 1 \\ 2 \\ 0 \end{pmatrix} + \tau \cdot \begin{pmatrix} 3 \\ -2 \\ 0 \end{pmatrix}$.

**d)** Richtig.

**17**

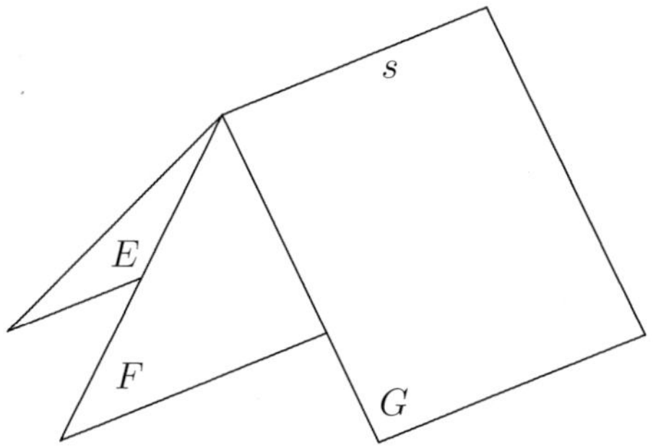


Z. B. $x^2 + x^3 = 0$; $x^2 + 2x^3 = 0$ und $x^2 + 3x^3 = 0$

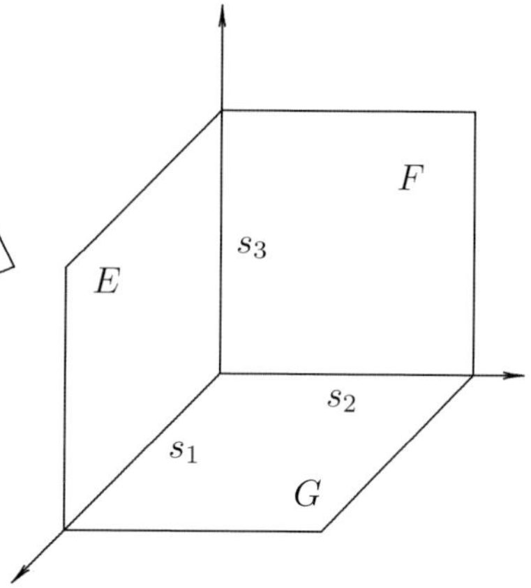


z. B. $x^1 = 0$; $x^2 = 0$; $x^3 = 0$

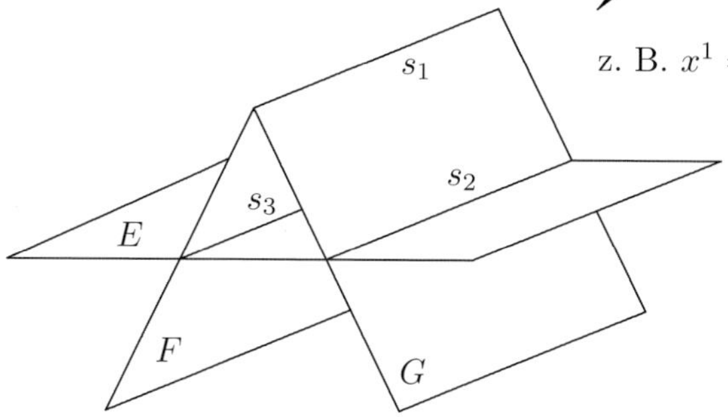


z. B. $x^1 = 0$; $x^2 = 0$; $x^1 + x^2 = 0$

89

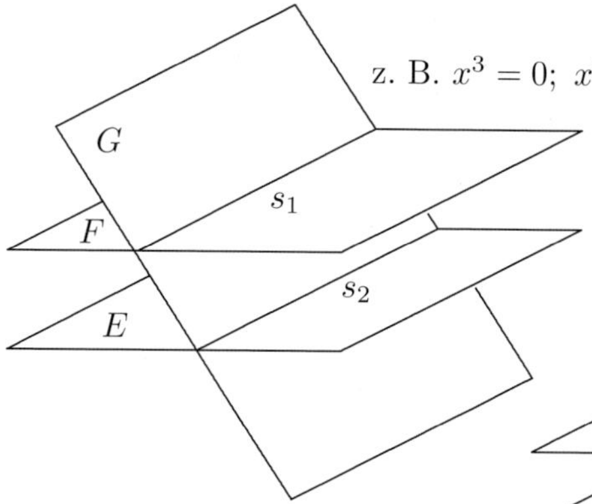


z. B. $x^3 = 0$; $x^3 = 1$; $x^3 - x^2 = 0$

z. B. $x^3 = 0$; $x^3 = 1$; $x^3 = 2$

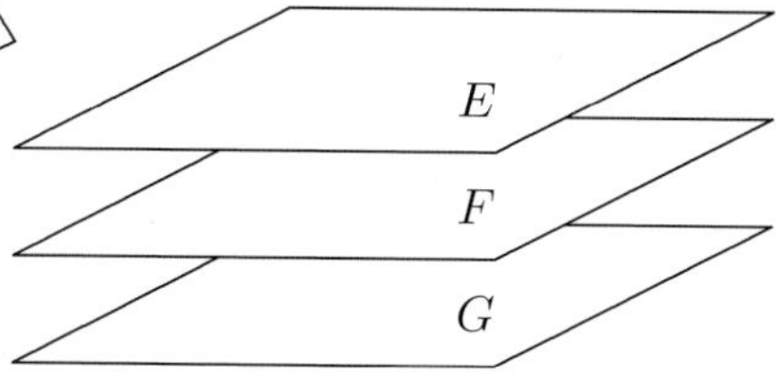


**18 a)** $E_a$: $x_3 - 6 = 0$

**b)** $E_b$: $x_1 - x_2 = 0$ (oder $E_b$: $x_1 + x_2 = 0$).

**c)** Z. B. (oder parallel dazu) $E_c$: $x_2 - 1 = 0$ (oder $E_c$: $x_2 - a = 0$).

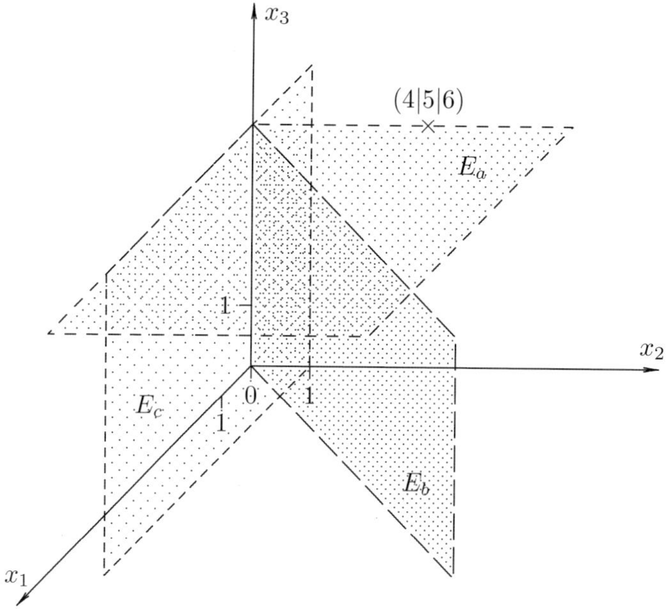

89 **19** Bild 89/1 $P(3|0|0)$; $Q(0|2|0)$; $R(0|0|5)$

$$\vec{X} = \begin{pmatrix}3\\0\\0\end{pmatrix} + \lambda \cdot \begin{pmatrix}-3\\2\\0\end{pmatrix} + \mu \cdot \begin{pmatrix}-3\\0\\5\end{pmatrix};\quad 10x_1 + 15x_2 + 6x_3 - 30 = 0$$

Bild 89/2 $P(-1|0|0)$; $Q(0|3|0)$; $R(0|0|4)$

$$\vec{X} = \begin{pmatrix}-1\\0\\0\end{pmatrix} + \lambda \cdot \begin{pmatrix}1\\3\\0\end{pmatrix} + \mu \cdot \begin{pmatrix}1\\0\\4\end{pmatrix};\quad 12x_1 - 4x_2 - 3x_3 + 12 = 0$$

Bild 89/3 $P(4|0|0)$; $Q(0|-3|0)$; $R(0|0|5)$

$$\vec{X} = \begin{pmatrix}4\\0\\0\end{pmatrix} + \lambda \cdot \begin{pmatrix}-4\\-3\\0\end{pmatrix} + \mu \cdot \begin{pmatrix}-4\\0\\5\end{pmatrix};\quad 15x_1 - 20x_2 + 12x_3 - 60 = 0$$

90 **20 a)** $E$ und $F$ sind nicht identisch, weil $k \cdot \begin{pmatrix}2\\3\\4\end{pmatrix} \neq \begin{pmatrix}-6\\9\\-12\end{pmatrix}$ für jedes $k \in \mathbb{R}$.

**b)** $\begin{pmatrix}0{,}2\\1{,}2\\-0{,}8\end{pmatrix} = \frac{1}{5} \cdot \begin{pmatrix}1\\6\\-4\end{pmatrix} \Rightarrow E \parallel F$,

aber: $E$: $x_1 + 6x_2 - 4x_3 = 5$; $F$: $x_1 + 6x_2 - 4x_3 = -5$, also $E \neq F$.

**c)** $\begin{pmatrix}-6\\9\\3\end{pmatrix} = \begin{pmatrix}4\\-6\\2\end{pmatrix} \cdot (-1{,}5)$, also $E \parallel F$,

wegen $12 = 8 \cdot (-1{,}5)$ folgt $E = F$.

**d)** $E \neq F$, weil $E \parallel F$, aber das konstante Glied hat das „falsche“ Vorzeichen.

**Noch fit?**

**I**

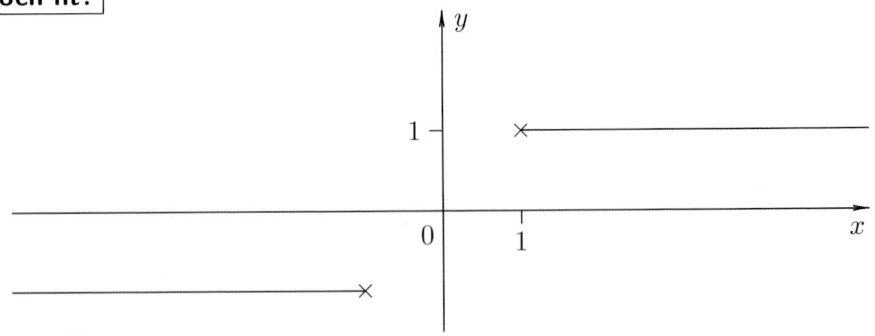


**a)** $f(x) = ax^3 + bx^2 + cx + d$; $f'(x) = 3ax^2 + 2bx + c$ 90

$$\begin{array}{llcl}
\text{(I)} & f(-1) = -1 & \Leftrightarrow & -a + b - c + d = -1\\
\text{(II)} & f(1) = 1 & \Leftrightarrow & a + b + c + d = 1\\
\text{(III)} & f'(-1) = 0 & \Leftrightarrow & 3a - 2b + c = 0\\
\text{(IV)} & f'(1) = 0 & \Leftrightarrow & 3a + 2b + c = 0
\end{array}$$

Aus (III) und (IV) folgt $b = 0$ und $c = -3a$. Einsetzen in (I) und (II) ergibt:

$$\begin{array}{ll}
\text{(I)} & -a + 3a + d = -1\\
\text{(II)} & a - 3a + d = 1
\end{array}\text{, also } d = 0 \text{ und } a = -0{,}5 \Rightarrow c = 1{,}5.$$

$f(x) = -0{,}5x^3 + 1{,}5x$

**b)** $g(x) = \sin(x \cdot \frac{\pi}{2})$

$$h(x) = \begin{cases} -\sqrt{1-(x+1)^2} & \text{für } x \in ]-1;0] \\ \sqrt{1-(x-1)^2} & \text{für } x \in ]0;1[ \end{cases}$$

Viertelkreis-Lösung: Konstante Krümmung, es kann mit konstanter Geschwindigkeit durchgefahren werden.

sin- oder $f(x)$-Lösung: Zunächst und am Ende starke Krümmung (langsam fahren), dazwischen geringe Krümmung (ggf. lohnt es sich zu beschleunigen).

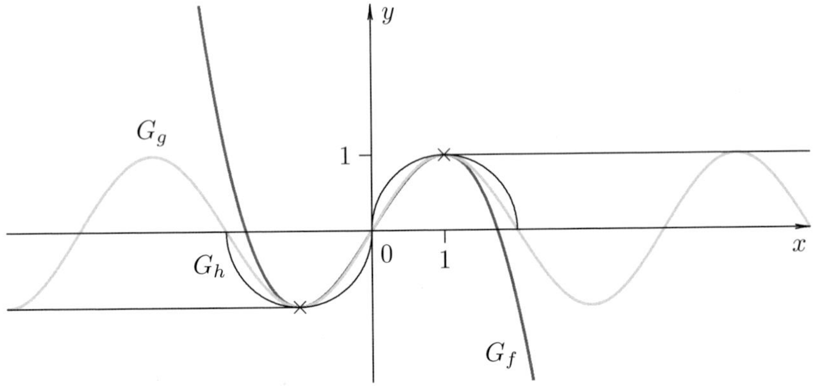

## Anwenden

90 **21 a)** „⇒“: Bei einem ebenen Viereck schneiden sich bekanntlich die Diagonalen.

„⇐“: Wenn sich die Diagonalen $AC$ und $BD$ in $S$ schneiden, dann legen $A$, $C$ und $S$ eine Ebene fest (Dreieck), in der auch die Dreiecke $BDS$, $ADS$ und $BCS$ liegen.

**b)** $g_1 = M_{AB}M_{BC}$: $\vec{X} = \begin{pmatrix} \frac{a_1+b_2}{2} \\ \frac{a_2+b_2}{2} \\ \frac{a_3+b_3}{2} \end{pmatrix} + \lambda \cdot \begin{pmatrix} \frac{c_1-a_1}{2} \\ \frac{c_2-a_2}{2} \\ \frac{c_3-a_3}{2} \end{pmatrix}$,

$g_3 = M_{CD}M_{DA}$: $\vec{X} = \begin{pmatrix} \frac{c_1+d_2}{2} \\ \frac{c_2+d_2}{2} \\ \frac{c_3+d_3}{2} \end{pmatrix} + \mu \cdot \begin{pmatrix} \frac{a_1-c_1}{2} \\ \frac{a_2-c_2}{2} \\ \frac{a_3-c_3}{2} \end{pmatrix}$,

also sind $g_1$ und $g_2$ parallel (vgl. Richtungsvektoren),
ebenso: $M_{DA}M_{AB} \parallel M_{BC}M_{CD}$.

**22** $\overrightarrow{n_F} = \begin{pmatrix} -3 \\ 2 \\ 1 \end{pmatrix} \times \begin{pmatrix} 0 \\ 2 \\ -1 \end{pmatrix} = \begin{pmatrix} -4 \\ -3 \\ -6 \end{pmatrix}$

$4x_1 + 3x_2 + 6x_3 - 12 = 0$, also $E = F$.

Alternative Verfahren:

1. 3 Punkte von $F$, die nicht auf einer Geraden liegen, in $E$ einsetzen (z. B. $\lambda = \mu = 0$; $\lambda = 1 \wedge \mu = 0$; $\lambda = 0 \wedge \mu = 1$).
2. 3 Punkte von $E$ in $F$ einsetzen (z. B. $(0|0|2)$; $(0|4|0)$; $(3|0|0)$).

**23** Bild 90/2: $H(4|0|4); C(0|4|4); F(4|4|0)$

$E(H,C,F)$: $\overrightarrow{n_E} = \overrightarrow{HC} \times \overrightarrow{HF} = \begin{pmatrix} -4 \\ 4 \\ 0 \end{pmatrix} \times \begin{pmatrix} 0 \\ 4 \\ -4 \end{pmatrix} = 16 \cdot \begin{pmatrix} -1 \\ 1 \\ 0 \end{pmatrix} \times \begin{pmatrix} 0 \\ 1 \\ -1 \end{pmatrix}$

$= 16 \cdot \begin{pmatrix} -1 \\ -1 \\ -1 \end{pmatrix}$ (oder gleich aus $\overrightarrow{AG}$ herleiten)

$E$: $x_1 + x_2 + x_3 - 8 = 0$

Bild 90/3: $M_{HE}(4|0|2); M_{EF}(4|2|0); M_{FB}(2|4|0)$

$\overrightarrow{M_{HE}M_{EF}} \times \overrightarrow{M_{HE}M_{FB}} = \begin{pmatrix} 0 \\ 2 \\ -2 \end{pmatrix} \times \begin{pmatrix} -2 \\ 4 \\ -2 \end{pmatrix} = 4 \cdot \begin{pmatrix} 0 \\ 1 \\ -1 \end{pmatrix} \times \begin{pmatrix} -1 \\ 2 \\ -1 \end{pmatrix} = 4 \cdot \begin{pmatrix} 1 \\ 1 \\ 1 \end{pmatrix}$

$F$: $x_1 + x_2 + x_3 - 6 = 0$

**24** Aus $E(0|0|4)$; $B(4|0|0)$; $G(4|4|4)$ folgt 90

$\vec{X} = \begin{pmatrix} 0 \\ 0 \\ 4 \end{pmatrix} + \lambda \cdot \begin{pmatrix} 4 \\ 0 \\ -4 \end{pmatrix} + \mu \cdot \begin{pmatrix} 4 \\ 4 \\ 0 \end{pmatrix}$ oder $x_1 - x_2 + x_3 - 4 = 0$.

Aus $A(0|0|0)$; $C(4|4|0)$; $H(0|4|4)$ folgt

$\vec{X} = \lambda \cdot \begin{pmatrix} 4 \\ 4 \\ 0 \end{pmatrix} + \mu \cdot \begin{pmatrix} 0 \\ 4 \\ 4 \end{pmatrix}$ oder $x_1 - x_2 + x_3 = 0$.

**25** $x_1 + x_2 + x_3 - 1 = 0$ beschreibt eine Ebene, $x_1^2 + x_2^2 + x_3^2 = 1$ die Einheitskugel um den Ursprung.

**26** Die Schnittgerade liegt in einer Koordinatenebene.
$x_1 = 0$, falls verschiedene Werte von $a$,
$x_2 = 0$, falls verschiedene Werte von $b$ und
$x_3 = 0$, falls verschiedene Werte von $c$.

**27 a)** $A(0|-2|0)$; $B(-1|0|1)$; $C(0|0|4)$ 91

$E$: $\vec{X} = \begin{pmatrix} 0 \\ -2 \\ 0 \end{pmatrix} + \lambda \cdot \begin{pmatrix} -1 \\ 2 \\ 1 \end{pmatrix} + \mu \cdot \begin{pmatrix} 0 \\ 2 \\ 4 \end{pmatrix}$

**b)** Mit $x_1 = \lambda$ und $x_2 = \mu$ ist $x_3 = 3\lambda + 2\mu + 4$ und damit:

$E$: $\vec{X} = \begin{pmatrix} 0 \\ 0 \\ 4 \end{pmatrix} + \lambda \cdot \begin{pmatrix} 1 \\ 0 \\ 3 \end{pmatrix} + \mu \cdot \begin{pmatrix} 0 \\ 1 \\ 2 \end{pmatrix}$

„Probe“: $\begin{pmatrix} 1 \\ 0 \\ 3 \end{pmatrix} \times \begin{pmatrix} 0 \\ 1 \\ 2 \end{pmatrix} = \begin{pmatrix} -3 \\ -2 \\ 1 \end{pmatrix}$; $3x_1 + 2x_2 - x_3 + 4 = 0$

**28 a)** Sie enthalten den Ursprung.

**b)** Sie verlaufen parallel zur $x_1$-Achse.

**c)** Sie verlaufen parallel zur $x_2$-Achse.

**d)** Sie verlaufen parallel zur $x_3$-Achse.

**e)** Sie verlaufen parallel zur Ebene $x_3 = 0$.

**f)** Sie verlaufen parallel zur Ebene $x_1 = 0$.

**g)** Sie verlaufen parallel zur Ebene $x_2 = 0$.

**h)** $x_1x_2$-Ebene

**i)** $x_2x_3$-Ebene

**j)** $x_1x_3$-Ebene

**29** Ansicht „von oben“, also in Richtung der $x_3$-Achse:

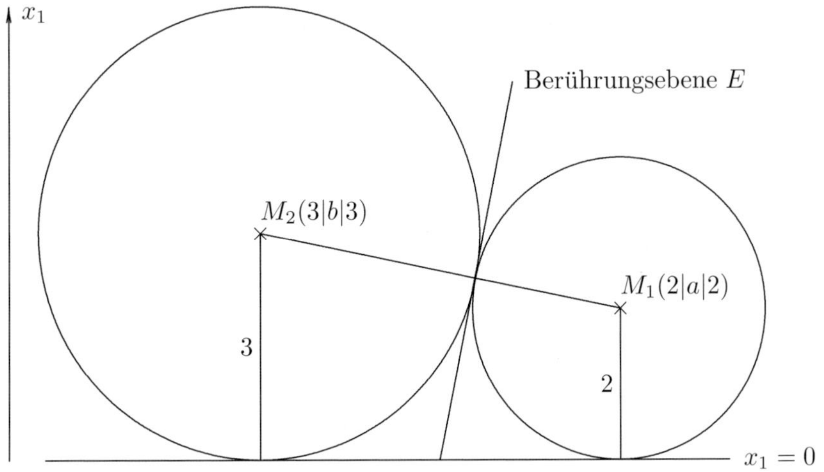


**a)** $\overline{M_1M_2}^2 = (3-2)^2 + (b-a)^2 + 1^2 = 5^2 \Leftrightarrow (b-a)^2 = 23$

$\Leftrightarrow b - a = \sqrt{23} = 4{,}796$

**b)** $\overrightarrow{n_E} = \overrightarrow{M_1M_2} = \begin{pmatrix} 1 \\ \sqrt{23} \\ 1 \end{pmatrix}$

$x_1 + \sqrt{23}x_2 + x_3 + d = 0$ (mögliche Berührungsebene)

## Vernetzen

**30** $E_{ABC}$: $\vec{X} = \begin{pmatrix} 0 \\ -4 \\ 2 \end{pmatrix} + \lambda \cdot \begin{pmatrix} 2 \\ 4 \\ -6 \end{pmatrix} + \mu \cdot \begin{pmatrix} 0 \\ 2 \\ 2 \end{pmatrix}$; $\overrightarrow{n_E} = \begin{pmatrix} 1 \\ 2 \\ -3 \end{pmatrix} \times \begin{pmatrix} 0 \\ 1 \\ 1 \end{pmatrix} = \begin{pmatrix} 5 \\ -1 \\ 1 \end{pmatrix}$

$E$: $5x_1 - x_2 + x_3 - 6 = 0$

**a)** $D \notin E$, weil $5 \cdot 0 - 2 + 4 - 6 = -4 \neq 0$.

**b)** $M_{AB}(1|-2|-1)$; $M_{BC}(1|-1|0)$; $M_{CD}(0|0|4)$; $M_{DA}(0|-1|3)$; $M_{BD}(1|1|0)$; $M_{AC}(0|-3|3)$

$A,B,C \in E$, $D \notin E$, also z. B. $AD$, $BC$ windschief.

$g = M_{AD}M_{BC}$: $\vec{X} = \begin{pmatrix} 0 \\ -1 \\ 3 \end{pmatrix} + \lambda \cdot \begin{pmatrix} 1 \\ 0 \\ -3 \end{pmatrix}$

Außerdem: $AB$,$CD$ windschief.

$h = M_{AB}M_{CD}$: $\vec{X} = \begin{pmatrix} 1 \\ -2 \\ -1 \end{pmatrix} + \mu \cdot \begin{pmatrix} -1 \\ 2 \\ 5 \end{pmatrix}$

$g \cap h$: (I) $\lambda = 1 - \mu$

(II) $-1 = -2 + 2\mu \Leftrightarrow \mu = 0{,}5$

(III) $3 - 3\lambda = -1 + 5\mu$

Mit (II) folgt aus (I) $\lambda = 0{,}5$. Das passt zu (III) $(3 - 1{,}5 = -1 + 2{,}5)$, also $P(0{,}5|-1|1{,}5)$.

Außerdem: $BD$,$AC$ windschief:

$i = M_{BD}M_{AC}$: $\vec{X} = \begin{pmatrix} 1 \\ 1 \\ 0 \end{pmatrix} + \sigma \cdot \begin{pmatrix} -1 \\ -4 \\ 3 \end{pmatrix}$

$g \cap i$: (I) $\lambda = 1 - \sigma$

(II) $-1 = 1 - 4\sigma \Leftrightarrow \sigma = 0{,}5$

(III) $3 - 3\lambda = 0 + 3\sigma$

Mit (II) folgt aus (I) $\lambda = 0{,}5$. Das passt zu (III), also $P(0{,}5|-1|1{,}5)$.

$h \cap i$: natürlich auch $P$.

**c)** Allgemein: $M_{AB}(\frac{a_1+b_1}{2}|\frac{a_2+b_2}{2}|\frac{a_3+b_3}{2})$; $M_{CD}(\frac{c_1+d_1}{2}|\frac{c_2+d_2}{2}|\frac{c_3+d_3}{2})$

$g = M_{AB}M_{CD}$: $\vec{X} = \begin{pmatrix} \frac{a_1+b_1}{2} \\ \frac{a_2+b_2}{2} \\ \frac{a_3+b_3}{2} \end{pmatrix} + \lambda \cdot \begin{pmatrix} \frac{c_1+d_1-a_1-b_1}{2} \\ \frac{c_2+d_2-a_2-b_2}{2} \\ \frac{c_3+d_3-a_3-b_3}{2} \end{pmatrix}$

$M_{AD}(\frac{a_1+d_1}{2}|\frac{a_2+d_2}{2}|\frac{a_3+d_3}{2})$; $M_{BC}(\frac{b_1+c_1}{2}|\frac{b_2+c_2}{2}|\frac{b_3+c_3}{2})$

$h = M_{AD}M_{BC}$: $\vec{X} = \begin{pmatrix} \frac{a_1+d_1}{2} \\ \frac{a_2+d_2}{2} \\ \frac{a_3+d_3}{2} \end{pmatrix} + \mu \cdot \begin{pmatrix} \frac{b_1+c_1-a_1-d_1}{2} \\ \frac{b_2+c_2-a_2-d_2}{2} \\ \frac{b_3+c_3-a_3-d_3}{2} \end{pmatrix}$

$g \cap h$: (I) $\frac{a_1+b_1}{2} + \lambda \cdot \frac{c_1+d_1-a_1-b_1}{2} = \frac{a_1+d_1}{2} + \mu \cdot \frac{b_1+c_1-a_1-d_1}{2}$

Diese Gleichung wird für $\lambda = \mu = 0{,}5$ in eine wahre Aussage überführt: $\frac{a_1+b_1}{4} + \frac{c_1+d_1}{4} = \frac{a_1+d_1}{4} + \frac{b_1+c_1}{4}$.

Analog für die beiden anderen Komponentengleichungen.

**31 a)** $3x_1 + 4x_2 + 6x_3 + = 12 \Leftrightarrow \frac{x_1}{4} + \frac{x_2}{3} + \frac{x_3}{2} = 1$

Hier kann man sehr leicht zwei Koordinaten Null setzen, dann sieht man den notwendigen Wert der anderen Koordinaten (gleich dem Nenner), so dass die Gleichung erfüllt wird, also hier:

Achsenabschnitte: $(4|0|0)$; $(0|3|0)$; $(0|0|2)$.

**b)** $2x_1 + 6x_2 + 3x_3 = 18 \Rightarrow \frac{x_1}{9} + \frac{x_2}{3} + \frac{x_3}{6} = 1$

Achsenabschnitte: $(9|0|0)$; $(0|3|0)$; $(0|0|6)$

**32** $5x_1 - 3x_2 + 4x_3 + = 30 \Leftrightarrow \frac{x_1}{6} + \frac{x_2}{-10} + \frac{x_3}{7{,}5} = 1$

Achsenabschnitte:

$(6|0|0)$; $(0|-10|0)$ „Grundfläche“ $G = \frac{1}{2} \cdot 6 \cdot 10 = 30$

$(0|0|7{,}5)$ („Höhe“)

$V = \frac{1}{3} \cdot G \cdot H = 75$

**33** In der Ebene:

Kreis um $(0|0)$ mit dem Radius 5.

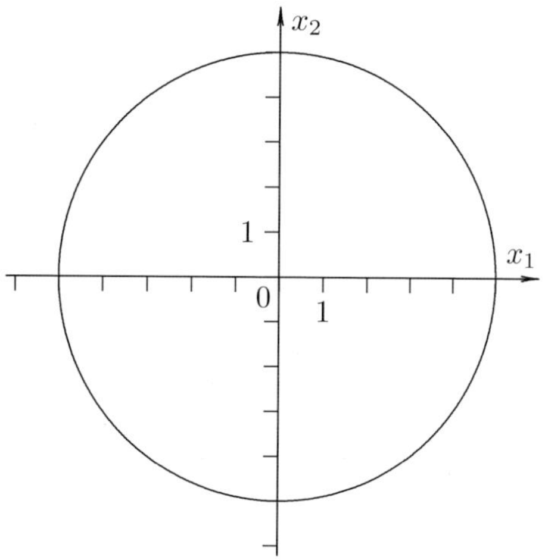


Im dreidimensionalen Raum:

Zylinder „über“ diesem Grundkreis „um“ die $x_3$-Achse.

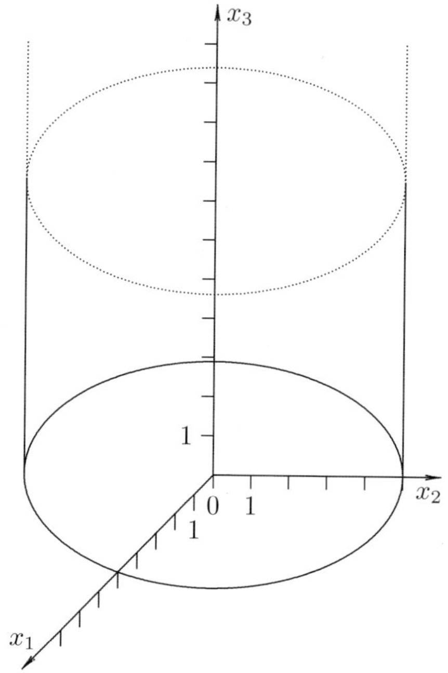




**34** $S(2|2|4)$

**a)** $\vec{X} = \begin{pmatrix} 2 \\ 2 \\ 4 \end{pmatrix} + \lambda \cdot \begin{pmatrix} -2 \\ 0 \\ -1 \end{pmatrix}$

$x_1 = 0 \Leftrightarrow \lambda = 1 \Rightarrow S'(0|2|3)$

$x_2 \neq 0$ (kein Schatten)

$x_3 = 0 \Leftrightarrow \lambda = 4 \Rightarrow S''(-6|2|0)$

**b)** $\vec{X} = \begin{pmatrix} 2 \\ 2 \\ 4 \end{pmatrix} + \lambda \cdot \begin{pmatrix} 0 \\ -2 \\ 1 \end{pmatrix}$

$x_1 \neq 0$ (kein Schatten)

$x_2 = 0 \Leftrightarrow \lambda = 1 \Rightarrow S'(2|0|5)$

$x_3 = 0 \Leftrightarrow \lambda = -4 \Rightarrow S''(2|10|0)$

**c)** $\vec{X} = \begin{pmatrix} 2 \\ 2 \\ 4 \end{pmatrix} + \lambda \cdot \begin{pmatrix} -2 \\ -1 \\ -1 \end{pmatrix}$

$x_1 = 0 \Leftrightarrow \lambda = 1 \Rightarrow S'(0|1|5)$

$x_2 = 0 \Leftrightarrow \lambda = 2 \Rightarrow S''(-2|0|6)$

$x_3 = 0 \Leftrightarrow \lambda = -4 \Rightarrow S'''(10|6|0)$

91

**35** $E\colon \vec{X} = \begin{pmatrix}2\\0\\0\end{pmatrix} + \lambda \cdot \begin{pmatrix}1\\1\\1\end{pmatrix} + \mu \cdot \begin{pmatrix}3\\0\\-1\end{pmatrix}$

**a)** Spiegelung an $x_1 = 0$ (d. h. die $x_1$-Koordinate wechselt das Vorzeichen).

$E'\colon \vec{X} = \begin{pmatrix}-2\\0\\0\end{pmatrix} + \lambda \cdot \begin{pmatrix}-1\\1\\1\end{pmatrix} + \mu \cdot \begin{pmatrix}-3\\0\\-1\end{pmatrix}$

**b)** $E''\colon \vec{X} = \begin{pmatrix}2\\0\\0\end{pmatrix} + \lambda \cdot \begin{pmatrix}1\\-1\\1\end{pmatrix} + \mu \cdot \begin{pmatrix}3\\0\\-1\end{pmatrix}$

**c)** $x_1$- und $x_2$-Koordinaten „tauschen“.

$E'''\colon \vec{X} = \begin{pmatrix}0\\2\\0\end{pmatrix} + \lambda \cdot \begin{pmatrix}1\\1\\1\end{pmatrix} + \mu \cdot \begin{pmatrix}0\\3\\-1\end{pmatrix}$

92

**36 a)** $x_3 - 2 = 0$ oder $x_3 + 2 = 0$

**b)** $x_1 + a \cdot x_2 = 0$ $(a \in \mathbb{R})$

**c)** $x_1 - a = 0$ $(a \in \mathbb{R})$

**d)** $x_2 - a = 0$ $(a \in \mathbb{R})$

**37** $L(-1|-2|4)$; $A(2|0|2)$; $B(2|2|2)$; $C(0|2|2)$; $D(0|0|2)$

$LA\colon \vec{X} = \begin{pmatrix}-1\\-2\\4\end{pmatrix} + \lambda \cdot \begin{pmatrix}3\\2\\-2\end{pmatrix} \Rightarrow \lambda = 2;\quad A'(5|2|0)$

$LB\colon \vec{X} = \begin{pmatrix}-1\\-2\\4\end{pmatrix} + \lambda \cdot \begin{pmatrix}3\\4\\-2\end{pmatrix} \Rightarrow \lambda = 2;\quad B'(5|6|0)$

$LC\colon \vec{X} = \begin{pmatrix}-1\\-2\\4\end{pmatrix} + \lambda \cdot \begin{pmatrix}1\\4\\-2\end{pmatrix} \Rightarrow \lambda = 2;\quad C'(1|6|0)$

$LD\colon \vec{X} = \begin{pmatrix}-1\\-2\\4\end{pmatrix} + \lambda \cdot \begin{pmatrix}1\\2\\-2\end{pmatrix} \Rightarrow \lambda = 2;\quad D'(1|2|0)$



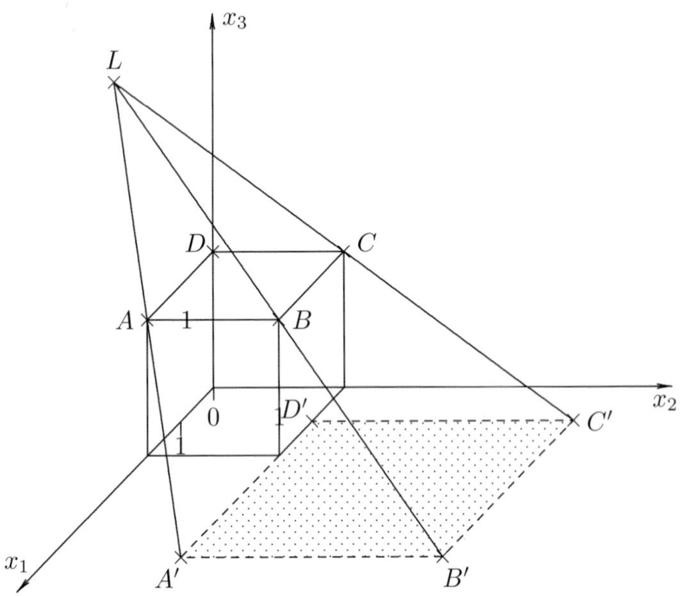


**38** $g\colon \vec{X} = \begin{pmatrix}7\\-6\\3\end{pmatrix} + \lambda \cdot \begin{pmatrix}-1\\2\\1\end{pmatrix}$

(I) $\lambda_1 = 7 \Rightarrow S_1(0|8|10)$

(II) $\lambda_2 = 3 \Rightarrow S_2(4|0|6)$

(III) $\lambda_3 = -3 \Rightarrow S_3(10|-12|0)$

$E \cap g\colon x_3 = 7 \Rightarrow \lambda = 4 \Rightarrow S(3|2|7)$

**39** Skizze:

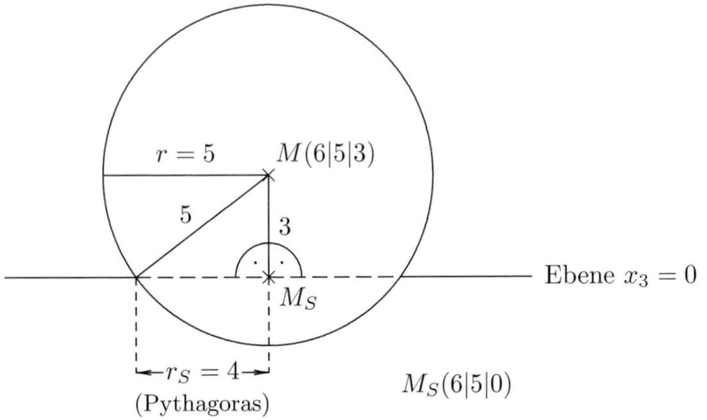

**40 a)** $E: \vec{X} = \vec{A} + \tilde{\lambda} \cdot \overrightarrow{AB} + \tilde{\mu} \cdot \overrightarrow{AC} = \begin{pmatrix}2\\0\\1\end{pmatrix} + \tilde{\lambda} \cdot \begin{pmatrix}0\\-2\\-0{,}5\end{pmatrix} + \tilde{\mu} \cdot \begin{pmatrix}-2\\-4\\0\end{pmatrix}$

$= \begin{pmatrix}2\\0\\1\end{pmatrix} + \lambda \cdot \begin{pmatrix}0\\-4\\1\end{pmatrix} + \mu \cdot \begin{pmatrix}1\\2\\0\end{pmatrix}$ (Parameterform)

$\vec{n_E} = \begin{pmatrix}0\\-4\\1\end{pmatrix} \times \begin{pmatrix}1\\2\\0\end{pmatrix} = \begin{pmatrix}-2\\1\\-4\end{pmatrix}$

$2x_1 - x_2 + 4x_3 - 8 = 0$ ($E$ in Normalenform)

**b)** $\vec{n_E} \times \vec{n_F} = \begin{pmatrix}2\\-1\\4\end{pmatrix} \times \begin{pmatrix}1\\1\\2\end{pmatrix} = \begin{pmatrix}-6\\0\\3\end{pmatrix} = 3 \cdot \begin{pmatrix}-2\\0\\1\end{pmatrix} = 3 \cdot \vec{u}_s$

und $(4|0|0)$ liegt in $E$ und in $F$, also ist $s$ Schnittgerade.

Die 2. Koordinate aller Punkte auf $s$ ist 0, also liegt $s$ in der Ebene $x_2 = 0$.

**c)** $R$ ist Aufpunkt, $S \in s$ mit $S_s = 1$.

$T$, $U$ liegen auf der $x_2$-Achse (weil $t_1 = t_3 = 0$ und $u_1 = u_3 = 0$).

$T \in E$ und $U \in F$.

**d)**

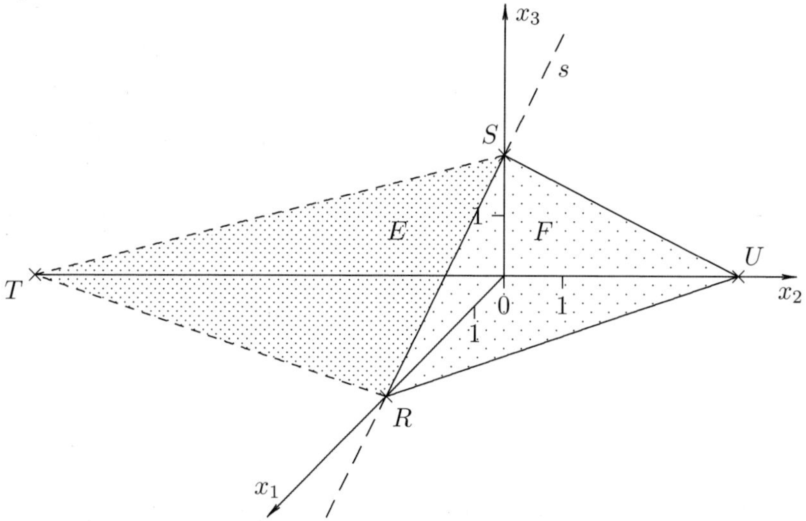


**41 a)** $\overrightarrow{AB} = \begin{pmatrix}0\\1\\2\end{pmatrix}$; $\overrightarrow{AB'} = \begin{pmatrix}-8\\1\\2\end{pmatrix}$

$\vec{n_E} = \overrightarrow{AB} \times \overrightarrow{AB'} = \begin{pmatrix}0\\1\\2\end{pmatrix} \times \begin{pmatrix}-8\\1\\2\end{pmatrix} = \begin{pmatrix}0\\-16\\8\end{pmatrix} = 8 \cdot \begin{pmatrix}0\\-2\\1\end{pmatrix}$

$E: 2x_2 - x_3 - 4 = 0$

**b)** $\overrightarrow{CD} = \begin{pmatrix}0\\1\\-2\end{pmatrix}$; $\overrightarrow{BC} = \begin{pmatrix}0\\-6\\0\end{pmatrix}$; $\overrightarrow{DA} = \begin{pmatrix}0\\4\\0\end{pmatrix}$

$\overrightarrow{BC} \parallel \overrightarrow{DA}$, also ist $ABCD$ ein Trapez.

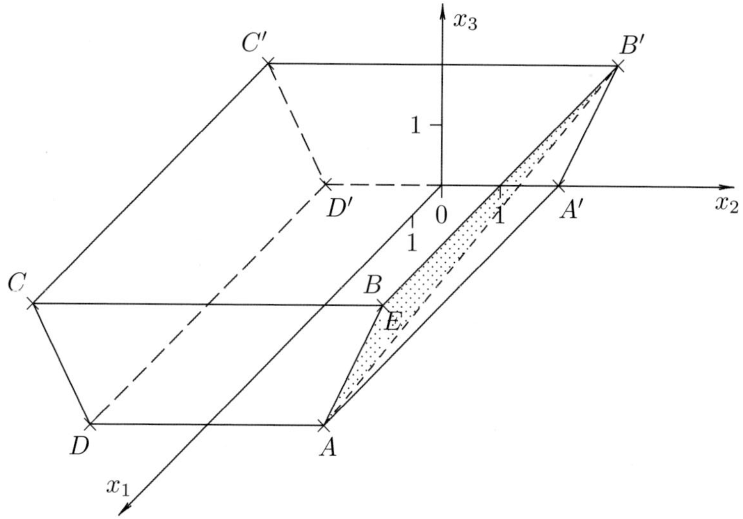


**c)** $x_3 = 0 \overset{\text{in } E}{\Rightarrow} x_2 = 2$; $A'(0|2|0)$

$\overrightarrow{DA} = \begin{pmatrix}0\\4\\0\end{pmatrix}$ (siehe b)); $\overrightarrow{AA'} = \begin{pmatrix}0\\0\\-8\end{pmatrix}$; $\overrightarrow{DA} \circ \overrightarrow{AA'} = 0 \Rightarrow \sphericalangle(DAA') = 90°$

$D'(0|-2|0) \Rightarrow AA'D'D$ ist ein Rechteck.

**d)** $C'(0|-3|2)$

92

# 4 Weitere Eigenschaften von Funktionen und deren Graphen

## 4.1 Krümmung und Wendepunkte

### Hinweise zur Bearbeitung der Aufträge

98 **Auftrag 1** **Nachrichten**

Änderungsrate:
„Wirtschaftswachstum“

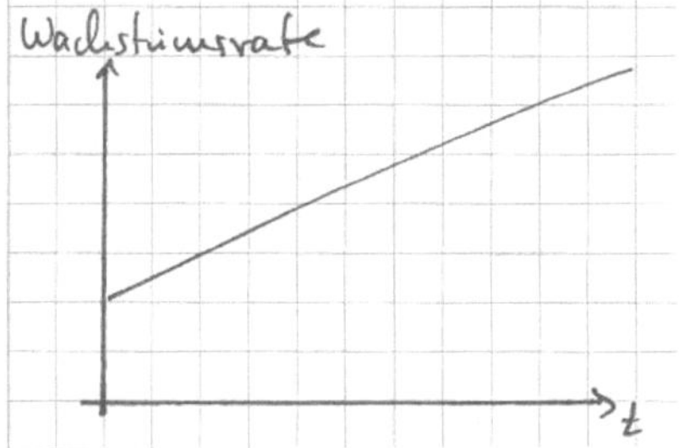


steigend

Größe:

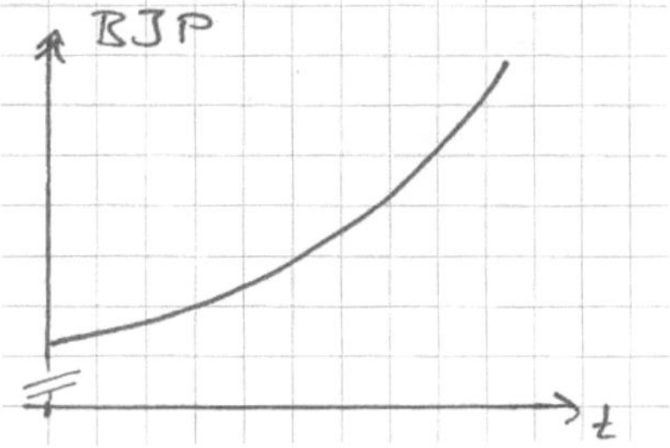


immer stärker steigend

„Zuwanderung“

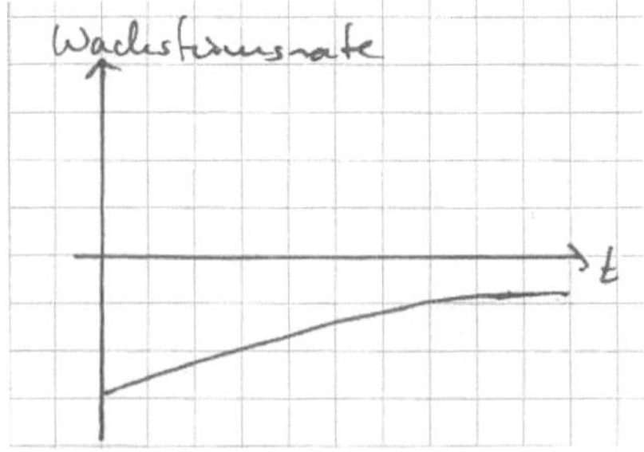


negativ, Betrag abnehmend

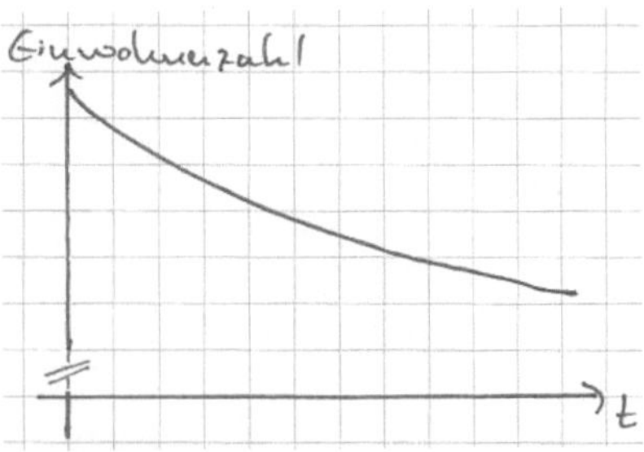


sich verlangsamende Abnahme



Änderungsrate:
„Erdmitteltemperatur“

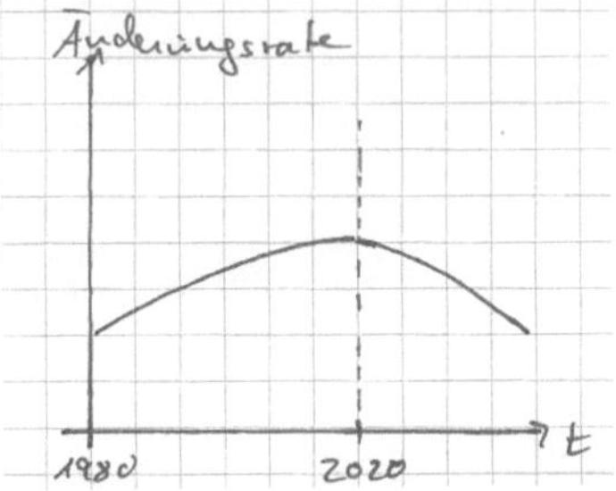


zunehmend bis 2020, dann abnehmend

Größe:

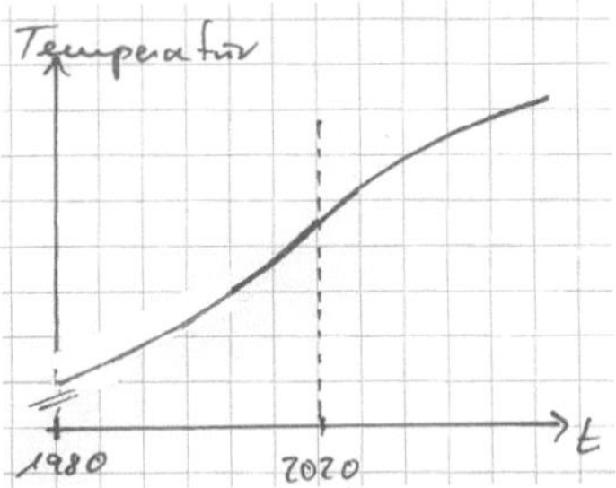


stärkste Zunahme 2020

„Parteiaustritte“

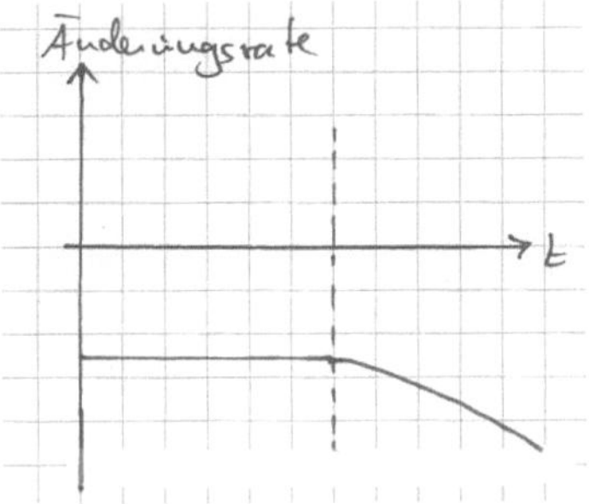


negativ, zunächst konstant, dann abnehmend

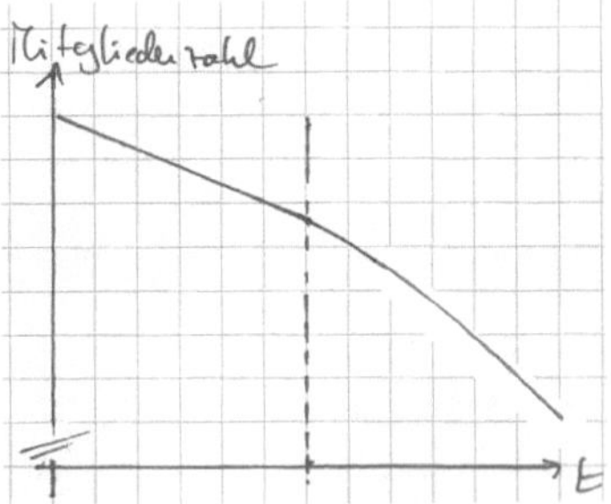


zunächst gleichmäßig, dann beschleunigt abnehmend

„EDV-Boom“

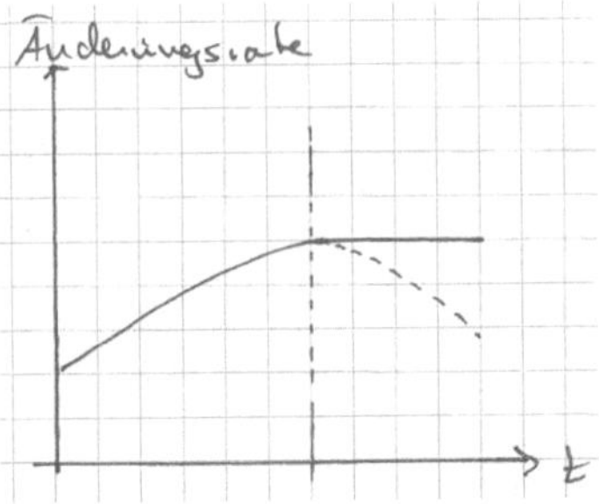


steigend, dann gleichbleibend (oder abnehmend)

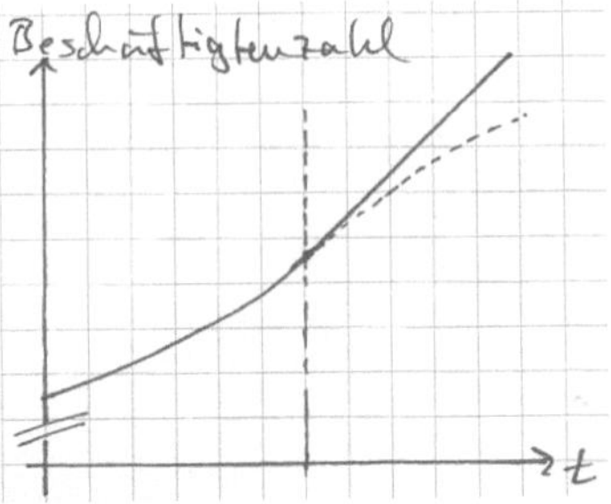


zunächst beschleunigt, dann gleichmäßig (oder verlangsamt) wachsend

98 Änderungsrate: „Impfkampagne“

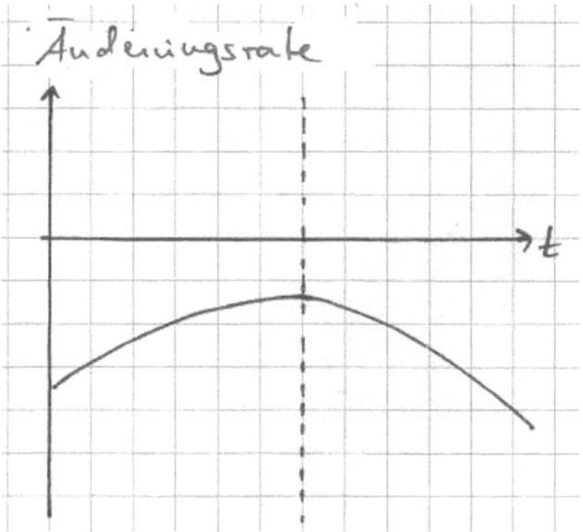


negativ, Betrag abnehmend, dann wieder zunehmend

Größe:

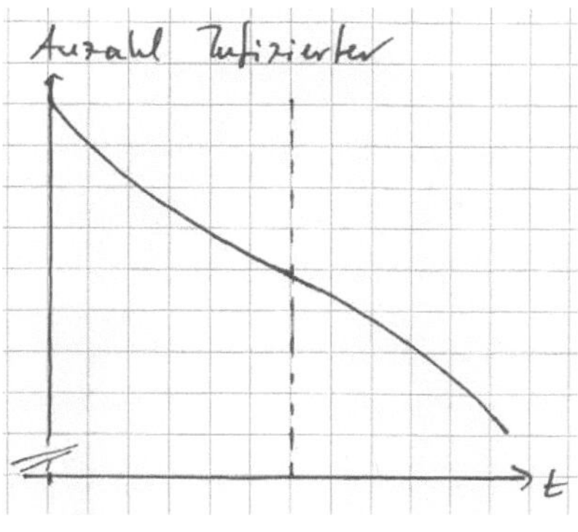


verlangsamte Abnahme, dann beschleunigte Abnahme

In einigen Fällen (Zuwanderung, Parteiaustritte, Impfkampagne) wäre es ebenso sinnvoll, anstelle der abgebildeten Änderungsrate die entsprechenden positiven Werte darzustellen (also die „Abnahmerate“). Wählt man in allen Fällen eine vorzeichenbehaftete Änderungsrate für die Darstellung, fällt die Verallgemeinerung anschließend leichter.

Der Vergleich der Graphen von Änderungsrate und zugehöriger Funktion zeigt:

- Am Vorzeichen der Änderungsrate ist zu erkennen, ob der Graph der Funktion steigt oder fällt.
- Das Wachstumsverhalten der Änderungsrate gibt Auskunft darüber, wie sich die Steigung des Funktionsgraphen ändert. Geometrisch kann dieses Verhalten als Krümmungsverhalten des Graphen bezeichnet werden:
  - fällt die Änderungsrate (im positiven wie im negativen Bereich), so ist der Graph „rechtsgekrümmt“
  - steigt die Änderungsrate, so ist der Graph linksgekrümmt
  - bleibt die Änderungsrate konstant, so beschreibt der Graph ein Geradenstück.

Um das Steigungsverhalten der Änderungsrate zu untersuchen, benötigt man ihre Ableitung, also die Ableitung der Ableitungsfunktion. Diese bezeichnet man als zweite Ableitung.

An diesem Punkt können Satz 4.1 und Definition 4.1 aus dem Schülerbuch 98
(Seite 100 f.) festgehalten werden und anschließend mit der Erarbeitung dort ab dem Abschnitt „Rechnerische Untersuchung der Krümmung: Die zweite Ableitung“ (Seite 101 ff.) fortgefahren werden.

**Auftrag 2** **Bergauf - Bergab**

Hier wird ausgehend von einem Funktionsgraphen zunächst der Graph der ersten Ableitung und daraus anschließend der Graph der zweiten Ableitung skizziert. Dann sollen Zusammenhänge zwischen dem Graphen der zweiten Ableitung und dem Funktionsgraphen gefunden werden (vgl. dazu die Vorgehensweise in anderer Reihenfolge bei Auftrag 4).

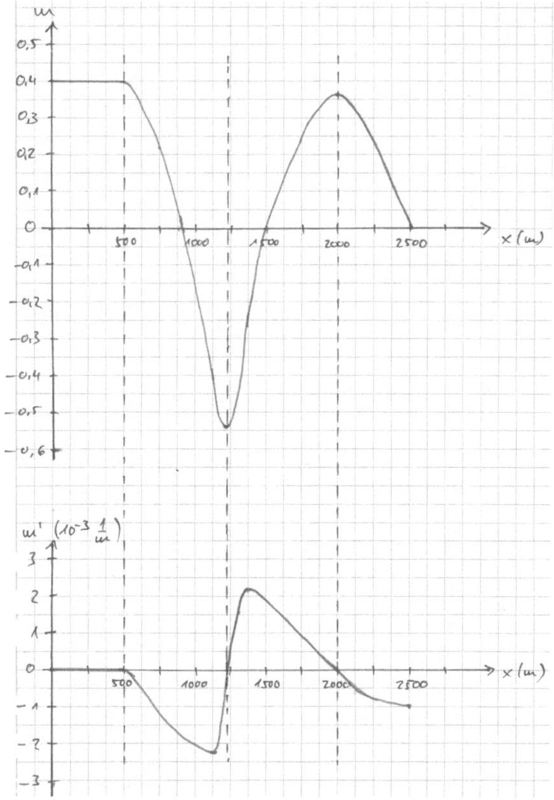


Die Werte der Ableitungen erhält man jeweils mithilfe von Steigungsdreiecken. Die abgebildeten Graphen sind mithilfe vieler Stützstellen aus dem abgebildeten Höhenprofil erstellt. Schülerlösungen können insbesondere für $m'(x)$ in der genauen Form von den abgebildeten Graphen abweichen. Richtig wiedergegeben werden sollten jedoch zumindest Vorzeichenbereiche und Extremstellen.

Der zweite Graph zeigt die Ableitungsfunktion der Steigungsfunktion, welche selbst die Ableitungsfunktion der Funktion ist, die das Höhenprofil darstellt. Damit kann man diese Ableitungsfunktion der Steigungsfunktion sinnvollerwei-

98 se als zweite Ableitungsfunktion bezeichnen.
An ihrem Vorzeichen erkennt man, ob die Steigungsfunktion steigt oder fällt.

- Sind ihre Werte positiv (hier: für $1200 < x < 2000$), so steigt die Steigungsfunktion (im positiven wie im negativen Bereich). Für das Höhenprofil bedeutet das, dass es entweder zunehmend stark steigt oder zunehmend weniger fällt. Die geometrische Form des Höhenprofils in diesem Bereich kann man als „linksgekrümmt“ bezeichnen.
- Sind ihre Werte negativ (hier: für $500 < x < 1200$ und für $2000 < x < 2500$), so fällt die Steigungsfunktion. Für das Höhenprofil bedeutet das, dass es entweder zunehmend stark fällt oder zunehmend weniger steigt. Die geometrische Form des Höhenprofils in diesem Bereich kann man als „rechtsgekrümmt“ bezeichnen.
- Hat sie in einem Bereich den Wert Null, so ändert sich hier die Steigung nicht. Das Höhenprofil ist hier ein Geradenstück.

An diesem Punkt können die Sätze 4.1 und 4.2 aus dem Schülerbuch (Seite 100 f.) festgehalten sowie der Begriff „Wendestelle / Wendepunkt“ (Definition 4.1) erarbeitet werden. Es bietet sich an, anschließend ein Beispiel zur rechnerischen Untersuchung der Krümmung zu betrachten. Dazu kann im Schülerbuch mit der Erarbeitung ab dem Abschnitt „Rechnerische Untersuchung der Krümmung: Die zweite Ableitung“ (Seite 101 ff.) fortgefahren werden.

99 **Auftrag 3** Neues von der Ableitungsfunktion

Dieser Auftrag wird bei der Erarbeitung (Seite 100 ff.) verwendet.

**Auftrag 4** Disput

Hier wird ausgehend von einem Funktionsgraphen sowohl der Graph der ersten Ableitung als auch der Graph einer Integralfunktion skizziert. Dann sollen Zusammenhänge zwischen dem Graphen der ersten Ableitung und dem der Integralfunktion gefunden werden (vgl. dazu die Vorgehensweise in anderer Reihenfolge bei Auftrag 3).

Dieser Auftrag verfolgt sehr direkt das Lehrplanziel, den Begriff der Krümmung „beispielsweise beim Erschließen des Verlaufs des Graphen einer Integralfunktion aus dem der Integrandenfunktion und aus deren Ableitung“ kennen zu lernen.

Die Schülerinnen und Schüler fertigen individuelle Lösungen an. Zur Besprechung kann – mit geeigneten Bezeichnungen der Graphen – z. B. Abb. 101/2 des Schülerbuchs verwendet werden. 99

Im Rahmen der Besprechung können die Inhalte des Abschnitts „Anwendung: Erschließen des Graphen einer Integralfunktion“ (Seite 102 f. des Schülerbuchs) vollständig erarbeitet werden. Dabei müssen auch die Begriffe und Zusammenhänge der Abschnitte „Krümmung: Änderungsverhalten der Ableitungsfunktion“ und „Rechnerische Untersuchung der Krümmung: Die zweite Ableitung“ (Seite 100 ff.) erschlossen und fixiert werden. Es bietet sich an, mit einem Beispiel zur rechnerischen Untersuchung fortzufahren und zuletzt den Abschnitt „Weitere Kriterien zur Untersuchung von Funktionsgraphen“ (Seite 102) zu ergänzen.

## Lösungen der Aufgaben

### Erarbeiten

**1 a)** $x \leq -0{,}5$ Geradenstück
$-0{,}5 \leq x \leq 1$ linksgekrümmt
$1 \leq x \leq 2$ Geradenstück
$x \geq 2$ rechtsgekrümmt

**b)** $x \leq 0$ rechtsgekrümmt
$x \geq 0$ linksgekrümmt

**c)** $x \leq -1$ linksgekrümmt
$-1 \leq x \leq 2$ rechtsgekrümmt
$x \geq 2$ linksgekrümmt

**d)** $x \leq 2$ rechtsgekrümmt
$x \geq 2$ linksgerümmt
Bei $x = -2$ ist $f''(x) = 0$ ohne Vorzeichenwechsel. Gegebenenfalls ist es auch richtig, wenn ein Bereich um $x = -2$ herum als Geradenstück angegeben wird.

**e)** $x \leq -\sqrt{2}$ rechtsgekrümmt 104
$-\sqrt{2} \leq x \leq \sqrt{2}$ linksgerümmt
$x \geq \sqrt{2}$ rechtsgekrümmt

**f)** $x < -1$ linksgekrümmt
$-1 < x < 0$ linksgekrümmt
$0 < x < 2$ rechtsgekrümmt
$x > 2$ linksgekrümmt

**2 a)** $f''(x) = 6x - 4$

Nullstelle von $f''$ mit Vorzeichenwechsel: $x = \frac{2}{3}$.

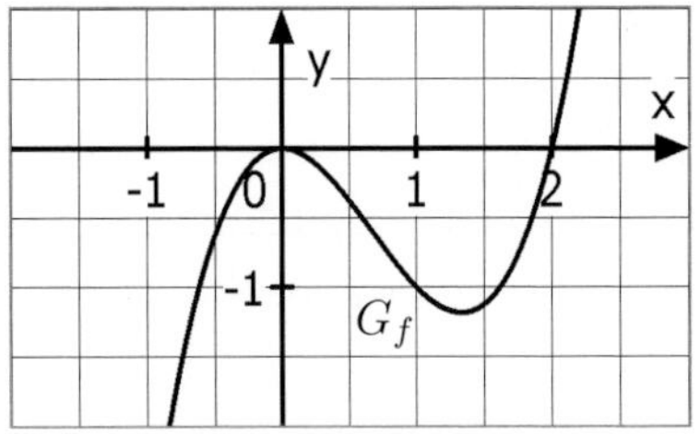


**b)** $f''(x) = 12x(x-1)$

Nullstellen von $f''$ mit Vorzeichenwechsel: $x = 0$; $x = 1$.

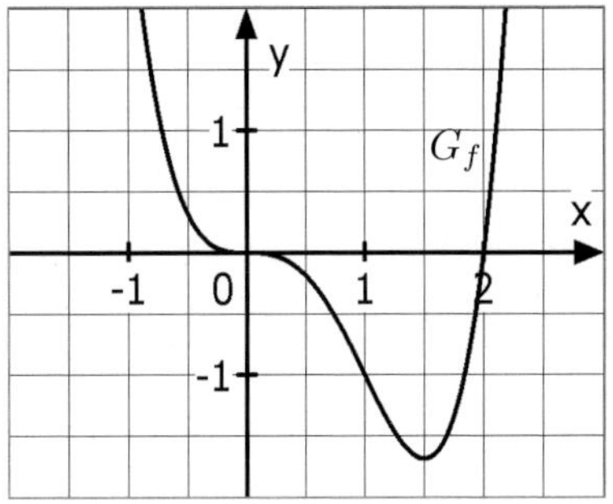


**c)** $f''(x) = 4x^2(5x - 6)$

Nullstelle von $f''$ mit Vorzeichenwechsel: $x = 1$;
ohne Vorzeichenwechsel: $x = 0$.

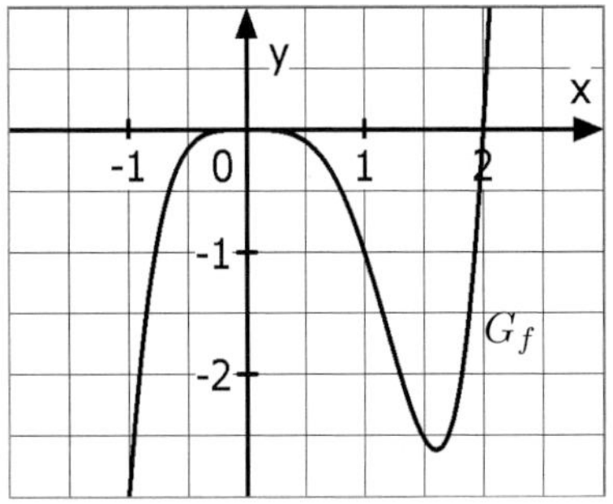


**d)** $f''(x) = 4(3x^2 - 2)$

Nullstellen von $f''$ mit Vorzeichenwechsel:
$x = -\sqrt{\frac{2}{3}}$; $x = \sqrt{\frac{2}{3}}$.

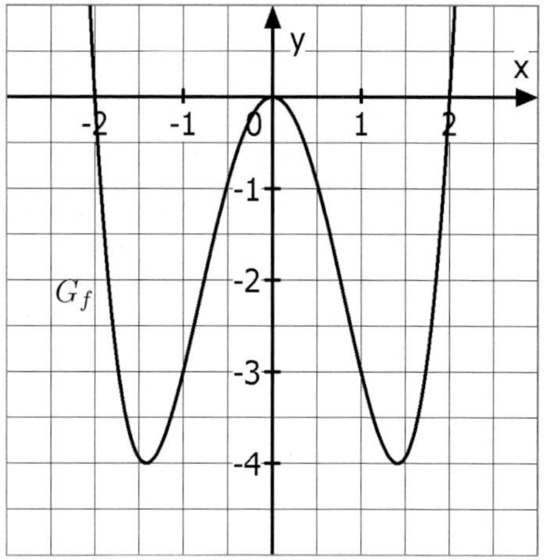


**e)** $f''(x) = -\frac{2}{x^3}$

Vorzeichenwechsel an der Polstelle $x = 0$.

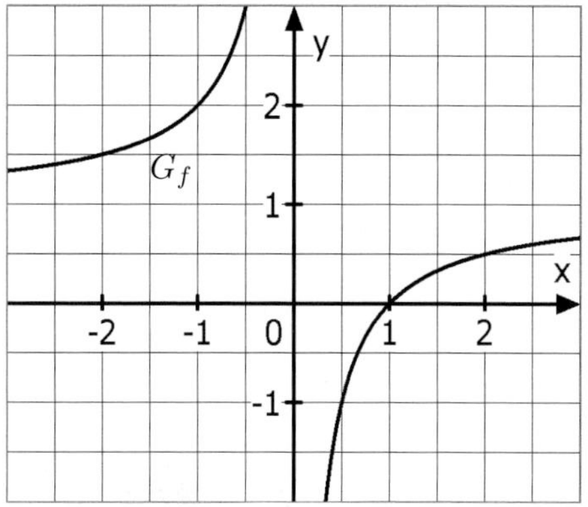


104

**f)** $f''(x) = \frac{6}{(x+1)^4}$

Kein Vorzeichenwechsel an der Polstelle $x = -1$.

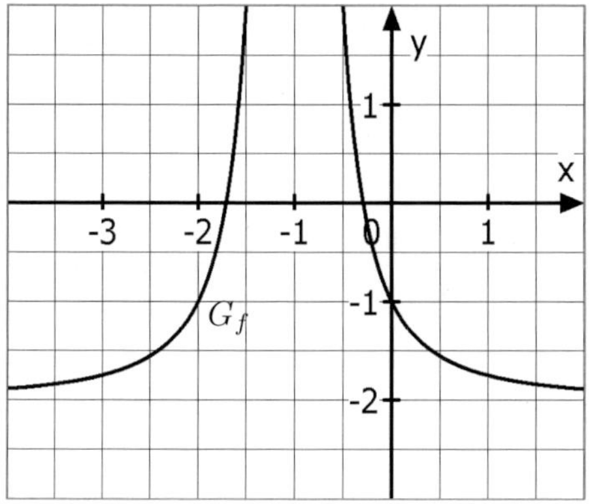


Die Graphen sollen in den Teilaufgaben a) bis d) anhand der Vielfachheiten der Nullstellen des Funktionssterms skizziert werden, in den Teilaufgaben e) und f) anhand der Asymptoten und gegebenenfalls der Nullstellen. Aus den Skizzen lassen sich dann ungefähre Werte für die Lage der Wendestellen ablesen.

**3 a)** $f''(x) = 6x - 15$; Wendepunkt $W(2{,}5| - 11{,}25)$.

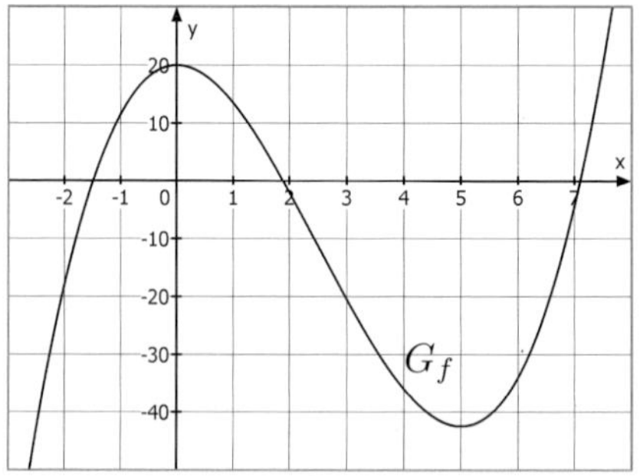




**b)** $f''(x) = 12x^2 - 48$; Wendepunkte $W_1(-2| - 32)$, $W_2(2| - 32)$.

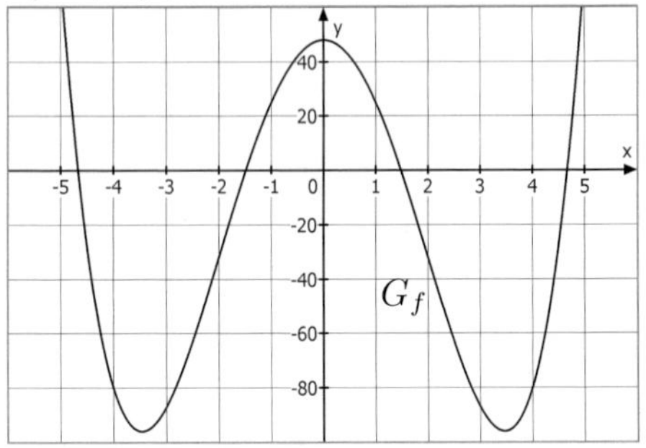


**c)** $f''(x) = 6x - 6$; Terrassenpunkt $T(1|2)$.

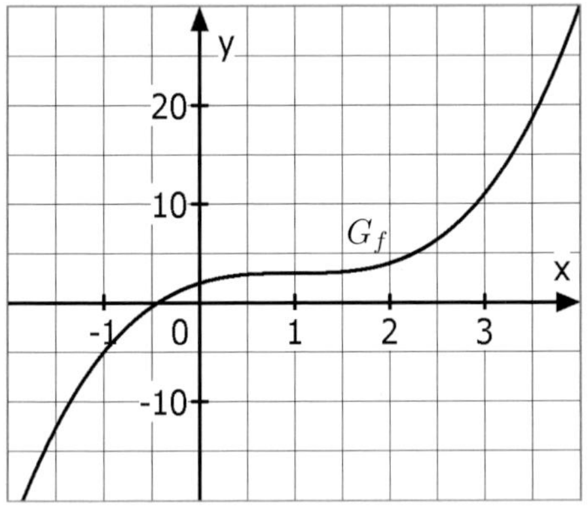


**d)** $f''(x) = 6(x+1)(x-2)$;
Wendepunkt $W(-1| - 24{,}5)$, Terrassenpunkt $T(2|16)$.

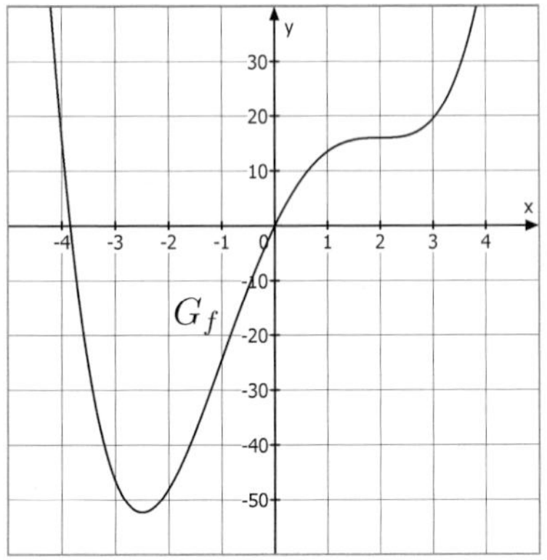

104 **e)** $f''(x) = \frac{2}{(x-2)^3}$;

Krümmungsänderung an der Polstelle $x = 2$.

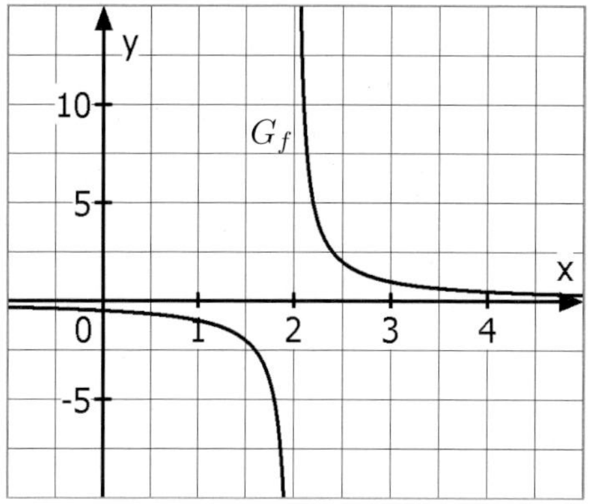


**f)** $f''(x) = 2x(x+3)(2x+3)$;

Terrassenpunkt $T_1(-3|-3{,}1)$,
Wendepunkt $W(-1{,}5|0{,}95)$,
Terrassenpunkt $T_2(0|5)$.

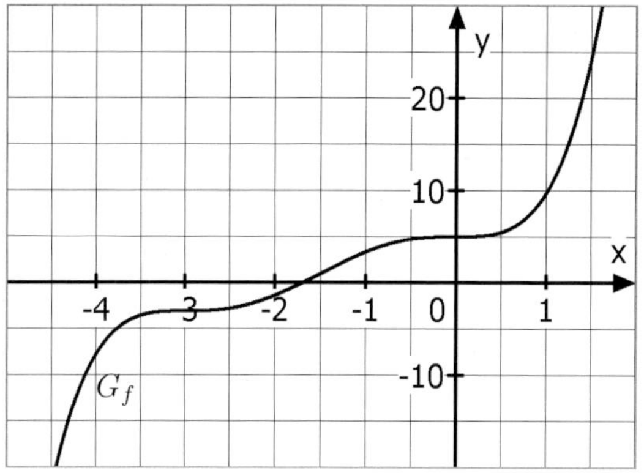


**g)** $f''(x) = 2 - \cos x > 0$ für alle $x \in D_f = \mathbb{R}$. 104

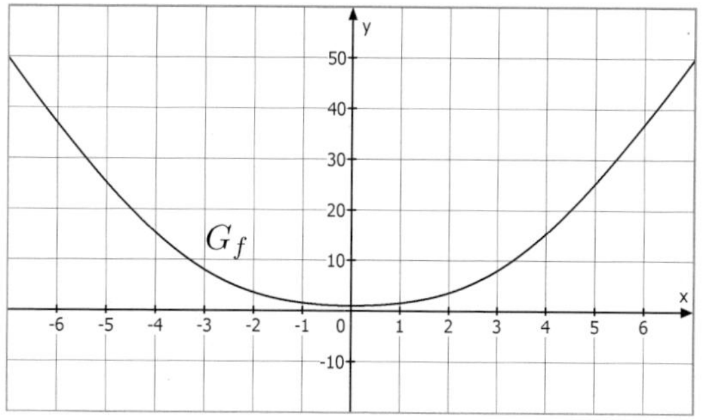


**h)** $f''(x) = 6x - \sin x$; Wendepunkt $W(0|0)$.
Die Gleichung $\sin x = 6x$ hat als einzige Lösung $x = 0$: Die Graphen zu $g_1(x) = \sin x$ und $g_2(x) = 6x$ schneiden sich im Ursprung. Dort ist $g_1'(0) = 1$, $g_2'(0) = 6$. Daraus folgt, dass es keine weiteren Schnittpunkte gibt, also keine weiteren Lösungen der Gleichung $f''(x) = 0$.

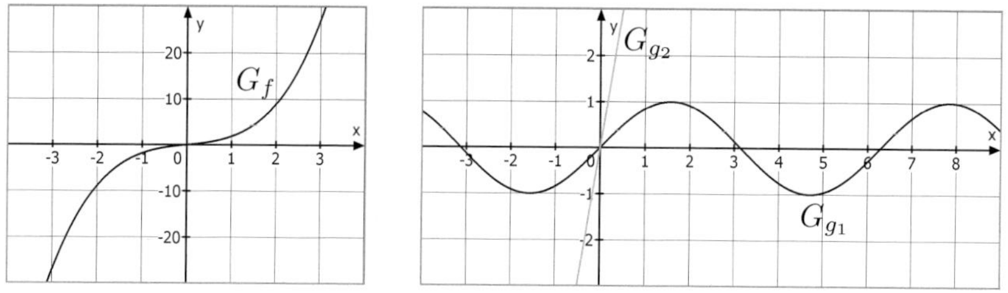


**i)** $f''(x) = \frac{2x(x^2+3)}{(x-1)^3(x+1)^3}$;
Wendepunkt $W(0|0)$;
Krümmungsänderung an den Polstellen $x = -1$ und $x = 1$.

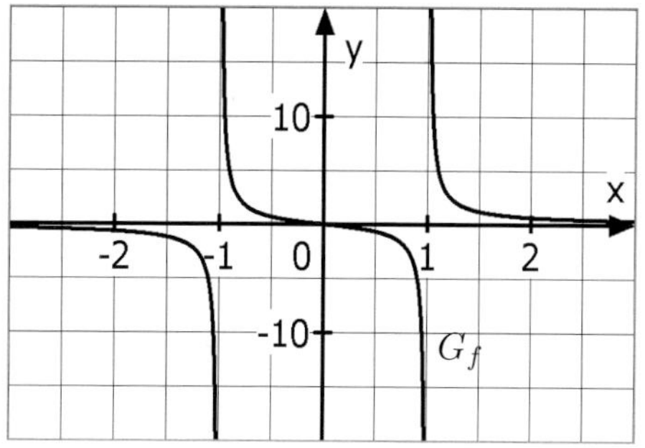

105 **4 a)** Graph von $f'$:

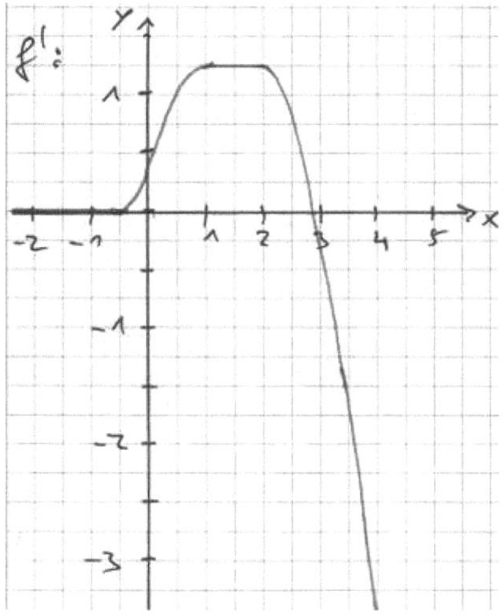

Graph von $f''$:

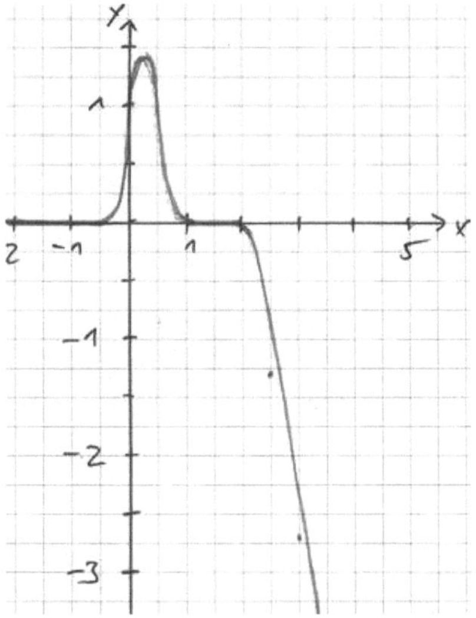

**b)** Graph von $f'$:

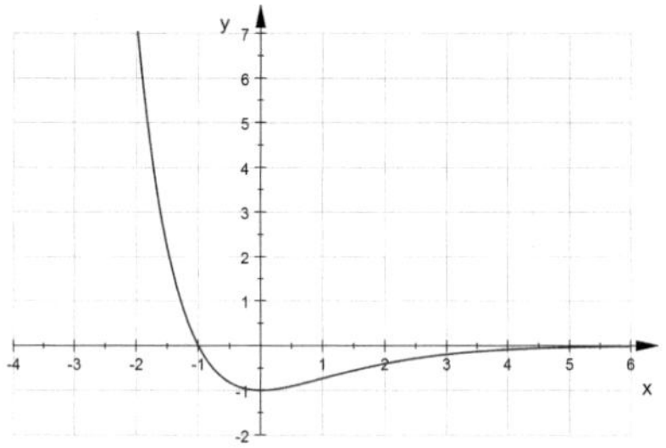

Graph von $f''$:

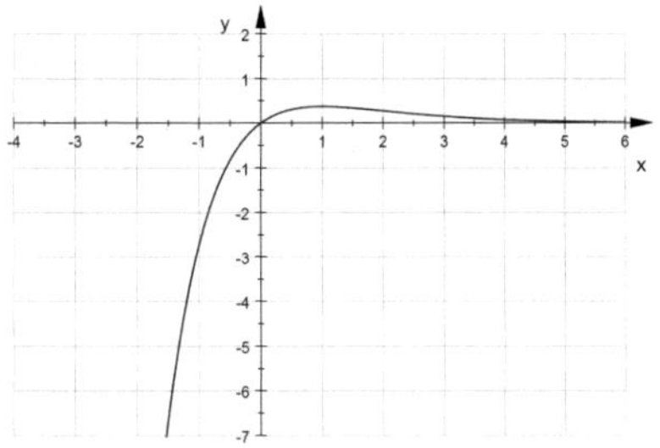

**c)** Graph von $f'$:

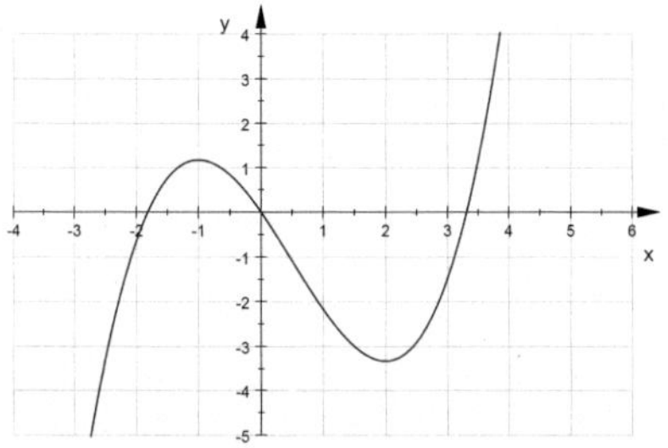

Graph von $f''$:

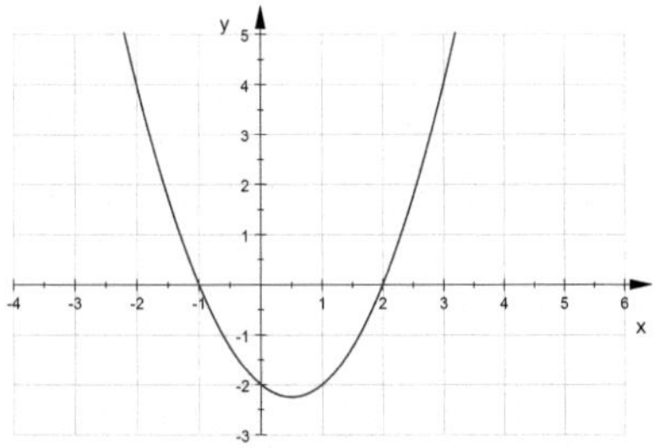

**d)** Graph von $f'$: 105

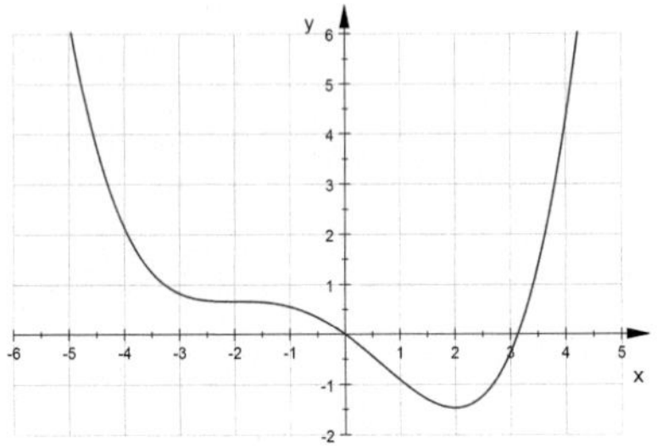

Graph von $f''$:

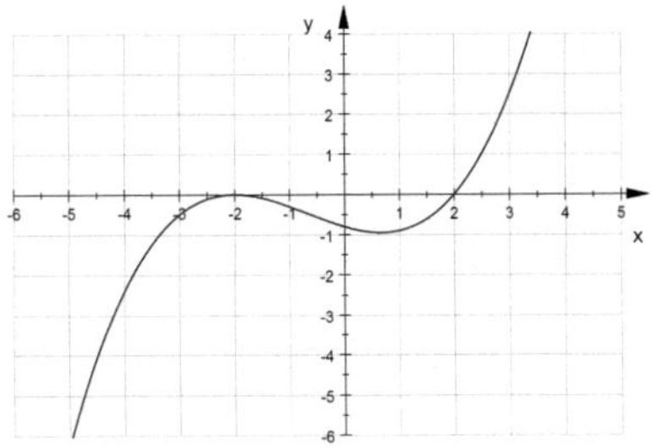

**e)** Graph von $f'$:

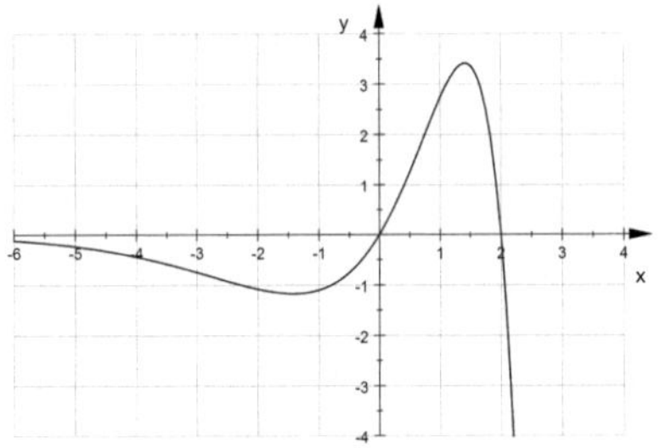

Graph von $f''$:

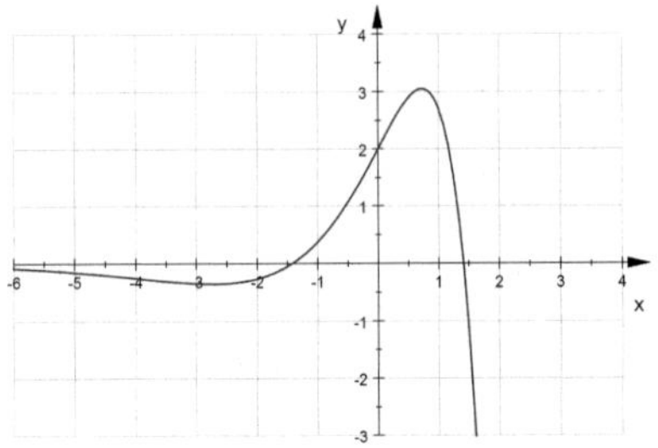

**f)** Graph von $f'$:

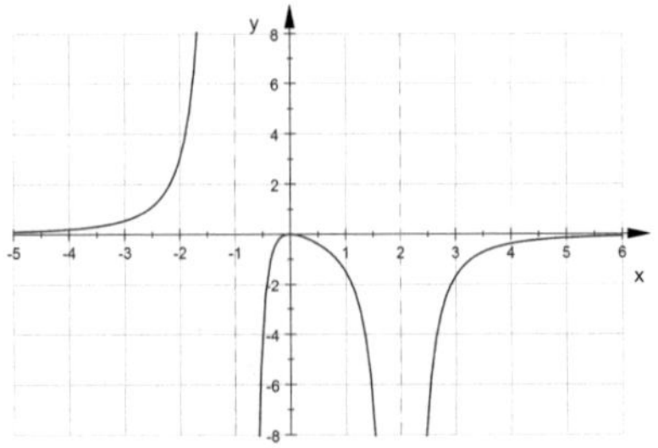

Graph von $f''$:

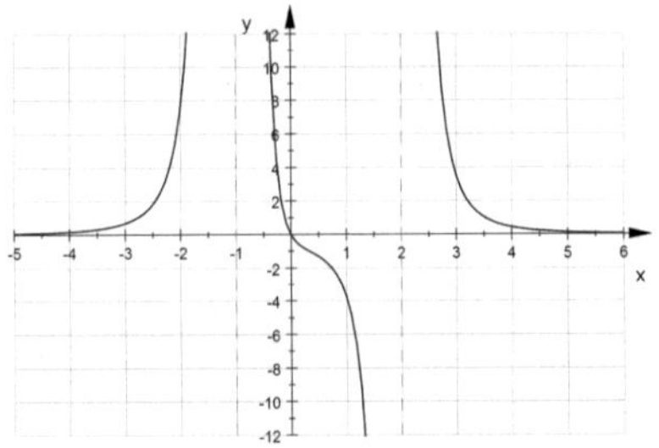

105 **5** Vorgehensweise und Zusammenhänge: Vgl. Schülerbuch Seite 102f..

**a)** Graph der Funktion $f$: Graph der Integralfunktion $F$:

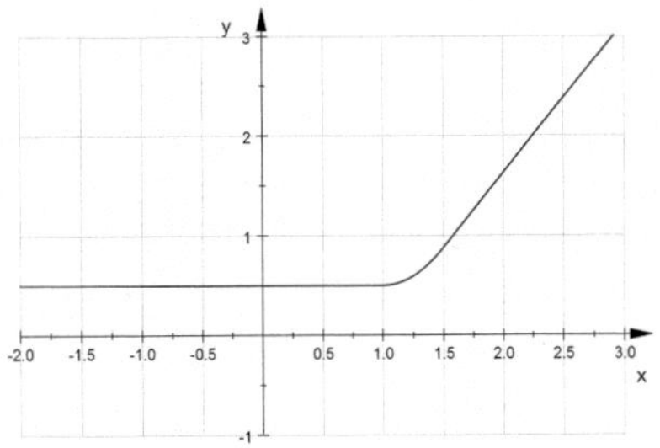

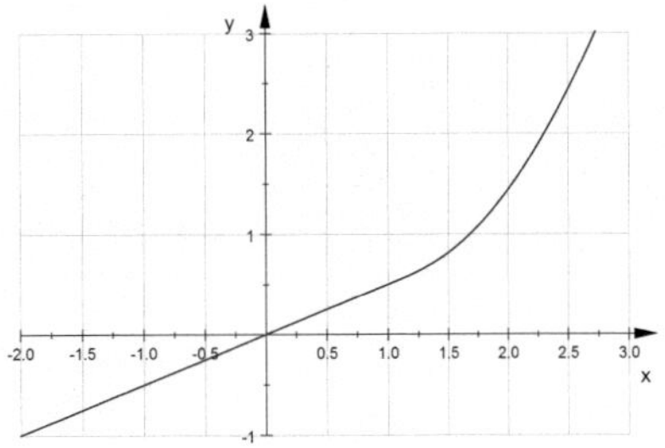

**b)** Graph der Funktion $f$: Graph der Integralfunktion $F$:

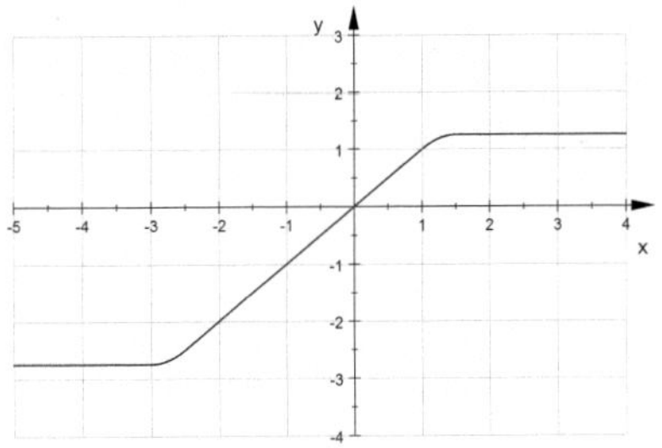

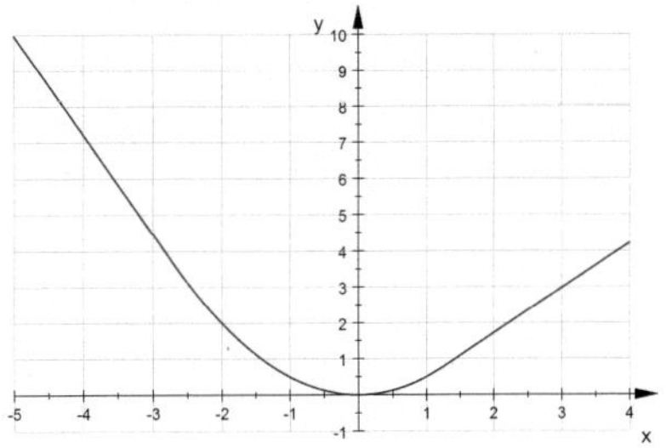

**c)** Graph der Funktion $f$: Graph der Integralfunktion $F$:

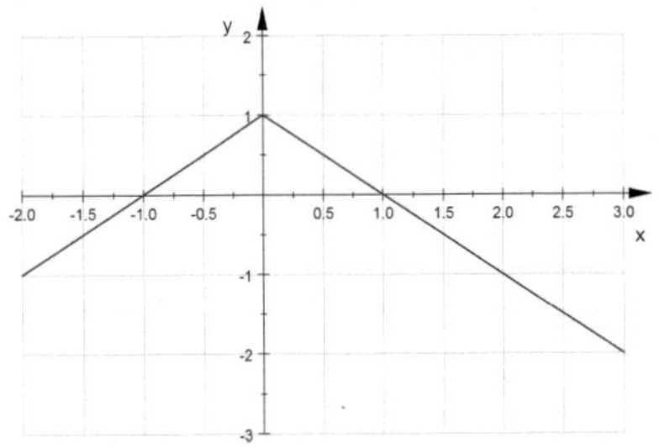

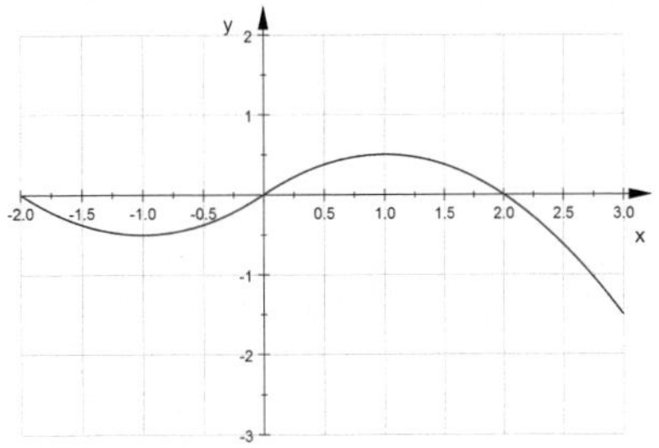

**d)** Graph der Funktion $f$: Graph der Integralfunktion $F$: 105

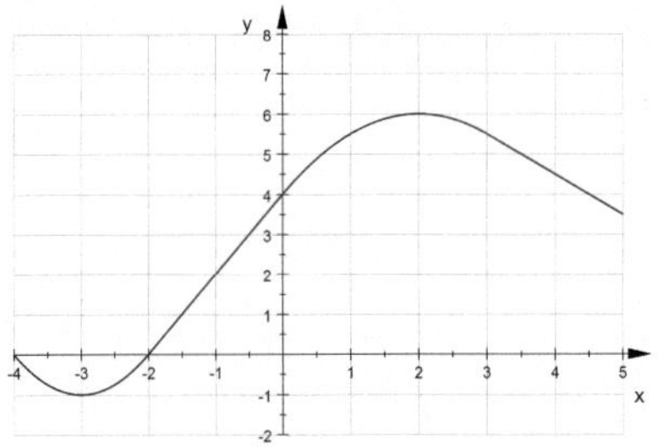

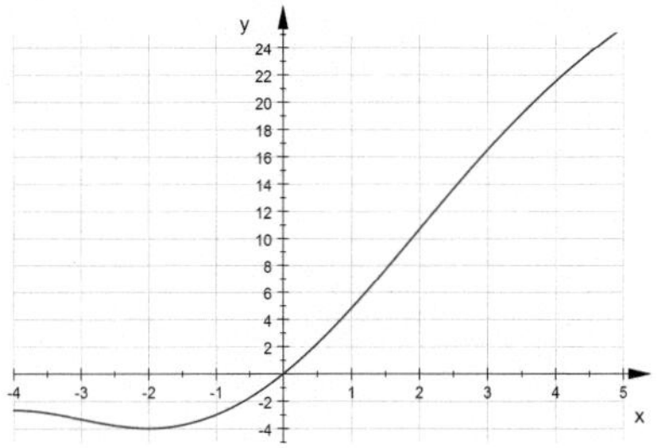

**6** Erläuterungen und Zusammenhänge: Vgl. Schülerbuch Seite 102f..

**a)** Graph der Ableitungsfunktion $f'$: Graph der Integralfunktion $F$:

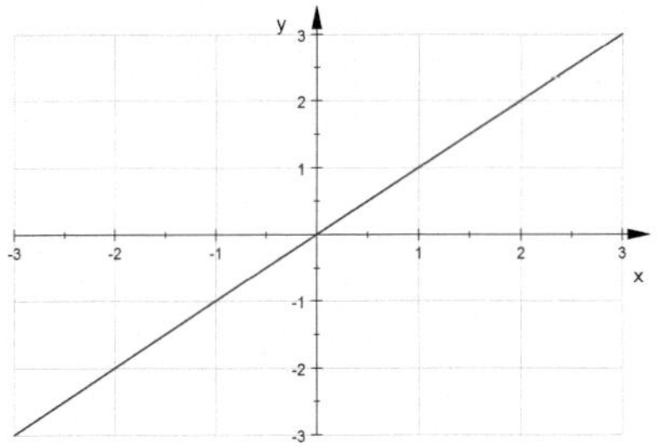

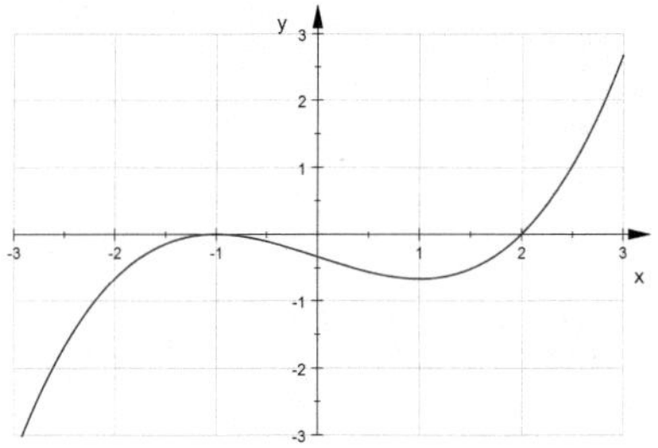

**b)** Graph der Ableitungsfunktion $f'$: Graph der Integralfunktion $F$:

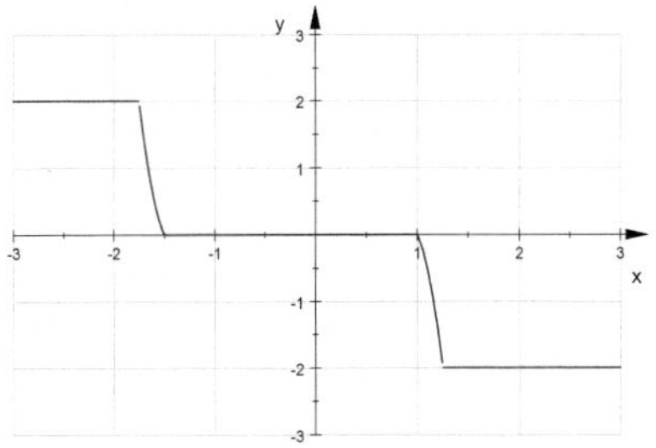

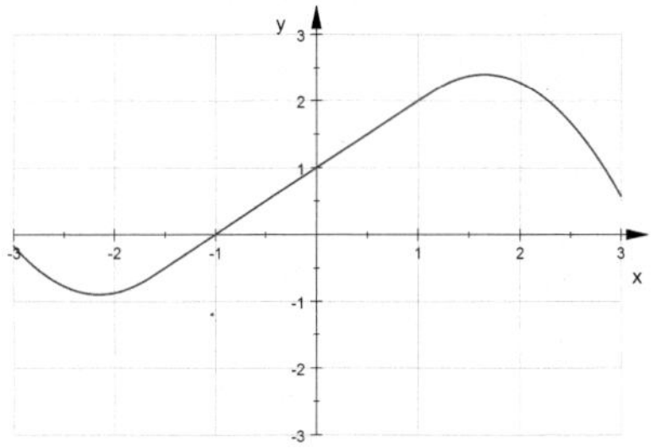

105 **c)** Graph der Ableitungsfunktion $f'$: Graph der Integralfunktion $F$:

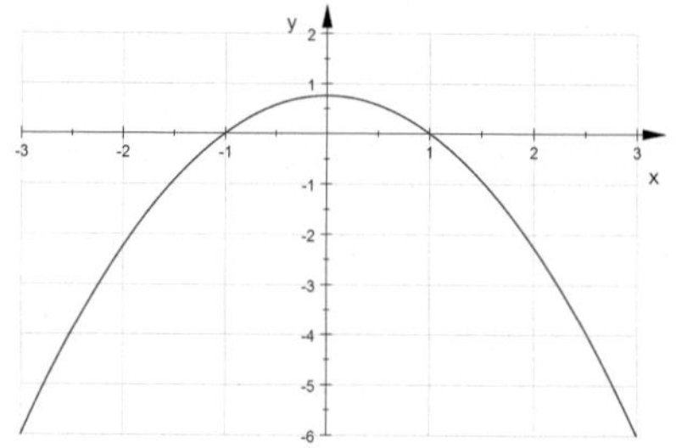

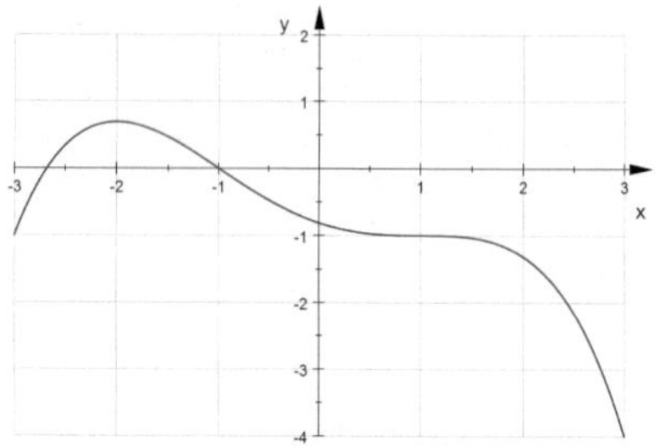

**d)** Graph der Ableitungsfunktion $f'$: Graph der Integralfunktion $F$:

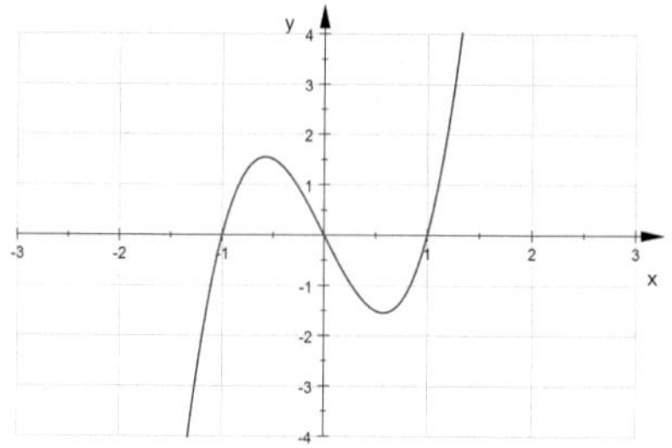

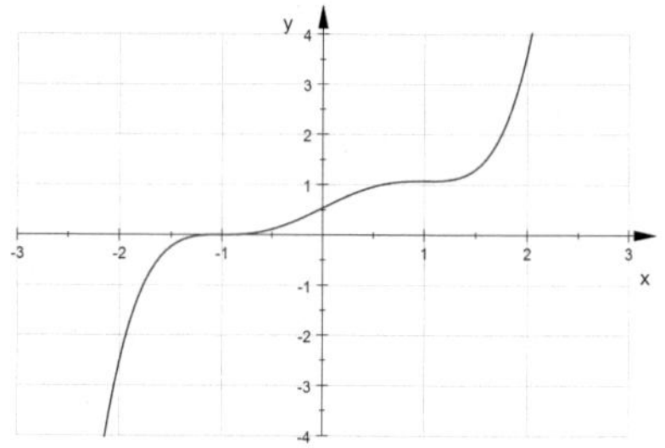

106 **7 a)** Reihenfolge der Graphen: $f''$ - $f$ - $f'$

Vervollständigte Graphen zu $f$: Vervollständigte Graphen zu $f''$:

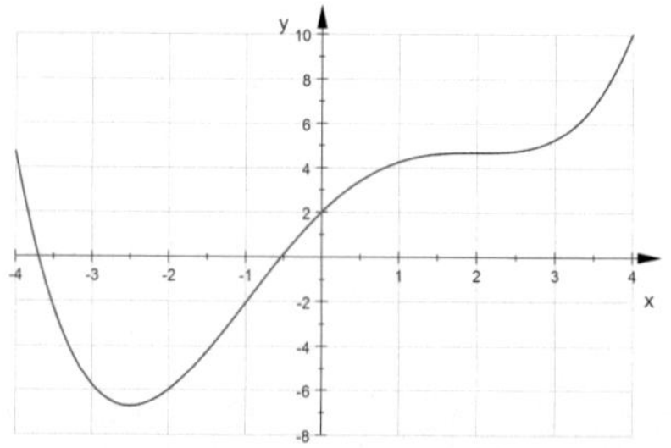

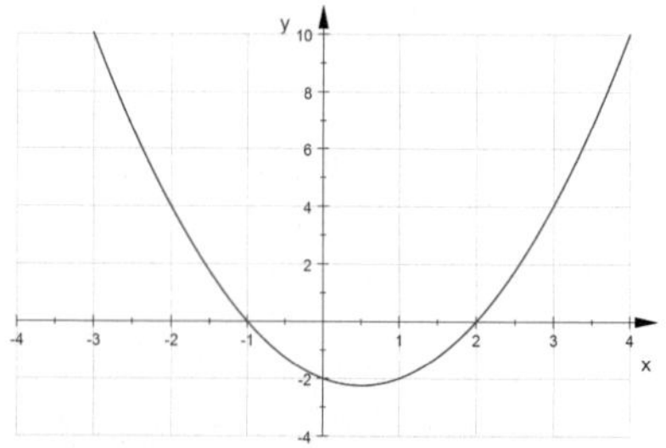

**b)** Reihenfolge der Graphen: $f'$ - $f''$ - $f$ 106

Vervollständigter Graph zu $f''$:

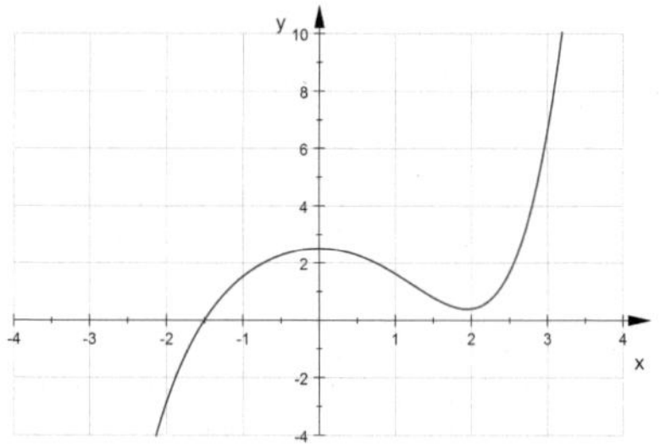

**8 a)** Graph von $f$: Graph von $f'$: Graph von $f''$:

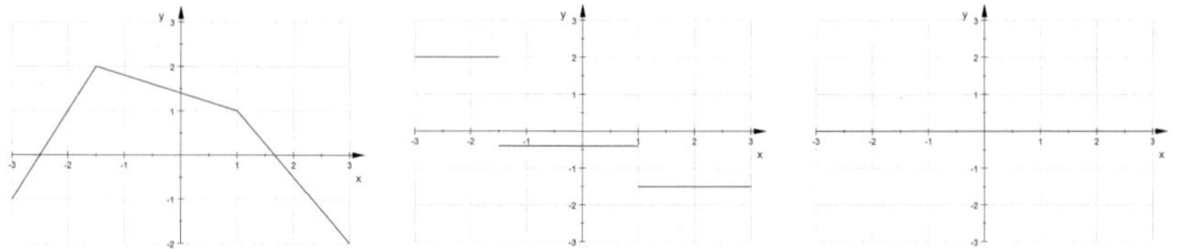

Graph von $f$: Graph von $f'$: Graph von $f''$:

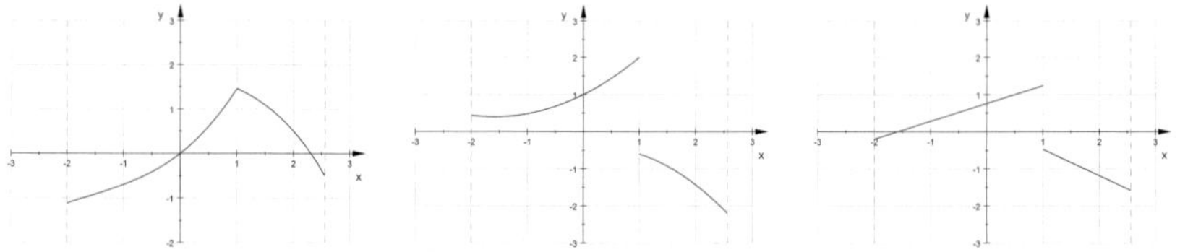

Graph von $f$: Graph von $f'$: Graph von $f''$:

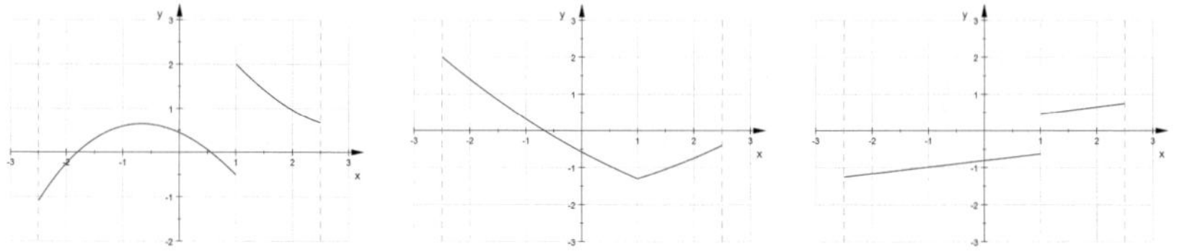

**b)** Individuelle Lösungen.

**9** (1) Eine Nullstelle mit Vorzeichenwechsel der Ableitungsfunktion ist eine Extremstelle der Funktion. Damit:
$a$ ist eine Wendestelle von $f$, wenn $f''(a) = 0$ mit Vorzeichenwechsel.

(2) Eine Nullstelle der Ableitungsfunktion, an der die zweite Ableitung nicht Null ist, ist eine Extremstelle der Funktion. Damit:
$a$ ist eine Wendestelle von $f$, wenn $f''(a) = 0$ und $f'''(a) \neq 0$.

Für $f(x) = x^4 + 4x^3 - 3x$:

(1) $f''(x) = 12x^2 + 24x = 12x(x+2)$ hat zwei einfache Nullstellen, also Nullstellen mit Vorzeichenwechsel, an den Stellen $x = 0$ und $x = -2$.
$\Rightarrow$ Wendestellen $x = 0$ und $x = -2$.

(2) $f''(x)$ hat die Nullstellen $x = 0$ und $x = -2$.
$f'''(x) = 24x + 24 \Rightarrow f'''(0) = 24 \neq 0$ und $f'''(-2) = -24 \neq 0$
$\Rightarrow$ Beide Nullstellen von $f''$ sind Wendestellen von $f$.

**10** $f_2(x) = x^2$:

$f_2''(x) = 2 \Rightarrow$ keine Nullstelle $\Rightarrow f_2$ hat keine Wendestelle.

$f_3(x) = x^3$:

$f_3''(x) = 6x$ hat eine einfache Nullstelle an der Stelle $x = 0$
$\Rightarrow$ Wendestelle.
$f_3'''(x) = 6 \Rightarrow f_3'''(0) \neq 0$

$f_4(x) = x^4$:

$f_4''(x) = 12x^2$ hat eine doppelte Nullstelle an der Stelle $x = 0$
$\Rightarrow$ keine Wendestelle.
$f_4'''(x) = 24x \Rightarrow f_4'''(0) = 0$.
Über diesen Fall wird im Kriterium nichts ausgesagt.

$f_5(x) = x^5$:

$f_5''(x) = 20x^3$ hat eine dreifache Nullstelle an der Stelle $x = 0$
$\Rightarrow$ Wendestelle.
$f_5'''(x) = 60x^2 \Rightarrow f_5'''(0) = 0$.

Die beiden Beispiele $f_4$ und $f_5$ zeigen, dass das Kriterium, das mit der zweiten und dritten Ableitung arbeitet, für den Fall $f''(a) = 0$ und $f'''(a) = 0$ keine Aussage ermöglicht – es ist also das weniger allgemeine.

**11 a)** Streng monoton steigend, linksgekrümmt:

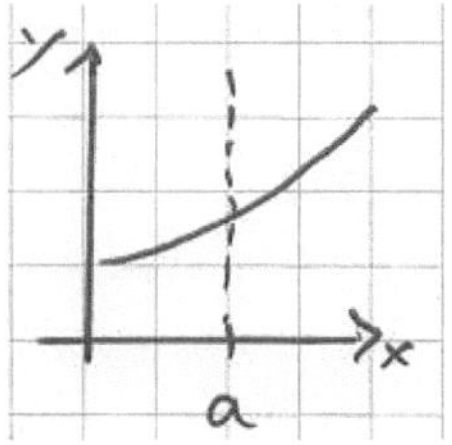


**b)** Streng monoton steigend, Krümmung Null: mehrere Möglichkeiten

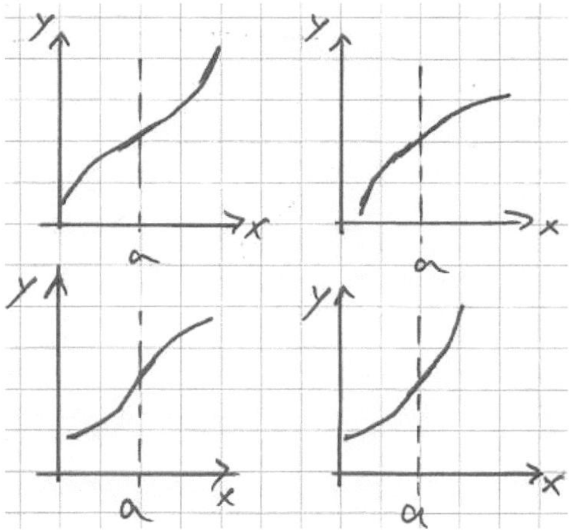

**c)** Streng monoton fallend, linksgekrümmt:

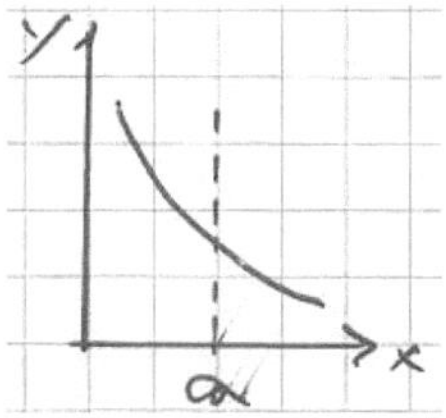

**d)** Streng monoton fallend, rechtsgekrümmt:

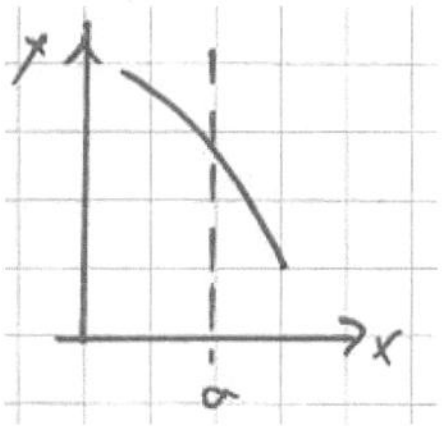

107 **e)** Waagerechte Tangente, linksgekrümmt: 107

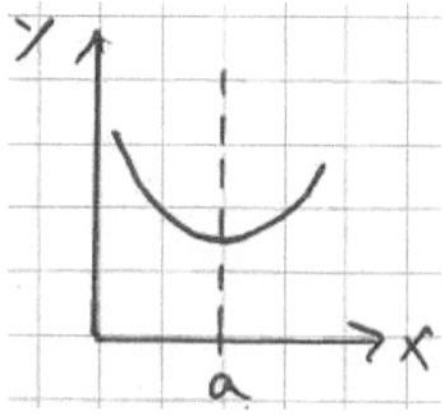


**f)** waagerechte Tangente, Krümmung Null:
mehrere Möglichkeiten

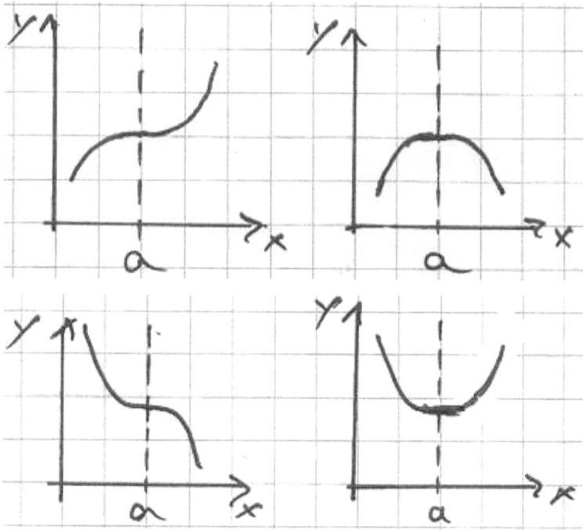


**12** Die zweimalige Differenzierbarkeit sowie die Stetigkeit der beiden Ableitungen wird bei den Lösungen implizit vorausgesetzt. Von diesen Annahmen abweichende Schülerlösungen würden eine beachtenswerte Leistung darstellen.

**a)** Die Aussage ist falsch. Gegenbeispiele sind z. B. Terassenpunkte.
Die umgekehrte Aussage ist wahr, an einer Extremstelle ist notwendigerweise $f'(a) = 0$.

**b)** Die Aussage ist wahr, an einer Extremstelle müsste $f'$ eine Nullstelle haben.
Die umgekehrte Aussage ist falsch: Auch die Ableitung einer Funktion ohne Extremstellen kann Nullstellen haben, z. B. bei Terrassenpunkten.

**c)** Die Aussage ist wahr, an einer Wendestelle ist notwendigerweise $f''(a) = 0$.
Die umgekehrte Aussage ist falsch: Nicht an jeder Nullstelle von $f''$ muss sich die Krümmungsrichtung ändern.
Gegenbeispiele: $f(x) = x^4$; $f(x) = x^6$; ... .

**d)** Die Aussage ist wahr, sie entspricht einem der Kriterien für das Vorliegen eines lokalen Minimums.
Die umgekehrte Aussage ist falsch.
Gegenbeispiele: $f(x) = x^4$; $f(x) = x^6$; ... haben im Ursprung ein lokales Minimum, aber $f''(0) = 0$.

**e)** Die Aussage ist wahr, sie entspricht einem der Kriterien für das Vorliegen einer Wendestelle.
Die umgekehrte Aussage ist falsch: An einer Wendestelle ist auch $f'''(a)$ möglich. Beispiele: $f(x) = x^5$; $f(x) = x^7$; ... .

**13 a)** $f(x) = 2x^2 - 5x + 4$
$f'(x) = 4x - 5$
$f''(x) = 4$
$f'''(x) = f^{(4)}(x) = f^{(5)}(x) = 0$

$g(x) = -x^4 + 5x^3 + x^2 + 6x - 1$
$g'(x) = -4x^3 + 15x^2 + 2x + 6$
$g''(x) = -12x^2 + 30x + 2$
$g'''(x) = -24x + 30$
$g^{(4)}(x) = -24$
$g^{(5)}(x) = 0$

$h(x) = x^5 + 2x^4 - 4x^2 + 2x - 3$
$h'(x) = 5x^4 + 8x^3 - 8x + 2$
$h''(x) = 20x^3 + 24x^2 - 8$
$h'''(x) = 60x^2 + 48x$
$h^{(4)}(x) = 120x + 48$
$h^{(5)}(x) = 120$

$k(x) = 2x^6 - 5x^5 + x^4 - 5x^2 + x$
$k'(x) = 12x^5 - 25x^4 + 4x^3 - 10x + 1$
$k''(x) = 60x^4 - 100x^3 + 12x^2 - 10$
$k'''(x) = 240x^3 - 300x^2 + 24x$
$k^{(4)}(x) = 720x^2 - 600x + 24$
$k^{(5)}(x) = 1440x - 600$

Der Grad ganzrationaler Funktionen nimmt bei jedem Ableiten um Eins ab. Das bedeutet, dass für eine ganzrationale Funktion vom Grad $n$ die $n$-te Ableitung eine Konstante wird, die $(n + 1)$-te Ableitung wird Null: Höhere Ableitungen ganzrationaler Funktionen werden schließlich Null.

107 $m(x) = \sin(2x)$
$m'(x) = 2\cos(2x)$
$m''(x) = -4\sin(2x)$
$m'''(x) = -8\cos(2x)$
$m^{(4)}(x) = 16\sin(2x)$
$m^{(5)}(x) = 32\cos(2x)$

Sieht man von dem konstanten Faktor, der durch Nachdifferenzieren auftritt, ab, so sieht man, das jeweils die vierte Ableitung der Sinus- und der Kosinusfunktion wieder zum Ausgangsterm führt.

$n(x) = e^{ax}$
$n'(x) = ae^{ax}$
$n''(x) = a^2e^{ax}$
$n'''(x) = a^3e^{ax}$
$n^{(4)}(x) = a^4e^{ax}$
$n^{(5)}(x) = a^5e^{ax}$

Jede Ableitung führt lediglich durch Nachdifferenzieren zu einem weiteren konstanten Faktor $a$.

**b)** $f(x) = 2x^3 - 5x^2 + 4x - 6$
$f'(x) = 6x^2 - 10x + 4$
$f''(x) = 12x - 10$
$f'''(x) = 12$
$f^{(4)}(x) = 0$

$f'(0) = 4 = a_1$
$f''(0) = -10 = -5 \cdot 2 = 2a_2$
$f'''(0) = 12 = 2 \cdot 3 \cdot 2 = 3 \cdot 2 \cdot a_3$

Beim Einsetzen von Null bleibt jeweils nur der Summand übrig, dessen Grad bei der jeweiligen Ableitung Null geworden ist.
Der Wert entspricht jeweils dem entsprechenden Koeffizienten, multipliziert mit ganzzahligen Faktoren, die durch das Ableiten entstehen.
Allgemein ist $f^{(n)}(0) = a_n \cdot n \cdot (n-1) \cdot (n-2) \cdot \ldots \cdot 2 \cdot 1 = a_n \cdot n!$
Umgekehrt kann damit der Term einer ganzrationalen Funktion vom Grad $n$ allein aus dem Funktionswert und den Werten der ersten $n$ Ableitungen an der Stelle $x = 0$ bestimmt werden.
Dies ist ein Spezialfall der so genannten Taylorentwicklung.

**Noch fit?** 107

**I a)** $\binom{10}{4} \cdot (\frac{1}{6})^4 \cdot (\frac{5}{6})^6$

Beispiel: Wahrscheinlichkeit dafür, bei 10 Würfen mit einem Laplace-Würfel genau vier Sechsen zu würfeln.

**b)** $\binom{30}{2} \cdot (\frac{1}{365})^2 \cdot (\frac{364}{365})^{28}$

Beispiel: Wahrscheinlichkeit dafür, dass von 30 Schülern (darunter keine Zwillinge) genau zwei am 7. Juli Geburtstag haben.

**II** $\binom{16}{0} \cdot 0{,}4^0 \cdot 0{,}6^{16} + \binom{16}{1} \cdot 0{,}4^1 \cdot 0{,}6^{15} \approx 2{,}82 \cdot 10^{-4} + 3{,}009 \cdot 10^{-3}$
$= 3{,}3 \cdot 10^{-3} = 0{,}33\%$.

**III** $1 - (0{,}97)^n \geq 0{,}95$
$\Leftrightarrow 0{,}97^n \leq 0{,}05$
$\Leftrightarrow n \cdot \ln 0{,}97 \leq \ln 0{,}05$
$\Leftrightarrow n \geq \frac{\ln 0{,}05}{\ln 0{,}97}$ (da $\ln 0{,}97 < 0$)
$\Leftrightarrow n \geq 99$.

## Anwenden

**14 a)** $f''(x) = -\sin x$ 108

$G_f$ linksgekrümmt in $[(2k-1)\pi; 2k\pi]$; $k \in \mathbb{Z}$,
rechtsgekrümmt in $[2k\pi; (2k+1)\pi]$; $k \in \mathbb{Z}$.

**b)** $f''(x) = \frac{2\sin x}{(\cos x)^3}$

$G_f$ linksgekrümmt in $[k\pi; k\pi + \frac{\pi}{2}]$; $k \in \mathbb{Z}$,
rechtsgekrümmt in $[k\pi - \frac{\pi}{2}; k\pi]$; $k \in \mathbb{Z}$.

**c)** $f''(x) = -\frac{1}{\sqrt{2x+1}^3}$

$G_f$ rechtsgekrümmt in ganz $D_f = ]-\frac{1}{2}; \infty[$.

**d)** $f''(x) = \frac{1}{(x^2+1)^{\frac{3}{2}}}$

$G_f$ linksgekrümmt in $\mathbb{R}$.

**e)** $f''(x) = (x^2 + 4x + 2)e^x$

$G_f$ linksgekrümmt in $]-\infty; -2-\sqrt{2}]$ und $[-2+\sqrt{2}; \infty[$, rechtsgekrümmt in $[-2-\sqrt{2}; -2+\sqrt{2}]$.

**f)** $f''(x) = 2(2x^2 - 1)e^{-x^2}$

$G_f$ linksgekrümmt in $]-\infty; -\frac{1}{2}\sqrt{2}]$ und $[\frac{1}{2}\sqrt{2}; \infty[$, rechtsgekrümmt in $[-\frac{1}{2}\sqrt{2}; \frac{1}{2}\sqrt{2}]$.

**15** Auch hier wird wieder von zweimal stetig differenzierbaren Funktionen ausgegeangen.

**a)** $f$ hat mindestens zwei Wendepunkte, einen für $x > 0$, einen für $x < 0$.

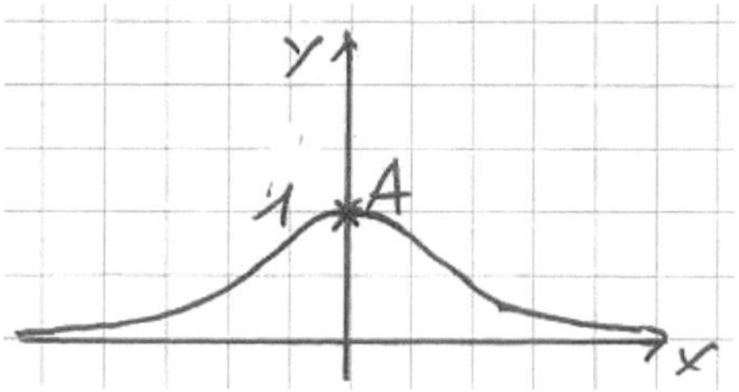


**b)** $G_f$ ist überall rechtsgekrümmt.

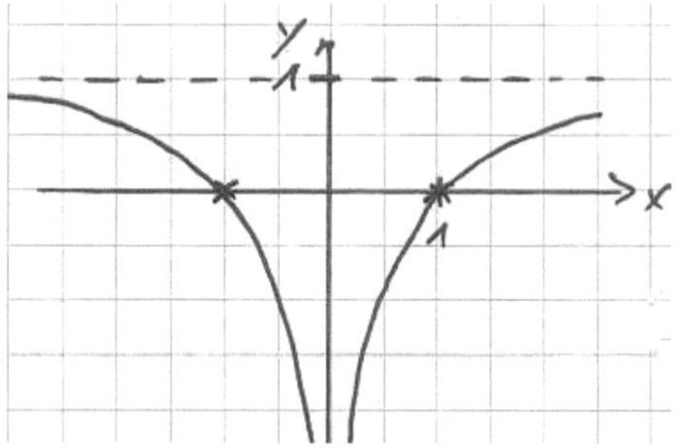


**c)** $f$ hat mindestens zwei Wendepunkte, einen für $x < -3$, einen für $x > 3$.

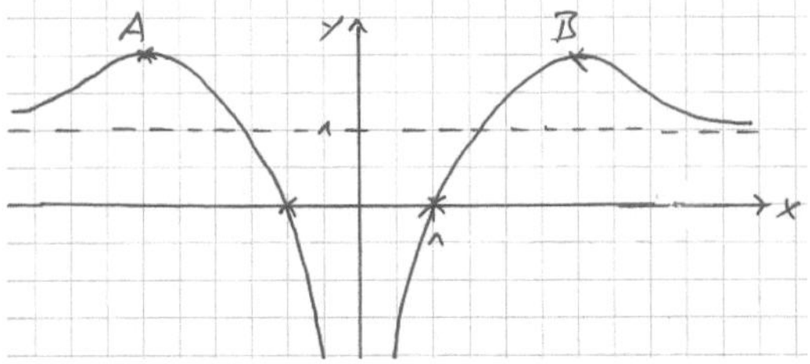


**d)** $f$ hat einen Wendepunkt im Intervall $]-1; 2[$. (Da $f''$ Grad 1 hat, ist das auch der einzige Wendepunkt.)

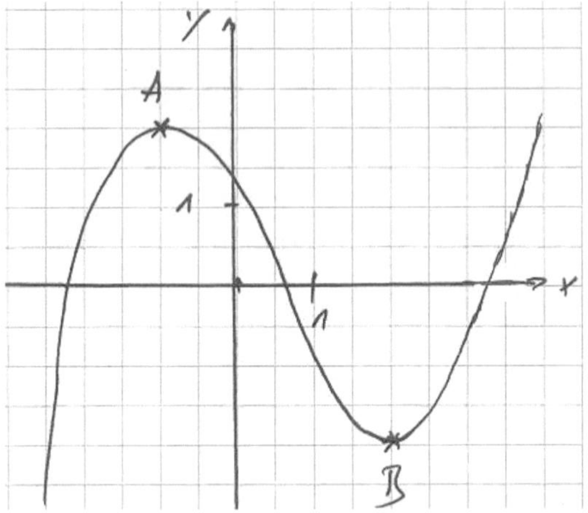


**e)** $f$ hat mindestens einen Wendepunkt für $x > 0$.

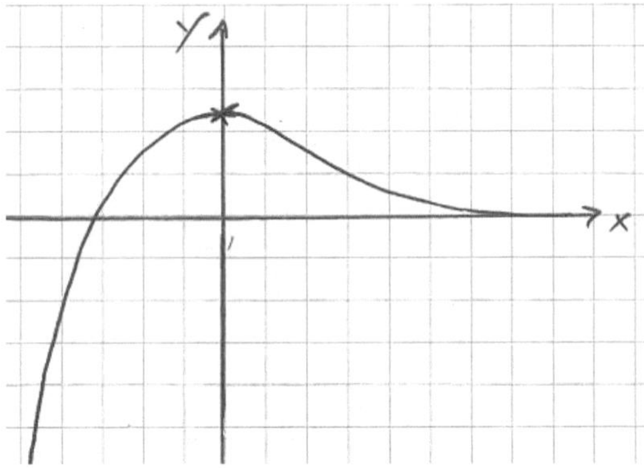

108 **f)** Diese Teilaufgabe hat zwei mögliche Lösungen:

$f$ hat einen Wendepunkt im Intervall $]-2;2[$.

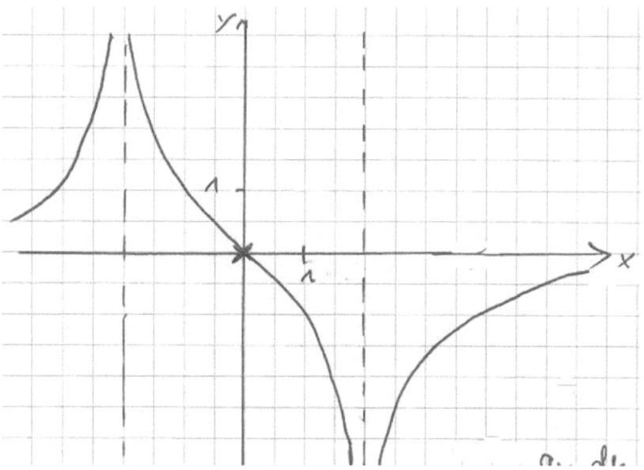


(oder an der $x$-Achse gespiegelt)

$G_f$ hat überall die gleiche Krümmung.

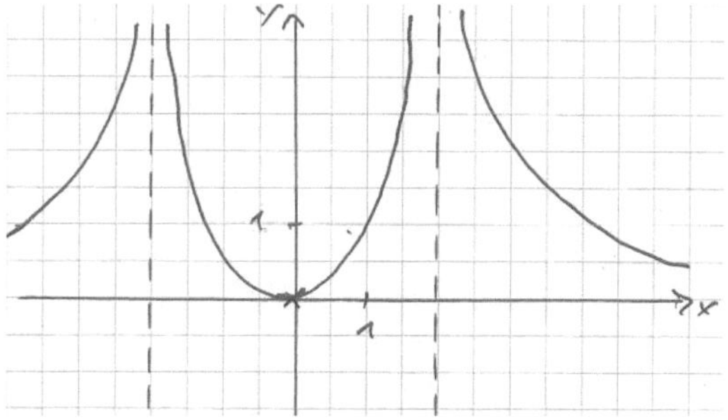


(oder an der $x$-Achse gespiegelt)

**16 a)** $\lim\limits_{x\to-\infty} f(x) = \lim\limits_{x\to\infty} f(x) = +\infty$

Nullstelle: $x = 0$

$f'(x) = 4x^3 + 12x^2 + 9x = x(2x+3)^2$

Terrassenpunkt $W_1(-\frac{3}{2}|\frac{27}{16})$

Tiefpunkt $T(0|0)$

$f''(x) = 12x^2 + 24x + 9 = 3(2x+3)(2x+1)$

Wendepunkt $W_2(-\frac{1}{2}|\frac{11}{16})$

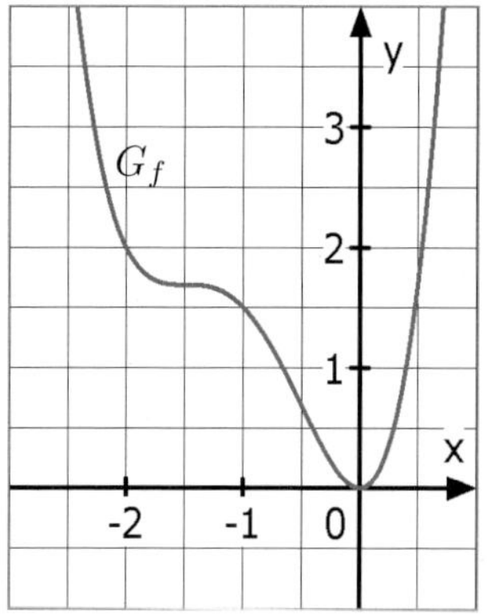


**b)** $\lim\limits_{x\to-\infty} f(x) = -\infty$;

$\lim\limits_{x\to\infty} f(x) = \infty$

Nullstellen:

$x = -1$; $x \approx -1{,}928$; $x \approx 0{,}775$

$f'(x) = 5x^4 + 8x^3 = x^3(5x+8)$:

Hochpunkt $H(-\frac{8}{5}|1{,}621)$

($y$-Koordinate: dezimale Näherung)

Tiefpunkt $T(0|-1)$

$f''(x) = 20x^3 + 24x^2 = 4x^2(5x+6)$

Wendepunkt $W(-\frac{6}{5}|0{,}659)$ ($y$-Koordinate: dezimale Näherung)

Nullstellen ohne Vorzeichenwechsel von $f''$ an der Stelle $x = 0$.

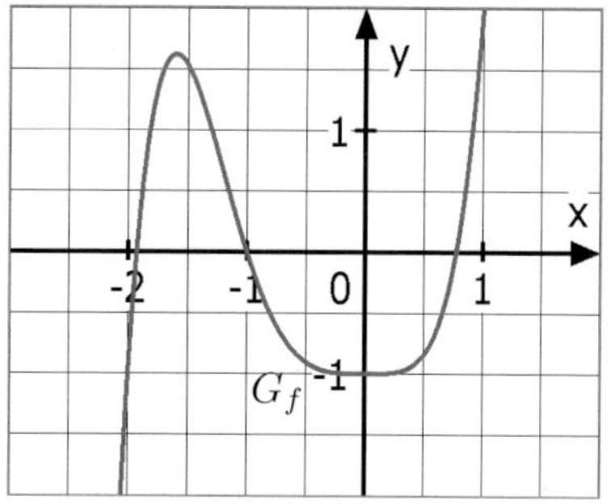


**c)** $\lim\limits_{x\to-\infty} f(x)$

$= \lim\limits_{x\to\infty} f(x) = 0$

Keine Nullstellen.

Achsensymmetrie von $G_f$ zur $y$-Achse.

$f'(x) = -\frac{4x^3}{(x^4+1)^2}$

Hochpunkt $H(0|1)$

$f''(x) = \frac{4x^2(5x^4-3)}{(x^4+1)^3}$

Wendepunkte $W_1(-\sqrt[4]{\frac{3}{5}}|\frac{5}{8})$, $W_2(\sqrt[4]{\frac{3}{5}}|\frac{5}{8})$

Nullstelle ohne Vorzeichenwechsel von $f''$ an der Stelle $x = 0$.

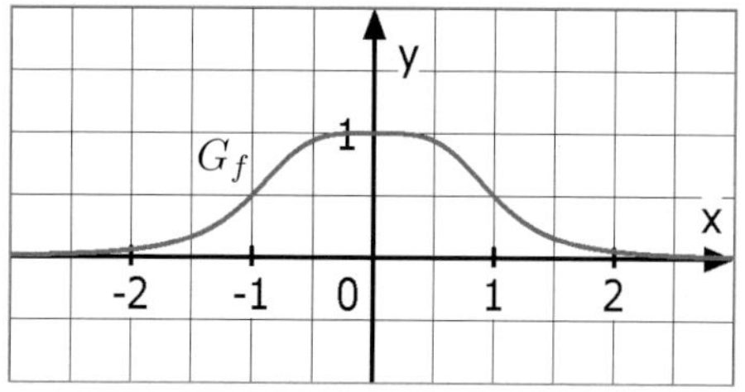


**d)** $\lim\limits_{x\to-\infty} f(x) = 0$; $\lim\limits_{x\to\infty} f(x) = \infty$

Nullstelle: $x = 0$

$f'(x) = (x+1)e^{x+2}$

Tiefpunkt $T(-1|-e)$

$f''(x) = (x+2)e^{x+2}$

Wendepunkt $W(-2|-2)$

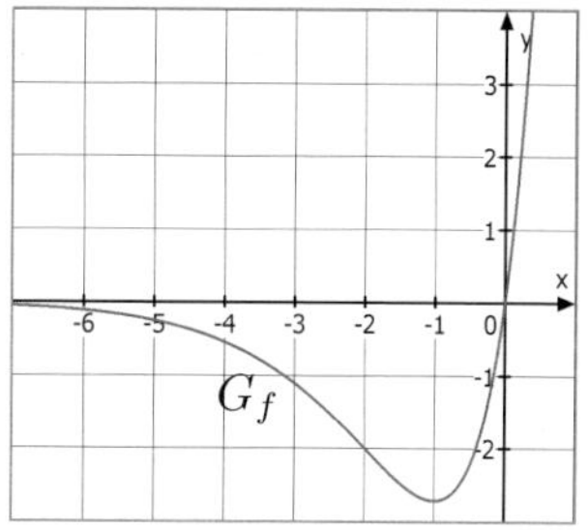


108

108

**e)** $D_f = \mathbb{R} \setminus \{0\}$

$\lim\limits_{x \to -\infty} f(x) = \lim\limits_{x \to \infty} f(x) = 1$;

$\lim\limits_{x \to 0^-} f(x) = 0$;

$\lim\limits_{x \to 0^+} f(x) = +\infty$

Keine Nullstellen.

$f'(x) = -\frac{1}{x^2} e^{\frac{1}{x}}$

Keine lokalen Extrema;

$\lim\limits_{x \to 0^-} f'(x) = 0$.

$f''(x) = \frac{2x+1}{x^4} e^{\frac{1}{x}}$;

Wendepunkt $W(-\frac{1}{2}|\frac{1}{e^2})$.

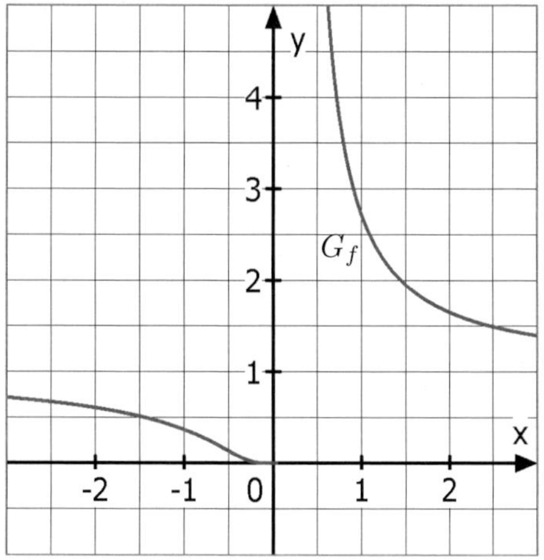


**f)** $D_f = \mathbb{R} \setminus \{0\}$,

Punktsymmetrie von $G_f$ zum Ursprung.

$\lim\limits_{x \to -\infty} f(x) = -\infty$

$\lim\limits_{x \to \infty} f(x) = \infty$

$\lim\limits_{x \to 0^-} f(x) = \lim\limits_{x \to 0^+} f(x) = 0$

Nullstellen: $x = -1$; $x = 1$.

$f'(x) = \ln(x^2) + 2$

Hochpunkt $H(-\frac{1}{e}|\frac{2}{e})$

Tiefpunkt $T(\frac{1}{e}| - \frac{2}{e})$

$\lim\limits_{x \to -\infty} f'(x)$

$= \lim\limits_{x \to \infty} f'(x) = -\infty$

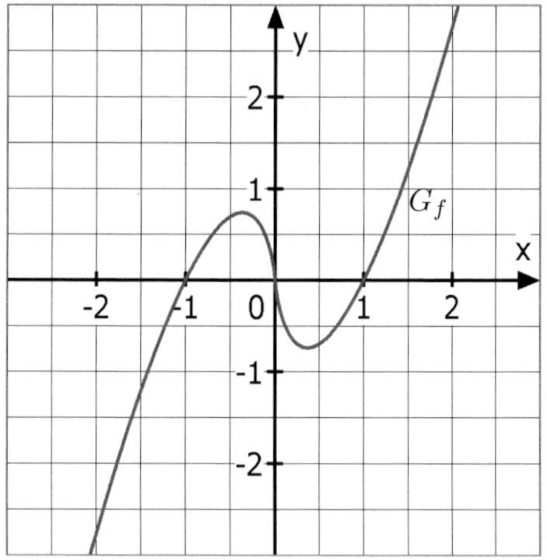


$f''(x) = \frac{2}{x}$; Krümmungsänderung an der Definitionslücke $x = 0$.

**17 a)** $f'(x) = x^2 - 4x - 21 = (x+3)(x-7)$ hat zwei Nullstellen mit Vorzeichenwechsel.

Alternativ: $f''(x) = 2x - 4$; $f''(-3) = -10$; $f''(7) = 10$.

Hochpunkt $H(-3|44)$; Tiefpunkt $T(7| - \frac{368}{3})$

**b)** $f'(x) = 36x^3 + 48x^2 + 16x = 4x(3x+2)^2$ hat eine Nullstelle mit Vorzeichenwechsel $- \to +$ an der Stelle $x = 0$ und eine Nullstelle ohne Vorzeichenwechsel an der Stelle $x = -\frac{2}{3}$.

Alternativ: $f''(x) = 108x^2 + 96x + 16$;
$f''(-\frac{2}{3}) = 0 \to$ keine Aussage möglich; $f''(0) = 16$.

Tiefpunkt $T(0| - 2)$; Terrassenpunkt $W(-\frac{2}{3}| - \frac{38}{27})$

**c)** $f'(x) = \frac{x(x+2)}{(x+1)^2}$ hat eine Nullstelle mit Vorzeichenwechsel $+ \to -$ an der Stelle $x = -2$ und eine Nullstelle mit Vorzeichenwechsel $- \to +$ an der Stelle $x = 0$.

Alternativ: $f''(x) = \frac{2}{(x+1)^3}$; $f''(-2) = -2$; $f''(0) = 2$.

Hochpunkt $H(-2| - 3)$; Tiefpunkt $T(0|1)$

Hier ist die Untersuchung der Vorzeichen von $f'$ leichter als die aufwändige Berechnung von $f''$, weil sich der Term $f'(x)$ leicht faktorisieren lässt.

**d)** $f'(x) = \frac{2x+1}{2\sqrt{x^2+x+1}}$ hat eine Nullstelle mit Vorzeichenwechsel $- \to +$ an der Stelle $x = -\frac{1}{2}$.

Alternativ: $f''(x) = \frac{3}{4\sqrt{x^2+x+1}^3}$; $f''(-\frac{1}{2}) = \frac{2}{3}\sqrt{3}$.

Tiefpunkt $T(-\frac{1}{2}|\sqrt{3})$

Hier ist die Untersuchung der Vorzeichen von $f'$ leichter als die aufwändige Berechnung von $f''$.

**e)** $f'(x) = \frac{2x^3}{x^2+1}$ hat eine Nullstelle mit Vorzeichenwechsel $- \to +$ an der Stelle $x = 0$.

Alternativ: $f''(x) = \frac{2x^2(x^2+3)}{(x^2+1)^2}$; $f''(0) = 0 \to$ keine Aussage möglich.

Tiefpunkt $T(0|0)$

**f)** $f'(x) = \frac{2x(x-1)(x+1)}{x^2+1}$ hat eine Nullstelle mit Vorzeichenwechsel $- \to +$ an der Stelle $x = -1$, eine Nullstelle mit Vorzeichenwechsel $+ \to -$ an der Stelle $x = 0$ und eine Nullstelle mit Vorzeichenwechsel $- \to +$ an der Stelle $x = 1$.

Alternativ: $f''(x) = \frac{2x^4+8x^2-2}{(x^2+1)^2}$; $f''(-1) = 2$; $f''(0) = -2$; $f''(1) = 2$.

108

108 Tiefpunkte $T_1(-1|1-2\ln 2)$ und $T_2(1|1-2\ln 2)$; Hochpunkt $H(0|0)$

Hier ist die Untersuchung von $f'$ leichter als die aufwändige Berechnung von $f''$, weil sich der Term $f'(x)$ leicht faktorisieren lässt.

Zusatz: Die Methode der Untersuchung des Vorzeichens von $f''(x)$ ist insbesondere dann die sinnvollere, wenn der Term $f'(x)$ nicht faktorisiert werden kann (Beispiel: $f(x) = 2\sqrt{x^2+1}-1$). Allerdings ist in solchen Fällen in der Regel auch $f''(x)$ nicht leicht zu berechnen.

**18 a)** und **b)** Die Fragestellung lässt offen, ob der Graph für die Lebenshaltungskosten („Verbraucherpreise“) oder die Änderungsrate („Inflationsrate“) gezeichnet werden soll.
Interpretationsfehler: Auch bei fallender (aber positiver) Inflationsrate nehmen die Lebenshaltungskosten jedes Jahr zu.

**c)** Sowohl hinsichtlich des zu skizzierenden Graphen als auch hinsichtlich der Aussage selbst ist nicht klar, ob auf z. B. monatliche Verkaufszahlen Bezug genommen wird oder ob mit „Verkaufszahlen“ die insgesamt verkaufte Anzahl gemeint ist.

**19** Graph zu $x(t)$:

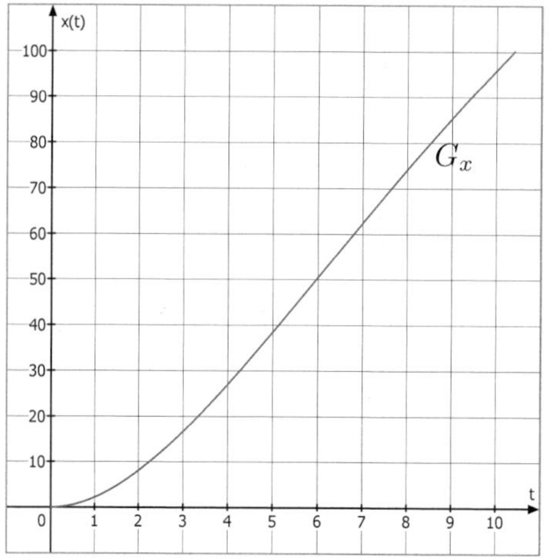


Zeit-Geschwindigkeit-Funktion:

$v(t) = x'(t) = 0{,}0224t^3 - 0{,}6t^2 + 4{,}8t$

108

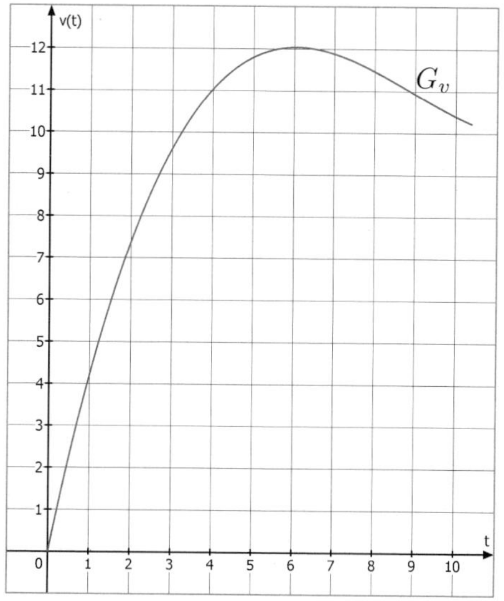


Änderungsrate der Geschwindigkeit (= Beschleunigung):

$a(t) = v'(t) = 0{,}0672x^2 - 1{,}2x + 4{,}8$

Bestimmung des Maximums dieser Änderungsrate:

$a'(t) = 0{,}1344t - 1{,}2 = 0 \Leftrightarrow t \approx 8{,}93$, Nullstelle mit Vorzeichenwechsel $- \to +$, also lokales Minimum von $a(t)$.
Maximale positive Änderungsrate: Zu Beginn des Laufs ($t = 0$).

Bei allen Berechnungen muss beachtet werden, dass wegen $x \in [0; 100]$ auch der Definitionsbereich für $v$ und $a$ eingeschränkt ist auf $[0; 10{,}39]$.

Zeit-Kraft-Diagramm:

Wegen $F = m \cdot a$ ist die Kraft direkt proportional zur Beschleunigung, die Form des Zeit-Kraft-Graphen also gleich der des Graphen zu $a(t)$.

108 Qualitatives Zeit-Kraft-Diagramm:

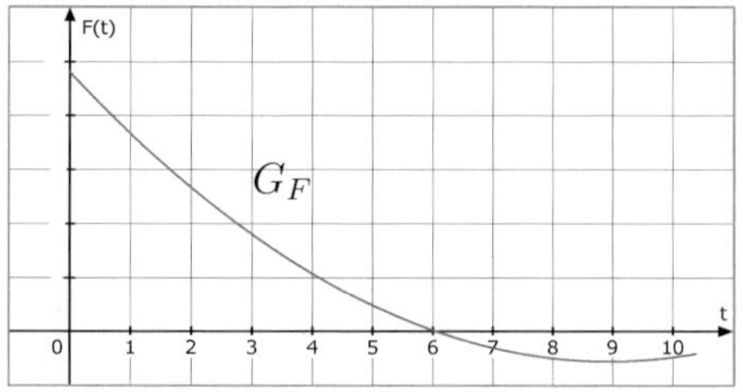


Erläuterung: Zu Beginn des Laufs ist die insgesamt wirkende Kraft am größten. Mit der Zeit nimmt sie aufgrund von zunehmendem Luftwiderstand und Ermüdung des Läufers ab, bis schließlich der Luftwiderstand überwiegt und die Geschwindigkeit dadurch leicht abnimmt, ehe der Läufer das Ziel erreicht.

109 **20 a)** und **b)** Von einer $k$-fachen Nullstelle $a$ spricht man, wenn man den Linearfaktor $(x-a)$ genau $k$-mal vom Funktionsterm abspalten kann, also wenn gilt $f(x) = (x-a)^k \cdot r(x)$, wobei $r(a) \neq 0$.
Da sich bei stetigen Funktionen das Vorzeichen der Funktionswerte nur an einer Nullstelle ändern kann, bestimmt der Faktor $(x-a)^k$ das Vorzeichen der Funktion in der Umgebung von $a$: Ist die Vielfachheit $k$ der Nullstelle ungerade, so ändert der Term $(x-a)^k$ an der Stelle $a$ sein Vorzeichen, also auch die Funktion $f$. An einer Nullstelle mit gerader Vielfachheit ändert sich das Vorzeichen der Funktion dagegen nicht.

**c)** Mit $f(x) = (x-a)^k \cdot r(x)$ ist

$$f'(x) = k \cdot (x-a)^{k-1} \cdot r(x) + (x-a)^k \cdot r'(x)$$
$$= (x-a)^{k-1} \cdot [k \cdot r(x) + (x-a) \cdot r'(x)].$$

Für $x = a$ ist im zweiten Faktor der zweite Summand Null, der erste wegen $r(a) \neq 0$ nicht. Damit ist der zweite Faktor ungleich Null, $a$ also eine $(k-1)$-fache Nullstelle von $f'$.

**d)** Aus dem Vorliegen einer Nullstelle (beliebiger Vielfachheit) von $f'$ lässt sich keine Aussage über Nullstellen einer zugehörigen Funktion $f$ treffen, da diese Funktion $f$ nur bis auf eine additive Konstante durch ihre Ableitungsfunktion $f'$ festgelegt ist.
Lediglich Negativaussagen wie etwa „Hat $f'$ bei $a$ keine Nullstelle, so kann $f$ bei $a$ keine doppelte Nullstelle haben“, können getroffen werden.

**e)** Aufgrund des Grades der Terme kann eine ganzrationale Funktion vom Grad $n$ höchstens $n$ Nullstellen, $(n-1)$ Extremstellen und $(n-2)$ Wendestellen haben. 109
Hat $f$ an der Stelle $a$ eine $k$-fache Nullstelle, so hat (für $k \geq 2$) $f'$ dort eine $(k-1)$-fache Nullstelle, $f''$ (für $k \geq 3$) eine $(k-2)$-fache Nullstelle.
Hat $f'$ an der Stelle $a$ eine $k$-fache Nullstelle, so hat $f''$ dort (für $k \geq 2$) eine $(k-1)$-fache Nullstelle.

Konkrete Beispiele:

| Vielfachheit der Nullstelle $a$ | | | Beispiele von Graphen |
|---|---|---|---|
| von $f$ | von $f'$ | von $f''$ | |
| 2<br>Nullstelle ohne Vorzeichenwechsel | 1<br>Extremstelle | | 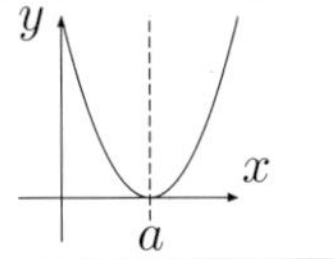 |
| 3<br>Nullstelle mit Vorzeichenwechsel | 2<br>Terrassenpunkt | 1<br>Krümmungsänderung | 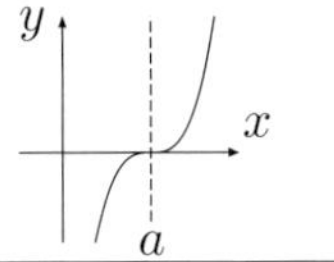 |
| 4<br>Nullstelle ohne Vorzeichenwechsel | 3<br>Extremstelle | 2<br>Krümmung 0 an der Stelle $a$; keine Änderung der Krümmungsrichtung an der Stelle $a$. | 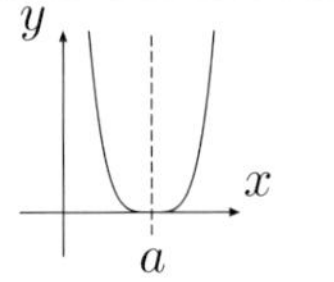 |
| keine Nullstelle | 2<br>Terrassenpunkt | 1<br>Krümmungsänderung | 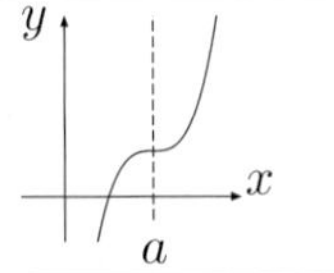 |
| keine Nullstelle | 3<br>Extremstelle | 2<br>Krümmung 0 an der Stelle $a$; keine Änderung der Krümmungsrichtung an der Stelle $a$. | 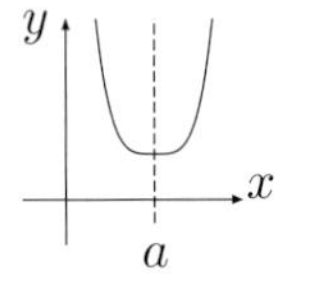 |

109 **21 a)** $F(2) = 1 \cdot 0{,}5 = 0{,}5$

$G(2) = -\frac{1}{2} \cdot 0{,}5 \cdot 0{,}5 + \frac{1}{2} \cdot 1 \cdot 1 = 0{,}375$

**b)** Graph zu $F$:

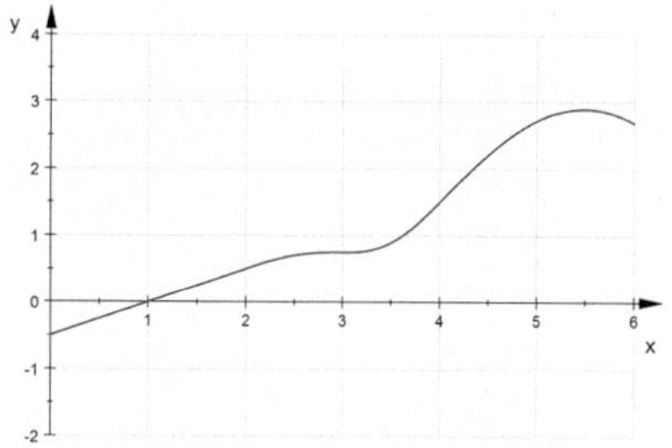

Graph zu $G$:

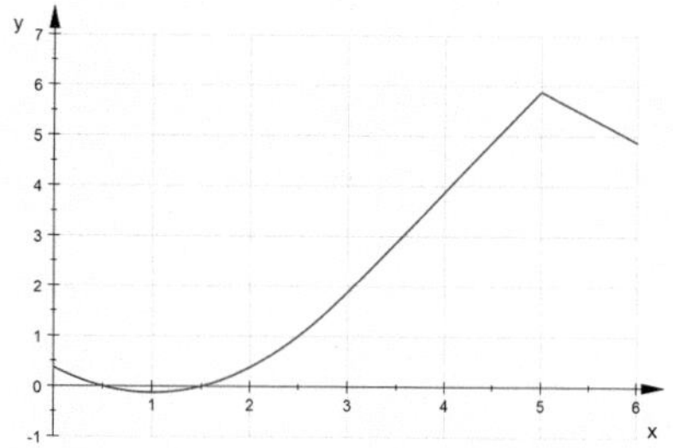

**c)** Graph zu $f'$:

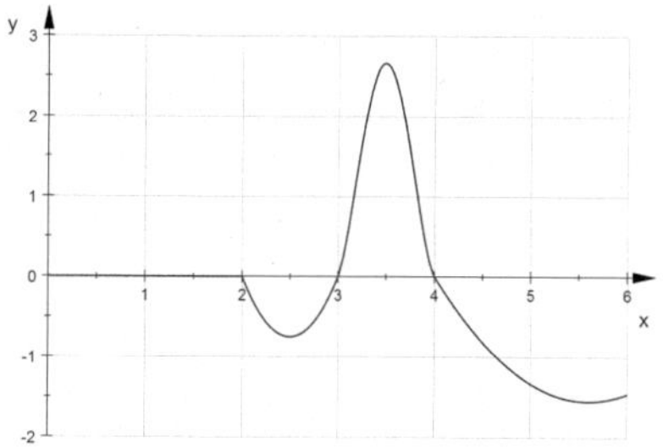

Graph zu $g'$:

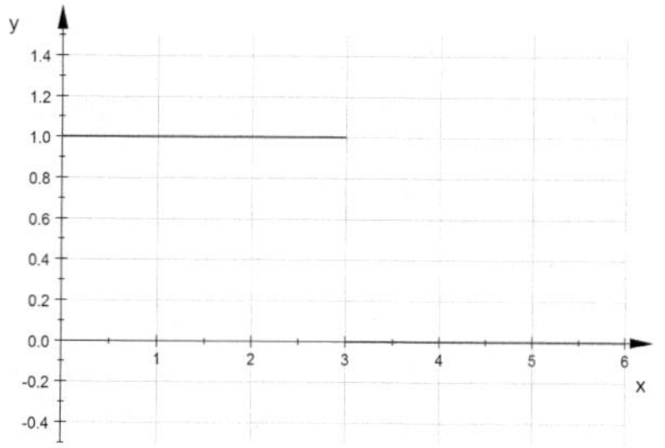

Zusammenhänge: Vgl. Schülerbuch Seite 102 f..

**22 a)** $F(2) = \frac{1}{2} \cdot (0{,}5 + 2) \cdot 3 = 3{,}75$;
$F(-5) \approx 1$; $F(5) \approx 9{,}5$;
jeweils z. B. durch „Kästchen zählen“.

Lokales Minimum an der Stelle $x = -2$;
Wendestelle $x = 3{,}5$;
lokales Maximum an der Stelle $x = 7$;
konstante Steigung für $x \leq -3{,}5$;
Krümmung Null bei $x = 5$.

Skizze von $G_F$: 109

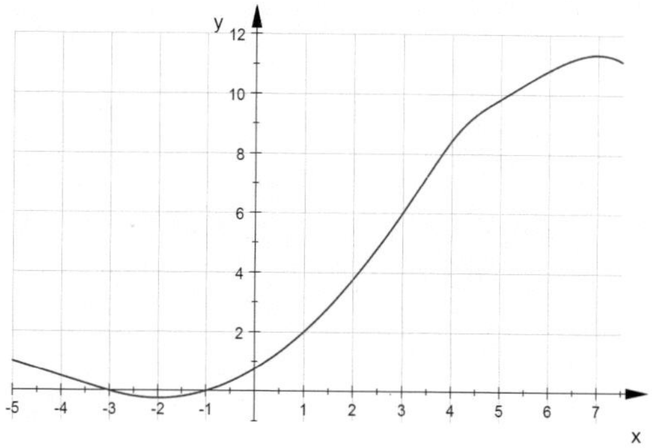

**b)** Mögliche untere Grenzen: Nullstellen $x = 2$; $x = 7$.

$f(x) = 0$ für $x \leq -3{,}5$;
$f(x)$ ist konstant im Intervall $[-2; 2]$;
$f(x) = 0$ für $x = 3{,}5$ und $x = 5$;
lokales Minimum etwa bei $x = 4{,}2$.

Skizze von $G_f$:

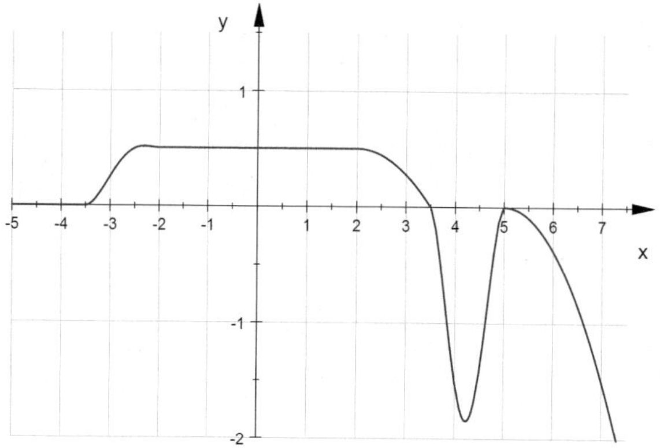

**23 a)** $F(-2) = 0$ 110
Konstante Steigung $-1{,}5$ im Intervall $[-2{,}5; 0]$.
Rechtskrümmung für $x \leq -2{,}5$.
Lokales Minimum an der Stelle $x = -4{,}5$.
Linkskrümmung im Intervall $[0; 4]$.

110 Lokales Minimum an der Stelle $x = 2{,}5$.
Wendestelle $x = 4$.
Rechtskrümmung für $x \geq 4$.
Annäherung der Steigung an den Wert 0 für große Werte von $x$.

Skizze von $G_F$:

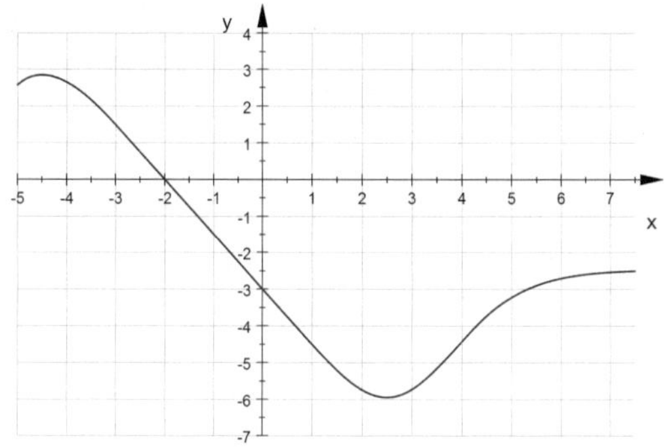


**b)** Eine Änderung der unteren Integrationsgrenze bewirkt eine Verschiebung von $G_F$ in Richtung der $y$-Achse:

$$\int_a^x f(t)\,dt = \int_a^{-2} f(t)\,dt + \int_{-2}^x f(t)\,dt$$

**c)** Skizze von $G'_f$:

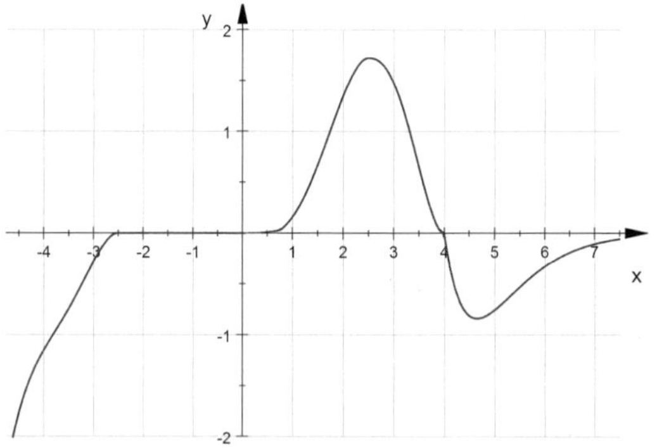


Zusammenhänge: Vgl. Schülerbuch Seite 102 f..

**24 a)** Skizze des Graphen von $a$: 110

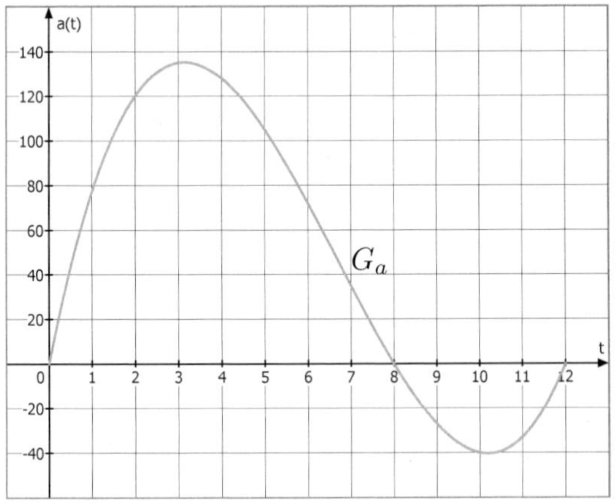


**b)** Wenn man eine konstante Anlieferungsrate (gelieferte Menge pro Tag oder Woche) annimmt, muss es sich um einen Saisonartikel handeln: Im Frühling (genau: etwa März und April) verkauft er sich am schlechtesten, deswegen nimmt der Lagerbestand am schnellsten zu. Ab September wird mehr verkauft als geliefert wird, der Bestand nimmt ab. Am meisten wird Anfang November verkauft.

**c)** Für den Bestand $B(t)$ gilt $B(t) = B(0) + \int_0^t a(r)\,dr$; $a(t) = B'(t)$.

$B$ ist maximal, wenn sich das Vorzeichen von $a$ von + nach − ändert, hier für $t = 8$.

Extrema der Änderungsrate $a(t)$:

$a'(t) = 3t^2 - 40t + 96$;

Nulstellen von $a'(t)$:
$t = \frac{20-4\sqrt{7}}{3} \approx 3{,}14$ mit Vorzeichenwechsel $+ \to - \Rightarrow$ lokales Maximum,
$t = \frac{20+4\sqrt{7}}{3} \approx 10{,}19$ mit Vorzeichenwechsel $- \to + \Rightarrow$ lokales Minimum.

**d)** $\triangle B = \int_0^{12} a(t)\,dt = 576$

**e)** $B_{\max} = B(0) + \int_0^8 a(t)\,dt = 150 + 682\frac{2}{3} \approx 833$

**f)** Skizze:

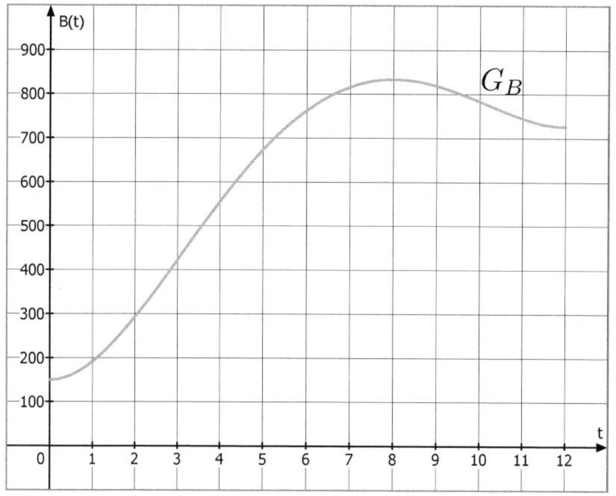


**25 a)** Die Aussage ist richtig, sie ergibt sich aus der Anwendung des Hauptsatzes der Differential- und Intergralrechnung.

**b)** Die Aussage ist falsch.

Eines der geläufigsten Gegenbeispiele:
Für $f(x) = \frac{1}{x}$ ist $\lim\limits_{x \to \infty} = 0$. Alle Integralfunktionen von $f$ sind für $x > 0$ von der Form $F(x) = \ln x + c$, damit ist $\lim\limits_{x \to \infty} F(x) = \infty$.

## Vernetzen

**26** Auch bei dieser Aufgabe wird von zweimal stetig differenzierbaren Funktionen ausgegangen.

**a)** Mögliche Lösung: $f''(x) = -x + 2$

$\Rightarrow f'(x) = -\frac{1}{2}x^2 + 2x + a$

$\Rightarrow f(x) = -\frac{1}{6}x^3 + x^2 + ax + b$ mit $a,b \in \mathbb{R}$

**b)** Mögliche Lösung: $f''(x) = -x^2 + 1$

$\Rightarrow f'(x) = -\frac{1}{3}x^3 + x + a$

$\Rightarrow f(x) = -\frac{1}{12}x^4 + \frac{1}{2}x^2 + ax + b$ mit $a,b \in \mathbb{R}$

**c)** Mögliche Lösung: $f''(x) = x(x-2)$

$\Rightarrow f'(x) = \frac{1}{3}x^3 - x^2 + a$; für $a = \frac{4}{3}$ ist $f'(2) = 0$

$\Rightarrow f(x) = \frac{1}{12}x^4 - \frac{1}{3}x^3 + \frac{4}{3}x + b$ mit $b \in \mathbb{R}$

110

**d)** Nicht möglich: $x = 3$ ist eine Wendestelle. Ist zusätzlich $f'(3) = 0$, dann liegt ein Terrassenpunkt vor, kein Extrempunkt.

Bei den Teilaufgaben a) bis c) ist jeweils auch $c \cdot f(x)$ mit $c \in \mathbb{R}^+$ eine mögliche Lösung.

**27 a)** $x - \frac{x}{x^2+1} = \frac{x(x^2+1)}{x^2+1} - \frac{x}{x^2+1} = \frac{x^3+x-x}{x^2+1} = \frac{x^3}{x^2+1} = f(x)$

**b)** $D_f = \mathbb{R}$

Symmetrie:
$f(-x) = \frac{-x^3}{x^2+1} = -f(x)$
$\Rightarrow$ Punktsymmetrie zum Ursprung.

Nullstelle:
$x = 0$ (mit Vorzeichenwechsel $- \to +$).

Asymptoten:
Für $x \to \pm\infty$ geht $\frac{x}{x^2+1}$ gegen Null.
Mit $f(x) = x - \frac{x}{x^2+1}$ ist also die Gerade $y = x$ eine schräge Asymptote.
$f$ hat keine Polstellen, also keine senkrechten Asymptoten.

Steigungsverhalten:
$f'(x) = \frac{x^2(x^2+3)}{(x^2+1)^2}$
Nullstellen von $f'$: Nur $x = 0$ ohne Vorzeichenwechsel:
$f'(x) \geq 0$ für alle $x \in \mathbb{R}$
$\Rightarrow G_f$ ist streng monoton steigend, mit einem Terrassenpunkt $W(0|0)$.

**110** **c)** Mit den Ergebnissen aus Teilaufgabe b) lässt sich $G_f$ skizzieren:

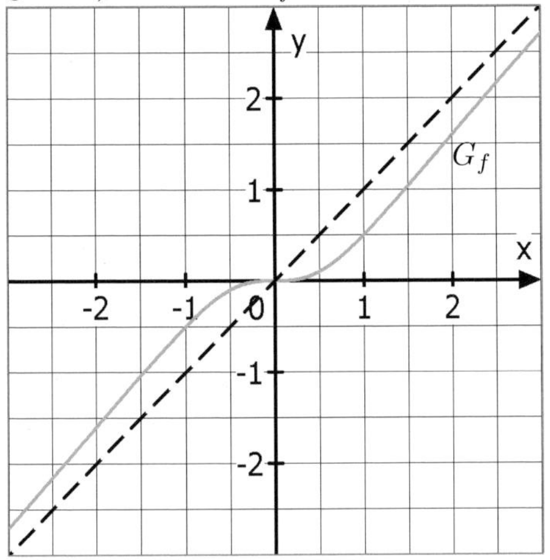


Neben dem schon identifizierten Terrassenpunkt muss es wegen der Annäherung an die schräge Asymptote noch mindestens zwei Wendepunkte geben, einen $x < 0$ und einen für $x > 0$.

**d)** $f''(x) = \frac{-2x(x^2-3)}{(x^2+1)^3}$:

Der Nenner ist immer positiv, der Zähler hat drei einfache Nullstellen, also Nullstellen mit Vorzeichenwechsel, an den Stellen $x = -\sqrt{3}$, $x = 0$ und $x = \sqrt{3}$. Also hat $f$ diese drei Wendestellen.

**111** **28 a)** $F(0) = 0$.
Für $x \geq 0$:
$F'(x) < 0$ im Intervall $[0; \sqrt{2}[$;
$F'(x) > 0$ im Intervall $]\sqrt{2}; \infty[$;
$F'(x) \to 0$ für $x \to \infty$;
Wendestelle von $F$: $x = 1 + \sqrt{3} \approx 2{,}73$.

Graph von $f$:

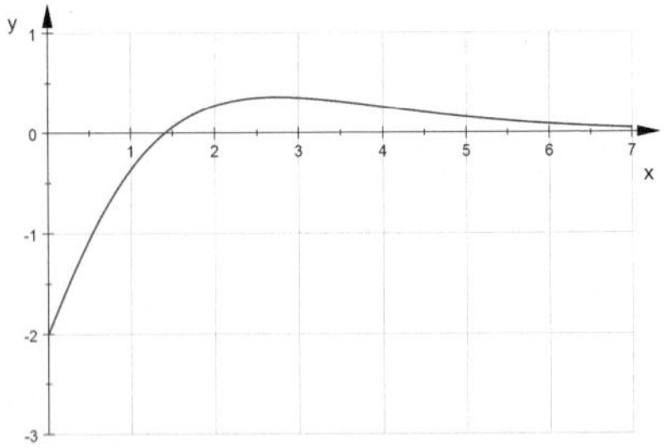

Graph von $F$:

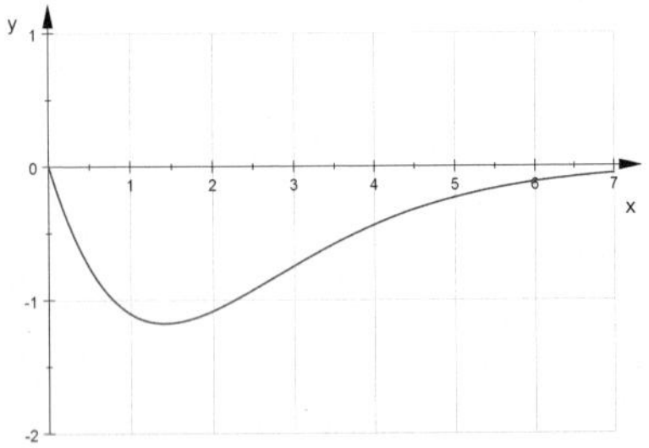

**b)** $F(0) = 0$.
Für $x \in [0; 2\pi]$:
$F'(x) < 0$ in $]\frac{\pi}{2}; 2[$ und in $]4; \frac{3}{2}\pi[$;
$F'(x) > 0$ in $[0; \frac{\pi}{2}[$, in $]2; 4[$ und in $]\frac{3}{2}\pi; 2\pi]$;
Wendestellen von $F$: $x \approx 1{,}77$; $x \approx 3{,}05$ und $x \approx 4{,}39$.

Graph von $f$:

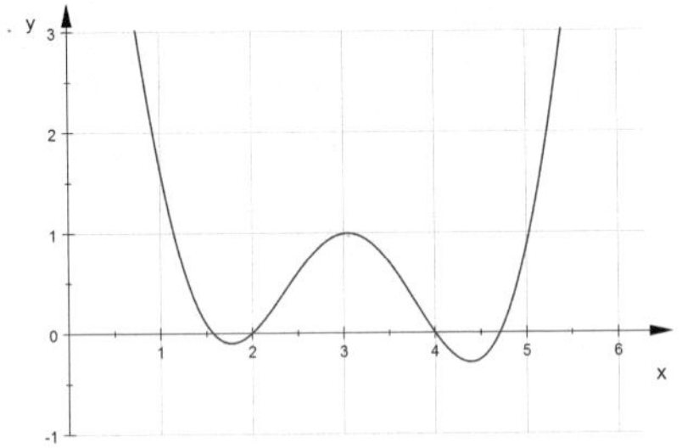

Graph von $F$:

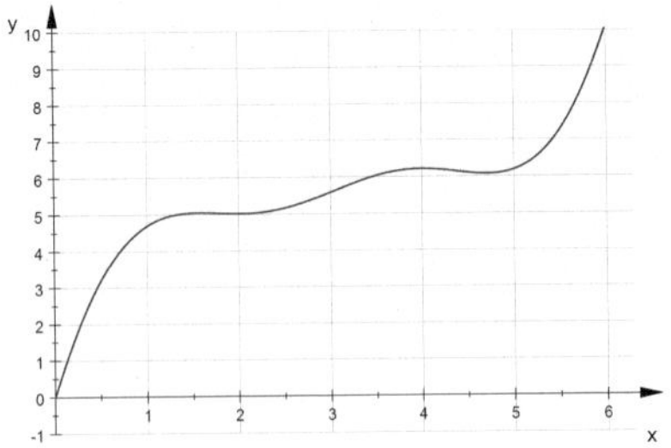

**c)** $F(0) = 0$.
Für $x \in [0; 7]$:
$F'(x) < 0$ im Intervall $]\pi; 2\pi[$;
$F'(x) > 0$ in $]0; \pi[$, und in $]2\pi; 7[$;
Wendestellen von $F$: $x = \frac{3}{4}\pi \approx 2{,}36$ und $x = \frac{7}{4}\pi \approx 5{,}50$.

Graph von $f$:

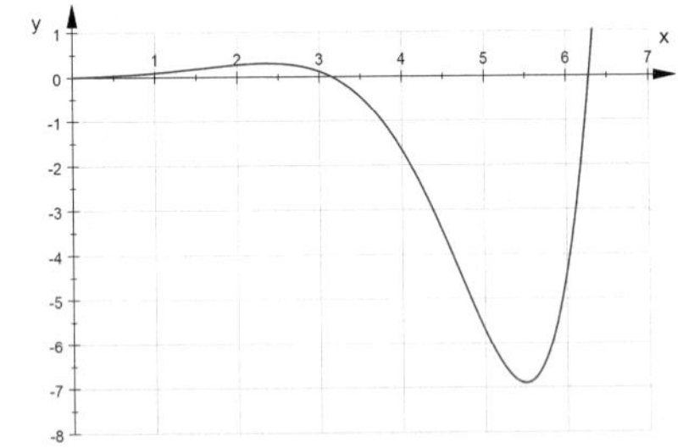

Graph von $F$:

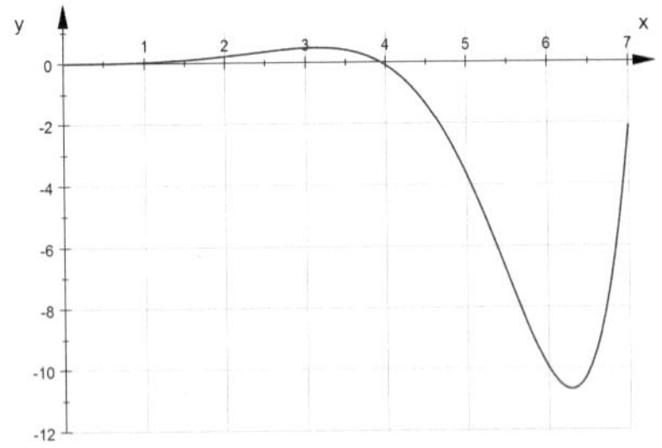

**d)** $F(0) = 0$.
Für $x \in [-2\pi; 2\pi]$:
$G_f$ ist achsensymmetrisch zur $y$-Achse; mit $F(0) = 0$ folgt daraus Punktsymmetrie von $G_F$ zum Ursprung.
Ergebnisse für $x \in [0; 2\pi]$:
$F'(x) > 0$ im Intervall $[0; \sqrt{\pi}[$, darauf folgen die Nullstellen mit Vorzeichenwechsel $x = \sqrt{\pi} \approx 1{,}77$; $x = \sqrt{3\pi} \approx 3{,}07$; $x = \sqrt{5\pi} \approx 3{,}96$;

111 $x = \sqrt{7\pi} \approx 4{,}69$; $x = \sqrt{9\pi} \approx 5{,}32$ und $x = \sqrt{11\pi} \approx 5{,}88$.
Wendestellen von $F$:
$x = 0$; $x = \sqrt{2\pi} \approx 2{,}51$; $x = \sqrt{4\pi} \approx 3{,}54$; $x = \sqrt{6\pi} \approx 4{,}34$; $x = \sqrt{8\pi} \approx 5{,}01$; $x = \sqrt{10\pi} \approx 5{,}60$ und $x = \sqrt{12\pi} \approx 6{,}14$.

Graph von $f$:

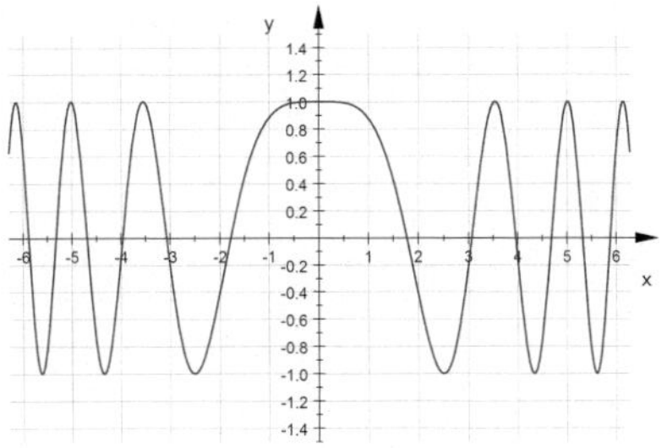

Graph von $F$:

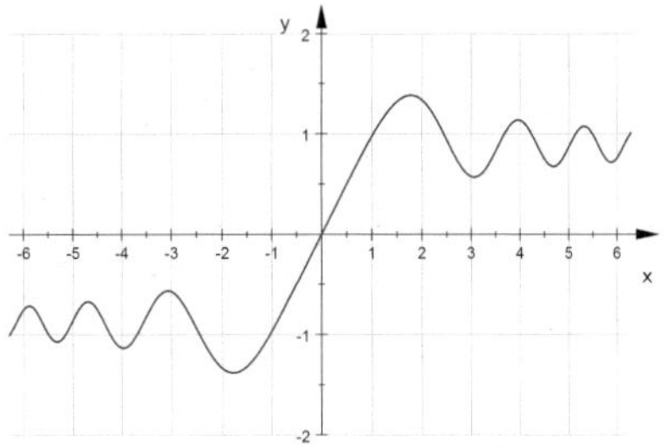

**e)** $F(0) = 0$.
Für $x \in ]-1; \infty[$:
$F'(x) < 0$ im Intervall $]-1; 0[$;
$F'(x) > 0$ in $\mathbb{R}^+$;
$\lim\limits_{x \to \infty} F'(x) = 0$; $\lim\limits_{x \to -1^+} F'(x) = -\infty$;
Wendestelle von $F$: $x = e - 1$.

Graph von $f$:

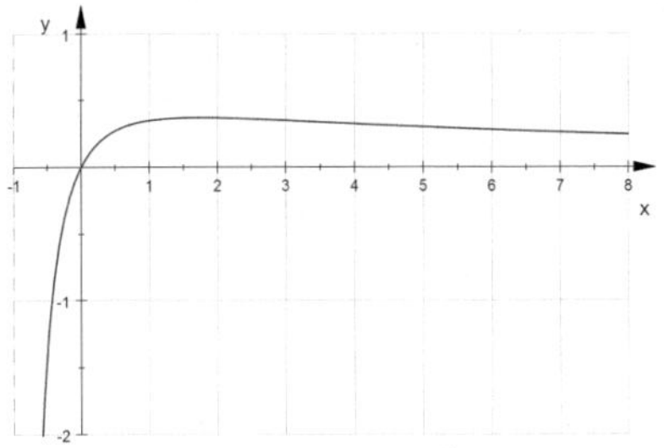

Graph von $F$:

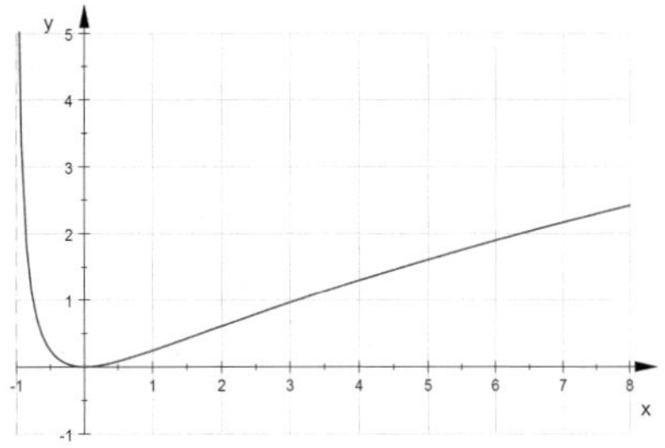

**f)** $F(0) = 0$.
Vgl. Teilaufgabe d): $G_F$ ist punktsymmetrisch zum Ursprung.
Für $x \in [-5; 7]$:
$F'(x) < 0$ im Intervall $]-\frac{1}{2}\sqrt{2}; \frac{1}{2}\sqrt{2}[$;
$F'(x) > 0$ in $[-5; -\frac{1}{2}\sqrt{2}[$ und in $]\frac{1}{2}\sqrt{2}; 7]$;
Wendestelle von $F$: $x = 0$.

Graph von $f$: 111

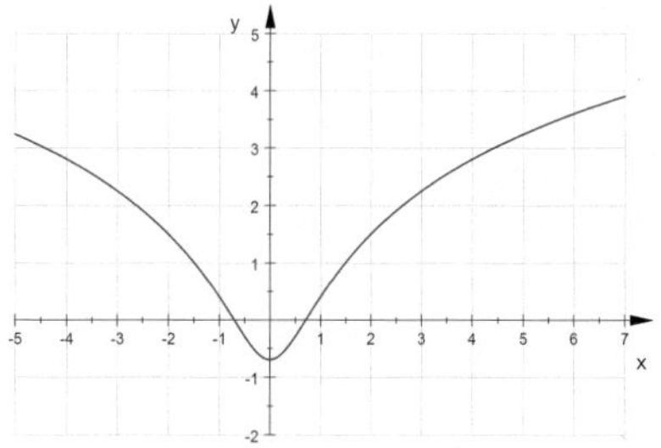

Graph von $F$:

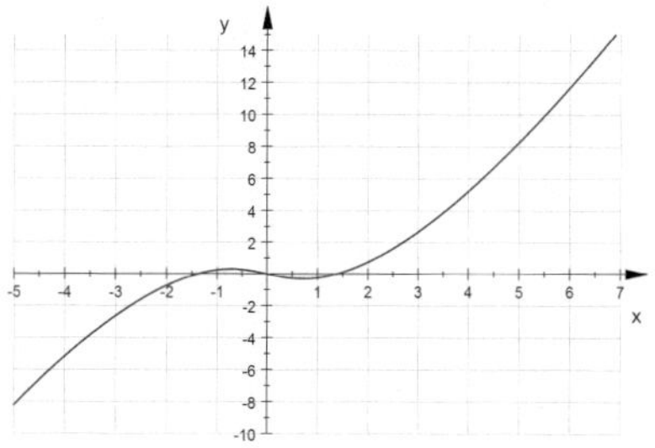

**29 a)** $f'(x) = x(3x + 2)$;
Hochpunkt $H(-\frac{2}{3}|\frac{4}{27})$;
Tiefpunkt $T(0|0)$.

$f''(x) = 6x + 2$;
Wendepunkt $W(-\frac{1}{3}|\frac{2}{27})$.

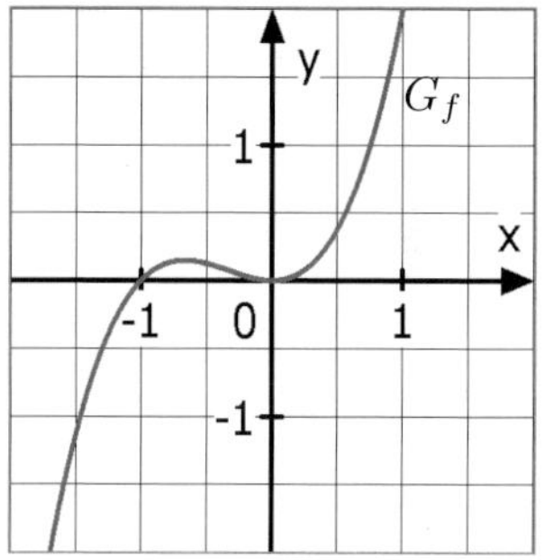


$g''(x) = 6x + 2a$;
Wendepunkt $W(-\frac{1}{3}a|\frac{2}{27}a^3)$.
$g$ hat eine Wendestelle bei $x = 1$ für $a = -3$.

Der Wendepunkt hat eine positive $x$-Koordinate, wenn $a < 0$ ist. Dann ist aber auch die $y$-Koordinate $\frac{2}{27}a^3$ negativ.
Der Wendepunkt kann also nicht im ersten Quadranten liegen.

Graph für $a = -3$:

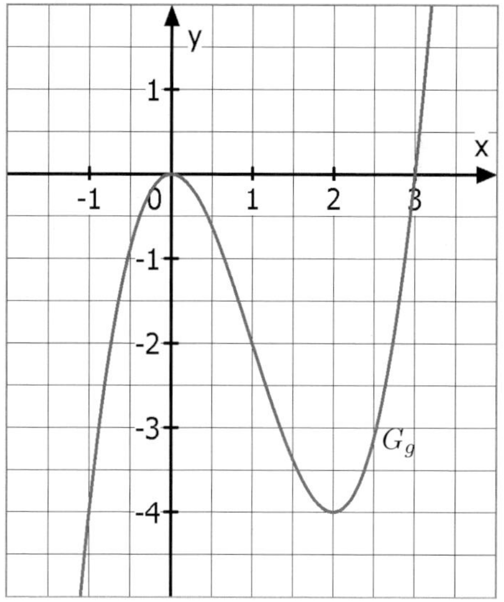

**b)** Der Ansatz $g''(x_W) = 0$ liefert die Wendestelle $x_W$ von $g$:

$g''(x_W) = 0 \Leftrightarrow 6x_W + 2a = 0 \Leftrightarrow x_w = -\frac{1}{3}a$.

Daraus folgt: $y_w = g(x_W) = (-\frac{1}{3}a)^3 + a(-\frac{1}{3}a)^2 = -\frac{1}{27}a^3 + \frac{1}{9}a^3 = \frac{2}{27}a^3$.

Wegen $a = -3x_W$ beschreibt die Gleichung $y_W = -2x_W{}^3$ die Ortslinie der Wendepunkte der Graphen von $g$.

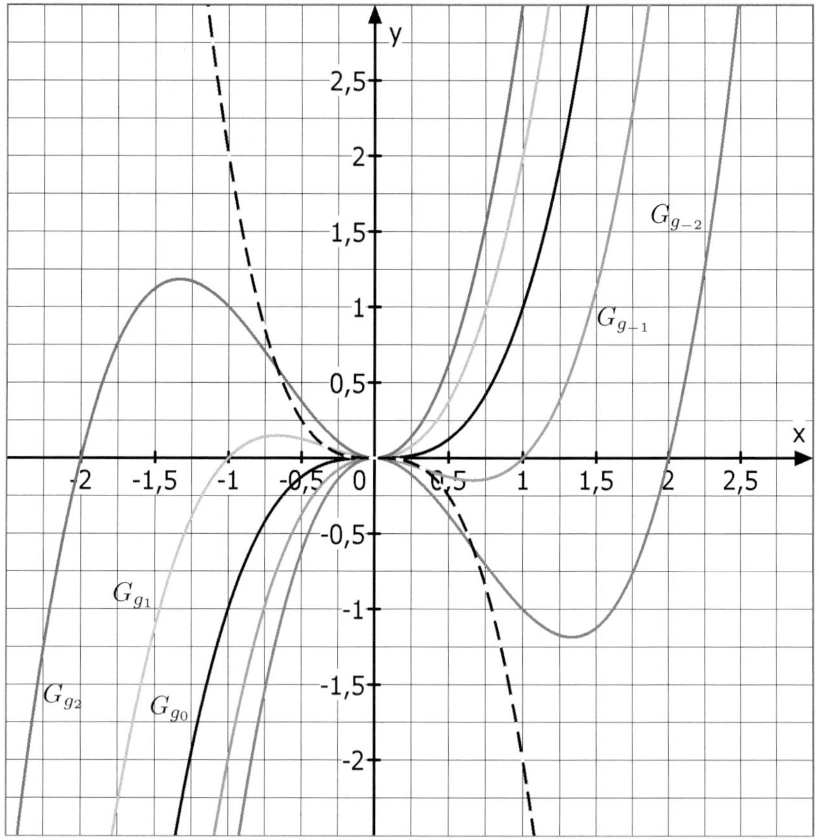


Der gestrichelte Graph ist die Ortslinie der Wendepunkte der Graphen von $g$.

**30** Skizze:

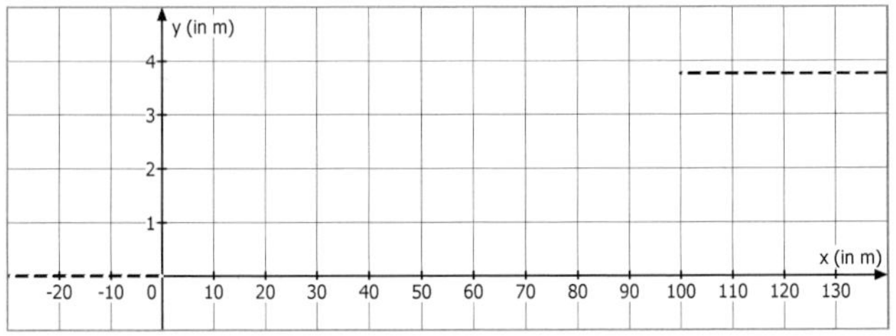


Dabei kennzeichnet die gestrichelte Linie z. B. die Mitte des jeweiligen Fahrstreifens.

**a)** Von einer Überleitung, deren Verlauf durch den Term $f(x)$ für $x \in [0; 100]$ beschrieben wird, ist mindestens zu fordern:

(I) $f(0) = 0$

(II) $f(100) = 3{,}75$ (keine Sprünge)

(III) $f'(0) = 0$

(IV) $f'(100) = 0$ (keine Knicke)

Um diese vier Bedingungen erfüllen zu können, muss der Ansatz vier Parameter enthalten. Eine ganzrationale Funktion vom Grad 3 ist eine Möglichkeit dafür.

Für $f(x) = ax^3 + bx^2 + cx + d$ ist $f'(x) = 3ax^2 + 2bx + c$.

Die Bedingungen (I) bis (IV) führen zu einem System aus vier linearen Gleichungen für die vier Unbekannten $a$, $b$, $c$ und $d$:

(I) $d = 0$

(II) $1000000a + 10000b + 100c(+d) = 3{,}75$

(III) $c = 0$

(IV) $30000a + 200b(+c) = 0$

Daraus ergibt sich: $a = -0{,}0000075$ und $b = 0{,}001125$.

Lösung: $f(x) = -0{,}0000075x^3 + 0{,}001125x^2$

**b)** Zentrale Schwäche:

Für die Lösung aus a) erhält man:

$f''(0) = 0{,}00225 \neq 0$ , $f''(100) = -0{,}00225 \neq 0$.

Also wären an den beiden Übergangsstellen abrupte Lenkbewegungen nötig. Mit einer ganzrationalen Funktion $g$ vom Grad 5 als Ansatz stehen zwei weitere Parameter zur Verfügung. Es können also die beiden zusätzlichen Bedingungen

(V) $g''(0) = 0$ und

(VI) $g''(100) = 0$ gestellt werden.

Als Lösung ergibt sich

$g(x) = 0{,}00000000225x^5 - 0{,}0000005625x^4 + 0{,}0000375x^3$.

Graphen:

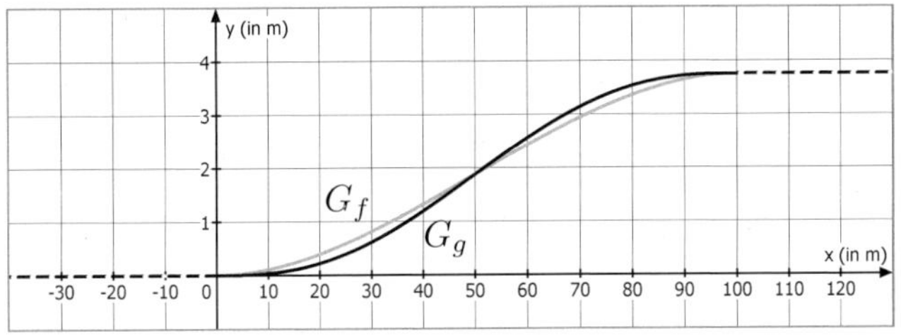


**31 a)** Bedingungen:

(I) $f(0) = 2$

(II) $f'(0) = 0$ mit Vorzeichenwechsel von + nach −

(III) $f(4) = 0$

(IV) $f''(4) = 0$ mit Vorzeichenwechsel

Diese vier Bedingungen erfordern (mindestens) einen Ansatz vom Grad 3.

Lösung: $f(x) = \frac{1}{64}x^3 - \frac{3}{16}x^2 + 2$.

Bei der Lösung wurden die beiden Forderungen nach Vorzeichenänderungen noch nicht berücksichtigt. Das muss bei allen Aufgaben dieses Typs im Sinne einer Probe für den ermittelten Funktionsterm überprüft werden:

$f'(x) = \frac{3}{64}x^2 - \frac{3}{8}x = \frac{3}{64}x(x-8)$ hat eine einfache Nullstelle mit einem Vorzeichenwechsel von + nach − an der Stelle $x = 0$. Also ist $A(0|2)$ ein Hochpunkt.

$f''(x) = \frac{3}{32}x - \frac{3}{8}$ hat eine einfache Nullstelle an der Stelle $x = 4$. Also ist $B(4|0)$ ein Wendepunkt.

**b)** Bedingungen:

(I) $f(0) = 0$

(II) $f''(0) = 0$ mit Vorzeichenwechsel

(III) $f(-1) = 1$

(IV) $f'(-1) = 0$ ohne Vorzeichenwechsel

(V) $f''(-1) = 0$ mit Vorzeichenwechsel

Zwar wäre die letzte Bedingung automatisch erfüllt, wenn $f'$ an der Stelle $-1$ eine mindestens doppelte Nullstelle besitzt. Da diese Forderungen nach Vielfachheiten bzw. Vorzeichenwechsel aber bei der rechnerischen Lösung zunächst nicht berücksichtigt werden, muss $f''(-1) = 0$ explizit gefordert werden.

5 Bedingungen erfordern einen Ansatz vom Grad 4. Dann ist $f''$ vom Grad 2, also sind zwei verschiedene Wendepunkte möglich.

Lösung: $f(x) = x^4 + 2x^3 - 2x$.

Dann ist $f'(x) = 4x^3 + 6x^2 - 2 = 2(x+1)^2(2x-1)$, also $f'(-1) = 0$ ohne Vorzeichenwechsl.

Die Faktorisierung von $f'$ ist nicht leicht zu ermitteln; das Vorliegen des Terrassenpunktes $A$ ist leichter mithilfe der beiden Forderungen $f'(-1) = 0$ und $f''(-1) = 0$ mit Vorzeichenwechsel zu überprüfen.

$f''(x) = 12x^2 + 12x = 12x(x+1)$ hat zwei einfache Nullstellen mit Vorzeichenwechsel an den Stellen $x = 0$ und $x = -1$.

**c)** Bedingungen:

(I) $f''(1) = 0$ mit Vorzeichenwechsel.

Aus der Gleichung der Tangente an den Graphen an der Stelle $x = 1$ erhält man:

(II) $f'(1) = -2$ und (III) $f(1) = -1$. Außerdem ist
(IV) $f'(0) = 0$ mit Vorzeichenwechsel.

Der Ansatz vom kleinsten möglichen Grad hat den Grad 3. Damit erhält man als Lösung $f(x) = \frac{2}{3}x^3 - 2x^2 + \frac{1}{3}$. Daraus folgt:

$f'(x) = 2x^2 - 4x = 2x(x-2)$;

$f''(x) = 4x - 4$.

$f''$ hat also an der Stelle $x = 1$ eine Nullstelle mit Vorzeichenwechsel.

An der Stelle $x = 0$ hat $f'$ einen Vorzeichenwechsel von + nach −, also hat $f$ dort ein lokales Maximum.
(Ein lokales Minimum an dieser Stelle ließe sich nur durch einen Ansatz von höherem Grad erzeugen. Dann würde der resultierende Funktionsterm noch unbestimmte Freiheitsgrade enthalten.)

**32** Zur Bearbeitung dieser Aufgabe ist der Einsatz eines CAS unverzichtbar.

Beispiel einer möglichen Lösung:

**a)** Skizze der geplanten Ideallinie:

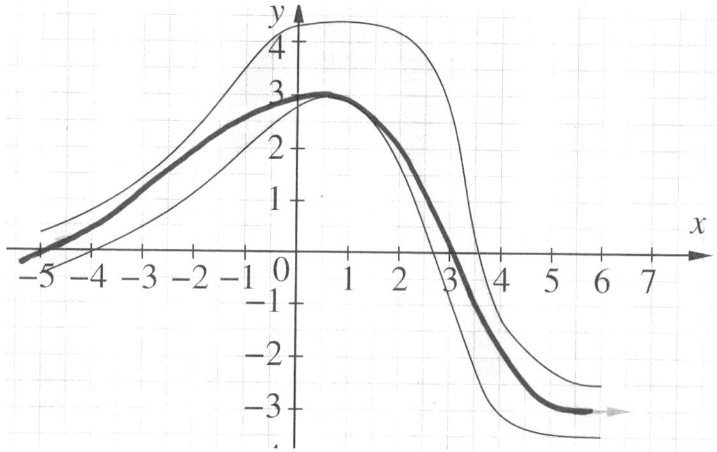


**b)** Versuch 1:

Bedingungen:

(I) $f(-5) = 0$
(II) $f'(-5) = 0{,}44$
(III) $f(0{,}5) = 3$
(IV) $f'(0{,}5) = 0$
(V) $f(5{,}5) = -3$
(VI) $f'(5{,}5) = 0$

Ansatz: Ganzrationale Funktion vom Grad 5.

Ergebnis: $f_1(x) = 0{,}000919x^5 + 0{,}003988x^4 - 0{,}046042x^3 - 0{,}271218x^2 + 0{,}303468x + 2{,}92155$

Graph:

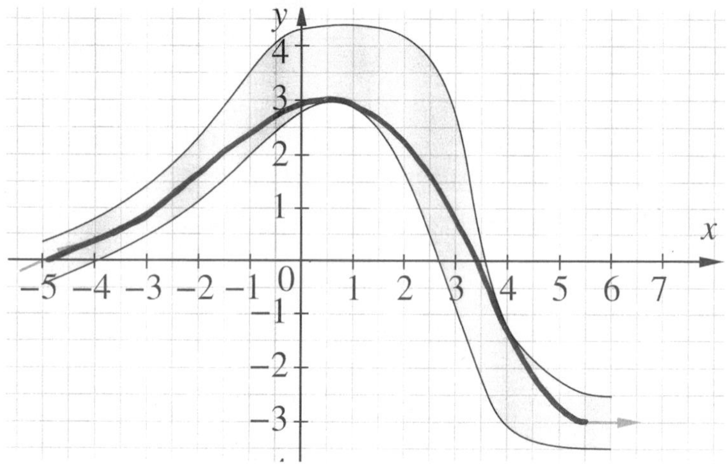


Vergleich mit der geplanten Ideallinie:

- Die Einfahrt in die enge Kurve erfolgt deutlich weniger flach als geplant.
- Der Anschluss bei $x = 5{,}5$ erfolgt mit einer sehr engen Kurve.

Versuch 2:

Zusätzliche Bedingungen:

(VII) $f(-1{,}5) = 2{,}3$
(VIII) $f'(-1{,}5) = 0{,}64$
(IX) $f'(2{,}5) = -1{,}85$

Ansatz: Ganzrationale Funktion vom Grad 8.

Ergebnis: $f_2(x) = -0{,}000019x^8 + 0{,}0000064x^7 + 0{,}001189x^6 + 0{,}000833x^5 - 0{,}018064x^4 - 0{,}045396x^3 - 0{,}172488x^2 + 0{,}215085x + 2{,}94234$

111 Graph:

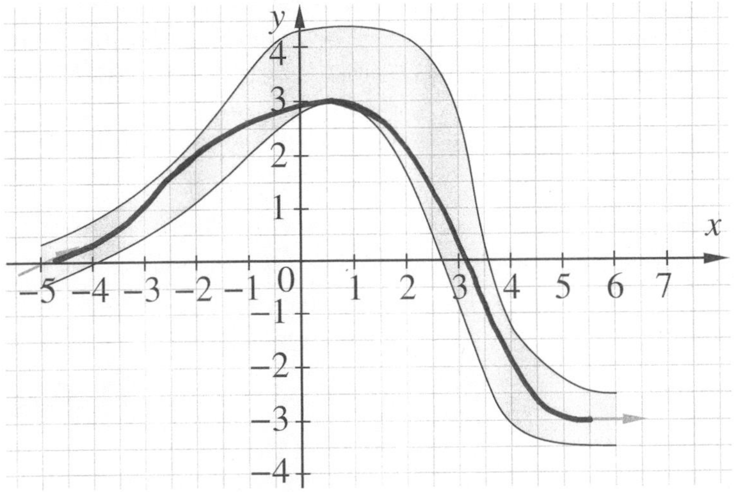


Als Alternative könnte man die geplante Ideallinie auch in mehrere Abschnitte zerlegen und jeden einzelnen jeweils als ganzrtionale Funktion modellieren. Dabei muss darauf geachtet werden, dass an den Nahtstellen sowohl die Funktionswerte als auch die Werte der ersten Ableitungen (→ keine Knicke) und der zweiten Ableitungen (→ keine abrupten Krümmungsänderungen) übereinstimmen.

**c)** Die Kurvenlage muss an den Stellen geändert werden, an denen sich die Krümmungsrichtung ändert, also an den Nullstellen (mit Vorzeichenwechsel) der zweiten Ableitungsfunktion.

Für die Lösung $f_1$ erhält man (auf zwei Nachkommastellen gerundet) $x_1 = -4{,}49$, $x_2 = -1{,}79$ und $x_3 = 3{,}67$.
Dabei ist die Stelle $x_1$ nicht von realer Bedeutung, sie ergibt sich als Artefakt aufgrund des Verlaufs des Graphen von $f_1$ für $x < -4{,}5$.

Für die Lösung $f_2$ erhält man $x_1 = -4{,}62$, $x_2 = -2{,}82$, $x_3 = 3{,}33$ und $x_4 = 5{,}35$.
Dabei haben aus dem bei $f_1$ genannten Grund die Stellen $x_1$ und $x_4$ keine reale Bedeutung.

## 4.2 Untersuchungen an verknüpften Funktionen

### Hinweise zur Bearbeitung der Aufträge

**Auftrag 1** **Abbau eines Medikaments** 112

Dieser Auftrag wird bei der Erarbeitung (Seite 114 ff.) verwendet.

**Auftrag 2** **Eigenschaften von Graphen**

Dem Graphen der Funktion $f$ entnimmt man zunächst:

Nullstellen:
$x_1 = 0$ (einfach) und $x_2 = 3$ (doppelt)

Extrema:
Lokales Maximum an der Stelle $x_3 = 1$ und lokales Minimum an der Stelle $x_2 = 3$

Grenzverhalten:
$\lim\limits_{x \to -\infty} f(x) = -\infty$ und $\lim\limits_{x \to \infty} f(x) = \infty$

Aussagen über den Graphen der Funktion $g$ mit $g(x) = \frac{1}{f(x)}$:

Nullstellen:
Keine, da Zähler $1 \neq 0$ für jedes $x$.

Extrema:
Lokales Minimum an der Stelle $x_3 = 1$, da sich aufgrund der Kehrwertbildung das Monotonieverhalten lokal an der Stelle $x_3 = 1$ umkehrt (wegen $g'(x) \overset{!}{=} -\frac{f'(x)}{f^2(x)}$).
Aus dem Hochpunkt $(1|2)$ wird der Tiefpunkt $(1|\frac{1}{2})$.

Grenzverhalten:
$\lim\limits_{x \to \pm\infty} \frac{1}{f(x)} = 0$, da $f(x) \to \pm\infty$ für $x \to \pm\infty$;
für $x \to \infty$ nähert sich der Graph von $g$ von oben,
für $x \to \infty$ von unten an die waagerechte Asymptote mit der Gleichung $y = 0$ an.
Der Graph von $g$ besitzt ferner senkrechte Asymptoten mit den Gleichungen $x = 0$ (0 ist einfache Polstelle ohne Vorzeichenwechsel) und $x = 3$

112 (3 ist doppelte Polstelle mit Vorzeichenwechsel).

Punkte des Graphen von $f$ mit $f(x) = \pm 1$ liegen wegen $g(x) = \frac{1}{f(x)}$ auf dem Graphen von $g$. Dies ist der Fall für $x \approx -0{,}2$; $x \approx 0{,}3$; $x = 2$ und $x \approx 3{,}7$.

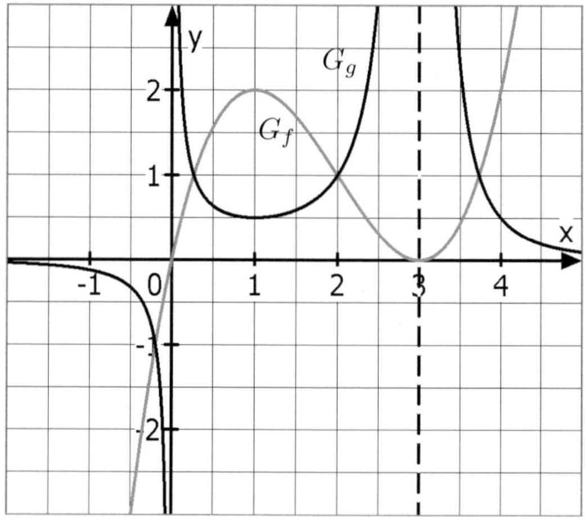


Für eine zusätzliche genaue Zeichnung mit einem Funktionsplotter (statt nur einer Skizze) kann $f(x)$ aus dem Graphen von $f$ bestimmt werden:

(1) $f(x) = ax(x-3)^2$

(1) $f(1) = 4a = 2$

$\Rightarrow a = \frac{1}{2}$

Aus (1) und (2) folgt $f(x) = \frac{1}{2}x(x-3)^2$.

Aussagen über den Graphen der Funktion $h$ mit $h(x) = \ln(f(x))$:

Nullstellen:
Wegen $\ln 1 = 0$ gilt für die Nullstellen $f(x) = 1$.
Man entnimmt dem Graphen von $f$:
$x \approx 0{,}3$; $x = 2$ und $x \approx 3{,}7$.

Extrema:
Lokales Maximum an der Stelle $x = 1$, da sich aufgrund der strengen Monotonie der Logarithmusfunktion das Monotonieverhalten lokal an der Stelle $x = 1$ nicht ändert (wegen $h'(x) = \frac{f'(x)}{f(x)}$ und $f(x) > 0$).
Aus dem Hochpunkt $(1|2)$ wird der Hochpunkt $(1|\ln 2)$.

Grenzverhalten:
$\lim\limits_{x \searrow 0} \ln f(x) = -\infty$, da $f(x) \to 0$ für $x \searrow 0$ und $\ln(x) \to -\infty$ für $x \searrow 0$.
Eine Annäherung von links an die Stelle 0 ist wegen $D_h = \mathbb{R}^+$ nicht möglich.
Ferner gilt $\lim\limits_{x \to \pm 3} \ln(f(x)) = -\infty$, da $f(x) \to 0$ für $x \to \pm 3$.
Der Graph von $h$ besitzt damit die senkrechten Asymptoten mit den Gleichungen $x = 0$ und $x = 3$.

112

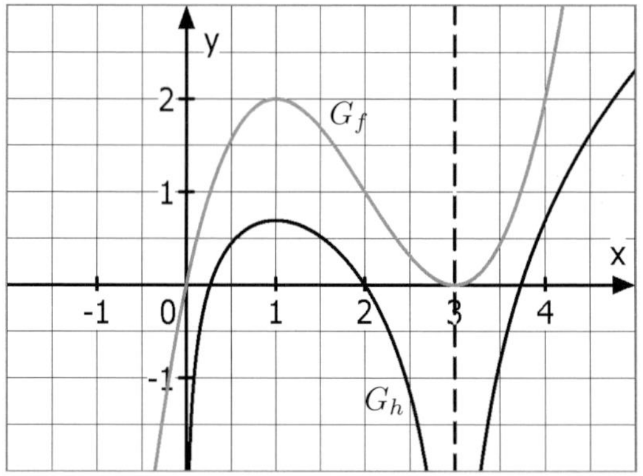


Die Integration von $f(x-1)$ führt auf einen Spezialfall der in der Merkhilfe angebenen Formel $\int f(ax+b)dx = \frac{1}{a}F(ax+b) + C$, $C \in \mathbb{R}$, mit $a = 1$ und $b = -1$. Verschiebt man den Graphen der Funktion $f$ um 1 nach rechts <u>ohne</u> seine Form zu ändern ($a = 1$), so erhält man den Graphen der Funktion mit $f(x-1)$.
Entsprechend gilt $\int f(x-1)dx = F(x-1) + C$. Unter Verwendung des bereits ermittelten Funktionsterms $f(x) = \frac{1}{2}x(x-3)^2 = \frac{1}{2}x^3 - 3x^2 + \frac{9}{2}x$ und $F(x) = \frac{1}{8}x^4 - x^3 + \frac{9}{4}x^2$ ist $\int f(x-1)dx = \frac{1}{8}(x-1)^4 - (x-1)^3 + \frac{9}{4}(x-1)^2$ für $C = 0$.

**Auftrag 3** **Verknüpfung von Funktionen** 113

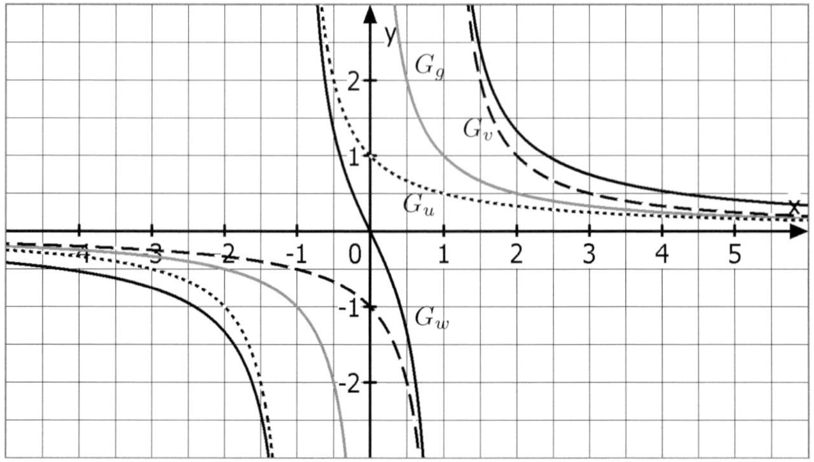

$w(x) = \frac{1}{x+1} + \frac{1}{x-1}$; $D_w = \mathbb{R} \setminus \{-1; 1\}$

Bei den Definitionslücken handelt es sich um einfache Polstellen mit Vorzeichenwechsel. Es gilt $\lim\limits_{x \searrow -1} (\underbrace{\frac{1}{x+1}}_{\to \infty} + \underbrace{\frac{1}{x-1}}_{\to -\frac{1}{2}}) = \infty$ und entsprechend dem Vorzeichenwechsel $\lim\limits_{x \nearrow -1} w(x) = -\infty$.

Ebenso folgt $\lim\limits_{x \searrow 1} w(x) = \infty$ und $\lim\limits_{x \nearrow 1} w(x) = -\infty$.

Der Graph von $w$ besitzt damit die senkrechten Asymptoten mit den Gleichungen $x = -1$ und $x = 1$.

Wegen $\lim\limits_{x \to \pm\infty} (\underbrace{\frac{1}{x+1}}_{\to 0} + \underbrace{\frac{1}{x-1}}_{\to 0}) = 0$ besitzt $G_w$ die waagerechte Asymptote mit der Gleichung $y = 0$.

Der vermutete Wendepunkt $(0|0)$ lässt sich, nach Bestimmung von $w''(x) = \frac{4x(x^2+3)}{(x+1)^3(x-1)^3}$, durch den Vorzeichenwechsel von $w''(x)$ an der Stelle $x = 0$ nachweisen ($w''(x) > 0$ für $x < 0$ und $w''(x) < 0$ für $x > 0$).

Aussagen über den Graphen der Funktion $f$ mit $f(x) = \frac{1}{w(x)}$:

Nullstellen:
Wegen $|w(x)| \to \infty$ für $x \to 1$ oder $x \to -1$ gilt $\frac{1}{w(x)} \to 0$ für $x \to 1$ oder $x \to -1$. Somit sind $x_1 = -1$ und $x_2 = 1$ Nullstellen von $f$.

Grenzverhalten:
Wegen $w(x) \to 0$ für $x \to 0$ gilt im Einzelnen $\frac{1}{w(x)} \to \infty$ für $x \nearrow 0$ und $\frac{1}{w(x)} \to -\infty$ für $x \searrow 0$. Der Graph von $f$ besitzt eine senkrechte Asymptote mit der Gleichung $x = 0$.
Ferner gilt $\frac{1}{w(x)} \to \infty$ für $x \to \infty$, da $w(x) \searrow 0$ für $x \to \infty$. Entsprechend gilt $\frac{1}{w(x)} \to -\infty$ für $x \to -\infty$, da $w(x) \nearrow 0$ für $x \to -\infty$. Eine waagerechte Asymptote ist somit nicht vorhanden.

Wegen $w(x) = \frac{1}{x+1} + \frac{1}{x-1} = \frac{2x}{x^2-1}$ ist $f(x) = \frac{x^2-1}{2x} = \frac{1}{2}x - \frac{1}{2x}$. Daraus folgt allerdings, dass wegen $\frac{1}{2x} \to 0$ für $x \to \pm\infty$ der Graph von $f$ eine schräge Asymptote mit der Gleichung $y = \frac{1}{2}x$ besitzt.
Punkte des Graphen von $w$ mit $w(x) = \pm 1$ liegen wegen $f(x) = \frac{1}{w(x)}$ auf dem Graphen von $f$. Dies ist der Fall für $x \approx -2{,}4$; $x \approx -0{,}4$; $x \approx 0{,}4$ und $x \approx 2{,}4$.





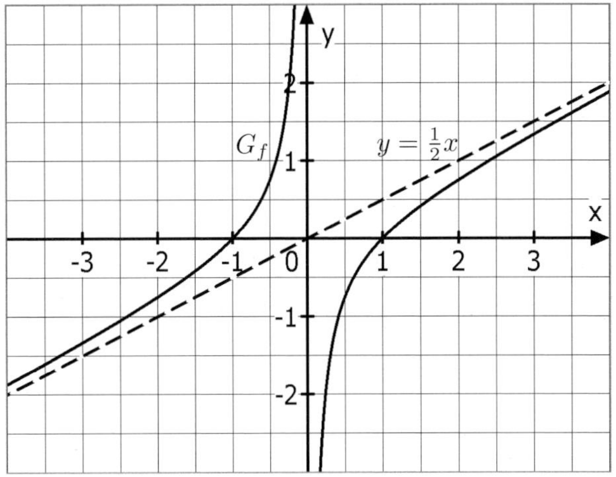


$\int\limits_2^4 w(x)dx = \int\limits_2^4 [g(x+1) + g(x-1)]dx = \int\limits_2^4 g(x+1)dx + \int\limits_2^4 g(x-1)dx.$

Verschiebt man den Graphen der Funktion $g$ um 1 nach rechts bzw. um 1 nach links ohne seine Form zu ändern, so erhält man den Graphen der Funktion mit $g(x-1)$ bzw. $g(x+1)$. Entsprechend gilt dann z. B. $\int g(x-1)dx = G(x-1) + C$, $C \in \mathbb{R}$ mit einer Stammfunktion $G$ von $g$. Diese Integration führt auf einen Spezialfall der in der Merkhilfe angegebenen Formel $\int f(ax+b)dx = \frac{1}{a}F(ax+b) + C$, $C \in \mathbb{R}$ mit $g$, $G$ statt $f$, $F$ und $a = 1$, $b = -1$.

Unter Verwendung von $G(x) = \ln x$ folgt somit

$$\int\limits_2^4 w(x)dx = [\ln(x+1)]_2^4 + [\ln(x-1)]_2^4 = [\ln[(x+1)(x-1)]]_2^4$$
$$= \left[\ln(x^2-1)\right]_2^4 = \ln 15 - \ln 3 = \ln \tfrac{15}{3} = \ln 5.$$

Schreibt man alternativ $\int\limits_2^4 w(x)dx = \int\limits_2^4 \frac{2x}{x^2-1}dx$,

so kann man den Wert des Integrals auch mit der in der Merkhilfe angegebenen Formel $\int \frac{f'(x)}{f(x)}dx = \ln|f(x)| + C$, $C \in \mathbb{R}$ berechnen. Mit $f(x) = x^2 - 1$ ist $f'(x) = 2x$ und es gilt

$$\int\limits_2^4 \frac{f'(x)}{f(x)}dx = \int\limits_2^4 \frac{2x}{x^2-1}dx = \Big[\ln \underbrace{(x^2-1)}_{>0 \text{ für } x \in [2;4]}\Big]_2^4 = \ln 5.$$

Für den Wert von $\int_2^4 f(x)dx$ mit $f(x) = \frac{x^2-1}{2x} = \frac{1}{2}(x - \frac{1}{x})$ folgt schließlich

$$\int_2^4 f(x)dx = \tfrac{1}{2} \cdot \left[\tfrac{1}{2}x^2 - \ln x\right]_2^4 = \tfrac{1}{2} \cdot [(8 - \ln 4) - (2 - \ln 2)]$$
$$= \tfrac{1}{2} \cdot (6 - 2\ln 2 + \ln 2) = 3 - \tfrac{1}{2}\ln 2.$$

## Auftrag 4 Verkettung mit der natürlichen Logarithmusfunktion

Die Zuordnung der Funktionsterme zu den Graphen kann z. B. durch Untersuchen der Nullstellen (oder auch durch Symmetrieüberlegungen) erfolgen:
$\ln(x^2 - 1) = 0$ für $x^2 - 1 = 1 \Rightarrow x_{1/2} = \pm\sqrt{2} \approx \pm 1{,}4 \to$ Graph ②

$\ln(2x + 1) = 0$ für $2x + 1 = 1 \Rightarrow x = 0 \to$ Graph ③

$\ln(\frac{x-1}{x+1}) = 0$ für $\frac{x-1}{x+1} = 1 \Rightarrow -1 = 1$ Widerspruch! $\Rightarrow$ keine Nullstellen
$\to$ Graph ①

Für die folgenden Überlegungen ist es jeweils von Vorteil, zunächst die Definitionsmenge zu ermitteln:

Graph ①: $f\colon x \mapsto \ln(\frac{x-1}{x+1})$

Definitionsmenge der Funktion $f$:

$\frac{x-1}{x+1} > 0$ für $x - 1 > 0$ und $x + 1 > 0 \Rightarrow x > 1$ und $x > -1 \Rightarrow x > 1$

oder für $x - 1 < 0$ und $x + 1 < 0 \Rightarrow x < 1$ und $x < -1 \Rightarrow x < 1$

$\Rightarrow D_f = \mathbb{R} \setminus [-1; 1]$

Symmetrie:
$\ln(\frac{-x-1}{-x+1}) = \ln(\frac{-(x+1)}{-(x-1)}) = \ln\left[(\frac{x-1}{x+1})^{-1}\right] = -\ln(\frac{x-1}{x+1})^{-1}$,
d. h. $f(-x) = -f(x)$.
Der Graph $G_f$ ist punktsymmetrisch zum Ursprung.

Monotonie:
$f'(x) = \frac{x+1}{x-1} \cdot \frac{x+1-(x-1)}{(x+1)^2} = \frac{2}{x^2-1} > 0$ für $x^2 - 1 > 0$,
also für $x < -1$ und für $x > 1$.
$G_f$ ist für $x < -1$ und für $x > 1$ streng monoton steigend.

Grenzverhalten:
$$\lim_{x\nearrow -1}\Big[\ln\underbrace{(\frac{x-1}{x+1})}_{\to\infty}\Big] = \infty, \text{ da } \ln(x) \to \infty \text{ für } x \to \infty.$$

$$\lim_{x\searrow 1}\Big[\ln\underbrace{(\frac{x-1}{x+1})}_{\searrow 0}\Big] = -\infty, \text{ da } \ln(x) \to -\infty \text{ für } x \searrow 0$$
(folgt auch sofort aus der Punktsymmetrie).

$$\lim_{x\to\pm\infty}\Big[\ln\underbrace{(\frac{x-1}{x+1})}_{\to 1}\Big] = 0.$$

Graph ②: $f\colon x \mapsto \ln(x^2 - 1)$

Definitionsmenge:
$x^2 - 1 > 0$ für $x^2 > 1 \Rightarrow x < -1$ oder $x > 1 \Rightarrow D_f = \mathbb{R} \setminus [-1; 1]$

Symmetrie:
$\ln((-x)^2 - 1) = \ln(x^2 - 1)$, d. h. $f(-x) = f(x)$.
Der Graph $G_f$ ist achsensymmetrisch zur $y$-Achse.

Monotonie:
$f'(x) = \frac{1}{x^2-1} \cdot 2x = \frac{2x}{x^2-1} < 0$ für $x < -1$ und $\frac{2x}{x^2-1} > 0$ für $x > 1$.
$G_f$ ist für $x < -1$ streng monoton fallend und für $x > 1$ streng monoton steigend.

Grenzverhalten:
$$\lim_{x\nearrow -1}\Big[\ln\underbrace{(x^2 - 1)}_{\searrow 0}\Big] = -\infty \text{ und } \lim_{x\searrow 1}\Big[\ln\underbrace{(x^2 - 1)}_{\searrow 0}\Big] = -\infty.$$
$$\lim_{x\to\pm\infty}\Big[\ln\underbrace{(x^2 - 1)}_{\to\infty}\Big] = \infty.$$

Graph ③: $f\colon x \mapsto \ln(2x + 1)$

Definitionsmenge:
$2x + 1 > 0 \Rightarrow x > -\frac{1}{2} \Rightarrow D_f = ]-\frac{1}{2}; \infty[$

Symmetrie:
$\ln(2(-x) + 1) = \ln(-2x + 1)$, d. h. $f(-x) \neq -f(x)$ und $f(-x) \neq f(x)$.
Der Graph $G_f$ ist nicht punktsymmetrisch zum Ursprung oder achsensymmetrisch zur $y$-Achse.

Monotonie.
$f'(x) = \frac{1}{2x+1} \cdot 2 = \frac{2}{2x+1} > 0$ für $2x + 1 > 0$, also für $x > -\frac{1}{2}$.
$G_f$ ist in $D_f$ streng monoton steigend.

113 Grenzverhalten:

$$\lim_{x \searrow -\frac{1}{2}} \Big[\underbrace{(2x+1)}_{\searrow 0}\Big] = -\infty$$

$$\lim_{x \to \infty} \Big[\underbrace{(2x+1)}_{\to \infty}\Big] = \infty$$

Die Ableitung von $\ln(2x+1)$ ist $\frac{2}{2x+1}$, d. h. die Funktion $x \mapsto \ln(2x+1)$ ist Stammfunktion zur Funktion $x \mapsto \frac{2}{2x+1}$.

Es gilt also $\int \frac{2}{2x+1}\,dx = \ln(2x+1) + \overline{C}$, $\overline{C} \in \mathbb{R}$
bzw. $\int \frac{1}{2x+1}\,dx = \frac{1}{2} \cdot \ln(2x+1) + C$ mit $C = \frac{\overline{C}}{2}$.

Mit $f(x) = \frac{1}{x}$ und $F(x) = \ln(x)$ erhält man
$\int f(2x+1)dx = \frac{1}{2} \cdot F(2x+1) + C$
oder mit $a = 2$ und $b = 1$ zunächst als Vermutung
$\int f(ax+b)dx = \frac{1}{a} \cdot F(ax+b) + C$, falls $F$ Stammfunktion zu $f$ ist.

Diese Beziehung ist für $a \in \mathbb{R} \setminus \{0\}$, $b \in \mathbb{R}$ in der Merkhilfe angegeben und kann durch Ableiten der rechten Seite mit dem Ergebnis $\frac{1}{a} \cdot f(ax+b) \cdot a = f(ax+b)$ bestätigt werden.

## Lösungen der Aufgaben

### Erarbeiten

118 **1** Die Werte der Integrale können durch Anwenden des unbestimmten Integrals $\int \frac{f'(x)}{f(x)}\,dx = \ln|f(x)| + C$, $C \in \mathbb{R}$ (siehe Merkhilfe) berechnet werden. Bei allen Aufgaben gilt $f(x) \geq 0$ im benötigten Integrationsintervall, d. h. $\ln|f(x)| = \ln(f(x))$.

**a)** $\int \frac{2}{2x+3}\,dx = \int \frac{f'(x)}{f(x)}\,dx$ mit $f(x) = 2x+3$ und $f'(x) = 2$

$$\Rightarrow \int_0^6 \frac{2}{2x+3}\,dx = [\ln(2x+3)]_0^6 = \ln 15 - \ln 3 = \ln(\tfrac{15}{3}) = \ln 5$$

**b)** $\int \frac{\cos x}{\sin x}\,dx = \int \frac{f'(x)}{f(x)}\,dx$ mit $f(x) = \sin x$ und $f'(x) = \cos x$

$$\Rightarrow \int_{\frac{\pi}{4}}^{\frac{\pi}{2}} \frac{\cos x}{\sin x}\,dx = [\ln(\sin x)]_{\frac{\pi}{4}}^{\frac{\pi}{2}} = \ln(\sin \tfrac{\pi}{2}) - \ln(\sin \tfrac{\pi}{4}) = \ln 1 - \ln(\tfrac{\sqrt{2}}{2})$$
$$= 0 - (\ln(2^{\frac{1}{2}}) - \ln 2) = \ln 2 - \tfrac{1}{2}\ln 2 = \tfrac{1}{2}\ln 2$$

**c)** $\int \frac{6}{2x+5}\,dx = 3 \cdot \int \frac{f'(x)}{f(x)}\,dx$ mit $f(x) = 2x+5$ und $f'(x) = 2$ 118

$$\Rightarrow \int_{-2}^{11} \frac{6}{2x+5}\,dx = 3 \cdot [\ln(2x+5)]_{-2}^{11} = 3 \cdot (\ln 27 - \ln 1) = 3 \cdot \ln(3^3) = 9\ln 3$$

**d)** $\int \frac{4e^x}{e^x+1}\,dx = 4 \cdot \int \frac{f'(x)}{f(x)}\,dx$ mit $f(x) = e^x + 1$ und $f'(x) = e^x$

$$\Rightarrow \int_{-1}^{1} \frac{4e^x}{e^x+1}\,dx = 4 \cdot [\ln(e^x+1)]_{-1}^{1} = 4 \cdot (\ln(e+1) - \ln(e^{-1}+1))$$
$$= 4 \cdot \ln(\tfrac{e+1}{e^{-1}+1}) = 4 \cdot \ln(e \cdot \tfrac{1+e^{-1}}{e^{-1}+1}) = 4 \cdot \ln e = 4$$

**e)** $\int \frac{7x}{7x^2+1}\,dx = \frac{1}{2} \cdot \int \frac{f'(x)}{f(x)}\,dx$ mit $f(x) = 7x^2+1$ und $f'(x) = 14x$

$$\Rightarrow \int_0^3 \frac{7x}{7x^2+1}\,dx = \tfrac{1}{2} \cdot \left[\ln(7x^2+1)\right]_0^3 = \tfrac{1}{2}(\ln 64 - \ln 1) = \tfrac{1}{2}\ln(2^6) = 3\ln 2$$

**f)** $\int \frac{1}{2\sqrt{x}} \cdot \frac{1}{\sqrt{x}+3}\,dx = \int f'(x) \cdot \frac{1}{f(x)}\,dx$
mit $f(x) = \sqrt{x} + 3$ und $f'(x) = \frac{1}{2\sqrt{x}}$

$$\Rightarrow \int_4^{144} \frac{1}{2\sqrt{x}} \cdot \frac{1}{\sqrt{x}+3}\,dx = [\ln(\sqrt{x}+3)]_4^{144} = \ln 15 - \ln 5 = \ln(\tfrac{15}{5}) = \ln 3$$

**g)** $\int \frac{6x^2+2}{x^3+x}\,dx = 2 \cdot \int \frac{f'(x)}{f(x)}\,dx$ mit $f(x) = x^3 + x$ und $f'(x) = 3x^2 + 1$

$$\Rightarrow \int_1^2 \frac{6x^2+2}{x^3+x}\,dx = 2 \cdot \left[\ln(x^3+x)\right]_1^2 = 2 \cdot (\ln 10 - \ln 2) = 2 \cdot (\ln(2 \cdot 5) - \ln 2)$$
$$= 2 \cdot (\ln 2 + \ln 5 - \ln 2) = 2 \cdot \ln 5$$

**h)** $\int \frac{1}{x \ln x}\,dx = \int f'(x) \cdot \frac{1}{f(x)}\,dx$ mit $f(x) = \ln x$ und $f'(x) = \frac{1}{x}$

$$\Rightarrow \int_2^4 \frac{1}{x \ln x}\,dx = [\ln(\ln x)]_2^4 = \ln(\ln 4) - \ln(\ln 2) = \ln(2\ln 2) - \ln(\ln 2)$$
$$= \ln 2 + \ln(\ln 2) - \ln(\ln 2) = \ln 2$$

**2** Die Werte der Integrale können durch Anwenden des unbestimmten Integrals $\int f(ax+b)dx = \frac{1}{a}F(ax+b) + C$, $C \in \mathbb{R}$ mit einer Stammfunktion $F$ von $f$ (siehe Merkhilfe) berechnet werden. Bei den Aufgaben g) und h) wird zusätzlich die Beziehung $\int \ln x\,dx = -x + x\ln x + C$, $C \in \mathbb{R}$ (siehe Merkhilfe) benötigt.

**a)** $\int \sin(2x-1)\,dx = \int f(ax+b)\,dx$
mit $f(x) = \sin x$, $F(x) = -\cos x$, $a = 2$ und $b = -1$

$$\Rightarrow \int_{0,5}^{1} \sin(2x-1)\,dx = -\tfrac{1}{2}\,[\cos(2x-1)]_{0,5}^{1} = -\tfrac{1}{2} \cdot (\cos 1 - \cos 0)$$
$$= \tfrac{1}{2}(1 - \cos 1)$$

118

**b)** $\int \cos(\frac{1}{6}x)\,dx = \int f(ax+b)\,dx$
mit $f(x) = \cos x$, $F(x) = \sin x$, $a = \frac{1}{6}$ und $b = 0$
$$\Rightarrow \int_{-3\pi}^{0} \cos(\tfrac{1}{6}x)\,dx = 6\cdot\left[\sin(\tfrac{1}{6}x)\right]_{-3\pi}^{0} = 6\cdot(\sin 0 - \sin(-\tfrac{\pi}{2})) = 6\cdot(0+1) = 6$$

**c)** $\int (\frac{x}{2}-3)^3\,dx = \int f(ax+b)\,dx$
mit $f(x) = x^3$, $F(x) = \frac{1}{4}x^4$, $a = \frac{1}{2}$ und $b = -3$
$$\Rightarrow \int_{-2}^{10} (\tfrac{x}{2}-3)^3\,dx = 2\cdot\tfrac{1}{4}\left[(\tfrac{x}{2}-3)^4\right]_{-2}^{10} = \tfrac{1}{2}\cdot(16-256) = -120$$

**d)** $\int (6-x)^{-3}\,dx = \int f(ax+b)\,dx$
mit $f(x) = x^{-3}$, $F(x) = -\frac{1}{2}x^{-2}$, $a = -1$ und $b = 6$
$$\Rightarrow \int_{5}^{7} (6-x)^{-3}\,dx = -1\cdot(-\tfrac{1}{2})\cdot\left[(6-x)^{-2}\right]_5^7 = \tfrac{1}{2}\cdot((-1)^{-2}-1^{-2}) = 0$$

**e)** $\int \frac{2}{(3x+1)^2}\,dx = \int f(ax+b)\,dx$
mit $f(x) = \frac{1}{x^2}$, $F(x) = -\frac{1}{x}$, $a = 3$ und $b = 1$
$$\Rightarrow \int_{-1}^{1} \frac{2}{(3x+1)^2}\,dx = 2\cdot\tfrac{1}{3}\cdot\left[-\tfrac{1}{3x+1}\right]_{-1}^{1} = \tfrac{2}{3}\cdot(-\tfrac{1}{4}-\tfrac{1}{2}) = -\tfrac{1}{2}$$

**f)** $\int e^{-2x+1}\,dx = \int f(ax+b)\,dx$
mit $f(x) = e^x$, $F(x) = e^x$, $a = -2$ und $b = 1$
$$\Rightarrow \int_{\ln 2}^{\ln 6} e^{-2x+1}\,dx = -\tfrac{1}{2}\cdot\left[e^{-2x+1}\right]_{\ln 2}^{\ln 6} = -\tfrac{1}{2}\cdot(e^{(-2\ln 6+1)} - e^{(-2\ln 2+1)})$$
$$= -\tfrac{1}{2}\cdot(e^{\ln(6^{-2})}\cdot e - e^{\ln(2^{-2})}\cdot e) = -\tfrac{e}{2}\cdot(\tfrac{1}{6^2}-\tfrac{1}{2^2})$$
$$= -\tfrac{e}{2}\cdot(\tfrac{1}{36}-\tfrac{9}{36}) = \tfrac{e}{9}$$

**g)** $\int \ln(\frac{3x}{4})\,dx = \int f(ax+b)\,dx$
mit $f(x) = \ln x$, $F(x) = -x + x\ln x$, $a = \frac{3}{4}$ und $b = 0$
$$\Rightarrow \int_{3}^{6} \ln(\tfrac{3x}{4})\,dx = \tfrac{4}{3}\left[-\tfrac{3}{4}x + \tfrac{3}{4}x\ln(\tfrac{3}{4}x)\right]_3^6 = -6 + 6\ln\tfrac{9}{2} - (-3 + 3\ln\tfrac{9}{4})$$
$$= -3 + 6(2\ln 3 - \ln 2) - 3(2\ln 3 - 2\ln 2) = 6\ln 3 - 3$$

**h)** $\int 2\ln(6x-1)\,dx = 2\cdot\int f(ax+b)\,dx$
mit $f(x) = \ln x$, $F(x) = -x + x\ln x$, $a = 6$ und $b = -1$
$$\Rightarrow \int_{\frac{2}{3}}^{\frac{5}{3}} 2\ln(6x-1)\,dx = 2\cdot\tfrac{1}{6}\cdot\left[-(6x-1) + (6x-1)\ln(6x-1)\right]_{\frac{2}{3}}^{\frac{5}{3}}$$
$$= \tfrac{1}{3}\cdot[-9 + 9\ln 9 - (-3 + 3\ln 3)]$$
$$= -3 + 3\ln 3^2 + 1 - \ln 3 = 5\ln 3 - 2$$

**3** Die Werte der Integrale können durch Anwenden des unbestimmten Integrals $\int f'(x)e^{f(x)}\,dx = e^{f(x)} + C$, $C \in \mathbb{R}$ (siehe Merkhilfe) berechnet werden.
Bei Aufgabe e) wird zusätzlich die Beziehung $\int \ln x\,dx = -x + x\ln x + C$, $C \in \mathbb{R}$ (siehe Merkhilfe) benötigt.

118

**a)** $\int 6x^2\cdot e^{2x^3}\,dx = \int f'(x)\cdot e^{f(x)}\,dx$ mit $f(x) = 2x^3$ und $f'(x) = 6x^2$
$$\Rightarrow \int_{2}^{0} 6x^2\cdot e^{2x^3}\,dx = \left[e^{2x^3}\right]_2^0 = e^0 - e^{16} = 1 - e^{16}$$

**b)** $\int e^{(x^4)}\cdot x^3\,dx = \frac{1}{4}\cdot\int f'(x)\cdot e^{f(x)}\,dx$ mit $f(x) = x^4$ und $f'(x) = 4x^3$
$$\Rightarrow \int_{-2}^{2} e^{(x^4)}\cdot x^3\,dx = \tfrac{1}{4}\cdot\left[e^{(x^4)}\right]_{-2}^{2} = \tfrac{1}{4}\cdot(e^{16} - e^{16}) = 0$$

(Dieses Ergebnis folgt auch sofort aus der Punktsymmetrie des Graphen der Integrandenfunktion zum Ursprung.)

**c)** $\int \cos(2x)\cdot e^{\sin(2x)}\,dx = \frac{1}{2}\int f'(x)\cdot e^{f(x)}\,dx$ mit $f(x) = \sin(2x)$ und $f'(x) = 2\cos(2x)$
$$\Rightarrow \int_{\frac{\pi}{2}}^{\pi} \cos(2x)\cdot e^{\sin(2x)}\,dx = \tfrac{1}{2}\cdot\left[e^{\sin(2x)}\right]_{\frac{\pi}{2}}^{\pi} = \tfrac{1}{2}\cdot(e^{\sin 2\pi} - e^{\sin\pi})$$
$$= \tfrac{1}{2}\cdot(e^0 - e^0) = 0$$

**d)** $\int \frac{e^{\sqrt{x}}}{\sqrt{x}}\,dx = 2\cdot\int f'(x)\cdot e^{f(x)}\,dx$ mit $f(x) = \sqrt{x}$ und $f'(x) = \frac{1}{2\sqrt{x}}$
$$\Rightarrow \int_{4}^{8} \frac{e^{\sqrt{x}}}{\sqrt{x}}\,dx = 2\cdot\left[e^{\sqrt{x}}\right]_4^8 = 2\cdot(e^{\sqrt{8}} - e^{\sqrt{4}}) = 2\cdot(e^{2\sqrt{2}} - e^2)$$

**e)** $\int \ln x\cdot e^{(-x+x\cdot\ln x)}\,dx = \int f'(x)\cdot e^{f(x)}\,dx$
mit $f(x) = -x + x\cdot\ln x$ und $f'(x) = \ln x$
$$\Rightarrow \int_{1}^{2} \ln x\cdot e^{(-x+x\cdot\ln x)}\,dx = \left[e^{(-x+x\cdot\ln x)}\right]_1^2 = \left[e^{-x}\cdot e^{\ln x^x}\right]_1^2$$
$$= \left[e^{-x}\cdot x^x\right]_1^2 = e^{-2}\cdot 2^2 - e^{-1}\cdot 1^1 = \tfrac{4}{e^2} - \tfrac{1}{e}$$

**f)** $\int_0^{-1} 3x^5\cdot e^{x^6+x^2}\,dx - \int_{-1}^{0} e^{x^2+x^6}\cdot x\,dx$
$$= -\int_{-1}^{0} 3x^5\cdot e^{x^6+x^2}\,dx - \int_{-1}^{0} x\cdot e^{x^6+x^2}\,dx$$
$$= -\int_{-1}^{0} (3x^5 + x)\cdot e^{x^6+x^2}$$
$$= -\tfrac{1}{2}\cdot\int_{-1}^{0} f'(x)\cdot e^{f(x)}\,dx \text{ mit } f(x) = x^6 + x^2 \text{ und } f'(x) = 6x^5 + 2x$$
$$\Rightarrow \ldots = -\tfrac{1}{2}\cdot\left[e^{x^6+x^2}\right]_{-1}^{0} = -\tfrac{1}{2}\cdot(e^0 - e^2) = \tfrac{1}{2}(e^2 - 1)$$

**4 a)** $f(x) = \frac{ax-7}{bx}$, $P(0{,}5|-3)$ und $Q(3{,}5|0)$ liegen auf dem Graphen.

(I) $f(0{,}5) = \frac{0{,}5a-7}{0{,}5b} = -3$

(II) $f(3{,}5) = \frac{3{,}5a-7}{3{,}5b} = 0$

Aus (II) folgt $3{,}5a - 7 = 0 \Rightarrow a = 2$,

eingesetzt in (I) folgt $\frac{-6}{0{,}5b} = -3 \Rightarrow b = 4$, also $f(x) = \frac{2x-7}{4x}$.

**b)** Aussagen über den Graphen der Funktion $g$ mit $g(x) = \frac{1}{f(x)}$:

Nullstellen:
Wegen $|f(x)| \to \infty$ für $x \to 0$ gilt $g(x) = \frac{1}{f(x)} \to 0$ für $x \to 0$. Somit besitzt die Funktion $g$ die Nullstelle $x = 0$.

Grenzverhalten:
Wegen der einfachen Nullstelle 3,5 von $f$ besitzt $g$ die einfache Polstelle 3,5. $G_g$ besitzt daher eine senkrechte Asymptote mit der Gleichung $x = 3{,}5$. Wegen $f(x) = \frac{2x-7}{4x} = \frac{1}{2} - \frac{7}{4x}$ besitzt $G_f$ die waagerechte Asymptote mit der Gleichung $y = \frac{1}{2}$. Entsprechend besitzt $G_g$ aufgrund der Kehrwertbildung die waagerechte Asymptote mit der Gleichung $y = 2$.

Ferner liegen Punkte des Graphen von $f$ mit $f(x) = \pm 1$ wegen $g(x) = \frac{1}{f(x)}$ auf dem Graphen von $g$. Dies ist der Fall für $x = -3{,}5$ und $x \approx 1{,}2$.
Man erhält folgenden Graphen der Funktion $g$:

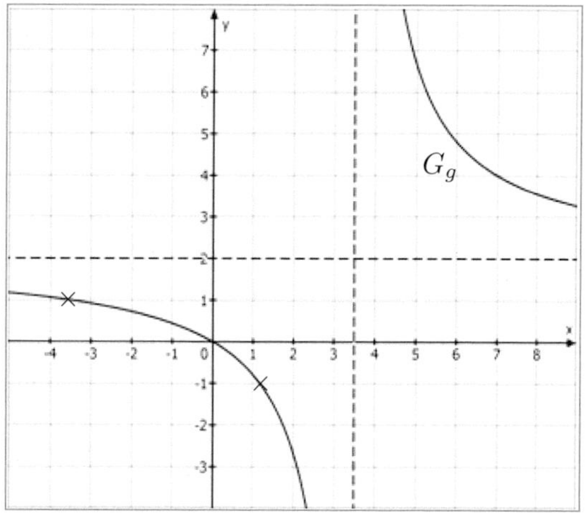


**c)** $p(x) = \sqrt{\frac{2x-7}{4x}}$:

Definitionsmenge:
$\frac{2x-7}{4x} \geq 0$ für $2x - 7 \geq 0$ und $4x > 0 \Rightarrow x \geq 3{,}5$ und $x > 0 \Rightarrow x \geq 3{,}5$
oder für $2x - 7 \leq 0$ und $4x < 0 \Rightarrow x \leq 3{,}5$ und $x < 0 \Rightarrow x < 0$.

$\Rightarrow D_p = \mathbb{R} \setminus [0; 3{,}5[$

Nullstellen:
$\frac{2x-7}{4x} = 0$ für $2x - 7 = 0 \Rightarrow x = 3{,}5$.

Grenzverhalten $x \to \infty$:
$\lim\limits_{x\to\infty} \sqrt{\frac{2x-7}{4x}} = \sqrt{\frac{1}{2}} = \frac{1}{2}\sqrt{2}$, da $\frac{2x-7}{4x} \nearrow \frac{1}{2}$ für $x \to \infty$.

$q(x) = \ln(\frac{2x-7}{4x})$:

Definitionsmenge:
$\frac{2x-7}{4x} > 0$ für $x < 0$ und $x > 3{,}5$ (vgl. Überlegung bei $p(x)$).

$\Rightarrow D_q = \mathbb{R} \setminus [0; 3{,}5]$

Nullstellen:
$\frac{2x-7}{4x} = 1 \Rightarrow x = -3{,}5$

Grenzverhalten $x \to \infty$:
$\lim\limits_{x\to\infty} \ln(\frac{2x-7}{4x}) = \ln\frac{1}{2} = \ln 1 - \ln 2 = -\ln 2 \approx -0{,}7$,
da $\frac{2x-7}{4x} \nearrow \frac{1}{2}$ für $x \to \infty$.

$r(x) = e^{\frac{2x-7}{4x}}$:

Definitionsmenge:
$4x \neq 0$ für $x \neq 0 \Rightarrow D_r = \mathbb{R} \setminus \{0\}$

Nullstellen:
Keine, da $e^{\frac{2x-7}{4x}} \neq 0$ für jedes $x \in D_r$.

Grenzverhalten $x \to \infty$:
$\lim\limits_{x\to\infty} e^{\frac{2x-7}{4x}} = e^{\frac{1}{2}} \approx 1{,}6$, da $\frac{2x-7}{4x} \nearrow \frac{1}{2}$ für $x \to \infty$.

**d)** $p'(x) = \frac{1}{2\sqrt{f(x)}} \cdot f'(x)$

$q'(x) = \frac{1}{f(x)} \cdot f'(x)$

Also ist $p'(x) = q'(x)$ für $2\sqrt{f(x)} = f(x)$

$\Rightarrow f^2(x) - 4f(x) = 0 \Leftrightarrow f(x)[f(x) - 4] = 0$

$\Leftrightarrow$ $f(x) = 0$ (scheidet aus, da $f(x)$ im Nenner von $p'$ und $q'$ auftritt) oder $f(x) = 4$ .

Daraus folgt: $\frac{2x-7}{4x} = 4 \Leftrightarrow x = -\frac{1}{2}$

118

**118** $r'(x) = e^{\frac{2x-7}{4x}} \cdot \frac{2 \cdot 4x - (2x-7) \cdot 4}{(4x)^2} = e^{\frac{2x-7}{4x}} \cdot \frac{7}{4x^2}$

$r'(-\frac{1}{2}) = 7e^4 \approx 382 \neq 1{,}75 = p'(-\frac{1}{2})$, d. h. $G_r$ besitzt an der Stelle $x = -\frac{1}{2}$ nicht dieselbe Steigung wie $G_p$ oder $G_q$.

**119** **5 a)** Verkettung von $f$ mit $g$: $f(g(x)) = \frac{1}{x^2} + 1$

→ Doppelte Polstelle $x = 0$ ohne Vorzeichenwechsel und waagerechte Asymptote mit der Gleichung $y = 1$.

→ Graph ⑥

Verkettung von $g$ mit $f$: $g(f(x)) = \frac{1}{(x+1)^2}$

→ Doppelte Polstelle $x = -1$ ohne Vorzeichenwechsel und waagerechte Asymptote mit der Gleichung $y = 0$.

→ Graph ③

**b)** $f(x) + g(x) = \frac{1}{x^2} + x + 1$

→ Doppelte Polstelle $x = 0$ und schräge Asymptote der Gleichung $y = x + 1$; wegen $\frac{1}{x^2} > 0$ liegen alle Punkte des Graphen über der Asymptoten.

→ Graph ④

$f(x) - g(x) = -\frac{1}{x^2} + x + 1$

→ Doppelte Polstelle $x = 0$ und schräge Asymptote der Gleichung $y = x + 1$; wegen $-\frac{1}{x^2} < 0$ liegen alle Punkte des Graphen unter der Asymptoten.

→ Graph ①

$f(x) \cdot g(x) = \frac{x+1}{x^2} = \frac{1}{x} + \frac{1}{x^2}$

→ Nullstelle $x = -1$ und wegen $\frac{1}{x} + \frac{1}{x^2} \to 0$ für $x \to \pm\infty$ waagerechte Asymptote mit der Gleichung $y = 0$.

→ Graph ②

$f(x) : g(x) = (x+1) : \frac{1}{x^2} = x^3 + x^2 = x^2(x+1)$

→ Polynom 3. Grades mit der Nullstelle $x = -1$; $x = 0$ scheidet aus, da $D_g = \mathbb{R} \setminus \{0\}$.

→ Graph ⑤

**6 a)** $\lim\limits_{x \to \pm\infty} \frac{2}{x^2-1} = 0$, da $x^2 - 1 \to \infty$ für $x \to \pm\infty$.

**b)** $\lim\limits_{x \to \pm\infty} \frac{\frac{2}{1}}{\frac{1}{x}-1} = \frac{2}{0-1} = -2$

**c)** $\lim\limits_{x \to \pm\infty} \frac{2}{x-x^3-1} = 0$, da $x - x^3 - 1 \to \mp\infty$ für $x \to \pm\infty$.

**d)** $\lim\limits_{x \to \pm\infty} \frac{2}{\sqrt{|x|}} = 0$, da $\sqrt{|x|} \to \infty$ für $x \to \pm\infty$.

**e)** $\lim\limits_{x \to \infty} (2e^x) = \infty$, da $e^x \to \infty$ für $x \to \infty$.

$\lim\limits_{x \to -\infty} (2e^x) = 0$, da $e^x \searrow 0$ für $x \to -\infty$.

**f)** $\lim\limits_{x \to \pm\infty} \frac{2}{\ln|x|-1} = 0$, da $\ln|x| - 1 \to \infty$ für $x \to \pm\infty$.

**g)** $f(g(x)) = \frac{2}{\frac{2x+3}{x}-1} = \frac{2}{2+\frac{3}{x}-1} = \frac{2}{\frac{3}{x}+1}$; $\lim\limits_{x \to \pm\infty} \frac{2}{\frac{3}{x}+1} = \frac{2}{0+1} = 2$

**h)** $\lim\limits_{x \to \pm\infty} \frac{2}{\frac{1}{\ln|x|+2}-1} = \frac{2}{0-1} = -2$,
da $\ln|x| + 2 \to \infty$ und $\frac{1}{\ln|x|+2} \to 0$ für $x \to \pm\infty$.

**7 a)** $a = 1$: $y = (x+2)^2$
→ Normalparabel mit Scheitel $S(-2|0) \to G_t$

$a = \frac{1}{2}$: $y = (\frac{1}{2}x + 2)^2 = [\frac{1}{2}(x+4)]^2 = \frac{1}{4}(x+4)^2$
→ Parabel mit Scheitel $S(-4|0) \to G_s$

$a = \frac{1}{3}$: $y = (\frac{1}{3}x + 2)^2 = [\frac{1}{3}(x+6)]^2 = \frac{1}{9}(x+6)^2$
→ Parabel mit Scheitel $S(-6|0) \to G_r$

**b)** $y = [a(x + \frac{2}{a})]^2 = a^2(x + \frac{2}{a})^2$. Für $a = -2$ ist $y = 4(x-1)^2 \to S(1|0)$

**c)** $g_a(x) = \frac{1}{(ax+2)^2}$

$a = 0$: $g_a(x) = \frac{1}{4} \Rightarrow D_g = \mathbb{R}$

$a \neq 0$: $ax + 2 \neq 0$ für $x = -\frac{2}{a} \Rightarrow D_g = \mathbb{R} \setminus \{-\frac{2}{a}\}$

Da sich alle Graphen der Schar $f_a$ im Punkt $(0|4)$ schneiden, schneiden sich alle Graphen der Schar $g_a$: $x \mapsto \frac{1}{f_a(x)}$ im Punkt $(0|\frac{1}{4})$.

**d)**

$$\lim_{x \to \pm\infty} \frac{1}{(ax+2)^2} = \begin{cases} \frac{1}{4} \text{ für } a = 0 \\ 0 \text{ für } a \neq 0 \end{cases}$$

**119** Graphen der Funktionsschar $g_a$:

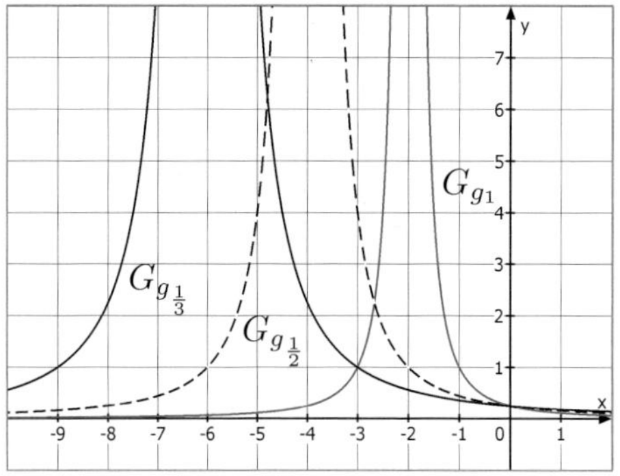


**120** **Noch fit?**

**I a)** Glücksspiel A

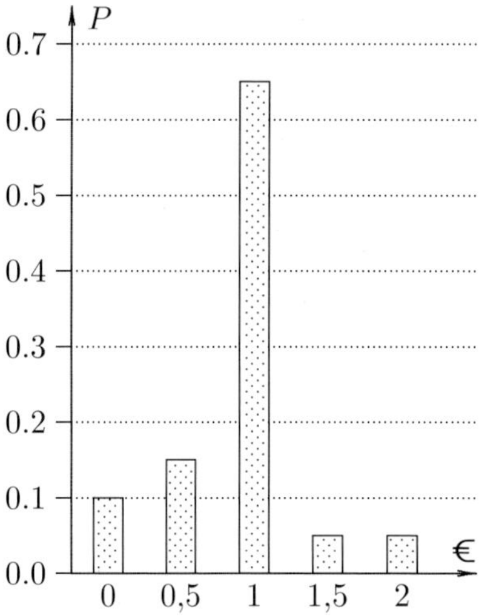


Glücksspiel B

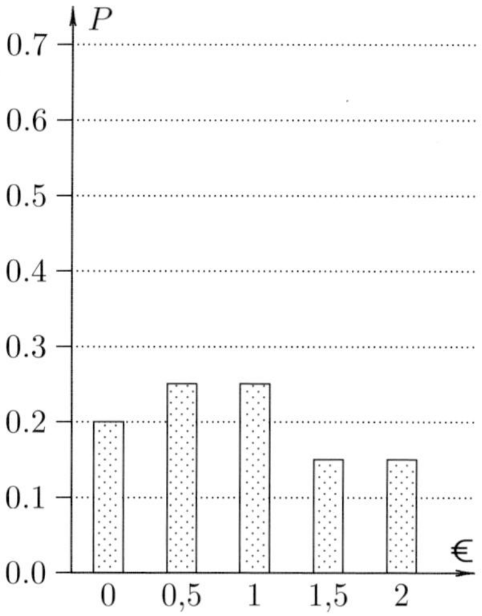


**b)** $\mu = E(X) = \sum\limits_{i=1}^{5} x_i p_i$; $Var(x) = \sum\limits_{i=1}^{5} (x_i - \mu)^2 \cdot p_i$; $\sigma = \sqrt{Var(x)}$

Glücksspiel A:

$\mu_A = E_A(X) = 0 \cdot 0{,}1 + 0{,}5 \cdot 0{,}15 + 1 \cdot 0{,}65 + 1{,}5 \cdot 0{,}05 + 2 \cdot 0{,}05 = 0{,}9$

**120**

$$\begin{aligned} Var_A(X) &= (0-0{,}9)^2 \cdot 0{,}1 + (0{,}5-0{,}9)^2 \cdot 0{,}15 + (1-0{,}9)^2 \cdot 0{,}65 \\ &\quad + (1{,}5-0{,}9)^2 \cdot 0{,}05 + (2-0{,}9)^2 \cdot 0{,}05 \\ &= 0{,}19 \end{aligned}$$

$\sigma_A = \sqrt{Var_A(X)} = \sqrt{0{,}19} \approx 0{,}44$

Glücksspiel B:

$\mu_B = E_B(X) = 0 \cdot 0{,}2 + 0{,}5 \cdot 0{,}25 + 1 \cdot 0{,}25 + 1{,}5 \cdot 0{,}15 + 2 \cdot 0{,}15 = 0{,}9$

$$\begin{aligned} Var_B(X) &= (0-0{,}9)^2 \cdot 0{,}2 + (0{,}5-0{,}9)^2 \cdot 0{,}25 + (1-0{,}9)^2 \cdot 0{,}25 \\ &\quad + (1{,}5-0{,}9)^2 \cdot 0{,}15 + (2-0{,}9)^2 \cdot 0{,}15 = 0{,}44 \end{aligned}$$

$\sigma_B = \sqrt{Var_B(X)} = \sqrt{0{,}44} \approx 0{,}66$

Bei beiden Glücksspielen ist wegen $\mu_A = \mu_B = 0{,}9$ im Mittel pro Spiel eine Ausschüttung von 0,90 € zu erwarten, d. h. bei einem Einsatz von 1 € pro Spiel verliert man langfristig 0,10 € pro Spiel. Wegen $Var_A(X) < Var_B(X)$ (bzw. $\sigma_A < \sigma_B$) streuen bei Spiel B die Werte der Zufallsgröße „auszuzahlender Betrag“ stärker um den Erwartungswert als bei Spiel A. Entsprechend erkennt man in den Stabdiagrammen bei Spiel B eine „breitere“ Verteilung der Zufallsgröße als bei Spiel A. Dies bedeutet, dass die Chancen, einen vom Erwartungswert stärker abweichenden Geldbetrag ausgeschüttet zu bekommen (größerer Gewinn, aber auch größerer Verlust), bei Spiel B größer sind als bei Spiel A.

**II**

| Augensumme | 2 | 3 | 4 | 5 | 6 | 7 | 8 | 9 | 10 | 11 | 12 |
|---|---|---|---|---|---|---|---|---|---|---|---|
| Wurfmöglichkeit | 1 | 2 | 3 | 4 | 5 | 6 | 5 | 4 | 3 | 2 | 1 |

Die Quersumme von 10 ist 1 (3 Möglichkeiten), die Quersumme von 11 ist 2 (2 Möglichkeiten) und die Quersumme von 12 ist 3 (1 Möglichkeit). Man erhält folgende Tabelle für die „einstellige Quersumme“:

| Quersumme $i$ | 1 | 2 | 3 | 4 | 5 | 6 | 7 | 8 | 9 |
|---|---|---|---|---|---|---|---|---|---|
| Wurfmöglichkeiten $n_i$ | 3 | 3 | 3 | 3 | 4 | 5 | 6 | 5 | 4 |

$$\begin{aligned} \mu = E(X) &= \sum_{i=1}^{9} i \cdot \tfrac{n_i}{36} \\ &= \tfrac{1}{36} \cdot (1 \cdot 3 + 2 \cdot 3 + 3 \cdot 3 + 4 \cdot 3 + 5 \cdot 4 + 6 \cdot 5 + 7 \cdot 6 + 8 \cdot 5 + 9 \cdot 4) \\ &= 5{,}5 \end{aligned}$$

120 $Var(X) = \sum_{i=1}^{9} (i-\mu)^2 \cdot \frac{n_i}{36}$

$= \frac{1}{36} \cdot [(1-5{,}5)^2 \cdot 3 + (2-5{,}5)^2 \cdot 3 + (3-5{,}5)^2 \cdot 3$
$+(4-5{,}5)^2 \cdot 3 + (5-5{,}5)^2 \cdot 4 + (6-5{,}5)^2 \cdot 5$
$+(7-5{,}5)^2 \cdot 6 + (8-5{,}5)^2 \cdot 5 + (9-5{,}5)^2 \cdot 4]$

$= \frac{219}{36} = \frac{73}{12} \approx 6{,}1$

$\sigma = \sqrt{Var(X)} = \sqrt{\frac{73}{12}} \approx 2{,}5$

## Anwenden

**8 a)** Richtige Aussage. Der Graph von $g$ entsteht im Intervall $[1;3] \subset [0;4]$ durch Spiegeln des Graphen von $f$ an der $x$-Achse und durch anschließendes Verschieben um 1 nach oben. Da Steigungen beim Spiegeln an der $x$-Achse ihr Vorzeichen ändern (bis auf Stellen mit der Steigung Null) wird aus der im Intervall $[0;4]$ steng monoton zunehmenden Funktion $f$ die im Intervall $[1;3]$ streng monoton abnehmende Funktion $g$.

**b)** Falsche Aussage. Gegenbeispiel: $f\colon x \mapsto -1;\ x \in [-2;-1]$, dann nimmt $g\colon x \mapsto \frac{1}{-1} = -1;\ x \in [-2;-1]$ nicht streng monoton zu.
Richtig ist: $f(x) < 0$ für $x \in [-2;-1] \Rightarrow g\colon x \mapsto \frac{1}{f(x)} < 0$ für $x \in [-2;-1]$.

**c)** Falsche Aussage. Die Funktion $g\colon x \mapsto f(4x) - 1$ ist wegen $D_f = [-4;2]$ nur für $x \in [\frac{-4}{4};\frac{2}{4}] = [-1;\frac{1}{2}]$ definiert. Damit sind keine Aussagen über $g$ in den Intervallen $[-4;-1[ \subset D_f$ und $]\frac{1}{2};2] \subset D_f$ möglich.
Richtig ist z. B.: $f$ besitzt nur am rechten Rand von $D_f = [-4;2]$ ein Maximum $\Rightarrow g\colon x \mapsto f(4x) - 1$ nimmt monoton zu für $x \in [-1;\frac{1}{2}]$.

**d)** Falsche Aussage. Gegenbeispiel: $f\colon x \mapsto (x-3)^2$ besitzt die doppelte Nullstelle $a = 3$, aber $g\colon x \mapsto \frac{1}{f(x^2-3)}$ besitzt wegen $g(-\sqrt{7}) = \frac{1}{f((-\sqrt{7})^2-3)} = \frac{1}{f(4)} = \frac{1}{1} = 1$ keine Polstelle an der Stelle $b = -\sqrt{7}$.
Richtig ist z. B.: $f$ besitzt an der Stelle $a = 3$ eine doppelte Nullstelle $\Rightarrow g\colon x \mapsto \frac{1}{f(x^2-4)}$ besitzt an der Stelle $b = -\sqrt{7}$ eine doppelte Polstelle.

**e)** Richtige Aussage. Besitzt der Graph von $f$ die schräge Asymptote mit der Gleichung $y = 2x - 0{,}5$, so ist $f(x) = g(x) + 2x - 0{,}5$ mit dem Funktionsterm $g(x)$ einer Funktion $g$, für die $\lim\limits_{x\to\pm\infty} g(x) = 0$ gilt. Damit besitzt der Graph von $f(-x)+2 = g(-x) - 2x + 1{,}5$ die schräge Asymptote mit der Gleichung $y = -2x + 1{,}5$, da die Ersetzung $x \to -x$ zu einem an der $y$-Achse gespiegeltem Graph von $g$ führt und deshalb wiederum $\lim\limits_{x\to\pm\infty} g(-x) = 0$ gilt. 120

**9** $f\colon x \mapsto \frac{1}{2}(x-4)^2;\ x \in \mathbb{R}$

Zur Integralfunktion $F_1$ gehört der Graph ④:
Die Funktion mit $f(x+1) = \frac{1}{2}(x+1-4)^2 = \frac{1}{2}(x-3)^2 = g(x)$ besitzt an der Stelle $x = 3$ ein globales Minimum, bei dem die Steigung $g'(x)$ ihr Vorzeichen wechselt. Entsprechend wechselt die Krümmung $F_1''(x) = g'(x)$ ihr Vorzeichen, d. h. der Graph von $F_1$ besitzt an der Stelle $x = 3$ einen Wendepunkt (mit waagerechter Tangente wegen $F_1'(3) = g(3) = 0$).

Zur Integralfunktion $F_2$ gehört der Graph ①:
$f(2x) = \frac{1}{2}(2x-4)^2 = \frac{1}{2}[2(x-2)]^2$. Analog zu $F_1$ schließt man, dass der Graph von $F_2$ an der Stelle $x = 2$ einen Wendepunkt besitzt.

Zur Integralfunktion $F_3$ gehört der Graph ②:
$f(2x+1) = \frac{1}{2}(2x+1-4)^2 = \frac{1}{2}(2x-3)^2 = \frac{1}{2}[2(x-\frac{3}{2})]^2 = 2(x-\frac{3}{2})^2$.
Analog zu $F_1$ schließt man, dass der Graph von $F_3$ an der Stelle $x = 1{,}5$ einen Wendepunkt besitzt.

**10** $f_p(x) = \frac{x}{x^2+p}$ 121

**a)** Definitionsmenge:

$p < 0$: $(x^2 + p) = (x + \sqrt{|p|})(x - \sqrt{|p|}) \Rightarrow D_f = \mathbb{R} \setminus \{-\sqrt{|p|}; \sqrt{|p|}\}$

$p = 0$: $f_p(x) = \frac{1}{x} \Rightarrow D_f = \mathbb{R} \setminus \{0\}$

$p > 0$: $x^2 + p \neq 0$ für $x \in \mathbb{R} \Rightarrow D_f = \mathbb{R}$

Symmetrie der Graphen:

$f_p(-x) = \frac{-x}{(-x)^2+p} = -\frac{x}{x^2+p} = -f_p(x)$
$\Rightarrow$ punktsymmetrisch zum Ursprung.

**b)** ① $\int f_3(x)\,dx = \int \frac{x}{x^2+3}\,dx = \frac{1}{2} \cdot \int \frac{f'(x)}{f(x)}\,dx = \frac{1}{2} \cdot \ln|f(x)| + C,\ C \in \mathbb{R}$
mit $f(x) = x^2 + 3$ und $f'(x) = 2x$

$\Rightarrow \int\limits_a^4 \frac{x}{x^2+3}\,dx = \frac{1}{2}\left[\ln\underbrace{(x^2+3)}_{>0}\right]_a^4 = \frac{1}{2}(\ln 19 - \ln(a^2+3)) = \frac{1}{2}\cdot\ln(\frac{19}{a^2+3}) = 0$

für $\frac{19}{a^2+3} = 1 \Leftrightarrow a^2 = 16 \Leftrightarrow a = -4 \vee a = 4$

(Dieses Ergebnis folgt sofort aus der Punktsymmetrie des Graphen und der Eigenschaft $\int\limits_a^a f(x)\,dx = 0$.)

② $\int\limits_0^b f_1(x)\,dx = \int\limits_0^b \frac{x}{x^2+1}\,dx \overset{\text{vgl. ①}}{=} \frac{1}{2}\left[\ln(x^2+1)\right]_0^b = \frac{1}{2}\cdot(\ln(b^2+1) - \ln 1)$

$= \frac{1}{2}\ln(b^2+1) = 1$

$\Rightarrow b^2 + 1 = e^2 \Leftrightarrow b = \pm\sqrt{e^2-1} \approx \pm 2{,}53$

③ $\int\limits_1^2 f_p(x)\,dx = \int\limits_1^2 \frac{x}{x^2+p}\,dx \overset{\text{vgl. ①}}{=} \frac{1}{2}\left[\ln(x^2+p)\right]_1^2$

$= \frac{1}{2}\cdot(\ln(4+p) - \ln(1+p)) = \frac{1}{2}\ln(\frac{4+p}{1+p})$

$= \ln 3$ bzw. $\ln(\frac{4+p}{1+p}) = \ln 3^2$

$\Rightarrow \frac{4+p}{1+p} = 9 \Leftrightarrow p = -\frac{5}{8}$

**11** $f(x) = \sqrt{x}$; $g(x) = 0{,}5x - 1$

**a)** An der Stelle $a = -3$ muss gelten: $\sqrt{-3+c} = -0{,}5\cdot(-3)+1$. Dabei ist $\sqrt{-3+c}$ der Funktionswert an der Stelle $a = -3$ des um $c$ längs der $x$-Achse verschobenen Graphen von $f$ und $-0{,}5\cdot(-3)+1$ der Funktionswert an der Stelle $a = -3$ des an der $x$-Achse gespiegelten Graphen von $g$. Es folgt $\sqrt{-3+c} = 2{,}5 \Rightarrow -3+c = 6{,}25 \Leftrightarrow c = 9{,}25$, also $\overline{f}(x) = \sqrt{x+9{,}25}$ und $\overline{g}(x) = -0{,}5x+1$.

**b)** Skizze:

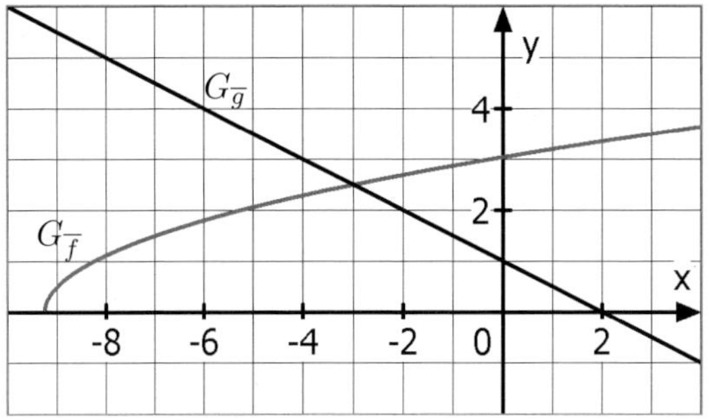


Nullstelle von $\overline{g}$:
$-0{,}5x + 1 = 0 \Leftrightarrow -0{,}5x = -1 \Leftrightarrow x = 2$

$A = \int\limits_{-9{,}25}^{-3} \overline{f}(x)\,dx + \int\limits_{-3}^{2} \overline{g}(x)\,dx$

$= \int\limits_{-9{,}25}^{-3} \sqrt{x+9{,}25}\,dx + \int\limits_{-3}^{2} (-0{,}5x+1)\,dx$

$= \left[\frac{2}{3}(x+9{,}25)^{\frac{3}{2}}\right]_{-9{,}25}^{-3} + \left[-\frac{1}{4}x^2 + x\right]_{-3}^{2}$

$= \frac{2}{3}\cdot(6{,}25^{\frac{3}{2}} - 0) + 1 - (-\frac{21}{4}) = \frac{50}{3} \approx 16{,}67$

## Vernetzen

**12** $f\colon x \mapsto 2x\cdot e^{-\frac{1}{8}x^2}$

**a)** Nullstelle: $2x\cdot\underbrace{e^{-\frac{1}{8}x^2}}_{\neq 0} = 0$ für $x = 0$

Grenzverhalten: $\lim\limits_{x\to\pm\infty}(2x\cdot e^{-\frac{1}{8}x^2}) = 0$,

da $e^{-\frac{1}{8}x^2}$ „schneller" gegen Null strebt als $2x$ gegen Unendlich.

**b)** $F\colon x \mapsto \int\limits_0^x f(t)\,dt$ besitzt an der Stelle $x = 2$ einen Wendepunkt, falls dort die Krümmung $F''(x) = f'(x)$ das Vorzeichen wechselt:

$f'(x) = 2\cdot e^{-\frac{1}{8}x^2} + 2x\cdot e^{-\frac{1}{8}x^2}\cdot(-\frac{1}{4}x) = 2\cdot e^{-\frac{1}{8}x^2} - \frac{1}{2}x^2 e^{-\frac{1}{8}x^2}$

$= (2 - \frac{1}{2}x^2)e^{-\frac{1}{8}x^2} = \underbrace{\frac{1}{2}e^{-\frac{1}{8}x^2}}_{>0}(4 - x^2)$,

d. h. in der Nähe von $x = 2$ ist $4 - x^2 > 0$ für $x < 2$ und $4 - x^2 < 0$ für $x > 2$. Also ist $f'(x) > 0$ für $x < 2$ und $f'(x) < 0$ für $x > 2$ und $x = 2$ ist Wendestelle von $G_F$.

$\int 2x\cdot e^{-\frac{1}{8}x^2}\,dx = -8\cdot\int f'(x)\cdot e^{f(x)}\,dx$

$= -8e^{f(x)} + C,\ C \in \mathbb{R}$

mit $f(x) = -\frac{1}{8}x^2$ und $f'(x) = -\frac{1}{4}x$

$\Rightarrow F(2) = \int\limits_0^2 2x\cdot e^{-\frac{1}{8}x^2}\,dx = -8\left[e^{-\frac{1}{8}x^2}\right]_0^2 = -8\cdot(e^{-0{,}5} - e^0) = 8 - 8e^{-0{,}5}$

Somit ist $W_1(2|8-8e^{-0,5})$ Wendepunkt von $G_F$.

Wegen $f(-x) = 2\cdot(-x)\cdot e^{-\frac{1}{8}(-x)^2} = -2x\cdot e^{-\frac{1}{8}x^2} = -f(x)$ ist $G_f$ punktsymmetrisch zum Ursprung. An der Stelle $x=-2$ wechselt daher $F''(x) = f'(x)$ ebenfalls das Vorzeichen.
Also ist $W_2(-2|F(-2)) = W_2(-2|8-8e^{-0,5})$ ebenfalls ein Wendepunkt.

Krümmungsverhalten von $G_F$ bei $W_1$:
$F''(x) = f'(x) > 0$ für $x < 2$ und $F''(x) = f'(x) < 0$ für $x > 2$.
Somit ist $G_F$ für $x < 2$ linksgekrümmt und für $x > 2$ rechtsgekrümmt.

Krümmungsverhalten von $G_F$ bei $W_2$:
Punktsymmmetrie von $G_F$ zum Ursprung.
Also ist $G_F$ für $x < -2$ rechtsgekrümmt und für $x > -2$ linksgekrümmt.

**c)** $y = mx + t$, $m = F'(2) = f(2) = 4\cdot e^{-0,5}$
$\Rightarrow 8 - 8e^{-0,5} = 4\cdot e^{-0,5}\cdot 2 + t \Leftrightarrow t = 8 - 16e^{-0,5}$.

Somit ist $y = 4\cdot e^{-0,5}\cdot x + 8 - 16e^{-0,5}$ die Gleichung der Wendetangente in $W_1$.

Neigungswinkel der Tangente:
$\tan\alpha = 4\cdot e^{-0,5} \Rightarrow \alpha \approx 67{,}60°$

stumpfer Winkel:
$\beta = \alpha + 90° \approx 157{,}6°$

Skizze:

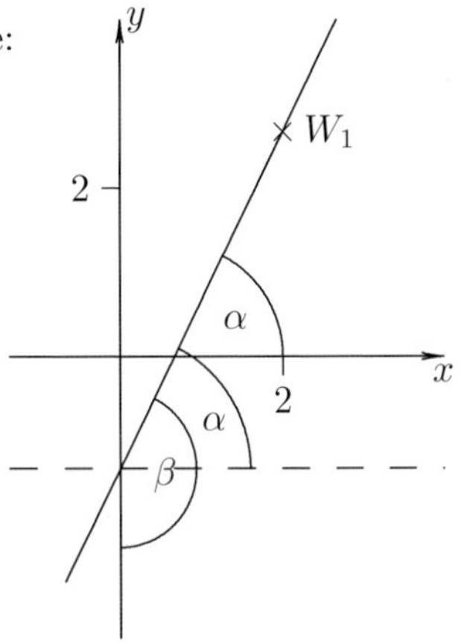


**13** $f(x) = \frac{1}{8}x^3 - \frac{3}{4}x^2$; $D_f = \mathbb{R}$

**a)** Nullstellen:
$\frac{1}{8}x^3 - \frac{3}{4}x^2 = \frac{1}{8}x^2(x-6) = 0 \Leftrightarrow x_1 = 0$ (doppelt) $\vee\ x_2 = 6$ (einfach).

Extremstellen:
$f'(x) = \frac{3}{8}x^2 - \frac{3}{2}x = \frac{3}{8}x(x-4) = 0$
$\Rightarrow$ waagerechte Tangenten an den Stellen $x_1 = 0$ und $x_3 = 4$.

$f''(x) = \frac{3}{4}x - \frac{3}{2}$

$f''(0) = -\frac{3}{2} < 0 \Rightarrow$ lokales Maximum im Punkt $P(0|0)$.

$f''(4) = \frac{3}{2} > 0 \Rightarrow$ lokales Minimum im Punkt $Q(4|-4)$.

Wendepunkte:
$f''(x) = \frac{3}{4}x - \frac{3}{2} = 0$ für $x = 2$.

$f'''(2) = \frac{3}{4} \neq 0$

$\Rightarrow W(2|-2)$ ist Wendepunkt.

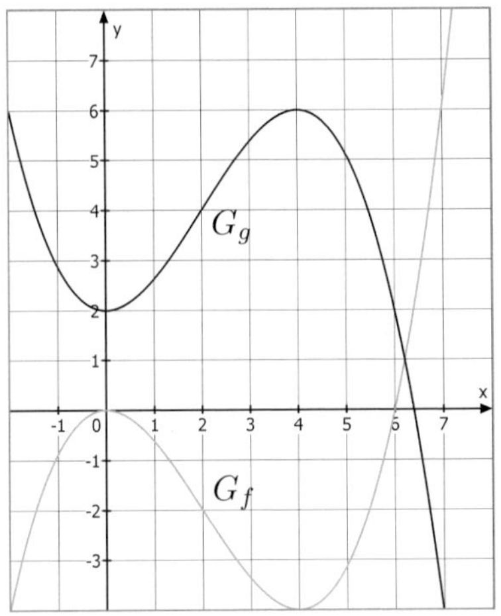


**b)** Der Graph von $g$ entsteht durch Spiegeln des Graphen von $f$ an der $x$-Achse und anschließendes Verschieben um 2 nach oben.

**c)** $y = mx + t$, $m = f'(2) = -\frac{3}{2}$, $W(2|-2)$
$\Rightarrow -2 = -\frac{3}{2}\cdot 2 + t \Leftrightarrow t = 1$

Somit ist $y = -\frac{3}{2}x + 1$ die Gleichung der Wendetangente an $G_f$. Durch Spiegelung an der $x$-Achse erhält man daraus $y = \frac{3}{2}x - 1$ und durch Verschieben um 2 nach oben die Gleichung $y = \frac{3}{2}x + 1$ der Wendetangente an $G_g$.

**14 a)** Die negativen Werte (siehe Graph) der Änderungsrate $v(t) = c'(t)$ bedeuten eine negative Steigung des Graphen der Funktion $c \mapsto c(t)$, d. h. die Konzentration $c(t)$ des Stickstoffdioxids nimmt zeitlich ab. Zu Beginn ($t = 0$) der Reaktion zerfallen am meisten $NO_2$-Moleküle, da wegen dem kleinsten Wert $v(0) = -50$ der Graph der Zeit-Konzentrations-Kurve dort am stärksten fällt. Im weiteren Verlauf nimmt die negative Steigung ab, d. h. der Zerfall von Stickstoffdioxid in Stickstoffmonoxid und Sauerstoff verlangsamt sich immer weiter.

**121** **b)** $v(t) = -\frac{c_0^2 k}{(c_0 kt+1)^2}$; aus dem Graphen entnimmt man z. B. die Punkte $P(0|-50)$ und $Q(0{,}2|-12{,}5)$.

(I) $v(0) = -{c_0}^2 k = -50 \Leftrightarrow k = \frac{50}{{c_0}^2}$

(II) $v(0{,}2) = -\frac{{c_0}^2 k}{(0{,}2c_0 k+1)^2} = -12{,}5$

Aus (II) folgt mit (I):

$50 = 12{,}5(0{,}2c_0 \cdot \frac{50}{{c_0}^2} + 1)^2 \Leftrightarrow 4 = (\frac{10}{c_0} + 1)^2 \Leftrightarrow \pm 2 = \frac{10}{c_0} + 1$

1) $\frac{10}{c_0} + 1 = 2 \Leftrightarrow \frac{10}{c_0} = 1 \Leftrightarrow c_0 = 10$

2) $\frac{10}{c_0} + 1 = -2 \Leftrightarrow \frac{10}{c_0} = -3 \Leftrightarrow c_0 = -\frac{10}{3}$ scheidet aus, da eine negative Anfangskonzentration nicht sinnvoll ist.

Aus (I) folgt $k = \frac{50}{10^2} = 0{,}5$.

$\Rightarrow v\colon t \mapsto v(t) = -\frac{10^2 \cdot 0{,}5}{(10 \cdot 0{,}5t+1)^2} = -\frac{50}{(5t+1)^2}$; $t \in \mathbb{R}_0^+$, $t$ in s, $v$ in $10^{-5}\frac{\text{mol}}{\text{ls}}$.

**c)** $c(0)$: Anfangskonzentration

$v(t) = c'(t) \Rightarrow \int\limits_0^t v(x)\,dx = \int\limits_0^t c'(x)\,dx = [c(x)]_0^t = c(t) - c(0)$, somit folgt

$c(t) = \int\limits_0^t v(x)\,dx + c(0) = -50\int\limits_0^t f(ax+b) + c_0 = -50 \cdot \frac{1}{a}\,[F(ax+b)]_0^t + c_0$

mit $f(x) = \frac{1}{x^2}$, $F(x) = -\frac{1}{x}$, $a = 5$ und $b = 1$.

$\Rightarrow c(t) = -50 \cdot \frac{1}{5} \cdot \left[-\frac{1}{5x+1}\right]_0^t + 10 = -10(-\frac{1}{5t+1} + 1) + 10 = \frac{10}{5t+1}$,

d. h. $c\colon t \mapsto c(t) = \frac{10}{5t+1}$, $t \in \mathbb{R}_0^+$, $t$ in s, $c$ in $10^{-5}\frac{\text{mol}}{\text{l}}$.

$v(t) = -\frac{50}{(5t+1)^2} = -0{,}5 \cdot \frac{100}{(5t+1)^2} = -0{,}5(\frac{10}{5t+1})^2 = -k \cdot c^2(t)$

**d)** $c(t) = \frac{10}{5t+1} = \frac{1}{2}c_0 \Leftrightarrow \frac{10}{5t+1} = \frac{10}{2} \Leftrightarrow 5t+1 = 2 \Leftrightarrow t = \frac{1}{5}$,

d. h. nach 0,2 s ist die Konzentration auf die Hälfte ihres Ausgangswertes abgesunken.

# 5 Beurteilende Statisik

## 5.1 Binominalverteilung

### Hinweise zur Bearbeitung der Aufträge

126 **Auftrag 1** **Heuschnupfen**

Dieser Auftrag wird bei der Erarbeitung (Seite 128 ff.) verwendet.

**Auftrag 2** **Multiple Choice**

Es gibt 10 Möglichkeiten, die zwei Kreuze zu setzen, also beträgt die Wahrscheinlichkeit, eine Frage nur durch Raten richtig zu beantworten, 10%. Damit ergibt sich:

$$P(X \geq 15) = 1 - P(X \leq 14) = 1 - \sum_{i=0}^{14} \binom{25}{i} \cdot 0{,}1^i \cdot 0{,}9^{25-i} = 0{,}00000$$

Ein unvorbereiteter Prüfling hat praktisch keine Chance auf ein Bestehen der Prüfung nur durch Raten.

$25 \cdot 0{,}1 = 2{,}5$, d. h. es sind zwei bis drei richtige Antworten zu erwarten.

Z. B. 50 Fragen: $P(X \geq 15) = 0{,}00007$
Z. B. 100 Fragen: $P(X \geq 15) = 0{,}07257$

Z. B. 5 richtige Antworten von 25 gefordert: $P(X \geq 5) = 0{,}09709$
Z. B. 10 richtige Antworten von 25 gefordert: $P(X \geq 10) = 0{,}00008$

Werden mehr Fragen gestellt, wird die Wahrscheinlichkeit zu bestehen größer, wenn die Quote gleich bleibt.
Je mehr richtige Antworten gefordert werden, desto kleiner ist bei gleicher Anzahl der Fragen die Wahrscheinlichkeit zu bestehen.

$P(X \geq 6) = 0{,}03340$
$P(X \geq 7) = 0{,}00948$

Der Prüfling hätte zumindest eine kleine Chance gehabt, durch Raten mindestens genauso viele oder mehr Fragen richtig zu beantworten.

**Auftrag 3** **Produktion von Schrauben** 127

$$P(80 \leq X < 90) = \sum_{i=80}^{89} \binom{100}{i} \cdot 0{,}95^i \cdot 0{,}05^{100-i}$$

$$= \sum_{i=0}^{89} \binom{100}{i} \cdot 0{,}95^i \cdot 0{,}05^{100-i} - \sum_{i=0}^{79} \binom{100}{i} \cdot 0{,}95^i \cdot 0{,}05^{100-i} = 0{,}01147$$

Man würde $100 \cdot 0{,}05 = 5$ mangelhafte Schrauben erwarten.

$$P(X = 7) = \binom{8}{7} \cdot 0{,}947^7 \cdot 0{,}053^1 = 0{,}28961$$

**Auftrag 4** **Tabellenkalkulation**

Medienelement 127-1 auf der Schüler-CD.

### Lösungen der Aufgaben

#### Erarbeiten

**1 a)** $P(X = 2) = \binom{4}{2} \cdot (\frac{1}{7})^2 \cdot (\frac{6}{7})^2 = 0{,}090$ 132

**b)** $P(X = 8) = \binom{10}{8} \cdot 0{,}4^8 \cdot 0{,}6^2 = 0{,}011$

**c)** $P(X = 10) = \binom{50}{10} \cdot 0{,}1^{10} \cdot 0{,}9^{40} = 0{,}015$

**d)** $P(X < 4) = \sum_{i=0}^{3} \binom{8}{i} \cdot 0{,}5^i \cdot 0{,}5^{8-i} = 0{,}363$

**e)** $P(X \geq 3) = 1 - P(X < 3) = 1 - \sum_{i=0}^{2} \binom{4}{i} \cdot 0{,}2^i \cdot 0{,}8^{4-i} = 0{,}027$

**f)** $P(3 < X < 8) = \sum_{i=4}^{7} \binom{10}{i} \cdot 0{,}9^i \cdot 0{,}1^{10-i} = 0{,}070$

**g)** $P(40 < X < 50) = \sum_{i=41}^{49} \binom{100}{i} \cdot 0{,}7^i \cdot 0{,}3^{100-i} = 0{,}00001$

**h)** $P(50 < X < 60) = \sum_{i=51}^{59} \binom{100}{i} \cdot 0{,}7^i \cdot 0{,}3^{100-i} = 0{,}012$

**2 a)** $n = 3,\ p = 0{,}4$

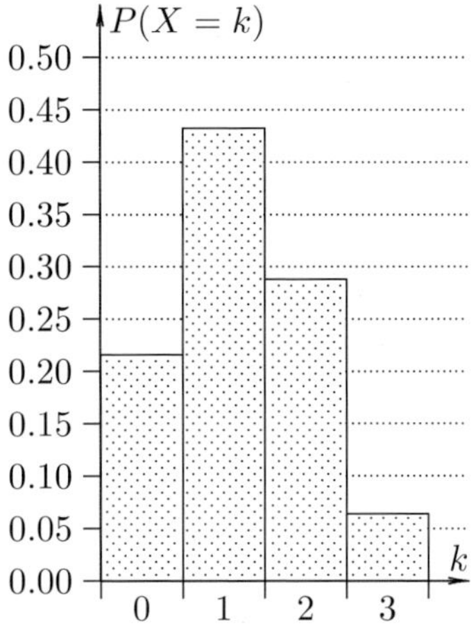


**b)** $n = 4,\ p = 0{,}7$

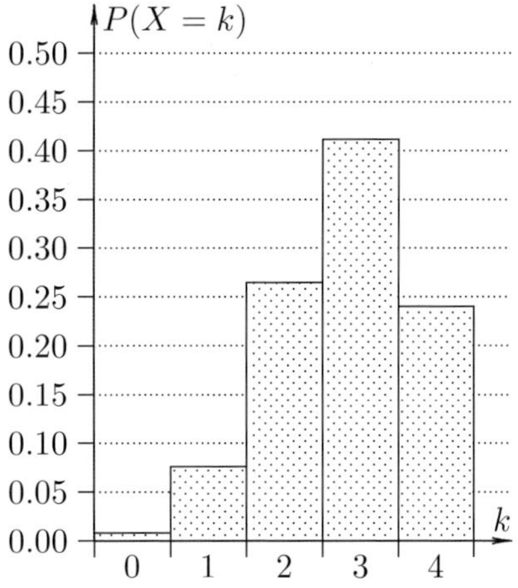


**c)** $n = 5,\ p = 0{,}6$

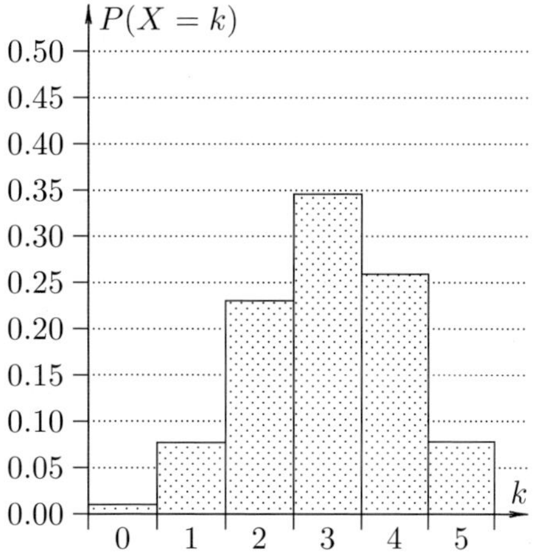


**d)** $n = 6,\ p = 0{,}5$

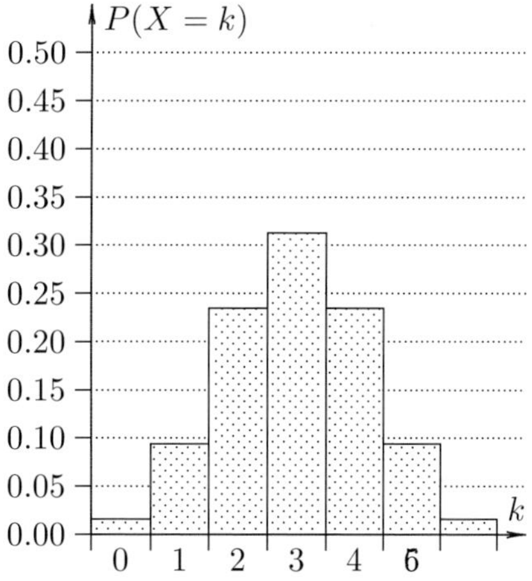


132

**e)** $n = 6,\ p = 0{,}8$

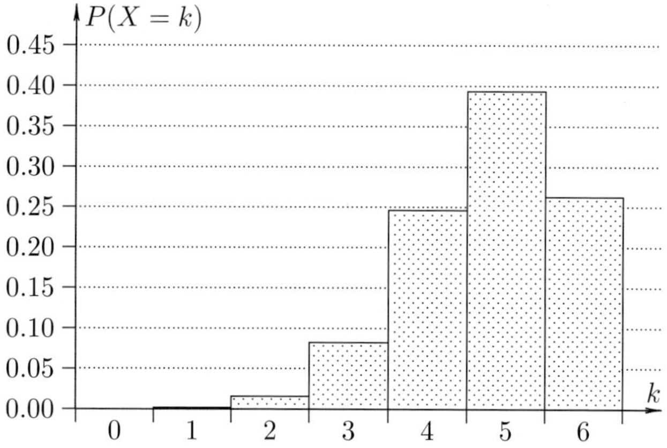


**f)** $n = 25,\ p = 0{,}8$

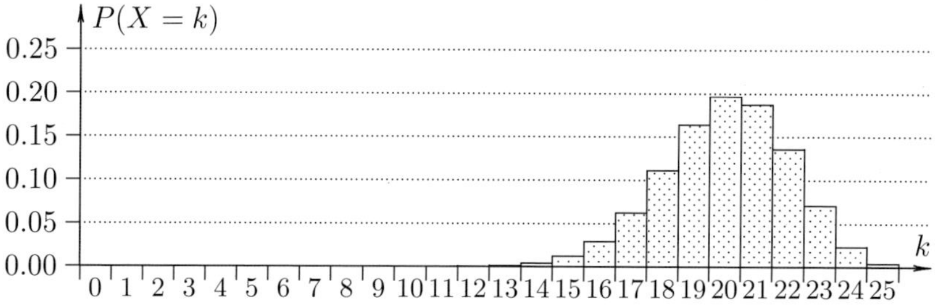


**g)** $n = 50,\ p = 0{,}8$

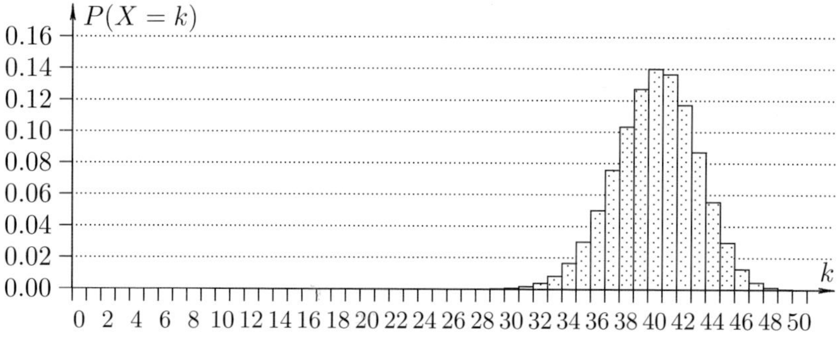

**h)** $n = 100$, $p = 0{,}8$

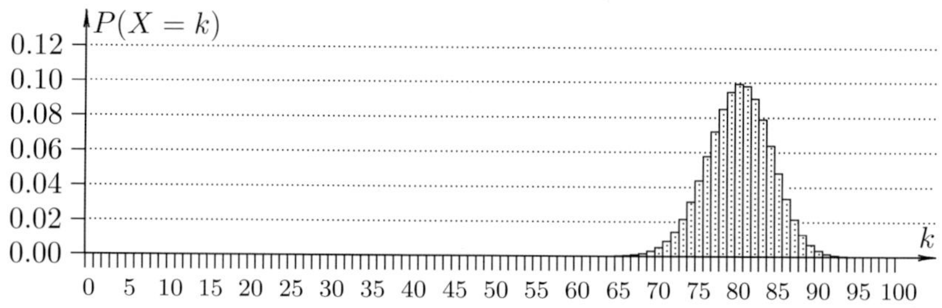


**3 a)** $P(X = 1) = \binom{5}{1} \cdot (\frac{1}{6})^1 \cdot (\frac{5}{6})^4 = 0{,}402$ und

$P(X = 1) = \binom{5}{1} \cdot 0{,}5^1 \cdot 0{,}5^4 = 0{,}156$

**b)** $P(X \geq 2) = \sum_{i=2}^{5} \binom{5}{i} \cdot (\frac{1}{6})^i \cdot (\frac{5}{6})^{5-i} = 0{,}196$ und

$P(X \geq 2) = \sum_{i=2}^{5} \binom{5}{i} \cdot 0{,}5^i \cdot 0{,}5^{5-i} = 0{,}813$

**c)** $P(X < 5) = \sum_{i=0}^{4} \binom{5}{i} \cdot (\frac{1}{6})^i \cdot (\frac{5}{6})^{5-i} = 1{,}000$ und

$P(X < 5) = \sum_{i=0}^{4} \binom{5}{i} \cdot 0{,}5^i \cdot 0{,}5^{5-i} = 0{,}969$

**d)** $P(2 < X < 4) = P(X = 3) = \binom{5}{3} \cdot (\frac{1}{6})^3 \cdot (\frac{5}{6})^2 = 0{,}032$ und

$P(2 < X < 4) = P(X = 3) = \binom{5}{3} \cdot 0{,}5^3 \cdot 0{,}5^2 = 0{,}313$

**e)** $P(X = 4) = \binom{5}{4} \cdot (\frac{1}{6})^4 \cdot (\frac{5}{6})^1 = 0{,}003$ und

$P(X = 4) = \binom{5}{4} \cdot 0{,}5^3 \cdot 0{,}5^2 = 0{,}156$

Münze

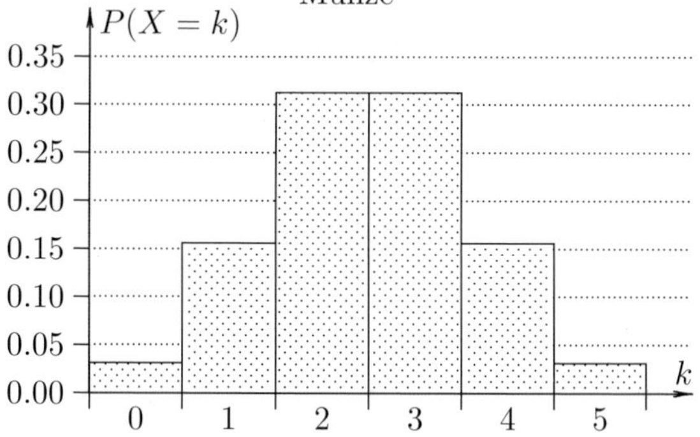


Würfel

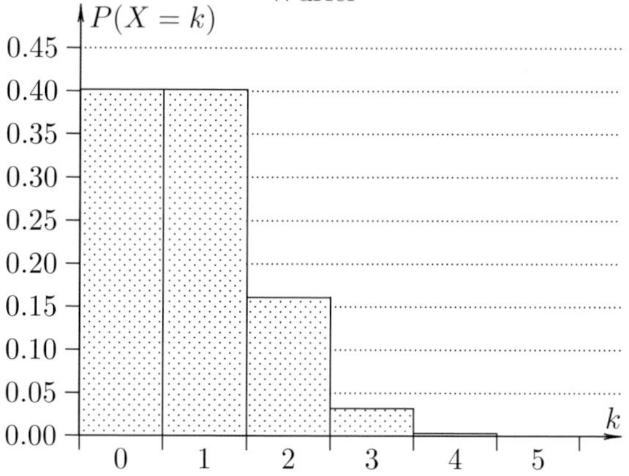


**4 a)** $P(2 \leq X \leq 3) = P(X = 2) + P(X = 3) = \sum_{i=2}^{3} \binom{n}{i} \cdot p^i \cdot (1-p)^{n-i}$

**b)** $1 - P(X = n) = 1 - \binom{n}{n} \cdot p^n \cdot (1-p)^{n-n} = 1 - p^n$

**c)** $P(X \leq 5) = \sum_{i=0}^{5} \binom{n}{i} \cdot p^i \cdot (1-p)^{n-i}$

**d)** $P(1 \leq X < 3) = \sum_{i=1}^{2} \binom{n}{i} \cdot p^i \cdot (1-p)^{n-i}$

**e)** $P(X \leq n-5) = \sum_{i=0}^{n-5} \binom{n}{i} \cdot p^i \cdot (1-p)^{n-i}$

**5 a)** $P(X=2)=\binom{3}{2}\cdot(\frac{1}{37})^2\cdot(\frac{36}{37})^1=0{,}002$

**b)** $P(X\geq 1)=\sum\limits_{i=1}^{3}\binom{3}{i}\cdot(\frac{1}{37})^i\cdot(\frac{36}{37})^{3-i}$

$=1-P(X=0)=1-\binom{3}{0}\cdot(\frac{1}{37})^0\cdot(\frac{36}{37})^3=0{,}079$

**c)** $P(X\leq 2)=\sum\limits_{i=0}^{2}\binom{3}{i}\cdot(\frac{1}{37})^i\cdot(\frac{36}{37})^{3-i}$

$=1-P(X=3)=1-\binom{3}{3}\cdot(\frac{1}{37})^3\cdot(\frac{36}{37})^0=0{,}99998$

**d)** $P(X=0)=\binom{3}{0}\cdot(\frac{1}{37})^0\cdot(\frac{36}{37})^3=0{,}921$

**6 a)** $P(X=1)=\binom{4}{1}\cdot 0{,}4^1\cdot 0{,}6^3=0{,}346$

**b)** $P(X\leq 2)=\sum\limits_{0}^{2}\binom{4}{i}\cdot 0{,}4^i\cdot 0{,}6^{4-i}=0{,}821$

**c)** $P(X\geq 3)=\sum\limits_{3}^{4}\binom{4}{i}\cdot 0{,}4^i\cdot 0{,}6^{4-i}$

$=\binom{4}{3}\cdot 0{,}4^3\cdot 0{,}6^1+\binom{4}{4}\cdot 0{,}4^4\cdot 0{,}6^0=0{,}179$

**d)** $P(2\leq X\leq 3)=\sum\limits_{2}^{3}\binom{4}{i}\cdot 0{,}4^i\cdot 0{,}6^{4-i}$

$=\binom{4}{2}\cdot 0{,}4^2\cdot 0{,}6^2+\binom{4}{3}\cdot 0{,}4^3\cdot 0{,}6^1=0{,}499$

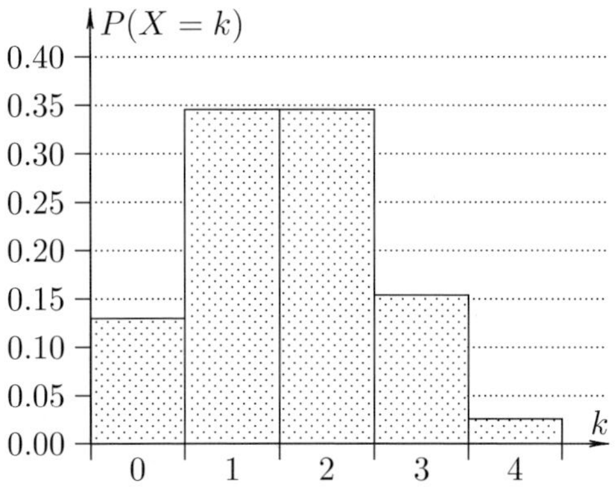




**7 a)** $E(X)=4\cdot\frac{1}{7}=\frac{4}{7}=0{,}571;\ \sigma=\sqrt{4\cdot\frac{1}{7}\cdot(1-\frac{1}{7})}=0{,}700$

**b)** $E(X)=10\cdot 0{,}4=4;\ \sigma=\sqrt{10\cdot 0{,}4\cdot(1-0{,}4)}=1{,}549$

**c)** $E(X)=50\cdot 0{,}1=5;\ \sigma=\sqrt{50\cdot 0{,}1\cdot(1-0{,}1)}=2{,}121$

**d)** $E(X)=8\cdot 0{,}5=4;\ \sigma=\sqrt{8\cdot 0{,}5\cdot(1-0{,}5)}=1{,}414$

**e)** $E(X)=4\cdot 0{,}2=0{,}8;\ \sigma=\sqrt{4\cdot 0{,}2\cdot(1-0{,}2)}=0{,}800$

**f)** $E(X)=10\cdot 0{,}9=9;\ \sigma=\sqrt{10\cdot 0{,}9\cdot(1-0{,}9)}=0{,}949$

**g)** $E(X)=100\cdot 0{,}7=70;\ \sigma=\sqrt{100\cdot 0{,}7\cdot(1-0{,}7)}=4{,}583$

**h)** $E(X)=100\cdot 0{,}7=70;\ \sigma=\sqrt{100\cdot 0{,}7\cdot(1-0{,}7)}=4{,}583$

**8** $E(X)=6\cdot 0{,}25=1{,}5$

$P(X=5)=\binom{6}{5}\cdot 0{,}25^5\cdot 0{,}75^1=0{,}004$

$P(X<3)=\sum\limits_{0}^{2}\binom{6}{i}\cdot 0{,}25^i\cdot 0{,}75^{6-i}=0{,}831$

$P(X\leq 4)=\sum\limits_{0}^{4}\binom{6}{i}\cdot 0{,}25^i\cdot 0{,}75^{6-i}=0{,}995$

**9** $p=0{,}2$: $E(X)=40\cdot 0{,}2=8$

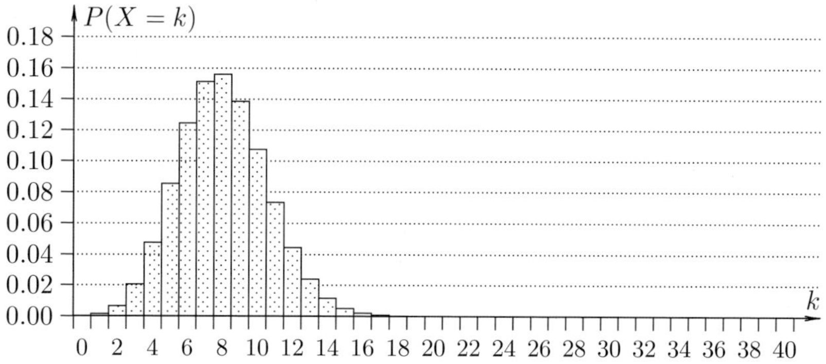

132 $p = 0{,}3$: $E(X) = 40 \cdot 0{,}3 = 12$

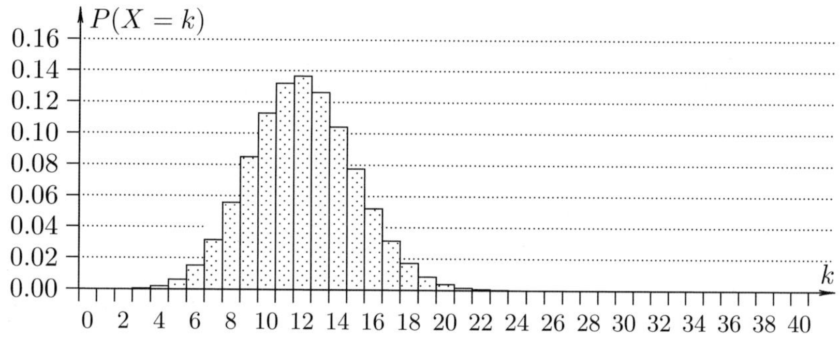

$p = 0{,}4$: $E(X) = 40 \cdot 0{,}4 = 16$

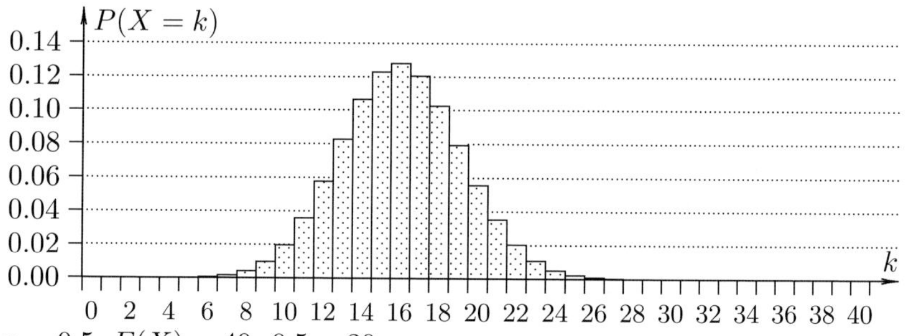

$p = 0{,}5$: $E(X) = 40 \cdot 0{,}5 = 20$

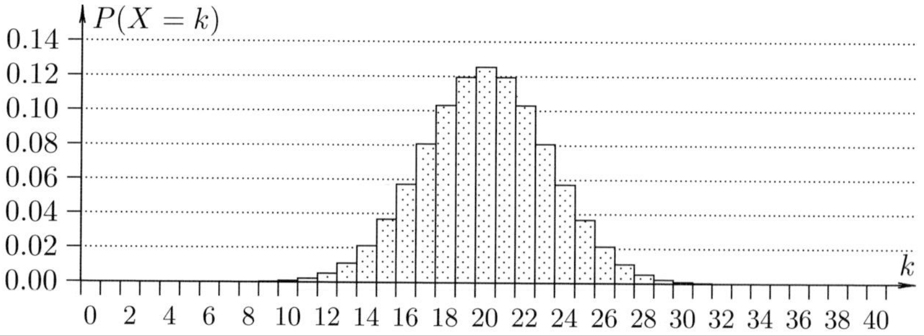

133 **10** $B(4; p; 0) = 0{,}24$

$B(4; p; 1) = 0{,}41$

$B(4; p; 2) = 0{,}26$

$B(4; p; 3) = 0{,}08$

$B(4; p; 4) = 0{,}01$

Da die Summe der abgelesen Wahrscheinlichkeiten 1 ergibt, ist (im Rahmen der Ablesegenauigkeit) vermutlich $n = 4$. 133

$B(4; p; 0) = \binom{4}{0} \cdot p^0 \cdot (1-p)^4 = (1-p)^4 = 0{,}24$

$\Rightarrow 1 - p = 0{,}70 \Rightarrow p = 0{,}3$

$\Rightarrow E(X) = 4 \cdot 0{,}30 = 1{,}2$ und $\sigma = \sqrt{4 \cdot 0{,}30 \cdot 0{,}70} = 0{,}917$

**11**

| $k$ | 0 | 1 | 2 | 3 | 4 | 5 | 6 | 7 | 8 | 9 | 10 |
|---|---|---|---|---|---|---|---|---|---|---|---|
| $B(npk)$ | 0,006 | 0,040 | 0,121 | 0,215 | 0,251 | 0,201 | 0,111 | 0,042 | 0,011 | 0,002 | 0,000 |

$E(X) = 4$

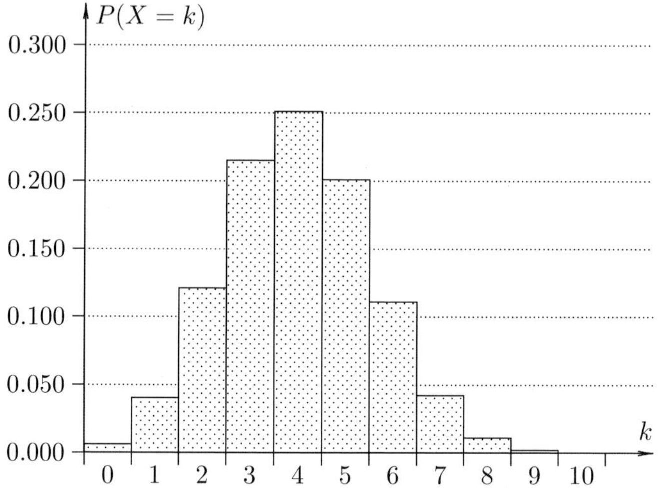

Symmetrisch um $E(X)$:

$P(0 \le X \le 8)$, $P(1 \le X \le 7)$, denn

$P(1 \le X \le 7) = \sum_{i=1}^{7} B(10; 0{,}4; i) = 0{,}982 > 0{,}90$, aber

$P(2 \le X \le 6) = \sum_{i=2}^{6} B(10; 0{,}4; i) = 0{,}899 < 0{,}90$.

Auch asymmetrisch um $E(X)$:

$P(0 \le X \le 6)$, $P(0 \le X \le 7)$, $P(0 \le X \le 9)$, $P(0 \le X \le 10)$;
$P(1 \le X \le 6)$, $P(1 \le X \le 8)$, $P(1 \le X \le 9)$, $P(1 \le X \le 10)$;
$P(2 \le X \le 7)$, $P(2 \le X \le 8)$, $P(2 \le X \le 9)$, $P(2 \le X \le 10)$

**12 a)**

| $K$ | 0 | 1 | 2 | 3 | 4 | 5 | 6 | 7 | 8 | 9 | 10 |
|---|---|---|---|---|---|---|---|---|---|---|---|
| $B(npk)$ | 0,162 | 0,323 | 0,291 | 0,155 | 0,054 | 0,013 | 0,002 | 0,000 | 0,000 | 0,000 | 0,000 |

Wahrscheinlichster Wert: $k = 1$ mit $P(X = 1) = 0{,}323$

**b)** $P(0 \le X \le 3), P(0 \le X \le 4), \ldots, P(0 \le X \le 10);$
$P(1 \le X \le 4), P(1 \le X \le 5), \ldots, P(1 \le X \le 10)$

**13 a)** $P(X \le 5) = \sum_{i=0}^{5} B(50; 0{,}25; i) = 0{,}007$

**b)** $P(10 < X < 20) = \sum_{i=11}^{19} B(50; 0{,}25; i)$

$= \sum_{i=0}^{19} B(50; 0{,}25; i) - \sum_{i=0}^{10} B(50; 0{,}25; i) = 0{,}724$

**c)** $P(\text{„mindestens 45 ohne Panne"}) = \sum_{i=45}^{50} B(50; 0{,}75; i)$

$= 1 - \sum_{i=0}^{44} B(50; 0{,}75; i) = 1 - 0{,}99295 = 0{,}007$

$P(\text{„mindestens 45 ohne Panne"}) = P(\text{„höchstens 5 mit Panne"})$

$= \sum_{i=0}^{5} B(50; 0{,}25; i) = 0{,}007$

**d)** $P(X < k) = P(X \le k - 1) = \sum_{i=0}^{k-1} B(50; 0{,}25; i) = 0{,}0916$

$\Rightarrow k - 1 = 8 \Leftrightarrow k = 9$

**14 a)**

| $k$ | 0 | 1 | 2 | 3 | 4 | 5 | 6 | 7 |
|---|---|---|---|---|---|---|---|---|
| B(npk) | 0,01 | 0,053 | 0,134 | 0,208 | 0,225 | 0,18 | 0,11 | 0,052 |

| $k$ | 8 | 9 | 10 | 11 | 12 | 13 | 14 | 15 |
|---|---|---|---|---|---|---|---|---|
| B(npk) | 0,02 | 0,006 | 0,001 | 0,0002 | $3 \cdot 10^{-5}$ | $4 \cdot 10^{-6}$ | $3 \cdot 10^{-7}$ | $1 \cdot 10^{-8}$ |

**b)**

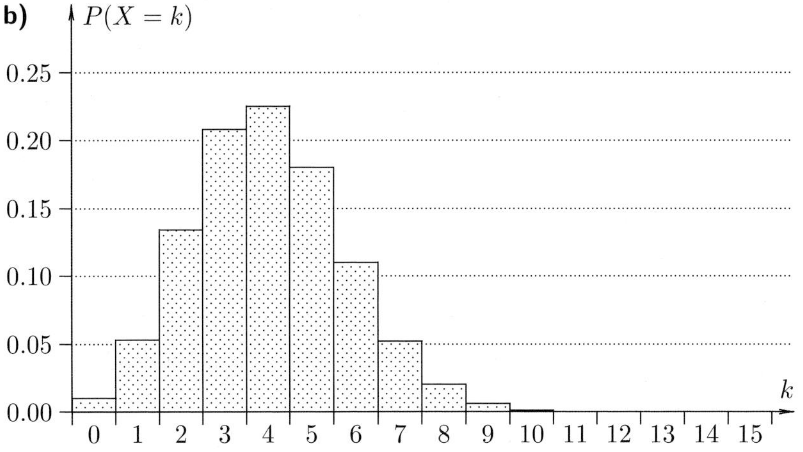


$E(X) = 4;\ P(3 \le X \le 5) = 0{,}613 > 0{,}6;$

$P(2 \le X \le 6) = 0{,}857 > 0{,}6;$
$P(1 \le X \le 7) = 0{,}962 > 0{,}6;$
$P(0 \le X \le 8) = 0{,}992 > 0{,}6$

**Noch fit?**

**I** $f(x) = -0{,}5x(x - 8) \Rightarrow$ Nullstellen bei 0 und 8

$f(x) = g(x)$
$\Leftrightarrow -0{,}5x^2 + 4x = 0{,}75x$
$\Leftrightarrow -0{,}5x^{2^2} + 3{,}25 = 0$
$\Leftrightarrow -0{,}5x(x - 6{,}5) = 0$

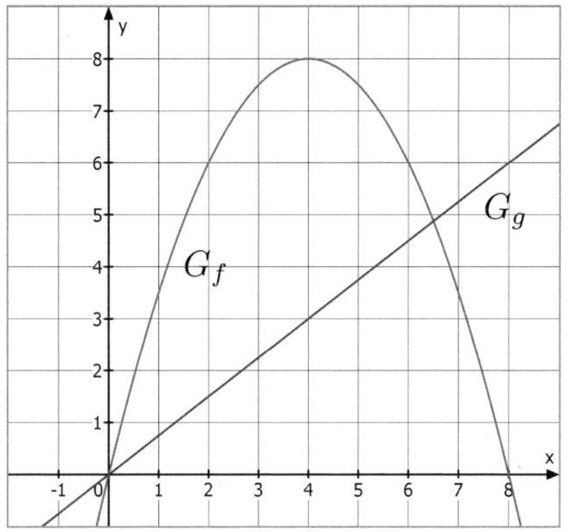


Der Graph von $f$ ist eine nach unten geöffnete Normalparabel mit den Nullstellen 0 und 8 und Scheitel bei 4. Der Graph von $g$ ist eine steigende Ursprungsgerade, die die Parabel bei $x = 6{,}5$ schneidet.

$$\int_0^8 f(x)dx = \left[-\tfrac{0,5}{3}x^3 + 2x^2\right]_0^8 = 42\tfrac{2}{3}$$

$$\int_0^{6,5} (f(x) - g(x))dx = \left[-\tfrac{0,5}{3}x^3 + \tfrac{3,25}{2}x^2\right]_0^{6,5} = 22\tfrac{85}{96}$$

$$\frac{\int_0^{6,5}(f(x)-g(x))dx}{\int_0^8 f(x)dx - \int_0^{6,5}(f(x)-g(x))dx} = \frac{22\frac{85}{96}}{19\frac{25}{32}} = 1\tfrac{298}{1899}$$

**II** Nullstellen:

2 (doppelt), $-1$ (einfach)

$f(x) = 0,5x^3 - 1,5x^2 + 2$

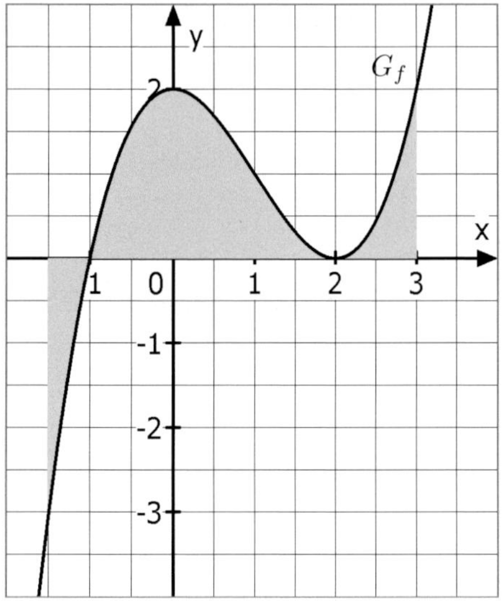


$$\begin{aligned} A &= \int_{-1,5}^{3} f(x)dx \\ &= \int_{-1,5}^{-1} |f(x)dx| + \int_{-1}^{3} |f(x)dx| \\ &= \left|\int_{-1,5}^{-1} f(x)dx\right| + \left|\int_{-1}^{3} f(x)dx\right| \\ &= \left|\int_{-1,5}^{-1} f(x)dx\right| + \int_{-1}^{3} f(x)dx \\ &= \left|\left[\tfrac{0,5}{4}x^4 - \tfrac{1,5}{3}x^3 + 2x\right]_{-1,5}^{-1}\right| \\ &\quad + \left[\tfrac{0,5}{4}x^4 - \tfrac{1,5}{3}x^3 + 2x\right]_{-1}^{3} \\ &= \left|-1,375 + \tfrac{87}{128}\right| \\ &\quad +(2,625 - (-1,375)) \\ &= 4\tfrac{89}{128} \end{aligned}$$

**III** 24 h = 86400 s; Zeitnullpunkt am 23.08.2005 um 12 Uhr

Gesamtzufluss:

$$Z = \int_0^{86400} \frac{1}{4,65\cdot10^{-8}t+9,80\cdot10^{-4}}\,dt$$

$$= \left[\frac{1}{4,65\cdot10^{-8}} \ln|4,65\cdot10^{-8}t + 9,80\cdot10^{-4}|\right]_0^{86400} = 3,50\cdot10^7\ [\mathrm{m}^3]$$



## Anwenden

**15 a)** $P(10 \le X \le 20) = \sum_{i=10}^{20} B(50;0,25;i)$

$= \sum_{i=0}^{20} B(50;0,25;i) - \sum_{i=0}^{9} B(50;0,25;i) = 0,830$

**b)** $P(X \ge 1) = 1 - P(X=0) = 1 - \binom{n}{0}\cdot 0,25^0 \cdot 0,75^n = 1 - 0,75^n$

$1 - 0,75^n \ge 0,95 \Leftrightarrow 0,75^n \le 0,05 \Leftrightarrow n\cdot\ln 0,75 \le \ln 0,05$

$\Leftrightarrow n \ge \frac{\ln 0,05}{\ln 0,75} = 10,41$

Es muss mindestens 11 Lehrkräften Kuchen angeboten werden.

**c)** $P(X \le k) = \sum_{i=0}^{k} B(50;0,25;i) = 0,2622 \Rightarrow k = 10$

**16 a)** $P(X = 20) = \binom{100}{20}\cdot 0,20^{20}\cdot 0,80^{80} = 0,099$

**b)** $P(X \ge 84) = 1 - P(X < 84)$

$= 1 - \sum_{i=0}^{83}\binom{100}{i}\cdot 0,80^i\cdot 0,20^{100-i} = 0,192$

oder $P(X \le 16) = \sum_{i=0}^{83}\binom{100}{i}\cdot 0,20^i\cdot 0,80^{100-i} = 0,192$

**c)** $P(5 \le X \le 15) = \sum_{i=5}^{15}\binom{100}{i}\cdot 0,2^i\cdot 0,8^{100-i} = 0,129$

**17** $C$: Anzahl Kopf Claudius; $R$: Anzahl Kopf Renate

$P(C=1 \text{ und } R<1) + P(C=2 \text{ und } R<2) + P(C=3 \text{ und } R<3)$

$= \binom{3}{1}\cdot 0,5^1\cdot 0,5^2\cdot\binom{2}{0}\cdot 0,5^0\cdot 0,5^2$

$+\binom{3}{2}\cdot 0,5^2\cdot 0,5^1\cdot\sum_{i=0}^{1}\binom{2}{i}\cdot 0,5^i\cdot 0,5^{2-i}$

$+\binom{3}{3}\cdot 0,5^3\cdot 0,5^0\cdot\sum_{i=0}^{2}\binom{2}{i}\cdot 0,5^i\cdot 0,5^{2-i}$

$= \left[\binom{3}{1}\cdot\binom{2}{0} + \binom{3}{2}\cdot\sum_{i=0}^{1}\binom{2}{i} + \binom{3}{3}\cdot\sum_{i=0}^{2}\binom{2}{i}\right]\cdot 0,5^5$

$= [3 + 3\cdot(1+2) + 1\cdot(1+2+1)]\cdot 0,5^5 = 0,5$

134 **18 a)** $E(X) = 0{,}89 \cdot 12 = 10{,}68$

**b)** $P(X = 12) = \binom{12}{12} \cdot 0{,}89^{12} \cdot 0{,}11^{0} = 0{,}247$

**c)** Es wird vorausgesetzt, dass die Ereignisse „$i$-ter Wurf wird verwandelt“ und „$k$-ter Wurf wird verwandelt“ voneinander unabhängig sind.

**19 a)** $P(X > 2) = 1 - P(X \leq 2) = 1 - \sum\limits_{i=0}^{2} \binom{100}{i} \cdot 0{,}025^{i} \cdot 0{,}975^{100-i}$

$= 0{,}458$

**b)** $E(X) = 200 \cdot 0{,}025 = 5$ bzw. $E(X) = 2000 \cdot 0{,}025 = 50$

$Var(X) = 200 \cdot 0{,}025 \cdot 0{,}975 = 4{,}875$ bzw.
$Var(X) = 2000 \cdot 0{,}025 \cdot 0{,}975 = 48{,}75$

**c)** $P(X = 5) = \binom{200}{5} \cdot 0{,}025^{5} \cdot 0{,}975^{195} = 0{,}178$

$P(X = 50) = \binom{2000}{50} \cdot 0{,}025^{50} \cdot 0{,}975^{1950} = 0{,}057$

Das Histogramm der Binomialverteilung verläuft bei gleichem $p$ umso flacher, je größer $n$ ist. Damit ist die Wahrscheinlichkeit dafür, dass die Zufallsgröße den Erwartungswert annimmt, umso kleiner, je größer $n$ ist.

**d)** $P(X \leq 5) = 0{,}062$

**20** $P(X = 2) = \binom{3}{2} \cdot (\frac{2}{3})^{2} \cdot (\frac{1}{3})^{1} = 0{,}444$

$P(X = 4) = \binom{6}{4} \cdot (\frac{2}{3})^{4} \cdot (\frac{1}{3})^{2} = 0{,}329$

Das Histogramm der Binomialverteilung verläuft bei gleichem $p$ umso flacher, je größer $n$ ist. Damit ist die Wahrscheinlichkeit dafür, dass die Zufallsgröße den Erwartungswert annimmt, umso kleiner, je größer $n$ ist.

135 **21 a)** $P(X > 50) = 1 - \sum\limits_{i=0}^{50} \binom{1000}{i} \cdot 0{,}1^{i} \cdot 0{,}9^{1000-i} = 1$

**b)** 10000 Pommes werden untersucht, darunter 5% schadhafte, also 500 schadhafte und 9500 tadellose.
$S$: schadhaftes Pommes wird übersehen
$T$: tadelloses Pommes wird aussortiert

$P(S = 50 \text{ und } T = 50) = \binom{500}{50} \cdot 0{,}05^{50} \cdot 0{,}95^{450} \cdot \binom{9500}{50} \cdot 0{,}02^{50} \cdot 0{,}98^{9450}$ 135
$= 0{,}000$

**22 a)** $P(X = 4) = \binom{10}{4} \cdot (\frac{1}{3})^{4} \cdot (\frac{2}{3})^{6} = 0{,}228$

**b)** $P(X \geq 4) = 1 - P(X < 4) = 1 - \sum\limits_{i=0}^{3} \binom{10}{i} \cdot (\frac{1}{3})^{i} \cdot (\frac{2}{3})^{10-i} = 0{,}441$

**c)** $E(X) = 10 \cdot \frac{1}{3} = 3{,}333$

**d)** $P(X < 25) = \sum\limits_{i=0}^{24} \binom{100}{i} \cdot (\frac{1}{3})^{i} \cdot (\frac{2}{3})^{10-i} = 0{,}028$

Die Wahrscheinlichkeit, dass von 100 weniger als 25 Zwiebeln gelb blühen, obwohl ein Drittel der Lieferung gelbe Zwiebeln waren, beträgt nur 2,8%. Es könnte also durchaus sein, dass in der Lieferung zu wenige gelbe Zwiebeln waren, und der Lieferant könnte deshalb aus Kulanz die Zwiebeln ersetzen.

**23** $R$: Richtige, $G$: Gewinn, $V$: Verlust, $S$: Sechser

**a)** $P(R \geq 3) = \dfrac{\binom{6}{3} \cdot \binom{43}{3} + \binom{6}{4} \cdot \binom{43}{2} + \binom{6}{5} \cdot \binom{43}{1} + \binom{6}{6} \cdot \binom{43}{0}}{\binom{49}{6}} = 0{,}018$

**b)** $P(G = 2) = \binom{2}{2} \cdot 0{,}018^{2} \cdot 0{,}982^{0} = 0{,}0003$

**c)** $P(V \geq 8) = \sum\limits_{i=8}^{10} \binom{10}{i} \cdot (0{,}982)^{i} \cdot (0{,}018)^{10-i} = 0{,}999$

**d)** $P(\text{„Sechser“}) = \dfrac{\binom{6}{6} \cdot \binom{43}{0}}{\binom{49}{6}} = 7{,}151 \cdot 10^{-8}$

$P(S \geq 1) = 1 - P(S = 0)$
$= 1 - \binom{10}{0} \cdot (7{,}151 \cdot 10^{-8})^{0} \cdot (1 - 7{,}151 \cdot 10^{-8})^{10} = 7{,}151 \cdot 10^{-7}$

**e)** $P(X \geq 1) = 1 - P(X = 0) = 1 - \binom{n}{0} \cdot 0{,}018^{0} \cdot 0{,}982^{n} = 1 - 0{,}982^{n}$

$1 - 0{,}982^{n} > 0{,}90 \Leftrightarrow 0{,}982^{n} < 0{,}1 \Leftrightarrow n \cdot \ln 0{,}982 < \ln 0{,}1$
$\Leftrightarrow n > \frac{\ln 0{,}1}{\ln 0{,}982} = 126{,}8$

135 Max muss mindestens 127-mal spielen.
Dabei würde man $127 \cdot 0{,}018 = 2{,}286 \approx 2$ Gewinne erwarten.

**24** $P(X \geq 1) = 1 - P(X = 0) = 1 - \binom{n}{0} \cdot 0{,}15^0 \cdot 0{,}85^n = 1 - 0{,}85^n$

$1 - 0{,}85^n > 0{,}90 \Leftrightarrow 0{,}85^n < 0{,}1 \Leftrightarrow n \cdot \ln 0{,}85 < \ln 0{,}1$
$\Leftrightarrow n > \frac{\ln 0{,}1}{\ln 0{,}85} = 14{,}2$

Es müssen mindestens 15 Schultage vergehen.

**25** Der Pilzsammler geht davon aus, dass jeder einzelne Pilz mit einer Wahrscheinlichkeit von 5% giftig ist. Dann ist von seinen 54 Pilzen mit einer Wahrscheinlichkeit von nur 6% keiner giftig, denn:

$P(X = 0) = \binom{54}{0} \cdot 0{,}05^0 \cdot 0{,}95^{54} = 0{,}063$

Allerdings sind die 5% giftige Pilze nur der Durchschnitt von Experten und sehr unvorsichtigen Sammlern und nicht die Wahrscheinlichkeit dafür, dass ein beliebiger, von diesem Sammler gesammelter Pilz giftig ist.

**26 a)** $P(X = k) = \binom{20}{k} \cdot (\frac{1}{6})^k \cdot (\frac{5}{6})^{20-k} = 0{,}0084 \Rightarrow k = 8$

**b)** $P(X \geq k) = 1 - P(X \leq k-1) = 0{,}1018$
$\Leftrightarrow P(X \leq k-1) = 0{,}8982 \Rightarrow k - 1 = 5 \Leftrightarrow k = 6$

**c)** $P$(„genau 10-mal 2 und höchstens 5-mal 1“)
$= \binom{20}{10} \cdot (\frac{1}{6})^{10} \cdot \sum_{i=0}^{5} \binom{10}{i} \cdot (\frac{1}{6})^i \cdot (\frac{4}{6})^{10-i} = 0{,}00049$

## Vernetzen

136 **27 a)** Individuelle Lösung.

**b)** Individuelle Lösung.

**c)** Modell: Ziehen mit Zurücklegen, d. h. bei jedem Elfmeter sind die Bedingungen die gleichen, die Schüsse sind voneinander unabhängig. Real ist dies nicht so, da die vorhergehenden Schüsse durchaus einen Einfluss haben können auf das Verhalten des Torwarts.

**28** Hausmarke: $E(X) = 0{,}9 \cdot 50 = 45$ 136

$P(X < 45) = \sum_{i=0}^{44} \binom{50}{i} \cdot 0{,}9^i \cdot 0{,}1^{50-i} = 0{,}384$

Markenprodukt: $E(X) = 0{,}98 \cdot 50 = 49$

$P(X < 49) = \sum_{i=0}^{48} \binom{50}{i} \cdot 0{,}98^i \cdot 0{,}02^{50-i} = 0{,}264$

**29** Eine richtige Antwort von vier möglichen: Bei Raten ist $p = \frac{1}{4}$

**a)** $P$(„die ersten 5 richtig“) $= 0{,}25^5 = 0{,}001$

$P$(„mindestens 5 richtig“) $= P(X \geq 5) = 1 - \sum_{i=0}^{4} \binom{50}{i} \cdot 0{,}25^i \cdot 0{,}75^{50-i}$
$= 0{,}998$

**b)** $P(15 < X < 40)$
$= \sum_{i=0}^{39} \binom{50}{i} \cdot 0{,}25^i \cdot 0{,}75^{50-i} - \sum_{i=0}^{15} \binom{50}{i} \cdot 0{,}25^i \cdot 0{,}75^{50-i} = 0{,}163$

**c)** $P$(„9 der ersten 10 und 10 der restlichen 40 falsch“)
$= \binom{10}{9} \cdot 0{,}75^9 \cdot 0{,}25^1 \cdot \binom{40}{10} \cdot 0{,}75^{10} \cdot 0{,}25^{30} = 0{,}000$

**d)** $P(X < 5) = \sum_{i=0}^{4} \binom{50}{i} \cdot 0{,}10^i \cdot 0{,}90^{50-i} = 0{,}431$

**e)** Gut vorbereitet und nervös: $p = 50\%$

Für $p = 0{,}5$ gilt: $P(X \geq 25) = 1 - \sum_{i=0}^{24} \binom{50}{i} \cdot 0{,}50^i \cdot 0{,}50^{50-i} = 0{,}556$

Geringfügig vorbereitet und nervös: $0{,}25 < p < 0{,}50 \Rightarrow$ Die Wahrscheinlichkeit für mindestens 25 richtige Antworten ist kleiner als 0,556; somit kann man nicht von „sicher“ sprechen.

**f)** $P(x \geq 1) = 1 - p(X = 0) = 1 - \binom{n}{0} \cdot 0{,}5^0 \cdot 0{,}5^n = 1 - 0{,}5^n$

$1 - 0{,}5^n > 0{,}95 \Leftrightarrow 0{,}5^n < 0{,}05 \Leftrightarrow n \cdot \ln 0{,}5 < \ln 0{,}05 \Leftrightarrow n > \frac{\ln 0{,}05}{\ln 0{,}5} = 4{,}3$

Man müsste mindestens 5 Fragen stellen.

**30 a)** $P = \binom{5}{2} \cdot 0{,}2^2 \cdot 0{,}8^3 = 0{,}205$

136 **b)** $P(X \geq 1) = 1 - P(X = 0) = 1 - \binom{n}{0} \cdot 0{,}2^0 \cdot 0{,}8^n = 1 - 0{,}8^n$

$$1 - 0{,}8^n > 0{,}99 \Leftrightarrow 0{,}8^n < 0{,}01 \Leftrightarrow n \cdot \ln 0{,}8 < \ln 0{,}01$$
$$\Leftrightarrow n > \frac{\ln 0{,}01}{\ln 0{,}8} = 20{,}6$$

Man müsste mindestens 21-mal ziehen.

**c)** $P(X \geq 150) = 1 - \sum\limits_{i=0}^{149} \binom{200}{i} \cdot 0{,}80^i \cdot 0{,}20^{200-i} = 0{,}966$

**31 a)** $P(\text{„pünktlich“}) = 1 - (15\% + 8\% + 2\%) = 0{,}75$

$P(X = 8) = \binom{10}{8} \cdot 0{,}75^8 \cdot 0{,}25^2 = 0{,}282$

$P(X \geq 8) = 1 - \sum\limits_{i=0}^{7} \binom{10}{i} \cdot 0{,}75^i \cdot 0{,}25^{10-i} = 0{,}526$

**b)** $P(\text{„verspätet“}) = 0{,}25$; $E = 10 \cdot 0{,}25 = 2{,}5$

137 **32 a)** 5% defekt, also 5 defekte unter 100:

Ohne Zurücklegen:
$P(\text{„die ersten drei defekt“}) = \frac{5}{100} \cdot \frac{4}{99} \cdot \frac{3}{98} \cdot \frac{95}{97} \cdot \frac{94}{96} = 0{,}000059$

Mit Zurücklegen:
$P(\text{„die ersten drei defekt“}) = \frac{5}{100} \cdot \frac{5}{100} \cdot \frac{5}{100} \cdot \frac{95}{100} \cdot \frac{95}{100} = 0{,}00011$

**b)** Roboter: mit Zurücklegen:

$P(\text{„nur die ersten fünf defekt“}) = (\frac{15}{100})^5 \cdot (\frac{85}{100})^{15} = 0{,}0000066$

**c)** $E(X) = 0{,}15 \cdot 100 = 15$

$$P(10 \leq X \leq 20) = \sum_{i=10}^{20} \binom{100}{i} \cdot 0{,}15^i \cdot 0{,}85^{100-i}$$
$$= \sum_{i=0}^{20} \binom{100}{i} \cdot 0{,}15^i \cdot 0{,}85^{100-i} - \sum_{i=0}^{9} \binom{100}{i} \cdot 0{,}15^i \cdot 0{,}85^{100-i} = 0{,}879$$

**33 a)** Fehlerhaft, wenn mindestens ein Fehler auftritt:

$P(\text{„mindestens 1 Fehler“}) = 1 - P(\text{„kein Fehler“})$
$= 1 - 0{,}7 \cdot 0{,}85 \cdot 0{,}95 = 0{,}435$

**b)** $P(\text{„höchstens 1 Fehler“})$
$= 0{,}7 \cdot 0{,}85 \cdot 0{,}95 + 0{,}7 \cdot 0{,}85 \cdot 0{,}05 + 0{,}7 \cdot 0{,}15 \cdot 0{,}95 + 0{,}3 \cdot 0{,}85 \cdot 0{,}95$ 137
$= 0{,}937$

**c)** $P(\text{„zwei oder drei Fehler“}) = 1 - 0{,}937 = 0{,}063$

$P(X = 3) = \binom{10}{3} \cdot 0{,}063^3 \cdot 0{,}937^7 = 0{,}019$

$P(\text{„die ersten drei haben zwei oder drei Fehler“}) = 0{,}063^3 = 0{,}00025$

$P(\text{„genau ein Fehler“})$
$= 0{,}7 \cdot 0{,}85 \cdot 0{,}05 + 0{,}7 \cdot 0{,}15 \cdot 0{,}95 + 0{,}3 \cdot 0{,}85 \cdot 0{,}95 = 0{,}372$

**34** Mit Zurücklegen:

$P(\text{„mindestens 1 rot“}) = 1 - P(\text{„alle drei schwarz“}) = 1 - (\frac{8}{10})^3 = 0{,}488$

Ohne Zurücklegen:

$P(\text{„mindestens 1 rot“}) = 1 - P(\text{„alle drei schwarz“}) = 1 - \frac{8}{10} \cdot \frac{7}{9} \cdot \frac{6}{8}$
$= 0{,}533$

Markus denkt vermutlich an ein Ziehen ohne Zurücklegen, während Sophia mit Zurücklegen spielen will.

**35 a)** Medienelement 137-1 auf der Schüler-CD.

**b)** Individuelle Lösung.

**36 a)** $P(\text{„keine NW-Karte“}) = \frac{400}{500} \cdot \frac{399}{499} \cdot \frac{398}{498} = 0{,}511$

**b)** Mit Zurücklegen: $P(\text{„keine NW-Karte“}) = \frac{400}{500} \cdot \frac{400}{500} = 0{,}640$

Ohne Zurücklegen: $P(\text{„keine NW-Karte“}) = \frac{400}{500} \cdot \frac{399}{499} = 0{,}640$ (0,63968)

Die Situation ist für einen naturwissenschaftlich beschlagenen Spieler geringfügig von Vorteil. Bei der großen Kartenmenge wirkt sich dies aber zumindest zu Beginn des Spieles kaum aus.

## 5.2 Einseitiger Signifikanztest

### Hinweise zur Bearbeitung der Aufträge

138 **Auftrag 1** **Qualitätskontrolle**

Dieser Auftrag wird bei der Erarbeitung (Seite 140 ff.) verwendet.

**Auftrag 2** **Mehr Schwarzfahrer durch höhere Preise?**

$P(X \geq 13) = 1 - \sum_{i=0}^{12} \binom{200}{i} \cdot 0{,}04^i \cdot 0{,}96^{200-i} = 0{,}059989$

Nullhypothese: $p \geq 0{,}96$; $\alpha = 0{,}05$

$A = \{k+1; \ldots; 200\}$; $\overline{A} = \{0; \ldots; k\}$

$P(X \leq k) < 0{,}05$
$P(X \leq 186) = 0{,}03121 < 0{,}05$
$P(X \leq 187) = 0{,}05989 > 0{,}05$

Wenn mindestens 187 Passagiere mit gültiger Fahrkarte angetroffen werden, soll die Hypothese nicht abgelehnt werden.

Alternativ:
Nullhypothese: $p \leq 0{,}04$; $\alpha = 0{,}05$

$A = \{0; \ldots; k\}$; $\overline{A} = \{k+1; \ldots; 200\}$

$P(X \geq k+1) < 0{,}05 \Rightarrow P(X \leq k) > 0{,}95$
$P(X \leq 12) = 0{,}94011 < 0{,}95$
$P(X \leq 13) = 0{,}96879 > 0{,}95$

Wenn höchstens 13 Passagiere ohne gültige Fahrkarte angetroffen werden, soll die Hypothese nicht abgelehnt werden.

139 **Auftrag 3** **Kaffeetest**

$P(X \leq 13) = \sum_{i=0}^{13} \binom{20}{i} \cdot 0{,}80^i \cdot 0{,}20^{20-i} = 0{,}08669$

$A = \{k+1; \ldots; 200\}$; $\overline{A} = \{0; \ldots; k\}$

$P(X \leq k) < 0{,}05$
$P(X \leq 12) = 0{,}03214 < 0{,}05$
$P(X \leq 13) = 0{,}08669 > 0{,}05$ 139

Wenn Inga mindestens 13 Tassen richtig erkennt, soll ihre Hypothese akzeptiert werden. Bei mehr als sieben Fehlversuchen wird ihr also ihre besondere Fähigkeit abgesprochen.

**Auftrag 4** **Gummibärchen abfüllen**

Unnötig wird die Maschine angehalten, wenn von den 50 Bärchen weniger als 8 rot sind, obwohl die Maschine im Mittel mindestens 20% rote abfüllt.

$P_{0,2}^{50}(X < 8) = P_{0,2}^{50}(X \leq 7) = 0{,}19041$

Mit 19%iger Wahrscheinlichkeit hält er die Maschine unnötig an.

Bei der genaueren Kontrolle werden 200 Bärchen überprüft. Die Hypothese „Mindestens 20% der Bärchen sind rot“ wird abgelehnt, falls die Anzahl der roten Bärchen in der Stichprobe höchstens $k$ beträgt, sonst wird sie akzeptiert, also

$A = \{k+1; \ldots; 200\}$; $\overline{A} = \{0; \ldots; k\}$
Es soll gelten: $P(X \leq k) < 0{,}05$

Wegen $P(X \leq 30) = 0{,}04302 < 0{,}05$ und $P(X \leq 31) = 0{,}06324 > 0{,}05$ folgt: $A = \{31; \ldots; 200\}$; $\overline{A} = \{0; \ldots; 30\}$

Sind also weniger als 31 Bärchen rot, wird die Maschine angehalten.

### Lösungen der Aufgaben

#### Erarbeiten

**1 a)** $P(X \geq 13) = 1 - \sum_{i=0}^{12} \binom{50}{i} \cdot 0{,}2^i \cdot 0{,}8^{50-i} = 0{,}18606$ 143

**b)** $P(X \leq 84) = \sum_{i=0}^{84} \binom{100}{i} \cdot 0{,}9^i \cdot 0{,}1^{100-i} = 0{,}03989$

**c)** $P(X \geq 3) = \sum_{i=0}^{2} \binom{35}{i} \cdot 0{,}05^i \cdot 0{,}95^{35-i}$

$= 1 - \left(\binom{35}{0} \cdot 0{,}05^0 \cdot 0{,}95^{35} + \binom{35}{1} \cdot 0{,}05^1 \cdot 0{,}95^{34} + \binom{35}{2} \cdot 0{,}05^2 \cdot 0{,}95^{33}\right)$

$= 1 - 0{,}74577 = 0{,}25423$

**d)** $P(X \leq 14) = \sum_{i=0}^{14} \binom{25}{i} \cdot 0{,}75^i \cdot 0{,}25^{25-i} = 0{,}02967$

**e)** $P(X \geq 11) = 1 - \sum_{i=0}^{10} \binom{30}{i} \cdot 0{,}3^i \cdot 0{,}7^{30-i} = 0{,}26963$

**2** Für $\alpha = 0{,}05$:

**a)** $A = \{k+1; \ldots; 50\}$; $\overline{A} = \{0; \ldots; k\}$; $p_0 = 0{,}10$
$P(X \leq 1) = 0{,}03379 < 0{,}05$
$P(X \leq 2) = 0{,}11173 > 0{,}05$

$\Rightarrow A = \{2; \ldots; 50\}$; $\overline{A} = \{0; 1\}$

**b)** $A = \{k+1; \ldots; 200\}$; $\overline{A} = \{0; \ldots; k\}$; $p_0 = 0{,}25$
$P(X \leq 39) = 0{,}04050 < 0{,}05$
$P(X \leq 40) = 0{,}05785 > 0{,}05$

$\Rightarrow A = \{40; \ldots; 200\}$; $\overline{A} = \{0; \ldots; 39\}$

**c)** $A = \{0; \ldots; k\}$; $\overline{A} = \{k+1; \ldots; 30\}$; $p_0 = 0{,}60$
$P(X \geq k+1) \leq 0{,}05 \Leftrightarrow P(X \leq k) \geq 0{,}95$
$P(X \leq 21) = 0{,}90599 < 0{,}95$
$P(X \leq 22) = 0{,}95648 > 0{,}95$

$\Rightarrow A = \{0; \ldots; 22\}$; $\overline{A} = \{23; \ldots; 30\}$

**d)** $A = \{k+1; \ldots; 100\}$; $\overline{A} = \{0; \ldots; k\}$; $p_0 = 0{,}75$
$P(X \leq 67) = 0{,}04460 < 0{,}05$
$P(X \leq 68) = 0{,}06935 > 0{,}05$

$\Rightarrow A = \{68; \ldots; 100\}$; $\overline{A} = \{0; \ldots; 67\}$

**e)** $A = \{k+1; \ldots; 25\}$; $\overline{A} = \{0; \ldots; k\}$; $p_0 = \frac{1}{3}$
$P(X \leq 4) = 0{,}04620 < 0{,}05$
$P(X \leq 5) = 0{,}11195 > 0{,}05$

$\Rightarrow A = \{5; \ldots; 25\}$; $\overline{A} = \{0; \ldots; 4\}$

**f)** $A = \{0; \ldots; k\}$; $\overline{A} = \{k+1; \ldots; 50\}$; $p_0 = 0{,}10$
$P(X \geq k+1) \leq 0{,}05 \Leftrightarrow P(X \leq k) \geq 0{,}95$
$P(X \leq 8) = 0{,}94213 < 0{,}95$
$P(X \leq 9) = 0{,}97546 > 0{,}95$

$\Rightarrow A = \{0; \ldots; 9\}$; $\overline{A} = \{10; \ldots; 50\}$



**g)** $A = \{0; \ldots; k\}$; $\overline{A} = \{k+1; \ldots; 200\}$; $p_0 = 0{,}25$
$P(X \geq k+1) \leq 0{,}05 \Leftrightarrow P(X \leq k) \geq 0{,}95$
$P(X \leq 59) = 0{,}93753 < 0{,}95$
$P(X \leq 60) = 0{,}95461 > 0{,}95$

$\Rightarrow A = \{0; \ldots; 60\}$; $\overline{A} = \{61; \ldots; 200\}$

**h)** $A = \{k+1; \ldots; 30\}$; $\overline{A} = \{0; \ldots; k\}$; $p_0 = 0{,}70$
$P(X \leq 16) = 0{,}04005 < 0{,}05$
$P(X \leq 17) = 0{,}08447 > 0{,}05$

$\Rightarrow A = \{17; \ldots; 30\}$; $\overline{A} = \{0; \ldots; 16\}$

Für $\alpha = 0{,}01$:

**a)** $A = \{k+1; \ldots; 50\}$; $\overline{A} = \{0; \ldots; k\}$; $p_0 = 0{,}10$
$P(X \leq 0) = 0{,}00515 < 0{,}01$
$P(X \leq 1) = 0{,}03379 > 0{,}01$

$\Rightarrow A = \{1; \ldots; 50\}$; $\overline{A} = \{0\}$

**b)** $A = \{k+1; \ldots; 200\}$; $\overline{A} = \{0; \ldots; k\}$; $p_0 = 0{,}25$
$P(X \leq 35) = 0{,}00729 < 0{,}01$
$P(X \leq 36) = 0{,}01171 > 0{,}01$

$\Rightarrow A = \{36; \ldots; 200\}$; $\overline{A} = \{0; \ldots; 35\}$

**c)** $A = \{0; \ldots; k\}$; $\overline{A} = \{k+1; \ldots; 30\}$; $p_0 = 0{,}60$
$P(X \geq k+1) \leq 0{,}01 \Leftrightarrow P(X \leq k) \geq 0{,}99$
$P(X \leq 23) = 0{,}98282 < 0{,}99$
$P(X \leq 24) = 0{,}99434 > 0{,}99$

$\Rightarrow A = \{0; \ldots; 24\}$; $\overline{A} = \{25; \ldots; 30\}$

**d)** $A = \{k+1; \ldots; 100\}$; $\overline{A} = \{0; \ldots; k\}$; $p_0 = 0{,}75$
$P(X \leq 64) = 0{,}00941 < 0{,}01$
$P(X \leq 65) = 0{,}01643 > 0{,}01$

$\Rightarrow A = \{65; \ldots; 100\}$; $\overline{A} = \{0; \ldots; 64\}$

**e)** $A = \{k+1; \ldots; 25\}$; $\overline{A} = \{0; \ldots; k\}$; $p_0 = \frac{1}{3}$
$P(X \leq 2) = 0{,}00350 < 0{,}01$
$P(X \leq 3) = 0{,}01489 > 0{,}01$

$\Rightarrow A = \{3; \ldots; 25\}$; $\overline{A} = \{0; \ldots; 2\}$

143 **f)** $A = \{0;\ldots;k\}$; $\overline{A} = \{k+1;\ldots;50\}$; $p_0 = 0{,}10$
$P(X \geq k+1) \leq 0{,}01 \Leftrightarrow P(X \leq k) \geq 0{,}99$
$P(X \leq 9) = 0{,}97546 < 0{,}99$
$P(X \leq 10) = 0{,}99065 > 0{,}99$

$\Rightarrow A = \{0;\ldots;10\}$; $\overline{A} = \{11;\ldots;50\}$

**g)** $A = \{0;\ldots;k\}$; $\overline{A} = \{k+1;\ldots;200\}$; $p_0 = 0{,}25$
$P(X \geq k+1) \leq 0{,}01 \Leftrightarrow P(X \leq k) \geq 0{,}99$
$P(X \leq 64) = 0{,}98967 < 0{,}99$
$P(X \leq 65) = 0{,}99322 > 0{,}99$

$\Rightarrow A = \{0;\ldots;65\}$; $\overline{A} = \{66;\ldots;200\}$

**h)** $A = \{k+1;\ldots;30\}$; $\overline{A} = \{0;\ldots;k\}$; $p_0 = 0{,}70$
$P(X \leq 14) = 0{,}00637 < 0{,}01$
$P(X \leq 15) = 0{,}01694 > 0{,}01$

$\Rightarrow A = \{15;\ldots;30\}$; $\overline{A} = \{0;\ldots;14\}$

**3**

| | $H_0$ | $n$ | $A$ | $\overline{A}$ | Risiko |
|---|---|---|---|---|---|
| **a)** | $p \geq 0{,}75$ | 50 | $\{35;\ldots;50\}$ | $\{0;\ldots;34\}$ | 0,16308 |
| **b)** | $p \leq 0{,}20$ | 100 | $\{0;\ldots;20\}$ | $\{21;22;\ldots;100\}$ | 0,44054 |
| **c)** | $p \leq 0{,}3$ | 30 | $\{0;1;\ldots;11\}$ | $\{12;\ldots;30\}$ | 0,15932 |
| **d)** | $p \leq 0{,}01$ | 100 | $\{0;1;2\}$ | $\{3;4;\ldots;100\}$ | 0,07937 |
| **e)** | $p \geq 0{,}25$ | 25 | $\{4;\ldots;25\}$ | $\{0;1;2;3\}$ | 0,09621 |
| **f)** | $p \geq 0{,}8$ | 200 | $\{169;\ldots;200\}$ | $\{0;\ldots;168\}$ | 0,93676 |

**4** Nullhypothese: $H_0$: $p \geq 0{,}20$, $\alpha = 0{,}02$
$A = \{k+1;\ldots;50\}$; $\overline{A} = \{0;\ldots;k\}$
$P(X \leq 4) = 0{,}01850 < 0{,}02$
$P(X \leq 5) = 0{,}04803 > 0{,}02$

$\Rightarrow A = \{5;\ldots;50\}$; $\overline{A} = \{0;\ldots;4\}$

Nullhypothese: $H_0$: $p \geq 0{,}20$, $\alpha = 0{,}02$
$A = \{k+1;\ldots;100\}$; $\overline{A} = \{0;\ldots;k\}$
$P(X \leq 11) = 0{,}01257 < 0{,}02$
$P(X \leq 12) = 0{,}02533 > 0{,}02$

$\Rightarrow A = \{12;\ldots;50\}$; $\overline{A} = \{0;\ldots;11\}$ 143

Die Hypothese „man gewinnt mindestens 20% der Spiele“ wird akzeptiert, wenn mindestens 5 (12) Spiele gewonnen werden. Sonst wird die Hypothese abgelehnt.

**5** Nullhypothese: Der Bewerber ist Laie, also er rät, $p \leq \frac{1}{6}$
$A = \{0;\ldots;8\}$; $\overline{A} = \{9;\ldots;25\}$
Risiko: $P(X \geq 9) = 1 - P(X \leq 8) = 0{,}01571$

**6 a)** $P(X \geq 18) = 1 - 0{,}92963 = 0{,}07037$

**b)** Nullhypothese: $p \leq 0{,}125$; $\alpha = 0{,}05$
$A = \{0;\ldots;k\}$; $\overline{A} = \{k+1;\ldots;100\}$
$P(X \geq k+1) \leq 0{,}05 \Leftrightarrow P(X \leq k) \geq 0{,}95$
$P(X \leq 17) = 0{,}92963 < 0{,}95$
$P(X \leq 18) = 0{,}95954 > 0{,}95$

$\Rightarrow A = \{0;\ldots;18\}$; $\overline{A} = \{19;\ldots;100\}$

**7** Nullhypothese: $p \geq 0{,}30$; $\alpha = 0{,}05$ 144
$A = \{k+1;\ldots;100\}$; $\overline{A} = \{0;\ldots;k\}$
$P(X \leq 22) = 0{,}04787 < 0{,}05$
$P(X \leq 23) = 0{,}07553 > 0{,}05$

$\Rightarrow A = \{23;\ldots;100\}$; $\overline{A} = \{0;\ldots;22\}$

Da 25 nicht im Ablehnungsbereich liegt, geht man davon aus, dass der Stimmenanteil nicht gesunken ist.

**Noch fit?**

**I a)** $\overrightarrow{n_H} = \begin{pmatrix} 3 \\ 6 \\ 1 \end{pmatrix} \times \begin{pmatrix} 6 \\ 8 \\ 4 \end{pmatrix} = \begin{pmatrix} 16 \\ -6 \\ -12 \end{pmatrix} = -2 \cdot \overrightarrow{n_E}$

$\Rightarrow$ Die Ebenen sind echt parallel oder identisch.

Da der Punkt $(3|8|4)$ nicht auf $E$ liegt $(-8 \cdot 3 + 3 \cdot 8 + 6 \cdot 4 - 12 = 12 \neq 0)$, sind sie echt parallel.

**b)** $3 + 2t = k$
$5 + t = -5 + 9k \Rightarrow t = -1,\ k = 1 \Rightarrow$ Schnittpunkt $S(1|4|3)$
$-3t = 2 + k$

144 $\cos\varphi = \frac{\left|\begin{pmatrix}2\\1\\-3\end{pmatrix}\circ\begin{pmatrix}1\\9\\1\end{pmatrix}\right|}{\left|\begin{pmatrix}2\\1\\-3\end{pmatrix}\right|\cdot\left|\begin{pmatrix}1\\9\\1\end{pmatrix}\right|} = \frac{|2+9-3|}{\sqrt{4+1+9}\cdot\sqrt{1+81+1}} = \frac{8}{\sqrt{1162}} \Rightarrow \varphi = 76{,}4°$

**c)** Beispielsweise liegt $O(0|0|0)$ sicher nicht auf $g$, $\begin{pmatrix}1\\0\\0\end{pmatrix}$ ist sicher nicht parallel zu $\begin{pmatrix}1\\9\\1\end{pmatrix}$, also ist $w$: $\vec{x} = \begin{pmatrix}0\\0\\0\end{pmatrix} + k\cdot\begin{pmatrix}1\\0\\0\end{pmatrix}$ eine zu $g$ windschiefe Gerade.

**II a)** $\overrightarrow{n_E} = \begin{pmatrix}2-0\\3-1\\2+1\end{pmatrix}\times\begin{pmatrix}1-0\\1-1\\0+1\end{pmatrix} = \begin{pmatrix}2\\2\\3\end{pmatrix}\times\begin{pmatrix}1\\0\\1\end{pmatrix} = \begin{pmatrix}2\\1\\-2\end{pmatrix}$;

$\overrightarrow{n_E}\circ(\vec{x}-\vec{a}) = 0 \Leftrightarrow \begin{pmatrix}2\\1\\-2\end{pmatrix}\circ\left(\vec{x}-\begin{pmatrix}0\\1\\-1\end{pmatrix}\right) = 0 \Leftrightarrow 2x_1 + x_2 - 2x_3 - 3 = 0$

**b)** $2\cdot 4 + 3 - 2\cdot 4 - 3 = 0 \Rightarrow D$ liegt in der Ebene.

**c)** Z. B. $2x_1 + x_2 - 2x_3 = 0$

**d)** $F$ ist parallel zur $x_3$-Achse.

## Anwenden

**8** Nullhypothese: $p \le 0{,}40$; $\alpha = 0{,}05$
$A = \{0;\ldots;k\}$; $\overline{A} = \{k+1;\ldots;100\}$
$P(X \ge k+1) \le 0{,}05 \Leftrightarrow P(X \le k) \ge 0{,}95$
$P(X \le 47) = 0{,}93621 < 0{,}95$
$P(X \le 48) = 0{,}95770 > 0{,}95$
$\Rightarrow A = \{0;\ldots;48\}$; $\overline{A} = \{49;\ldots;100\}$

Nullhypothese: $p \ge 0{,}40$; $\alpha = 0{,}05$
$A = \{k+1;\ldots;100\}$; $\overline{A} = \{0;\ldots;k\}$
$P(X \le 31) = 0{,}03985 < 0{,}05$
$P(X \le 32) = 0{,}06150 > 0{,}05$
$\Rightarrow A = \{32;\ldots;100\}$; $\overline{A} = \{0;\ldots;31\}$

Stimmen höchstens 48 (mindestens 32) Wähler für die Partei, wird die Hypothese akzeptiert.

**9 a)** Nullhypothese: $p \le 0{,}60$; $\alpha = 10\%$ 144
$A = \{0;\ldots;k\}$; $\overline{A} = \{k+1;\ldots;20\}$
$P(X \ge k+1) \le 0{,}10 \Leftrightarrow P(X \le k) \ge 0{,}90$
$P(X \le 14) = 0{,}87440 < 0{,}90$
$P(X \le 15) = 0{,}94905 > 0{,}90$
$\Rightarrow A = \{0;\ldots;15\}$; $\overline{A} = \{16;\ldots;20\}$
$\Rightarrow 14 \in A$, also kein Widerspruch zur Behauptung von Moritz.

**b)** $P(X \le 15) = 0{,}37035$

**10** Nullhypothese: $p \le \frac{1}{3}$; $\alpha = 10\%$ 145
$A = \{0;\ldots;k\}$; $\overline{A} = \{k+1;\ldots;10\}$
$P(X \ge k+1) \le 0{,}10 \Leftrightarrow P(X \le k) \ge 0{,}90$
$P(X \le 4) = 0{,}78687 < 0{,}90$
$P(X \le 5) = 0{,}92344 > 0{,}90$
$\Rightarrow A = \{0;\ldots;5\}$; $\overline{A} = \{6;\ldots;10\}$
$\Rightarrow 6 \in \overline{A}$, also Widerspruch zur Behauptung von Benjamin.
Robert rät nicht, hat also doch einen treffsicheren Geschmack.

**11** Nullhypothese: $p \ge 0{,}5$; $\alpha = 5\%$
$A = \{k+1;\ldots;25\}$; $\overline{A} = \{0;\ldots;k\}$
$P(X \le 7) = 0{,}02164 < 0{,}05$
$P(X \le 8) = 0{,}05388 > 0{,}05$
$\Rightarrow A = \{8;\ldots;25\}$; $\overline{A} = \{0;\ldots;7\}$
Das Ergebnis stellt Susannes Behauptung in Frage.

**12 a)** Nullhypothese: $p \ge 0{,}04$; $\alpha = 5\%$
$A = \{0;\ldots;k\}$; $\overline{A} = \{k+1;\ldots;100\}$
$P(X \ge k+1) \le 0{,}05 \Leftrightarrow P(X \le k) \ge 0{,}95$
$P(X \le 6) = 0{,}89361 < 0{,}95$
$P(X \le 7) = 0{,}95249 > 0{,}95$
$\Rightarrow A = \{0;\ldots;7\}$; $\overline{A} = \{8;\ldots;100\}$
Man kann schließen, dass der Anteil größer als 4% ist.

**b)** $P(100; 0{,}04; X \ge 9) = 0{,}01899$

145

**13 a)** $P(X \geq 13) = 1 - P(\leq 12) = 0{,}19818$

**b)** Nullhypothese: $p \leq 0{,}10$; $\alpha = 10\%$
$A = \{0; \ldots; k\}$; $\overline{A} = \{k+1; \ldots; 100\}$
$P(X \geq k+1) \leq 0{,}10 \Leftrightarrow P(X \leq k) \geq 0{,}90$
$P(X \leq 13) = 0{,}87612 < 0{,}90$
$P(X \leq 14) = 0{,}92743 > 0{,}90$

$\Rightarrow A = \{0; \ldots; 14\}$; $\overline{A} = \{15; \ldots; 100\}$

**c)** $P(X \leq 12) = 0{,}00103$

**14** Nullhypothese: $p \leq 0{,}05$

Produzent: $n = 100$, $A = \{0; \ldots; 6\}$, $\overline{A} = \{7; \ldots; 100\}$
$P(X \geq 7) = 1 - P(X \leq 6) = 0{,}23399$

Einkäufer: $n = 20$, $A = \{0; 1\}$, $\overline{A} = \{2; \ldots; 20\}$
$P(X \geq 2) = 1 - P(X \leq 1) = 0{,}26416$

Die Gefahr einer fälschlichen Zurücknahme ist im ersten Fall geringer, dafür dauert der Test länger, da mehr Werkstücke untersucht werden müssen.

**15**

- Es wurden Tests mit unterschiedlicher Stichprobenlänge durchgeführt.
- Der Begriff „Fehlerquote" wurde unterschiedlich interpretiert:
  - Lüge als wahr erkannt
  - Wahrheit als Lüge erkannt
  - sowohl Lüge als wahr als auch Wahrheit als Lüge erkannt.
- Probanden wollen bewusst manipulieren oder eben nicht.
- Lügendetektoren messen Werte, die dann interpretiert werden $\Rightarrow$ unterschiedliche Interpreten kommen zu unterschiedlichen Ergebnissen.

146

**16** Nullhypothese: $p \geq 0{,}80$; $\alpha = 5\%$
$A = \{k+1; \ldots; 20\}$; $\overline{A} = \{0; \ldots; k\}$
$P(X \leq 12) = 0{,}03214 < 0{,}05$
$P(X \leq 13) = 0{,}08669 > 0{,}05$

$\Rightarrow A = \{13; \ldots; 20\}$; $\overline{A} = \{0; \ldots; 12\}$

$\Rightarrow$ Ihre Behauptung ist damit auf diesem Signifikanzniveau widerlegt.



**17 a)** Nullhypothese: $p \geq 0{,}60$; $\alpha = 5\%$
$A = \{k+1; \ldots; 100\}$; $\overline{A} = \{0; \ldots; k\}$
$P(X \leq 51) = 0{,}04230 < 0{,}05$
$P(X \leq 52) = 0{,}06379 > 0{,}05$

$\Rightarrow A = \{52; \ldots; 100\}$; $\overline{A} = \{0; \ldots; 51\}$

Wirkt das Produkt in mindestens 52 Fällen, so soll keine irreführende Werbung vorgeworfen werden.

**b)** $P(X \leq 51) = 0{,}00005$

**18 a)** Fälschliche Akzeptanz der Hypothese: Höchstens 25 Testpersonen sind Rhesus positiv, obwohl der Anteil weiterhin 15% beträgt.

$A = \{0; \ldots; 25\}$, $\overline{A} = \{26; \ldots; 200\}$
$P_{0,15}^{100}(X \leq 25) = 0{,}99703$

**b)** Nullhypothese: $p \geq 0{,}05$, $\alpha = 0{,}05$
$A = \{k+1; \ldots; 100\}$; $\overline{A} = \{0; \ldots; k\}$
$P(X \leq 1) = 0{,}03708 < 0{,}05$
$P(X \leq 2) = 0{,}11826 > 0{,}05$

$\Rightarrow A = \{2; \ldots; 200\}$; $\overline{A} = \{0; 1\}$

Haben mindestens zwei Personen die Blutgruppe AB, wird die Hypothese akzeptiert.

## Vernetzen

**19** Nullhypothese: $p \geq 10\%$
$A = \{k+1; \ldots; n\}$, $\overline{A} = \{0; \ldots; k\}$ mit $4 \in \overline{A}$, also $k \geq 4$.

Wenn man davon ausgeht, dass der Detektiv den Annahmebereich seiner Hypothese so gewählt hat, dass er den Erwartungswert enthält, so muss dieser mindestens 5 sein, also muss $n \geq 50$ (und nicht 40, wie Grethe behauptet).
Weiter muss gelten: $P(X \leq k) \leq 0{,}05$.
Für $n = 88$ gilt $P(X \leq 4) = 0{,}05304 > 0{,}05$; für $n = 89$ gilt $P(X \leq 4) = 0{,}04970 < 0{,}05$; also muss n mindestens 89 sein. Eine genauere Angabe ist nicht möglich, insbesondere da $k$ auch größer als 4 gewesen sein könnte.

147 **20 a)** Verschiedene Ansatzpunkte:

- Verfahren 1 ist das schnellste.
- Bei Verfahren 2 erhält man mit Sicherheit mindestens 27 intakte Monitore, bei 1 beispielsweise nur mindestens 9.
- Verfahren 3 dauert zwar länger als 1, bietet aber dafür mehr Sicherheit.

Auch rechnerische Lösungen sind denkbar, aber nicht verlangt.

**b)** Nullhypothese: $p \geq 0{,}10$
$A = \{0; 1\}$; $\overline{A} = \{2; \ldots; 10\}$
$P(X \leq 1) = 0{,}73610$

**c)** Es kann die Stichprobenlänge variiert werden oder die Entscheidungsregel oder beides.

Mit gleicher Stichprobenlänge: $A = \{0; \ldots; k\}$; $\overline{A} = \{k+1; \ldots; 30\}$

Akzeptiert, obwohl $p = 0{,}10$:
$P(X \leq k) \leq 0{,}05$
$P(X \leq 0) = 0{,}04239 < 0{,}05$
$P(X \leq 1) = 0{,}18370 > 0{,}05$

Neue Entscheidungsregel: Nur wenn kein Monitor defekt ist, wird die Lieferung akzeptiert.

**d)** Obwohl nur 5% der Monitore Fehler aufweisen, sind in der Stichprobe der Länge 15 mehr als zwei fehlerhaft, oder es sind in der ersten Stichprobe genau zwei fehlerhaft und in der zweiten mit Länge 10 mindestens einer, so dass die Lieferung nicht akzeptiert wird.

$P_{0,05}^{15}(X \geq 3) + P_{0,05}^{15}(X = 2) \cdot P_{0,05}^{15}(X \geq 1)$

$= 1 - P_{0,05}^{15}(X \leq 2) + P_{0,05}^{15}(X = 2) \cdot (1 - P_{0,05}^{10}(X = 0))$

$= 1 - 0{,}96380 + 0{,}13475 \cdot (1 - 0{,}59874) = 0{,}09027$

**21 a)** $P_{\text{positiv}}(\text{Test negativ}) = 0{,}50 \Rightarrow P_{\text{positiv}}(\text{Test positiv}) = 0{,}50$

$P_{\text{negativ}}(\text{Test positiv}) = 0{,}05 \Rightarrow P_{\text{negativ}}(\text{Test negativ}) = 0{,}95$

$P(\text{positiv}) = 0{,}20 \Rightarrow P(\text{negativ}) = 0{,}80$

$P(\text{negativ und Test positiv}) = 0{,}8 \cdot 0{,}05 = 0{,}04$

**b)** $P(\text{negativ und Test positiv oder positiv und Test negativ})$ 147

$= 0{,}80 \cdot 0{,}05 + 0{,}20 \cdot 0{,}50 = 0{,}04 + 0{,}10 = 0{,}14$

**c)** Nullhypothese: $p \leq 0{,}10$; $\alpha = 1\%$
$A = \{0; \ldots; k\}$; $\overline{A} = \{k+1; \ldots; 100\}$
$P(X \geq k+1) \leq 0{,}01 \Leftrightarrow P(X \leq k) \geq 0{,}99$
$P(X \leq 17) = 0{,}98999 < 0{,}99$
$P(X \leq 18) = 0{,}99542 > 0{,}99$

$\Rightarrow A = \{0; \ldots; 18\}$; $\overline{A} = \{19; \ldots; 100\}$

Da nur 15 Personen falsch getestet wurden, kann die Hypothese des Herstellers akzeptiert werden.

**22** Nullhypothese: Das Medikament vermindert die Symptome sehr.

Fehler 1. Art: Das Medikament wirkt gut, aber es wird angenommen, dass es nicht ausreichend wirkt. Konsequenz: Das Medikament wird unnötig überarbeitet oder nicht eingesetzt.

Fehler 2. Art: Das Medikament wirkt unzureichend, aber es wird angenommen, dass es gut wirkt. Konsequenz: Das Medikament wird eingesetzt, die Symptomen bleiben aber bestehen.

**23 a)** Nullhypothese: Das Medikament hat geringere Nebenwirkungen. 148
Alternative: Das Medikament hat nicht geringere Nebenwirkungen.

**b)** Nullhypothese: Das Kaufverhalten wird positiv beeinflusst.
Alternative: Das Kaufverhalten wird nicht positiv beeinflusst.

**c)** Nullhypothese: Die Partei bekommt weiterhin die Mehrheit.
Alternative: Die Partei verliert die Mehrheit.

**24** Entscheidungsregel verändern: größerer Fehler 2. Art
Stichprobenlänge verändern: Aufwand, Kosten

**25** Das Signifikanzniveau gibt nur eine obere Grenze für den Fehler 1. Art an. Das Risiko, die Hypothese fälschlich zu akzeptieren oder fälschlich abzulehnen, kann deutlich höher sein.

148 **26 a)** Nullhypothese: $p \geq 0{,}30$; $\alpha = 20\%$
$A = \{k+1; \ldots; 200\}$; $\overline{A} = \{0; \ldots; k\}$
$P(X \leq 54) = 0{,}19885 < 0{,}20$
$P(X \leq 55) = 0{,}24545 > 0{,}20$

$\Rightarrow \overline{A} = \{0; \ldots; 54\}$; $A = \{55; \ldots; 200\}$

Wenn weniger als 55 Zuschauer die Note 1 vergeben, soll die Behauptung abgelehnt werden.

**b)** 120 männliche, 80 weibliche Zuschauer wurden befragt. Wenn die Gesamtheit der Zuschauer sich in diesem Verhältnis zusammensetzt, kann der Einwand zurückgewiesen werden.

149 **27** Nullhypothese: $p \leq 0{,}10$
$A = \{0; \ldots; 4\}$; $\overline{A} = \{5; \ldots; 20\}$

$$P(X \geq 5) = 1 - \sum_{i=0}^{4} \binom{20}{i} \cdot 0{,}1^i \cdot 0{,}9^{20-i} = 0{,}04317$$

$$P(X \geq 4) = 1 - \sum_{i=0}^{3} \binom{20}{i} \cdot 0{,}1^i \cdot 0{,}9^{20-i} = 0{,}13295$$

Das Signifikanzniveau, das diesem Test zu Grunde liegt, könnte z. B. 5% betragen.
Allgemein: $\alpha \in [0{,}04317; 0{,}13295]$

**28 a)** Nullhypothese: $p \geq 0{,}7$
$A = \{61; \ldots; 100\}$; $\overline{A} = \{0; \ldots; 60\}$

$$P(X \leq 60) = \sum_{i=0}^{60} \binom{100}{i} \cdot 0{,}7^i \cdot 0{,}3^{100-i} = 0{,}02099$$

**b)** $A = \{k+1; \ldots; 100\}$; $\overline{A} = \{0; \ldots; k\}$; $p_0 = 0{,}7$

$\alpha = 0{,}1$
$P(X \leq 63) = 0{,}07988 < 0{,}1$
$P(X \leq 64) = 0{,}11608 > 0{,}1$

$\Rightarrow A = \{64; \ldots; 100\}$; $\overline{A} = \{0; \ldots; 63\}$

$\alpha = 0{,}05$
$P(X \leq 61) = 0{,}03398 < 0{,}05$
$P(X \leq 62) = 0{,}05305 > 0{,}05$

$\Rightarrow A = \{62; \ldots; 100\}$; $\overline{A} = \{0; \ldots; 61\}$

$\alpha = 0{,}01$
$P(X \leq 58) = 0{,}00717 < 0{,}01$
$P(X \leq 59) = 0{,}01250 > 0{,}01$

$\Rightarrow A = \{59; \ldots; 100\}$; $\overline{A} = \{0; \ldots; 58\}$

**c)** $A = \{k+1; \ldots; 200\}$; $\overline{A} = \{0; \ldots; k\}$; $p_0 = 0{,}7$

$\alpha = 0{,}1$
$P(X \leq 131) = 0{,}09595 < 0{,}1$
$P(X \leq 132) = 0{,}12421 > 0{,}1$

$\Rightarrow A = \{132; \ldots; 200\}$; $\overline{A} = \{0; \ldots; 131\}$

$\alpha = 0{,}05$
$P(X \leq 128) = 0{,}03963 < 0{,}05$
$P(X \leq 129) = 0{,}05421 > 0{,}05$

$\Rightarrow A = \{129; \ldots; 200\}$; $\overline{A} = \{0; \ldots; 128\}$

$\alpha = 0{,}01$
$P(X \leq 124) = 0{,}00938 < 0{,}01$
$P(X \leq 125) = 0{,}01383 > 0{,}01$

$\Rightarrow A = \{125; \ldots; 200\}$; $\overline{A} = \{0; \ldots; 124\}$

**d)** $A = \{k+1; \ldots; 50\}$; $\overline{A} = \{0; \ldots; k\}$; $p_0 = 0{,}7$

$\alpha = 0{,}1$
$P(X \leq 30) = 0{,}08480 < 0{,}1$
$P(X \leq 31) = 0{,}14056 > 0{,}1$

$\Rightarrow A = \{31; \ldots; 50\}$; $\overline{A} = \{0; \ldots; 30\}$

$\alpha = 0{,}05$
$P(X \leq 29) = 0{,}04776 < 0{,}05$
$P(X \leq 30) = 0{,}08480 > 0{,}05$

$\Rightarrow A = \{30; \ldots; 50\}$; $\overline{A} = \{0; \ldots; 29\}$

$\alpha = 0{,}01$
$P(X \leq 26) = 0{,}00559 < 0{,}01$
$P(X \leq 27) = 0{,}01228 > 0{,}01$

$\Rightarrow A = \{27; \ldots; 50\}$; $\overline{A} = \{0; \ldots; 26\}$

Ob die Hypothese angenommen oder abgelehnt wird, hängt vom Signifikanzniveau ab. Auf einem Signifikanzniveau von 5% z. B. steht das Ergebnis im Widerspruch zum Gerücht, auf einem Niveau von 1% jedoch nicht.

**29 a)** $n = 10$, mindestens 6 Nieten = höchstens 4 Gewinne
$p_1 = 0{,}6$, $A_1 = \{5; \ldots; 10\}$
$p_2 = 0{,}1$, $A_2 = \{0; \ldots; 4\}$

$$P(X \leq 4) = \sum_{i=0}^{4} \binom{10}{i} \cdot 0{,}6^i \cdot 0{,}4^{10-i} = 0{,}16624$$

**b)** $n = 10$
$p_1 = 0{,}6$, $A_1 = \{k+1; \ldots; 10\}$
$p_2 = 0{,}1$, $A_2 = \{0; \ldots; k\}$

$P(X \geq k+1) \leq 0{,}05 \Leftrightarrow P(X \leq k) \geq 0{,}95$
$P(X \leq 2) = 0{,}92981 < 0{,}95$
$P(X \leq 3) = 0{,}98720 > 0{,}95$

$\Rightarrow A_1 = \{4; \ldots; 10\}$; $A_2 = \{0; \ldots; 3\}$

**30** $p_1 = \frac{1}{6}$, $A_1 = \{0; \ldots; k\}$
$p_2 = \frac{1}{3}$, $A_2 = \{k+1; \ldots; n\}$

$P^n_{\frac{1}{6}}(X \in A_2) \leq 0{,}10$, also $P^n_{\frac{1}{6}}(X \leq k) \geq 0{,}90$ und

$P^n_{\frac{1}{3}}(X \in A_1) \leq 0{,}10$, also $P^n_{\frac{1}{3}}(X \leq k) \leq 0{,}10$.

Mit Hilfe des Tafelwerks:

| $n$ | 30 | 50 | 100 |
|---|---|---|---|
| $k$ so, dass $P(X \leq k) \geq 90\%$, $p = \frac{1}{6}$ | 8 | 12 | 22 |
| $k$ so, dass $P(X \leq k) \leq 10\%$, $p = \frac{1}{3}$ | 6 | 11 | 26 |

Also muss $n$ größer als 50 sein. Für $n = 51$ erhält man (Tabellenkalkulationsprogramm):

$p_1 = \frac{1}{6}$, $A_1 = \{0; \ldots; 12\}$

$p_2 = \frac{1}{3}$, $A_2 = \{13; \ldots; 15\}$

$P^n_{\frac{1}{6}}(X \in A_2) = P^n_{\frac{1}{6}}(X \geq 13) = 1 - P^n_{\frac{1}{6}}(X \leq 12) = 0{,}07177 < 0{,}10$ und

$P^n_{\frac{1}{3}}(X \in A_1) = P^n_{\frac{1}{3}}(X \leq 12) = 0{,}08803 < 0{,}10$

$n$ muss also mindestens 51 sein.

**31** Würfel 1: $p_1 = \frac{1}{6}$, $A_1 = \{0; \ldots; k\}$
Würfel 2: $p_2 = 0{,}5$, $A_2 = \{k+1; \ldots; 20\}$

$P^{20}_{0,5}(X \leq 5) = 0{,}02069 < 0{,}05$

$P^{20}_{0,5}(X \leq 6) = 0{,}05766 > 0{,}05$

Erscheint mehr als fünfmal die Augenzahl 1, kann man davon ausgehen, dass der Würfel gezinkt ist.

$P^{20}_{0,5}(X \leq 7) = 0{,}13159 < 0{,}20$

$P^{20}_{0,5}(X \leq 8) = 0{,}25172 > 0{,}20$

$A_1 = \{0; \ldots; 7\}$; $A_2 = \{8; \ldots; 20\}$

$$P^{20}_{\frac{1}{6}}(X \geq 8) = 1 - \sum_{i=0}^{7} \binom{20}{i} \cdot \left(\tfrac{1}{6}\right)^i \cdot \left(\tfrac{5}{6}\right)^{20-i} = 0{,}01125$$

**32 a)** $H_0$: $p \approx 0{,}65$; $A = \{55; \ldots; 75\}$, $\overline{A} = \{0; \ldots; 54\} \cup \{76; \ldots; 100\}$

$$P(X \in \overline{A}) = 1 - \sum_{i=55}^{75} \binom{100}{i} \cdot 0{,}65^i \cdot 0{,}35^{100-i}$$

$$= 1 - \left(\sum_{i=0}^{75} \binom{100}{i} \cdot 0{,}65^i \cdot 0{,}35^{100-i} - \sum_{i=0}^{54} \binom{100}{i} \cdot 0{,}65^i \cdot 0{,}35^{100-i}\right)$$

$= 1 - (0{,}98787 - 0{,}01501) = 0{,}02714$

**b)** $E = 100 \cdot 0{,}65 = 65$
$A = \{E-k; \ldots; E+k\}$, $\overline{A} = \{0; \ldots; E-k-1\} \cup \{E+k+1; \ldots; 100\}$

$$P(X \in \overline{A}) = 1 - \sum_{i=E-k}^{E+k} \binom{100}{i} \cdot 0{,}65^i \cdot 0{,}35^{100-i} \leq 0{,}20$$

$$\Leftrightarrow \sum_{i=E-k}^{E+k} \binom{100}{i} \cdot 0{,}65^i \cdot 0{,}35^{100-i} \geq 0{,}80$$

$$\Leftrightarrow \sum_{i=0}^{E+k} \binom{100}{i} \cdot 0{,}65^i \cdot 0{,}35^{100-i} - \sum_{i=0}^{E-k-1} \binom{100}{i} \cdot 0{,}65^i \cdot 0{,}35^{100-i} \geq 0{,}80$$



149

| $k$ | $E+k$ | $E-k-1$ | $P(X \leq E+k)$ | $P(X \leq E-k-1)$ | $P(X \leq E+k)$ $-P(X \leq E-k-1)$ |
|---|---|---|---|---|---|
| 1 | 66 | 63 | 0,61971 | 0,37308 | 0,24663 |
| 2 | 67 | 62 | 0,69712 | 0,29755 | 0,39957 |
| 3 | 68 | 61 | 0,76689 | 0,23013 | 0,53676 |
| 4 | 69 | 60 | 0,82698 | 0,17242 | 0,65456 |
| 5 | 70 | 59 | 0,87640 | 0,12502 | 0,75138 |
| 6 | 71 | 58 | 0,91518 | 0,08768 | 0,82750 |

Für $k \geq 6$ beträgt das Risiko weniger als 20%.

**33** Hinweis: Die Lösungen zu dieser Aufgabe werden durch das Medienelement 149-1 unterstützt, das sich auf der DVD des Lehrerbandes befindet.

$n = 100$
Nullhypothese: $p \approx 0{,}25$, $E = 25$

$A = \{k_1; \ldots; k_2\}$, $\overline{A} = \{0; \ldots; k_1 - 1\} \cup \{k_2 + 1; \ldots; 100\}$

z. B. Risiko höchstens 10%:

$P(X \in \overline{A}) \leq 10\%$

$$\Leftrightarrow 1 - \sum_{i=k_1}^{k_2} \binom{100}{i} \cdot 0{,}25^i \cdot 0{,}75^{100-i} \leq 0{,}1$$

$$\Leftrightarrow \sum_{i=k_1}^{k_2} \binom{100}{i} \cdot 0{,}25^i \cdot 0{,}75^{100-i} \geq 0{,}9$$

$$\Leftrightarrow 1 - \sum_{i=0}^{k_2} \binom{100}{i} \cdot 0{,}25^i \cdot 0{,}75^{100-i} - \sum_{i=0}^{k_1-1} \binom{100}{i} \cdot 0{,}25^i \cdot 0{,}75^{100-i} \geq 0{,}9$$

Dies ist erfüllt für $k_1 \leq 16$ und $k_2 \geq 31$, für $k_1 = 17$ und $k_2 \geq 32$, für $k_1 = 18$ und $k_2 \geq 33$ und für $k_1 = 19$ und $k_2 \geq 40$.

Symmetrisch um $E$:

$A = \{E - k; \ldots; E + k\}$, $\overline{A} = \{0; \ldots; E - k - 1\} \cup \{E + k + 1; \ldots; 100\}$

Risiko höchstens 10% für $k \geq 7$.

Risiko höchstens 5%:

Dies ist erfüllt für $k_1 \leq 13$ und $k_2 \geq 32$, für $14 \leq k_1 \leq 16$ und $k_2 \geq 33$ und für $k_1 = 17$ und $k_2 \geq 35$.

Symmetrisch um $E$:

$A = \{E - k; \ldots; E + k\}$, $\overline{A} = \{0; \ldots; E - k - 1\} \cup \{E + k + 1; \ldots; 100\}$

Für $k \geq 8$ beträgt das Risiko höchstens 5%.

149

# 6 Berechnungen im Raum

## 6.1 Lagebeziehungen

### Hinweise zur Bearbeitung der Aufträge

154 **Auftrag 1** **Transamerica Pyramid**

Schnittgerade $s$: $\vec{X} = \begin{pmatrix} 2{,}7 \\ 2{,}3 \\ -23 \end{pmatrix} + \lambda \begin{pmatrix} 1 \\ 1 \\ -20 \end{pmatrix}$; Schnittpunkt $S(1|-1|7)$.

**Auftrag 2** **Pyrit**

Angrenzende Ebenen: $x_1 = 3$, $x_2 = 3$, $x_3 = 3$

Ebenengleichung der Bruchfläche: $x_1 + x_2 + x_3 - 8 = 0$

Durchstoßpunkt des Bohrers: $S(\frac{12}{5}|\frac{8}{3}|\frac{44}{15})$

155 **Auftrag 3** **Aula**

Dieser Auftrag wird bei der Erarbeitung (Seite 156 ff.) verwendet.

**Auftrag 4** **Dreiecke**

Achsenschnittpunkte von $E$: $P_1(3|0|0)$, $P_2(0|6|0)$, $P_3(0|0|4{,}5)$

Achsenschnittpunkte von $F$: $Q_1(6|0|0)$, $Q_2(0|3|0)$, $Q_3(0|0|9)$

$P_1P_2$ und $Q_1Q_2$ schneiden sich in $U(2|2|0)$

$P_2P_3$ und $Q_2Q_3$ schneiden sich in $V(0|2|3)$

Gerade $UV$ ist die Schnittgerade $s$: $\vec{X} = \begin{pmatrix} 2 \\ 2 \\ 0 \end{pmatrix} + \lambda \begin{pmatrix} 2 \\ 0 \\ -3 \end{pmatrix}$

Die graphische Bestimmung des Schnittpunkts von Ebene und Gerade ist in der Regel nicht möglich, außer man kennt bereits mindestens eine Koordinate des Schnittpunkts.

### Lösungen der Aufgaben

#### Erarbeiten

**1 a)** $S(9|2|-3)$ **b)** $S(2|-2|-1)$ **c)** $S(3|0|-1)$ **d)** $S(-5|8|11)$ 159

**2 a)** $g \| E$ **c)** $g \subset E$ **e)** $S(-4|7|-1)$
**b)** $S(-2{,}5|2|1)$ **d)** $g \| E$

**3 a)** $g \| E$ **b)** $g \subset E$

**4** $g_{12}$: $\vec{X} = \begin{pmatrix} 2 \\ 0 \\ 0 \end{pmatrix} + \lambda \begin{pmatrix} 1 \\ 3 \\ 0 \end{pmatrix}$, $g_{23}$: $\vec{X} = \begin{pmatrix} 0 \\ -6 \\ 0 \end{pmatrix} + \lambda \begin{pmatrix} 0 \\ 2 \\ 1 \end{pmatrix}$,

$g_{13}$: $\vec{X} = \begin{pmatrix} 2 \\ 0 \\ 0 \end{pmatrix} + \lambda \begin{pmatrix} 2 \\ 0 \\ -3 \end{pmatrix}$

**5 a)** $s$: $\vec{X} = \begin{pmatrix} -2{,}5 \\ 15 \\ 9 \end{pmatrix} + \lambda \begin{pmatrix} -1 \\ 4 \\ 2 \end{pmatrix}$ **b)** $s$: $\vec{X} = \begin{pmatrix} -5 \\ -28 \\ -14 \end{pmatrix} + \lambda \begin{pmatrix} 1 \\ 5 \\ 3 \end{pmatrix}$

**6 a)** $s$: $\vec{X} = \begin{pmatrix} -2 \\ 0 \\ 0 \end{pmatrix} + \lambda \begin{pmatrix} 6 \\ 7 \\ 5 \end{pmatrix}$ **d)** $E_1 \| E_2$

**b)** $E_1 = E_2$ **e)** $E_1 = E_2$

**c)** $s$: $\vec{X} = \begin{pmatrix} 1 \\ -5 \\ -2 \end{pmatrix} + \lambda \begin{pmatrix} -3 \\ 4 \\ 2 \end{pmatrix}$

**7** $S(3|6|3)$, $g_{AB}$: $\vec{X} = \begin{pmatrix} 3 \\ -2 \\ 3 \end{pmatrix} + \lambda \begin{pmatrix} 0 \\ 4 \\ 0 \end{pmatrix}$, $\lambda_S = 2 \Rightarrow S \in [AB$ und $S \notin [AB]$

**8 a)** Die Spurgeraden von $E$ und $F$ in der $x_1x_3$-Ebene ($x_2 = 0$) sind 160
identisch. Daher muss diese Spurgerade auch die Schnittgerade der Ebenen sein.

b)

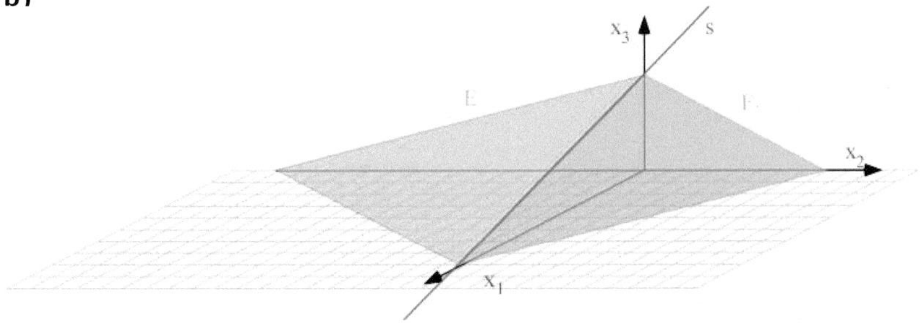


**9** Die Gerade $PA$ schneidet die Ebene $W$ in $A'(5|5|2)$, $PB$ schneidet $W$ in $B'(0|6|8)$.
$\overline{A'B'} = \sqrt{25+1+36} = \sqrt{62} \approx 7{,}87$

**Noch fit?**

**I a)** $f'(x) = x^2 - 6x + 8$; $f''(x) = 2x - 6$

Rechtsgekrümmt für $x < 3$, linksgekrümmt für $x > 3$,

Wendepunkt $W(3|2)$.

**b)** $f'(x) = (15 - 5x) \cdot e^{1-x}$; $f''(x) = (5x - 20) \cdot e^{1-x}$

Rechtsgekrümmt für $x < 4$, linksgekrümmt für $x > 4$, $W(4|10 \cdot e^{-3})$.

**c)** $D_f = R$, $f'(x) = \frac{2x-2}{x^2-2x+3}$; $f''(x) = \frac{-2x^2+4x+2}{(x^2-2x+3)^2}$

Rechtsgekrümmt für $x < 1 - \sqrt{2}$ und $x > 1 + \sqrt{2}$,

linksgekrümmt für $1 - \sqrt{2} < x < 1 + \sqrt{2}$,

$W_1(1 - \sqrt{2}|\ln(4))$, $W_2(1 + \sqrt{2}|\ln(4))$.

**d)** $f'(x) = x^4 - x^2$; $f''(x) = 4x^3 - 2x$

Rechtsgekrümmt für $x < -\frac{\sqrt{2}}{2}$ und $0 < x < \frac{\sqrt{2}}{2}$,
linksgekrümmt für $-\frac{\sqrt{2}}{2} < x < 0$ und $x > \frac{\sqrt{2}}{2}$,

$W_1(-\frac{\sqrt{2}}{2}|\frac{7\sqrt{2}}{120})$, Terrassenpunkt $W_2(0|0)$, $W_3(\frac{\sqrt{2}}{2}|-\frac{7\sqrt{2}}{120})$.

**e)** $f'(x) = -x \cdot e^{1-0{,}5x^2}$; $f''(x) = (x^2 - 1) \cdot e^{1-0{,}5x^2}$

Rechtsgekrümmt für $-1 < x < 1$, linksgekrümmt für $x < -1$ und $x > 1$,

$W_1(1|\sqrt{e})$, $W_2(-1|\sqrt{e})$.

**f)** $D_f = R$; $f'(x) = \frac{16x}{(x^2+4)^2}$; $f''(x) = \frac{16(4-3x^2)}{(x^2+4)^3}$

Rechtsgekrümmt für $x < -\frac{2}{3}\sqrt{3}$ und $x > \frac{2}{3}\sqrt{3}$,

linksgekrümmt für $-\frac{2}{3}\sqrt{3} < x < \frac{2}{3}\sqrt{3}$,

$W_1(-\frac{2}{3}\sqrt{3}|-0{,}5)$; $W_2(\frac{2}{3}\sqrt{3}|-0{,}5)$.

**II a)** $F(x) = \frac{1}{3}x^3 - 2x^2 + 2x - \frac{1}{3}$

**b)** $F(x) = \frac{1}{4}x^4 - x^3 - 12$

**c)** $F(x) = \frac{1}{2}e^{2x-1} - \frac{1}{2e}$

**d)** $D_f = R$, $F(x) = \ln(x^2 - 4x + 5) - \ln(17)$

## Anwenden

**10** $E$: $2x_1 + 5x_2 + 5x_3 - 20 = 0$; $g$: $\vec{X} = \begin{pmatrix}4\\4\\0\end{pmatrix} + \lambda\begin{pmatrix}3\\3\\-5\end{pmatrix}$; $S(10|10|-10)$

$E$: $50x_1 + 31x_2 - 35x_3 - 50 = 0$; $g$: $\vec{X} = \begin{pmatrix}3\\0\\1\end{pmatrix} + \lambda\begin{pmatrix}-1\\5\\3\end{pmatrix}$

$g$ und $E$ sind parallel.

**11** Schnittpunkte von $E_1$ mit den Koordinatenachsen:
$P_1(6|0|0)$, $P_2(0|2|0)$, $P_3(0|0|3)$.

Schnittpunkte von $E_2$ mit den Koordinatenachsen:
$Q_1(3|0|0)$, $Q_2(0|4|0)$, $Q_3(0|0|6)$.

Schnittpunkte von Spurgeraden sind $A(2|\frac{4}{3}|0)$ und $B(2|0|2)$.

Gleichung der Schnittgerade:
$\vec{X} = \begin{pmatrix}2\\0\\2\end{pmatrix} + \lambda\begin{pmatrix}0\\-2\\3\end{pmatrix}$

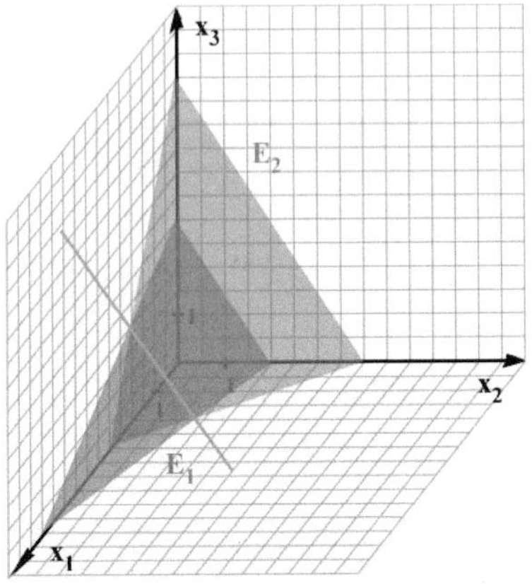

160 **12** Eckpunkte des Parallelogramms:
$P(-2|-3|-4)$; $Q(1|-3|4)$; $R(2|-1|10)$; $S(-1|-1|2)$

Ebene durch $P$, $Q$, $R$: $E\colon 8x_1 + 5x_2 - 3x_3 + 19 = 0$

Schnittpunkt von Ebene und Gerade: $T(-\frac{13}{3}|-\frac{14}{3}|-13)$

$T$ liegt außerhalb des Parallelogramms.

161 **13 a)** $E_2\colon x_1 + x_2 + x_3 - 14 = 0$
$D$ einsetzen: $-3 + 11 + 6 - 14 = 0 \Rightarrow D \in E_2$

**b)** $g\colon \vec{X} = \begin{pmatrix} 9 \\ 1 \\ 4 \end{pmatrix} + \nu \begin{pmatrix} -6 \\ 5 \\ 1 \end{pmatrix}$; $x_2x_3$-Ebene: $x_1 = 0$; $S(0|8{,}5|5{,}5)$

**c)** Schnittgerade $s\colon \vec{X} = \begin{pmatrix} 0 \\ 5 \\ 9 \end{pmatrix} + \nu \begin{pmatrix} 0 \\ -1 \\ 1 \end{pmatrix}$

**d)** $E_1$ und $E_2$ schneiden sich. Schnittgerade $t\colon \vec{X} = \begin{pmatrix} 11 \\ 4 \\ -1 \end{pmatrix} + \sigma \begin{pmatrix} 5 \\ 3 \\ -8 \end{pmatrix}$

**14** Bild 161/1: $E_1\colon 3x_1 + 3x_2 + 2x_3 - 34 = 0$; $E_2\colon 3x_1 + 3x_2 + 2x_3 - 9 = 0$
$E_1$ ist parallel zu $E_2$.

Bild 162/2: $E_1\colon x_1 + x_2 + 2x_3 - 3 = 0$; $E_2\colon 3x_1 + 3x_2 - 5x_3 + 10 = 0$

Schnittgerade $s\colon \vec{X} = \frac{1}{11}\begin{pmatrix} -5 \\ 0 \\ 19 \end{pmatrix} + \sigma \begin{pmatrix} 1 \\ -1 \\ 0 \end{pmatrix}$

**15** Gerade $PQ\colon \vec{X} = \begin{pmatrix} 4 \\ 2 \\ 0 \end{pmatrix} + \lambda \begin{pmatrix} 2 \\ 3 \\ 4 \end{pmatrix}$

$E_{ACD}\colon 5x_1 - 3x_2 - 17x_3 + 53 = 0$; $E_{ABD}\colon 8x_1 + 22x_2 + 13x_3 - 277 = 0$

Schnittpunkt von $PQ$ und $E_{ACD}$: $S(6|5|4)$

Schnittpunkt von $PQ$ und $E_{ABD}$: $T(7|6{,}5|6)$

Strecke $[ST]$ ist innerhalb des Tetraeders.

**16** $\vec{X} = \begin{pmatrix} -2 \\ 0 \\ 0 \end{pmatrix} + \lambda \begin{pmatrix} 0 \\ 1 \\ 2 \end{pmatrix}$

**17** Lotgerade $l\colon \vec{X} = \begin{pmatrix} 7 \\ 1 \\ 7 \end{pmatrix} + \lambda \begin{pmatrix} 3 \\ -1 \\ 2 \end{pmatrix}$; Schnittpunkt mit $E$ ist $F(1|3|3)$. 161

**18** Lotgerade $l\colon \vec{X} = \begin{pmatrix} 10 \\ 1 \\ -4 \end{pmatrix} + \lambda \begin{pmatrix} 4 \\ -2 \\ 1 \end{pmatrix}$;

Schnittpunkt mit $E$ ist $P'(2|5|-6)$.

**19** Lotgerade $l\colon \vec{X} = \begin{pmatrix} 4 \\ 8 \\ 11 \end{pmatrix} + \lambda \begin{pmatrix} 1 \\ -3 \\ -4 \end{pmatrix}$; Schnittpunkt mit $E$ ist $F(6|2|3)$.

Für die Spiegelung gilt: $\overrightarrow{PF} = \overrightarrow{FP'}$, also $P'(8|-4|-5)$.

**20 a)** Die Kugel schneidet die $x_1x_2$-Ebene, da der Abstand von $M$ zur $x_1x_2$-Ebene, also die $x_3$-Koordinate von $M$, kleiner als der Radius ist.

**b)** Lotgerade $l\colon \vec{X} = \begin{pmatrix} 2 \\ 4 \\ 4 \end{pmatrix} + \lambda \begin{pmatrix} 4 \\ -1 \\ -1 \end{pmatrix}$; Schnittpunkt mit $E$ ist $S(-6|6|6)$.

Der Abstand von $M$ und $S$ beträgt $\overline{MS} = \sqrt{72} > r$, also keine Schnittmenge.

## Vernetzen

**21 a)** $\vec{X} = \begin{pmatrix} 6 \\ 0 \\ 0 \end{pmatrix} + \lambda \begin{pmatrix} 1 \\ -2 \\ -1 \end{pmatrix}$

**b)** $\vec{u} = \begin{pmatrix} 2 \\ 3 \\ 4 \end{pmatrix} \times \begin{pmatrix} 1 \\ -1 \\ -3 \end{pmatrix} = \begin{pmatrix} -5 \\ 10 \\ -5 \end{pmatrix}$. Also gilt $\vec{u} = -5\vec{v}$, wenn $\vec{v}$ der Richtungsvektor der Schnittgeraden aus a) ist.

**c)** In der $x_1x_2$-Ebene ($x_3 = 0$) gilt für die Spurgeraden der Ebenen: $2x_1 + 3x_2 - 12 = 0$ bzw. $x_1 - x_2 - 6 = 0$.

Auflösen des Gleichungssystems liefert $x_1 = 6$ und $x_2 = 0$. Also ist $P(6|0|0)$ ein Punkt der Schnittgeraden. Man erhält also dieselbe Geradengleichung wie bei a).

161 **d)** $\vec{u} = \begin{pmatrix} 1 \\ 4 \\ -2 \end{pmatrix} \times \begin{pmatrix} 2 \\ -1 \\ -1 \end{pmatrix} = \begin{pmatrix} -6 \\ -3 \\ -9 \end{pmatrix}$

In der $x_1x_2$-Ebene ($x_3 = 0$) gilt für die Spurgeraden der Ebenen: $x_1 + 4x_2 - 8 = 0$ bzw. $2x_1 - x_2 + 2 = 0$.

Auflösen des Gleichungssystems liefert $x_1 = 0$ und $x_2 = 2$. Also ist $P(0|2|0)$ ein Punkt der Schnittgeraden.

Eine Gleichung der Schnittgeraden ist $\vec{X} = \begin{pmatrix} 0 \\ 2 \\ 0 \end{pmatrix} + \lambda \begin{pmatrix} 2 \\ 1 \\ 3 \end{pmatrix}$.

162 **22 a)** Der Richtungsvektor von $h$ und der Normalenvektor von $E$ sind senkrecht zueinander, da ihr Skalarprodukt gleich null ist.

**b)** $s\colon \vec{X} = \begin{pmatrix} 1{,}5 \\ 0 \\ 0 \end{pmatrix} + \lambda \begin{pmatrix} -1 \\ 2 \\ 0 \end{pmatrix}$

**c)** $B$ liegt auf $s$ mit $\lambda_B = 1{,}5$.

Da $C$ auf $s$ liegt, gilt $C(1{,}5 - \lambda_C|2\lambda_C|0)$. Damit das Dreieck $ABC$ bei $C$ einen rechten Winkel besitzt, muss $\overrightarrow{AC}$ senkrecht zum Richtungsvektor von $s$ sein.

$\overrightarrow{AC} = \begin{pmatrix} 1{,}5 - \lambda_C - 7 \\ 2\lambda_C - 4 \\ 0 - 5 \end{pmatrix} = \begin{pmatrix} -\lambda_C - 5{,}5 \\ 2\lambda_C - 4 \\ -5 \end{pmatrix}; \begin{pmatrix} -\lambda_C - 5{,}5 \\ 2\lambda_C - 4 \\ -5 \end{pmatrix} \circ \begin{pmatrix} -1 \\ 2 \\ 0 \end{pmatrix} = 0$

Daraus folgt $\lambda_C = 0{,}5$ und damit $C(1|1|0)$.

**23** Die Geraden durch $L$ und $A$ bzw. $B$ bzw. $C$ bzw. $D$ schneiden die Ebene $W$ in $A'$ bzw. $B'$ bzw. $C'$ bzw. $D'$.

$A'(7|4|13)$, $B'(11|4|13)$, $C'(\frac{245}{23}|\frac{112}{23}|\frac{379}{23})$, $D'(7|\frac{112}{23}|\frac{379}{23})$

Das Viereck $A'B'C'D'$ ist ein Trapez mit $A'B' \| D'C'$.

**24 a)** Die Lotgerade $l\colon \vec{X} = \begin{pmatrix} 1 \\ 3 \\ 0 \end{pmatrix} + \lambda \begin{pmatrix} 0 \\ 3 \\ -4 \end{pmatrix}$ zur Ebene $E$ durch $M$ schneidet $E$ in $P(1|-3|8)$.

Der Abstand von $M$ und $P$ beträgt 10, also den doppelten Radius. Die Berührebene $F$ muss daher durch den Mittelpunkt von $M$ und $P$, den Berührpunkt $B(1|0|4)$, verlaufen. Eine Gleichung von $F$ lautet daher $3x_2 - 4x_3 + 16 = 0$. 162

**b)** Für den zweiten Berührpunkt $B'$ gilt:

$\overrightarrow{BM} = \overrightarrow{MB'} \Rightarrow B'(1|6|-4)$

$F'\colon 3x_2 - 4x_3 - 34 = 0$

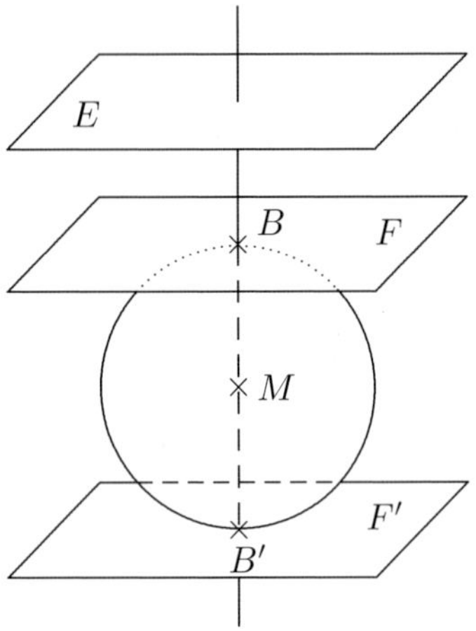


**25 a)** Eine mögliche Lösung ist im Schulbuch angegeben.

**b)** $S(1|3|6)$

**c)** Lotgerade zu $E$ durch $A$: $\vec{X} = \begin{pmatrix} 7 \\ -13 \\ -4 \end{pmatrix} + \lambda \begin{pmatrix} 2 \\ -2 \\ -1 \end{pmatrix}$

Schnitt Lotgerade - Ebene $E$: $F(-5|-1|2)$

**d)** Gerade $FP$: $\vec{X} = \begin{pmatrix} -5 \\ -1 \\ 2 \end{pmatrix} + \lambda \begin{pmatrix} 18 \\ -8 \\ -2 \end{pmatrix} \Rightarrow$ Schnitt mit $g \Rightarrow T(4|-5|1)$

Wegen $0 < \lambda_T < 1$ liegt $T$ innerhalb der Strecke $[FP]$.

**e)** Wegen $\lambda_T = 0{,}5$ ist $T$ Mittelpunkt von $[FP]$. Da $\overrightarrow{AT} = \overrightarrow{TS}$, ist $T$ ebenfalls Mittelpunkt von $[AS]$. Das Viereck $FAPS$ ist daher ein Parallelogramm.

**26** Richtungsvektor der Schnittgerade von $E_1$ und $E_2$:

$\vec{u_1} = \begin{pmatrix} 11 \\ 24 \\ -7 \end{pmatrix}$ ($\Leftarrow$ Vektorprodukt)

Richtungsvektor der Schnittgerade von $E_1$ und $E_3$:

162 $\vec{u_2} = \begin{pmatrix} 2 \\ 3 \\ -1 \end{pmatrix}$ ($\Leftarrow$ Vektorprodukt)

Die Geraden sind daher nicht parallel, also ist die Wasserrinne nicht überall gleich breit.

**27 a)** $A(3|0|0)$, $B(0|-3|0)$, $C(0|0|6)$

**b)** $k$: $\vec{X} = \begin{pmatrix} 3 \\ -3 \\ -6 \end{pmatrix} + \lambda \begin{pmatrix} -1 \\ 1 \\ 4 \end{pmatrix}$

**c)** Das Dreieck $ABC$ ist gleichschenklig, weil $\overline{AC} = \overline{BC}$ oder wegen Symmetrie im Koordinatensystem.

$F(1{,}5|-1{,}5|0)$.

$C$ und $F$ liegen sowohl in $E$ als auch in $H$. Daher muss auch die Strecke $[CF]$ in beiden Ebenen liegen. Also liegt $[CF]$ in der Schnittgeraden $k$.

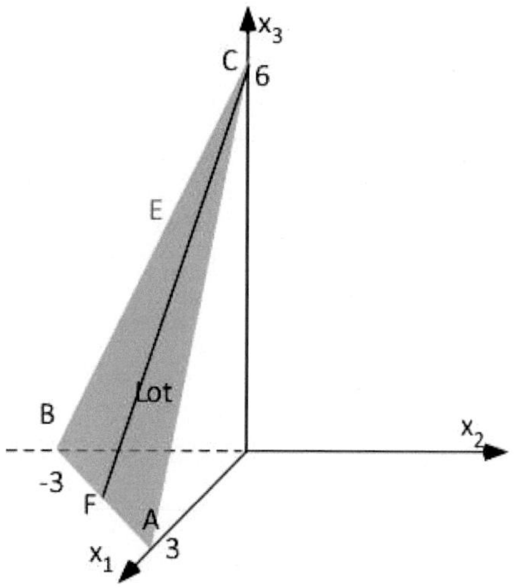


163 **28 a)** $E'(12|4|0)$, $F'(10|6|0)$, $G'(8|4|0)$, $H'(10|2|0)$, $S'(20|8|0)$

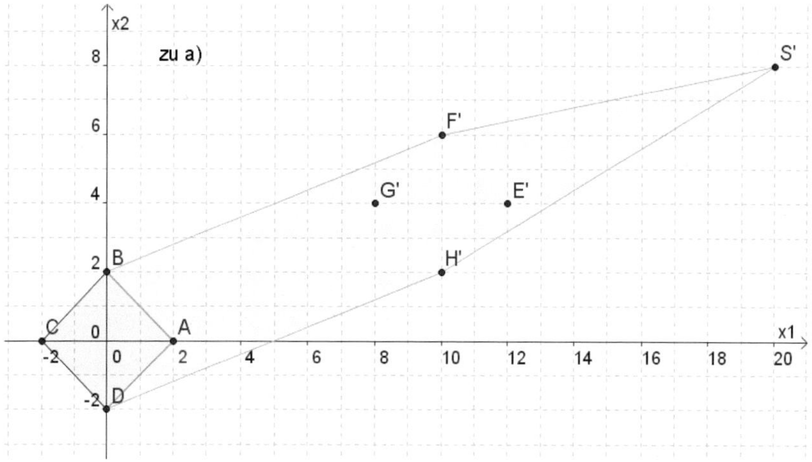


**b)** $E'(3{,}5|2|0)$,
$F'(0{,}5|5|0)$,
$G'(-2{,}5|2|0)$,
$H'(0{,}5|-1|0)$,
$S'(2|8|0)$

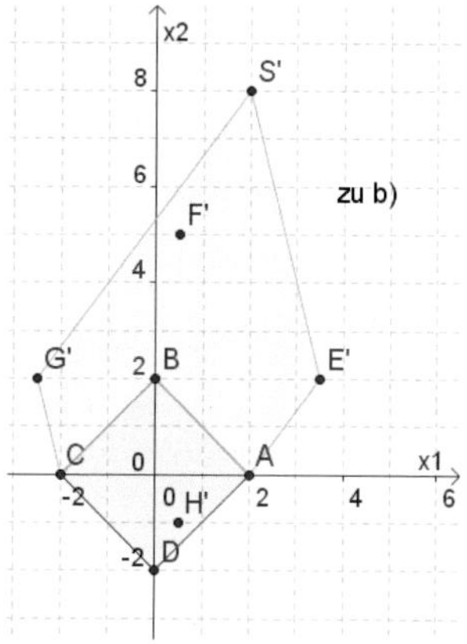


**c)** $E''(0{,}5|4|0)$, $F''(-2{,}5|7|0)$, $G''(-5{,}5|4|0)$, $H''(-2{,}5|1|0)$, $S''(-10|16|0)$

163

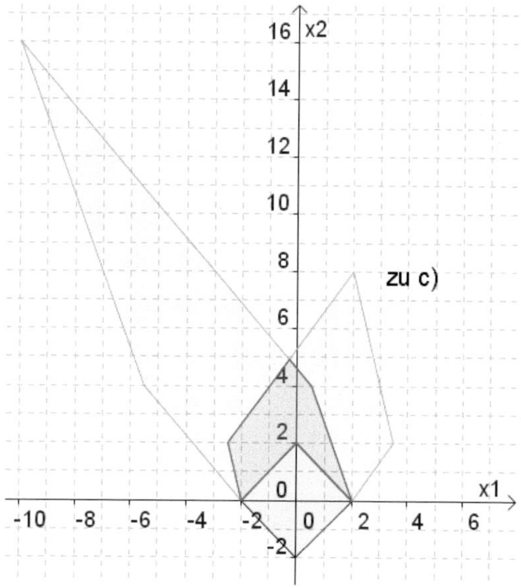


**29** $E_{ABC}$: $x_1 + 2x_2 + 2x_3 - 1 = 0$

Lotgerade durch $S$ senkrecht zu $E_{ABC}$:

$\vec{X} = \begin{pmatrix} 5 \\ 3 \\ 4 \end{pmatrix} + \lambda \begin{pmatrix} 1 \\ 2 \\ 2 \end{pmatrix}$; $H(3|-1|0)$; $\overline{HS} = 6$

**30 a)** Parallele Ebenen: $E_1$: $2x_1 - 3x_2 + 5x_3 = 0$,

$E_2$: $2x_1 - 3x_2 + 5x_3 + 10 = 0$, $E_3$ : $2x_1 - 3x_2 + 5x_3 - 20 = 0$

**b)** Schneidende Ebenen:

$E_1$: $2x_1 - 3x_2 - 1 = 0$, $E_2$: $2x_1 - 1 = 0$, $E_3$ : $2x_1 + 5x_3 + 2 = 0$,

$s_1$: $\vec{X} = \begin{pmatrix} 0{,}5 \\ 0 \\ 0 \end{pmatrix} + \lambda \begin{pmatrix} 3 \\ 2 \\ 0 \end{pmatrix}$, $s_2$: $\vec{X} = \begin{pmatrix} 0{,}5 \\ 0 \\ 0 \end{pmatrix} + \lambda \begin{pmatrix} 0 \\ 5 \\ 3 \end{pmatrix}$, $s_3$: $\vec{X} = \begin{pmatrix} 0{,}5 \\ -1 \\ -0{,}6 \end{pmatrix} + \lambda \begin{pmatrix} 5 \\ 0 \\ -2 \end{pmatrix}$

**31 a)** Bild 1: $x_3 = t$; Bild 2: $t \cdot x_3 = x_2$; Bild 3: $x_2 + x_3 = t$; Bild 4: $x_1 + x_2 + x_3 = t$

163 **b)**

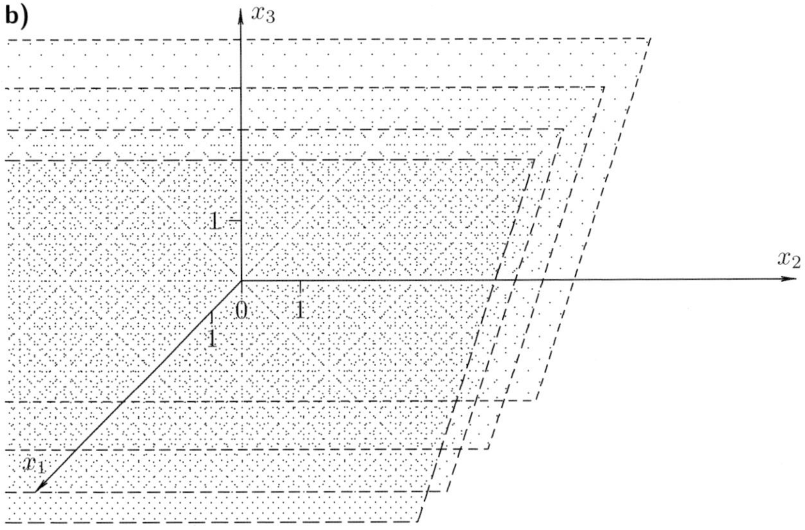


**c)**

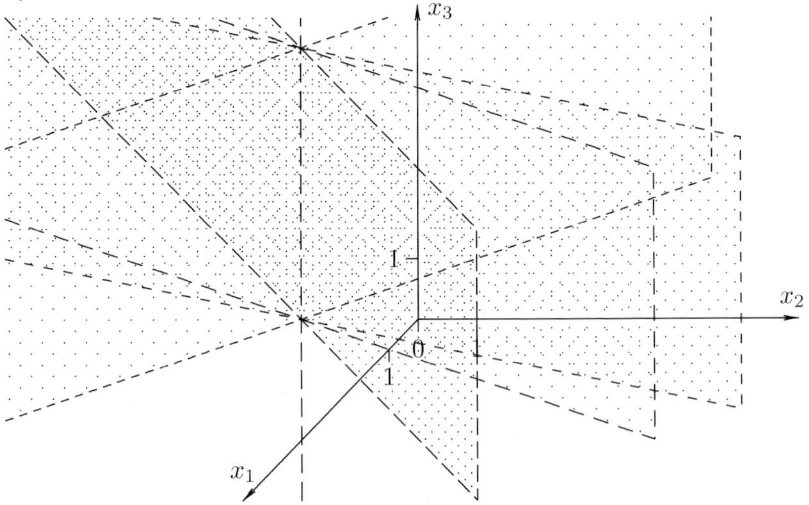


**32 a)** $E$: $x_1 - 2x_2 + 2x_3 - 6 = 0$; Schnittpunkt $M(2|2|4)$; $g$ ist senkrecht zu $E$.

**b)** Der Schnittpunkt von $g$ und $h$ könnte nur $M$ sein. Da $M$ nicht auf $AB$ liegt, sind die Geraden $g$ und $h$ windschief.

# 6.2 Abstände und Winkel

## Hinweise zur Bearbeitung der Aufträge

164

**Auftrag 1** **Louvre**

Ebene $ADS$: $6x_1 - 5x_3 = 0$

Lotgerade $l$ durch $P$ senkrecht zu $E_{ADS}$: $\vec{X} = \begin{pmatrix} 22 \\ 22 \\ 2 \end{pmatrix} + \lambda \begin{pmatrix} 6 \\ 0 \\ -5 \end{pmatrix}$

Schnitt $l \cap E_{ADS}$: $F(10|22|12)$
Abstand $\overline{PF} = \sqrt{244} \approx 15{,}6$

Der Beamer ist ungefähr 15,6 m von der gegenüberliegenden Wand entfernt. Dieser Abstand ändert sich nicht, wenn der Beamer längs einer Parallelen zu $[BC]$ verschoben wird, da diese parallel zur Ebene $E_{ADS}$ ist.
Derjenige Punkt auf $[BC]$, der $P$ am nächsten liegt, ist $H(35|22|0)$.

Abstand $\overline{PH} = \sqrt{173} \approx 13{,}2$.

Da der Abstand des Beamers zur Stromschiene ungefähr 13,2 m beträgt, reicht das 7,5 m-Kabel nicht aus.

Die Diagonale der Grundfläche misst $35\sqrt{2}$ m. Das schraffierte rechtwinklige Dreieck hat die Katheten $17{,}5 \cdot \sqrt{2}$ m und 22 m. Für den Neigungswinkel $\varphi$ der Seitenkante gegen die Grundfläche gilt: $\tan\varphi = \frac{21}{17{,}5 \cdot \sqrt{2}}$.

$\varphi \approx 40{,}3°$

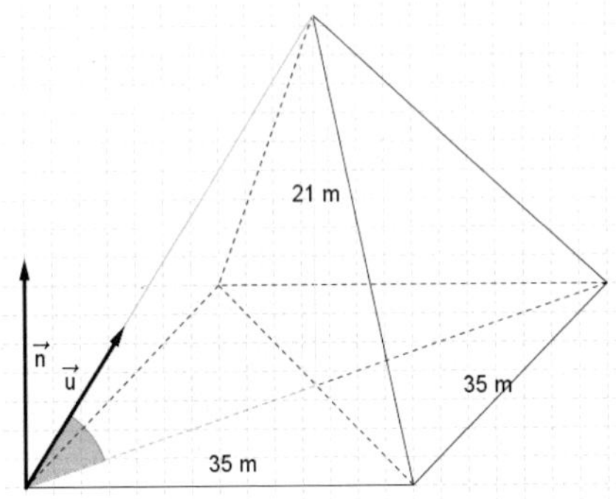


Alternativ:
Winkel zwischen $\vec{u}_{AS}$ und $\vec{n}_{ABC}$

$\cos\varepsilon = \frac{\vec{u} \circ \vec{n}}{|\vec{u}| \cdot |\vec{n}|} = \frac{21}{\sqrt{1053{,}5}}$;
$\varepsilon \approx 49{,}7° \Rightarrow \varphi = 90° - \varepsilon \approx 40{,}3°$

Winkel zwischen zwei benachbarten Seitenflächen:

Z. B. $E_{ADS}$ und $E_{ABS}$: $E_{ADS}$: $6x_1 - 5x_3 = 0$; $E_{ABS}$: $6x_2 - 5x_3 = 0$

164 Für den Winkel zwischen den beiden Normalenvektoren gilt:
$\cos\nu = \frac{\vec{n_1} \circ \vec{n_2}}{|\vec{n_1}| \cdot |\vec{n_2}|} = \frac{25}{61}$; $\nu \approx 65{,}8°$

**Auftrag 2** **Klettergarten**

Lotgerade $l$ durch $B$ senkrecht zu $E$: $\vec{X} = \begin{pmatrix} 5 \\ 0 \\ 10 \end{pmatrix} + \lambda \begin{pmatrix} 3 \\ 4 \\ 0 \end{pmatrix}$

Schnitt $l \cap E$: $F(4{,}16| -1{,}12|10)$

Abstand $\overline{BF} = \sqrt{1{,}96} = 1{,}4$

Abstand Lotebene $L$ zum Seil durch $B$: $4x_1 + 3x_2 + 10x_3 - 120 = 0$

Schnitt $L \cap g$: $T(4| -1|10{,}7)$

Abstand $\overline{BT} = \sqrt{2{,}49} \approx 1{,}6$

Winkel $\varepsilon$ zwischen den Ebenen $E$ und $F$:
$\cos\varepsilon = \frac{\vec{n_E} \circ \vec{n_F}}{|\vec{n_E}| \cdot |\vec{n_F}|} = \frac{25}{5 \cdot \sqrt{925}}$; $\varepsilon \approx 80{,}5°$

Winkel $\varphi$ zwischen $g$ und $E$: $\cos\varphi' = \frac{\vec{u} \circ \vec{n}}{|\vec{u}| \cdot |\vec{n}|} = \frac{24}{5 \cdot \sqrt{125}}$;
$\varphi' \approx 64{,}6°$; $\varphi = 90° - \varphi' \approx 25{,}4°$

165 **Auftrag 3** **Platonische Körper**

a) Vektoriell:

Ebene $ABE$: $x_1 - x_2 + x_3 - 10 = 0$

Lotgerade $l$ durch $M$ senkrecht zu $E_{ABE}$: $\vec{X} = \begin{pmatrix} 5 \\ 5 \\ 5 \end{pmatrix} + \lambda \begin{pmatrix} 1 \\ -1 \\ 1 \end{pmatrix}$

Schnitt $l \cap E$: $S(\frac{20}{3}|\frac{10}{3}|\frac{20}{3})$; Abstand $\overline{MS} = \sqrt{\frac{75}{9}} \approx 2{,}9$

Gerade $BE$: $\vec{X} = \begin{pmatrix} 10 \\ 5 \\ 5 \end{pmatrix} + \lambda \begin{pmatrix} 1 \\ 0 \\ -1 \end{pmatrix}$

Lotebene $L$ zu $BE$ durch $C$: $x_1 - x_3 = 0$

Schnitt $L \cap BE$: $P(7{,}5|5|7{,}5)$; Abstand $\overline{CP} = \sqrt{37{,}5} \approx 6{,}1$

Winkel $\beta$ zwischen $BE$ und Vorderseite:
$\cos\beta' = \frac{\vec{u} \circ \vec{n}}{|\vec{u}| \cdot |\vec{n}|} = \frac{1}{1 \cdot \sqrt{2}}$; $\beta = \beta' = 45°$

Ebene $BCE$: $x_1 + x_2 + x_3 - 20 = 0$

Winkel $\delta$ zwischen Ebene $ABE$ und Ebene $BCE$:
$\cos\delta = \frac{\vec{n_1} \circ \vec{n_2}}{|\vec{n_1}| \cdot |\vec{n_2}|} = \frac{1}{3}$; $\delta \approx 70{,}5°$

b) Elementargeometrisch: 165

Dreieck $NME$ mit $N$ als Mittelpunkt von $[AB]$:
$\overline{MN} = \frac{1}{2} \cdot \overline{AD} = \frac{1}{2} \cdot 5\sqrt{2}$
$\overline{NE} = \sqrt{25 + 12{,}5} \approx 6{,}1$
$\overline{SE} = \frac{25}{\sqrt{37{,}5}} \approx 4{,}1$ (Kathetensatz)
$\overline{SN} = \overline{NE} - \overline{SE} \approx 2$
$d^2 = \overline{SE} \cdot \overline{SN}$ (Höhensatz) $d \approx 2{,}9$

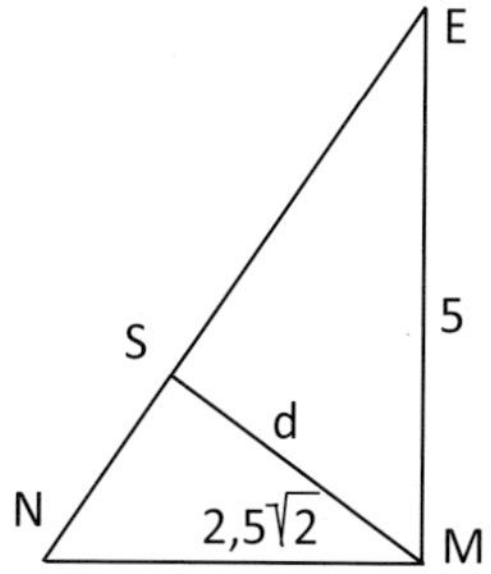


Dreieck $BCE$ ist gleichseitig mit der Seitenlänge $5\sqrt{2}$.

Der Abstand $e$ von $C$ zur Geraden $BE$ ist gleich der Höhe in diesem Dreieck: $e = \frac{5\sqrt{2}}{2} \cdot \sqrt{3} \approx 6{,}1$

Für den Winkel zwischen BE und der Würfelvorderseite betrachtet man den Schnitt durch den Würfel:

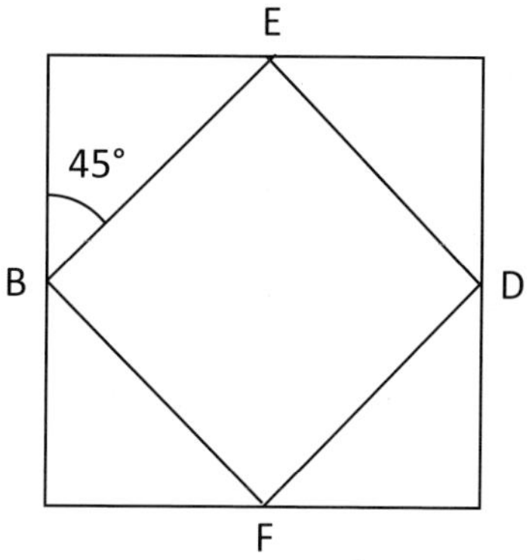


Für den Winkel zwischen zwei Seitenflächen betrachtet man z. B. das Dreieck $ACQ$, wobei $Q$ der Mittelpunkt von $[BE]$ ist. Dieses Dreieck ist gleichschenklig, die Basis $[AC]$ hat die Länge 10. Die Schenkel $[AQ]$ bzw. $[CQ]$ sind Höhen im gleichseitigen Dreieck $ABE$ bzw. $BCE$; sie haben die Länge $\frac{5\sqrt{2}}{2} \cdot \sqrt{3}$.
Für den Winkel $\rho$ bei $Q$ gilt dann: $\sin\frac{\rho}{2} = \frac{5}{2{,}5\sqrt{6}}$; $\frac{\rho}{2} \approx 54{,}7°$; $\rho \approx 109{,}5°$

Das ist allerdings kein Widerspruch zum vektoriellen Ergebnis, da man für den Winkel zwischen zwei Ebenen immer den kleineren der beiden auftretenden Winkel angibt. Die elementargeometrische Berechnung führt hier auch zum Ziel, da die Geometrie des Würfels und Oktaeders recht einfach ist.

**Auftrag 4** **Gewächshaus**

Dieser Auftrag wird bei der Erarbeitung (Seite 166 ff.) verwendet.

# Lösungen der Aufgaben

## Erarbeiten

169 **1 a)** 3 **b)** $\sqrt{3}$ **c)** 1 **d)** 0

**2 a)** $2\frac{1}{3}$ **b)** 1,5 **c)** 0,6 **d)** 5

**3 a)** $E_2$: $8x_1 + x_2 - 4x_3 - 20 = 0$
Normalenvektoren von $E_1$ und $E_2$ parallel; $d = \frac{17}{18}$

**b)** $E_2$: $3x_1 - 12x_2 + 4x_3 - 34 = 0$
Normalenvektoren von $E_1$ und $E_2$ parallel; $d = 2$

**4 a)** Lotebene $L$: $x_1 - 4x_2 - x_3 - 7 = 0$; $T(\frac{7}{9}|-\frac{10}{9}|-\frac{16}{9})$; $d = \frac{10}{3}$

**b)** Lotebene $L$: $3x_1 - 2x_2 - 3x_3 - 18 = 0$; $T(\frac{27}{11}|-\frac{18}{11}|-\frac{27}{11})$; $d \approx 3{,}36$

**5 a)** Lotebene $L$: $x_1 + 3x_2 - 8 = 0$; $T(0{,}2|2{,}6|-1)$; $d \approx 1{,}90$

**b)** Lotebene $L$: $x_1 - 4x_2 - 2x_3 - 81 = 0$; $T(\frac{83}{19}|-\frac{294}{19}|-\frac{223}{19})$; $d \approx 8{,}95$

**6 a)** Ebene $E$: $4x_1 - 12x_2 - 3x_3 + 2 = 0$; $\overrightarrow{u_g} \| \overrightarrow{n_E}$; $d = \frac{33}{13} \approx 2{,}54$

**b)** $\overrightarrow{u_g} \| \overrightarrow{n_E}$; $d = \frac{10}{3}$

**7 a)** Gerade und Ebene sind parallel, Abstand $d = 2$.

**b)** Gerade und Ebene sind parallel, Abstand $d = 4$.

**c)** Gerade und Ebene schneiden sich, Schnittwinkel $\varphi \approx 28{,}1°$.

**8 a)** Schnittwinkel mit $x_3 = 0$: 9,7°; mit $x_2 = 0$: 30,5°;
mit $x_1 = 0$: 57,7°.

**b)** Schnittwinkel mit $x_3 = 0$: 19,2°; mit $x_2 = 0$: 50,2°;
mit $x_1 = 0$: 33,3°.

**c)** Schnittwinkel mit $x_3 = 0$: 45°; mit $x_2 = 0$: 25,1°;
mit $x_1 = 0$: 34,5°.

**9** $d \approx 1{,}41$ 169

**10 a)** Höhenfußpunkte: $H_a(\frac{14}{9}|\frac{2}{9}|\frac{5}{9})$, $H_b(\frac{23}{14}|-\frac{3}{14}|\frac{10}{7})$, $H_c(4|0|1)$.
Für die Höhen gilt: $h_a \approx 0{,}75$; $h_b \approx 0{,}6$; $h_c \approx 2{,}24$.

**b)** Höhenfußpunkte: $H_a = B$, $H_b(\frac{62}{35}|\frac{81}{35}|-\frac{41}{7})$, $H_c = B$.
Für die Höhen gilt: $h_a = 2\sqrt{2} \approx 2{,}83$; $h_b \approx 2{,}48$; $h_c = 3\sqrt{3} \approx 5{,}20$.

**11 a)** 70,53° **b)** 86,98° **c)** 74,44°

**12 a)** 45° **b)** 54,74° **c)** 90° **d)** 42,02° 170

**Noch fit?**

**I a)** $k(x) = f \circ g(x) = f(g(x)) = e^{2x} - 4e^x + 5$
$m(x) = g \circ f(x) = g(f(x)) = e^{x^2-4x+5}$

$k'(x) = 2e^x(e^x - 2)$; $k''(x) = 4e^x(e^x - 1)$
$m'(x) = (2x-4)e^{x^2-4x+5}$; $m''(x) = (4x^2 - 16x + 18)e^{x^2-4x+5}$

Graph von $f$:
dünne durchgezogene Linie
Graph von $g$:
dünne gestrichelte Linie
Graph von $k$:
fette durchgezogene Linie
Graph von $m$:
fette gepunktete Linie

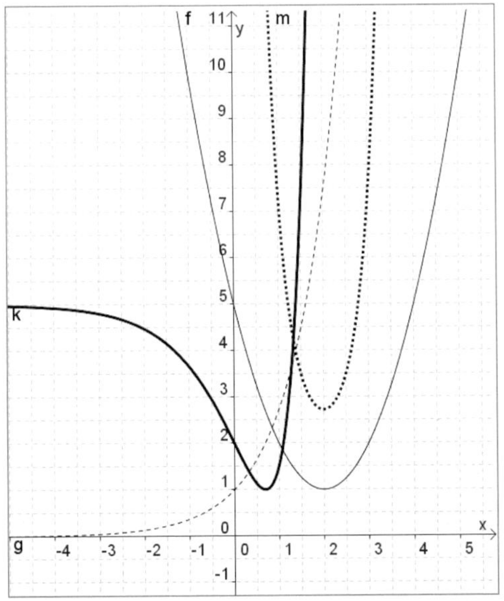

| | $f(x)$ | $f(g(x))$ | $g(f(x))$ |
|---|---|---|---|
| Nullstellen | – | – | – |
| Extrema | TIP $(2\|1)$ | TIP $(\ln 2\|1)$ | TIP $(2\|e)$ |
| Wendepunkte | – | WEP $(0\|2)$ | – |

**b)** $k(x) = f(g(x)) = (\ln x)^2 - 2\ln x + 2,\ D = R^+$

$m(x) = g(f(x)) = \ln(x^2 - 2x + 2),\ D = R$

$k'(x) = \frac{2(\ln x - 1)}{x};\ k''(x) = \frac{2(2-\ln x)}{x^2}$

$m'(x) = \frac{2x-2}{x^2-2x+2};\ m''(x) = \frac{-2x^2+4x}{(x^2-2x+2)^2}$

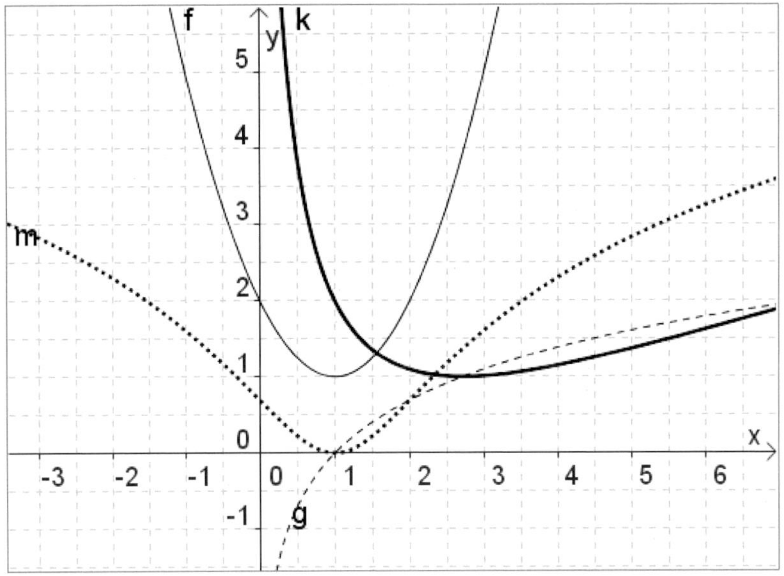


Graph von f: dünne durchgezogene Linie, Graph von g: dünne gestrichelte Linie
Graph von k: fette durchgezogene Linie, Graph von m: fette gepunktete Linie

| | $f(x)$ | $f(g(x))$ | $g(f(x))$ |
|---|---|---|---|
| Nullstellen | – | – | $N(1\|0)$ doppelt |
| Extrema | TIP $(1\|1)$ | TIP $(e\|1)$ | TIP $(1\|0)$ |
| Wendepunkte | – | WEP $(e^2\|4)$ | $\text{WEP}_1(0\|\ln 2)$<br>$\text{WEP}_2(2\|\ln 2)$ |

## Anwenden



**13** $\overline{AB} = \overline{BC} = \overline{CD} = \overline{DA} = 5;\ \overrightarrow{AB} \circ \overrightarrow{BC} = 0 \Rightarrow ABCD$ Quadrat

Ebene $ABCD$: $4x_1 + 3x_3 + 2 = 0$; Abstand(Ebene $-S$)$= 8$; $V_{\text{Pyramide}} = \frac{40}{3}$

**14** Fläche des Parallelogramms: $A = |\overrightarrow{PQ} \times \overrightarrow{PS}| = 57$

Ebene $PQRS$: $15x_1 + 6x_2 + 10x_3 - 25 = 0$; Abstand(Ebene $-T$)$= 5$
$V_{\text{Pyramide}} = 95$

**15** Ebene $KLM$: $17x_1 + 5x_2 + 14x_3 - 59 = 0$
Abstand(Ebene $-N$)$\approx 6{,}24$
Dreiecksfläche $A_{KLM} = \frac{1}{2}|\overrightarrow{KL} \times \overrightarrow{KM}| \approx 11{,}29$; $V_{\text{Pyramide}} \approx 23{,}5$

Ebene $LMN$: $11x_1 + 6x_2 - 2x_3 - 52 = 0$; Abstand(Ebene $-K$)$\approx 3{,}70$
Dreiecksfläche $A_{LMN} = \frac{1}{2}|\overrightarrow{LM} \times \overrightarrow{LN}| \approx 19{,}03$; $V_{\text{Pyramide}} \approx 23{,}5$

Ebene $KMN$: $37x_1 - 14x_2 - 11x_3 - 4 = 0$; Abstand(Ebene $-L$)$\approx 3{,}43$
Dreiecksfläche $A_{KMN} = \frac{1}{2}|\overrightarrow{KM} \times \overrightarrow{KN}| \approx 20{,}53$; $V_{\text{Pyramide}} \approx 23{,}5$

Ebene $KLN$: $17x_1 + 5x_2 + 14x_3 - 59 = 0$; Abstand(Ebene $-M$)$\approx 3{,}99$
Dreiecksfläche $A_{KLN} = \frac{1}{2}|\overrightarrow{KL} \times \overrightarrow{KN}| \approx 17{,}68$; $V_{\text{Pyramide}} \approx 23{,}5$

**16** $E_1$: $2x_1 - x_2 + 2x_3 - 11 = 0$; $E_2$: $2x_1 - x_2 + 2x_3 + 1 = 0$

**17** Gespiegelte Ebene $E'$: $x_1 - 2x_2 + 2x_3 + 17 = 0$

**18** Symmetrieebene: $7x_1 - 4x_2 + 4x_3 - 4 = 0$

**19** Radius $r =$ Abstand$(E - M)= 3$

Lotgerade $l$ zu $E$ durch $M$: $\vec{X} = \begin{pmatrix} 2 \\ 5 \\ 0 \end{pmatrix} + \lambda \begin{pmatrix} 2 \\ -2 \\ 1 \end{pmatrix}$

Schnittpunkt Lotgerade-Ebene: $B(0|7|-1)$

$B$ an $M$ gespiegelt $\Rightarrow B'(4|3|1)$

Ebene $E'$ parallel zu $E$ durch $B'$: $2x_1 - 2x_2 + x_3 - 3 = 0$

170 **20 a)** Lotebene $L$ zu $g$ durch $B(3|0|8)$: $x_1 - 2x_2 - x_3 + 5 = 0$
Schnittpunkt $L - g$: $F(\frac{8}{3}|\frac{5}{3}|\frac{13}{3})$; Abstand $B - F$: $d \approx 4{,}04$

**b)** Lotebene $L$ zu $g$ durch $B(0|0|0)$: $x_1 + x_2 + 3x_3 = 0$
Schnittpunkt $L - g$: $F(0|3|-1)$; Abstand $B - F$: $d \approx 3{,}16$

171 **21** Einfallswinkel 68,13°

Der Einfallswinkel nimmt im Lauf des Vormittags zu. Je nach geographischer Breite und Jahreszeit kann er nach Erreichen des Maximums von 90° auch wieder geringer werden. Die angegebene Sonneneinstrahlung entspricht ungefähr der mittäglichen Sonneneinstrahlung im Frühjahr und im Herbst in unseren Breiten.

**22 a)** $g \cap h = S(5|3|1)$, $g$ und $k$ sind windschief, $h$ und $k$ sind parallel, Abstand $h - k \approx 0{,}75$.

**b)** $g$ und $h$ sind windschief, $g$ und $k$ sind parallel, $h \cap k = S(1|3|2)$, Abstand $g - k \approx 4{,}44$.

**23** $E_{ABS}$: $x_1 - 2x_2 + 5x_3 - 59 = 0$; $E_{BCS}$: $2x_1 - x_2 + 5x_3 - 67 = 0$
Schnittwinkel $\varphi \approx 14{,}84°$

## Vernetzen

**24** Zerlegt man den Vektor $\overrightarrow{AP}$ in zwei Komponenten $\vec{p}$ und $\vec{s}$, so gilt:

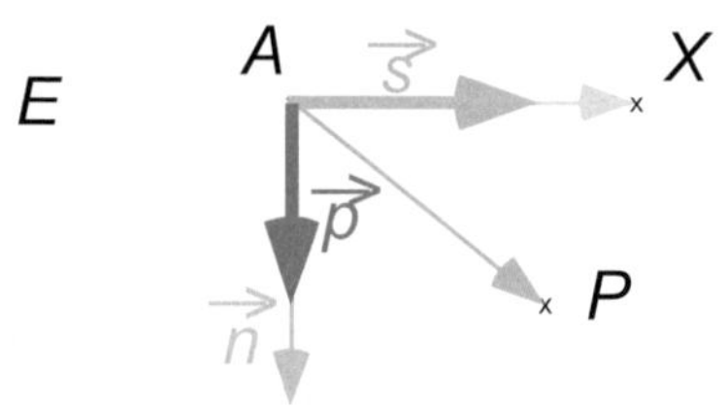


$$\vec{n} \circ \overrightarrow{AP} = \vec{n} \circ (\vec{p} + \vec{s}) = \vec{n} \circ \vec{p} + \vec{n} \circ \vec{s} = \vec{n} \circ \vec{p}, \text{ da } \vec{n} \circ \vec{s} = 0.$$

$\vec{n} \circ \vec{p} = |\vec{n}| \cdot |\vec{p}| \cdot \cos 0° = |\vec{n}| \cdot |\vec{p}|$ nach der Definition des Skalarprodukts. Ersetzt man $\vec{n}$ durch den Einheitsvektor $\vec{n}^0$, so ergibt sich $\vec{n}^0 \circ \vec{p} = 1 \cdot |\vec{p}| \cdot \cos 0° = |\vec{p}|$ und das ist gerade der Abstand von $P$ zur Ebene.

171 **25 a)** $P_4$ liegt in der Ebene $E_{123}$: $x_1 + 2x_2 - 4x_3 - 4 = 0$
$d(P_5 - E_{123}) \approx 9{,}17$; $d(P_6 - E_{123}) \approx 9{,}17$

Das Viereck $P_1P_2P_3P_4$ ist ein Rechteck mit dem Flächeninhalt $A \approx 36{,}66$.

$V_{\text{Pyramide}} \approx 112{,}1$

**b)** $P_4$ liegt nicht in der Ebene $E_{123}$: $5x_1 - 2x_2 - x_3 - 7 = 0$.

**c)** $P_4$ und $P_6$ liegen in der Ebene $E_{123}$: $x_1 - 7x_2 + 8x_3 - 10 = 0$
$d(P_5 - E_{123}) \approx 10{,}68$

Das Viereck $P_1P_2P_3P_4$ ist ein Rechteck mit dem Flächeninhalt $A \approx 21{,}35$.
$V_{\text{Pyramide}} \approx 76{,}0$

**d)** $P_4$ und $P_5$ liegen in der Ebene $E_{123}$: $x_1 + x_2 - 4x_3 - 2 = 0$
$d(P_6 - E_{123}) \approx 3{,}06$

Das Viereck $P_1P_2P_3P_4$ ist ein Parallelogramm mit dem Flächeninhalt $A \approx 21{,}21$.
$V_{\text{Pyramide}} \approx 21{,}6$

172 **26 a)** $O(0|0|0)$, $A(4|0|0)$, $B(4|4|0)$, $C(0|4|0)$, $D(0|0|4)$, $E(4|0|4)$, $F(4|4|4)$, $G(0|4|4)$

**b)** $L(4|4|2), M(4|2|4), N(2|4|4)$ bilden die Ebene $E$: $x_1 + x_2 + x_3 - 10 = 0$

Abstand (Ebene $-F$) $\approx 1{,}15$; $A_{LMN} \approx 3{,}46$; $V_{\text{Pyramide}} \approx 1{,}33$

**c)** Wird die Ebene von $O$ weg geschoben, so wird das gleichseitige Dreieck zunächst kleiner bis es nur noch aus dem Punkt $F$ besteht.
Wird die Ebene zu $O$ hin geschoben, wird das gleichseitige Dreieck größer, bis es mit dem Dreieck $EBG$ die maximale Größe erreicht hat. Rückt die Ebene noch näher an $O$, so wird aus dem Dreieck ein Sechseck, das umso kleiner wird, je kleiner der Abstand von $O$ zur Ebene ist.

**27 a)** Die Vektoren $\vec{n}^0 + \vec{m}^0$ und $\vec{n}^0 - \vec{m}^0$ haben die Richtungen der Diagonalen in der von $\vec{n}^0$ und $\vec{m}^0$ aufgespannten Raute, d. h. sie sind Winkelhalbierende in dieser Raute.

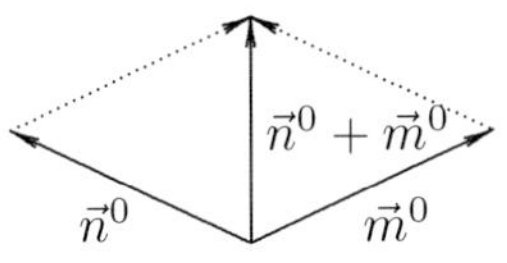

**b)** Diese Ebenen sind die zu $E$ und $F$ winkelhalbierenden Ebenen.

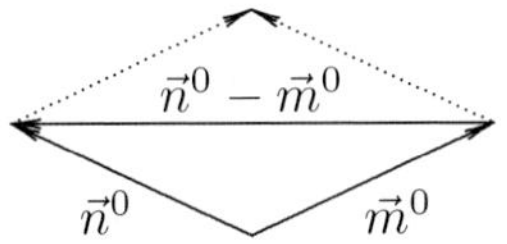

172 **28** Schnittgerade von $E$ und $F$: $\vec{X} = \begin{pmatrix}-7\\-2\\0\end{pmatrix} + \lambda\begin{pmatrix}2\\2\\1\end{pmatrix}$

Winkelhalbierende Ebene:
$W_1$: $x_1 - x_2 + 5 = 0$ oder $W_2$: $x_1 + x_2 - 4x_3 + 9 = 0$

Wegen der Lage im Koordinatensystem wird nur die Ebene $W_1$ betrachtet. Die Ebene $E'$ ist gegenüber $E$ um 3 vom Koordinatenursprung weg parallel verschoben: $E'$: $2x_1 - x_2 - 2x_3 + 21 = 0$

Schneidet man $E'$ mit $W_1$, so erhält man die gesuchte Gerade:
$\vec{X} = \begin{pmatrix}-10\\-5\\3\end{pmatrix} + \lambda\begin{pmatrix}2\\2\\1\end{pmatrix}$

**29 a)** $E_{AA'BB'}$: $2x_2 - x_3 - 4 = 0$; $x_1x_2$-Ebene: $x_3 = 0$
Schnittwinkel $\varphi \approx 63{,}43°$

**b)** $A_{ABCD} = 0{,}5 \cdot (8+12) \cdot 4\ \text{m}^2 = 40\ \text{m}^2$; $V_{\text{Prisma}} = 40 \cdot 16\ \text{m}^3 = 640\ \text{m}^3$

**c)** Bei der Wassertiefe $t = 0$ m gilt $b = 8$ m, bei der Wassertiefe $t = 4$ m gilt $b = 12$ m. Die nebenstehende Zeichnung erläutert den allgemeinen Zusammenhang $b = t + 8$ m.

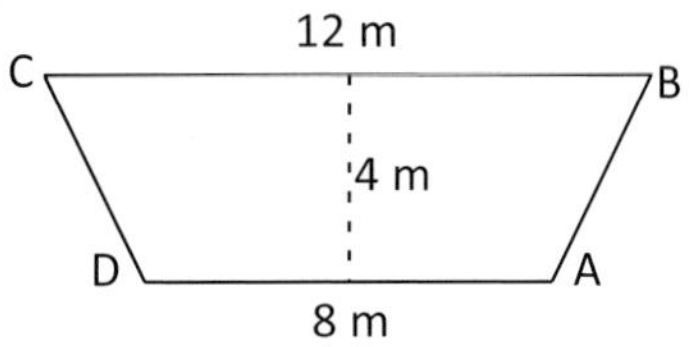


$V_{\text{Hitze}} = 0{,}45 \cdot 640\ \text{m}^3 = 288\ \text{m}^3$
$\Rightarrow A_{\text{Hitze}} = 18\ \text{m}^2$

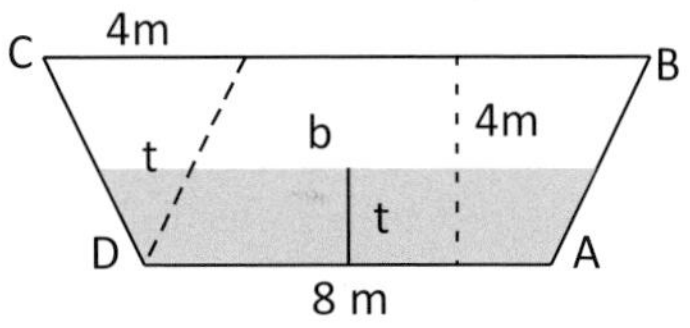


$A_{\text{Hitze}} = 0{,}5 \cdot (8+(t+8)) \cdot t\ \text{m}^2 = 18\ \text{m}^2$

Das führt (ohne Einheiten) auf die quadratische Gleichung:

$t_2 + 16t - 36 = 0.$

Diese hat die Lösungen $t_1 = 2$ (und $t_2 = -18$).

Die Wassertiefe während der Hitzeperiode beträgt also 2 m.

**30 a)** 1. $\begin{pmatrix}6\\2\\6\end{pmatrix} = \begin{pmatrix}8\\0\\6\end{pmatrix} + 2 \cdot \begin{pmatrix}-1\\1\\0\end{pmatrix}.$

2. Dass $B$ nicht auf $g$ liegt, lässt sich z. B. mit der 3. Komponentengleichung zeigen: Es gibt kein $\lambda \in \mathbb{R}$, für das $2 = 6 + \lambda \cdot 0$ wahr wird.

**b)** Ebene $E$: $x_1 + x_2 + x_3 - 14 = 0$; Ebene $H$: $x_1 - x_2 = 0$

**c)** $M(4|4|6)$; $C(2|6|6)$ (Es gilt: $\overrightarrow{AM} = \overrightarrow{MC}$) 172

**d)**

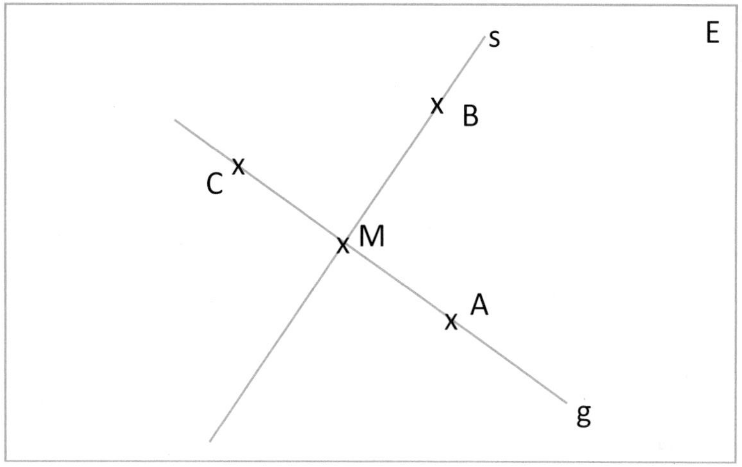


**31 a)** Ebene $E_{ABC}$: $x_1 + 2x_2 + 2x_3 - 10 = 0$ 173

$\overrightarrow{CM}$ = Vektor senkrecht zu $E_{ABC}$ mit der Länge 3, wobei $M$ oberhalb der Ebene liegen muss.

$\overrightarrow{CM} = \begin{pmatrix}1\\2\\2\end{pmatrix}$; $M(1|2|7)$

**b)** Die Kugel wählt den kürzesten Weg, d. h. das Lot von $C$ auf $AB$. Lotebene $L$ durch $C$ senkrecht zu $AB$: $2x_1 - x_2 = 0$

Schnittpunkt $L - g$ ist der Lotfußpunkt $F(2|4|0)$.

Die Berührpunkte liegen auf der Geraden $CF$: $\vec{X} = \begin{pmatrix}0\\0\\5\end{pmatrix} + \lambda\begin{pmatrix}2\\4\\-5\end{pmatrix}$

**c)** Der Mittelpunkt bewegt sich auf einer Geraden parallel zu $CF$ durch
$M$: $\vec{X} = \begin{pmatrix}1\\2\\7\end{pmatrix} + \lambda\begin{pmatrix}2\\4\\-5\end{pmatrix}$

Die Kugel bleibt liegen, wenn sich der Mittelpunkt in $M'$ mit $x_3 = 3$ befindet $\Rightarrow M'(2{,}6|5{,}2|3)$.

Der Berührpunkt in der $x_1x_2$-Ebene ist daher $B_1(2{,}6|5{,}2|0)$.

173 Für den Berührpunkt $B_2$ in der Ebene $E_{ABC}$ gilt: $\overrightarrow{CB_2} = \overrightarrow{MM'}$, also $B_2(1{,}6|3{,}2|1)$.

**32 a)** $E(6|-1|2)$; $F(7|-3|0)$

**b)** $\overrightarrow{AC} \circ \overrightarrow{BC} = 0 \Rightarrow$ Dreieck $ABC$ rechtwinklig bei $C$.

$A_{ABC} = 4{,}5$; Abstand $E_{ABC} - D = 6$; $V_{\text{Prisma}} = 27$

**c)** $V_{\text{Pyramide } ABF} = \frac{1}{3} V_{\text{Prisma}} = 9 \Rightarrow V_{\text{Restkörper}} = 18$

Die Volumina der Teilkörper verhalten sich wie 1 : 2.

**d)** 1. Möglichkeit: Schnitt auf halber Höhe des Prismas:
Schnittebene parallel zu $E_{ABC}$ durch den Mittelpunkt von $[AD]$:
$2x_1 - x_2 + 2x_3 - 8 = 0$

2. Möglichkeit: Das Dreieck $ABC$ ist gleichschenklig-rechtwinklig. Eine Schnittebene durch den Mittelpunkt von $[AB]$ senkrecht zu $[AB]$ halbiert die Grundfläche, also auch das Volumen: $x_1 + 4x_2 + x_3 + 5 = 0$

**33 a)** $h\colon \vec{X} = \begin{pmatrix} 0 \\ 0 \\ 8 \end{pmatrix} + \lambda \begin{pmatrix} 0 \\ 1 \\ 0 \end{pmatrix} \Rightarrow M(0|\lambda|8)$

$\overline{MQ} = \sqrt{2^2 + (6-\lambda)^2 + (-3)^2} = 7$

$\Rightarrow \lambda^2 - 12\lambda = 0 \Rightarrow \lambda_1 = 0$; $\lambda_2 = 12$; $M_1(0|0|8)$; $M2(0|12|8)$

**b)** Die Schnittkreisebene enthält $Q$ und ist senkrecht zu $h$: $x_2 - 6 = 0$.

Der Mittelpunkt des Schnittkreises ist der Mittelpunkt von $[M_1M_2]$: $M_k(0|6|8)$.

Der Radius des Schnittkreises ist der Abstand von $M_k$ und $Q$:
$r = \overline{M_kQ} = \sqrt{13}$.

**c)** $5 < R < 19$

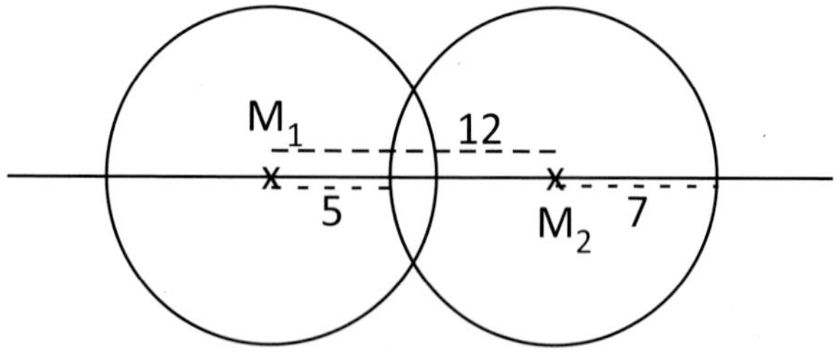


**34 a)**

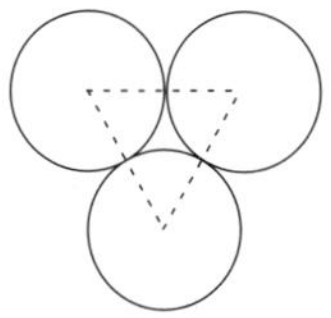

**b)** $x_3 = 5$

**c)**

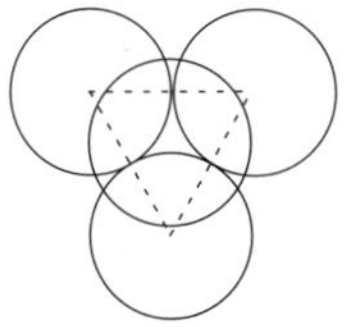

173

**d)** Die Mittelpunkte der Orangen bilden ein regelmäßiges Tetraeder mit der Seitenlänge 10. Die Höhe dieses Tetraeders beträgt $\frac{10}{3}\sqrt{6}$; für die Ebene $F$ gilt daher: $x_3 = 5 + \frac{10}{3}\sqrt{6}$.

**35** Da $g$ parallel zu $E$ ist und $h$ in $E$ liegt, gilt:
Abstand $(g - h)$ = Abstand $(g - E)$.

**a)** $E\colon \vec{X} = \begin{pmatrix} 6 \\ 0 \\ -3 \end{pmatrix} + \lambda \begin{pmatrix} -3 \\ 0 \\ 4 \end{pmatrix} + \mu \begin{pmatrix} 1 \\ 0 \\ 4 \end{pmatrix}$ bzw. $x_2 = 0$

Der Abstand des Punktes $A(3|-1|2)$ von $E$ beträgt 1.

**b)** $E\colon \vec{X} = \begin{pmatrix} 0 \\ 0 \\ 5 \end{pmatrix} + \lambda \begin{pmatrix} -2 \\ 6 \\ 5 \end{pmatrix} + \mu \begin{pmatrix} 1 \\ 1 \\ 2 \end{pmatrix}$ bzw. $7x_1 + 9x_2 - 8x_3 + 40 = 0$

Der Abstand des Punktes $A(0|-2|0)$ von $E$ beträgt ungefähr 1,58.

# 7 Anwendungen der Differential und Integralrechnung

## 7.1 Wachstums- und Zerfallsprozesse

### Hinweise zur Bearbeitung der Aufträge

178 **Auftrag 1** **Gedämpfte Schwingung**

Die Periodendauer (z. B. als Zeit zwischen zwei aufeinander folgenden Maxima) beträgt ca. 12 s, exakt vermutlich $4\pi$ s.
Abnahme der Amplitude:
$y(0) = 6(\text{cm})$; $y(4\pi) \approx 2{,}2(\text{cm})$; $y(8\pi) \approx 0{,}8(\text{cm})$; $y(12\pi) \approx 0{,}3(\text{cm})$,
d. h. $\frac{2{,}2}{6} \approx \frac{0{,}8}{2{,}2} \approx \frac{0{,}3}{0{,}8} \approx 0{,}37$;
es handelt sich um eine exponentielle Abnahme der Amplitude:
$A(t) = A_0 \cdot e^{-kt}$ mit $\frac{A(12)}{A_0} = e^{-k \cdot 12} \approx 0{,}37 \Rightarrow k \approx 0{,}08$.
Die Zeitabhängigkeit der Auslenkung enthält wegen der Lage der Maxima die cos-Funktion.
Insgesamt: $y(t) = 6 \cdot \cos(\frac{t}{2}) \cdot e^{-0{,}08 \cdot t}$
Der zugehörige Graph entspricht im Rahmen der Zeichengenauigkeit dem Bild 178/1.
$|y(t)| = |6 \cdot \cos(\frac{t}{2}) \cdot e^{-0{,}08 \cdot t}| \leq 6 \cdot e^{-0{,}08 \cdot t} < 0{,}5$ gilt für $t > 12{,}5 \ln 12 \approx 31$,
d. h. nach 31 s bleibt die Auslenkung unter 5 mm = 0,5 cm.
Ergänzung: Für $t \to \infty$ gilt: $y(t) \to 0$
Bedeutung der Parameter in $f(t) = a \cdot e^{-b \cdot t} \cdot \cos(c \cdot t)$:
$a$ ist die Anfangsamplitude $f(0)$.
$b$ beschreibt die exponentielle Abnahme der Amplutude; je größer $b$ ist, desto stärker/schneller nimmt die Amplitude ab.
$c$ beeinflusst die Periodendauer; es gilt $T = \frac{2\pi}{c}$.
Beispiele: $y_1(t) = 4 \cdot e^{-0{,}08t} \cdot \cos(\frac{t}{2})$; $y_2(t) = 6 \cdot e^{-0{,}08t} \cdot \cos(\frac{t}{2})$;
$y_3(t) = 6 \cdot e^{-0{,}12t} \cdot \cos(\frac{t}{2})$; $y_4(t) = 6 \cdot e^{-0{,}08t} \cdot \cos(\frac{t}{3})$.





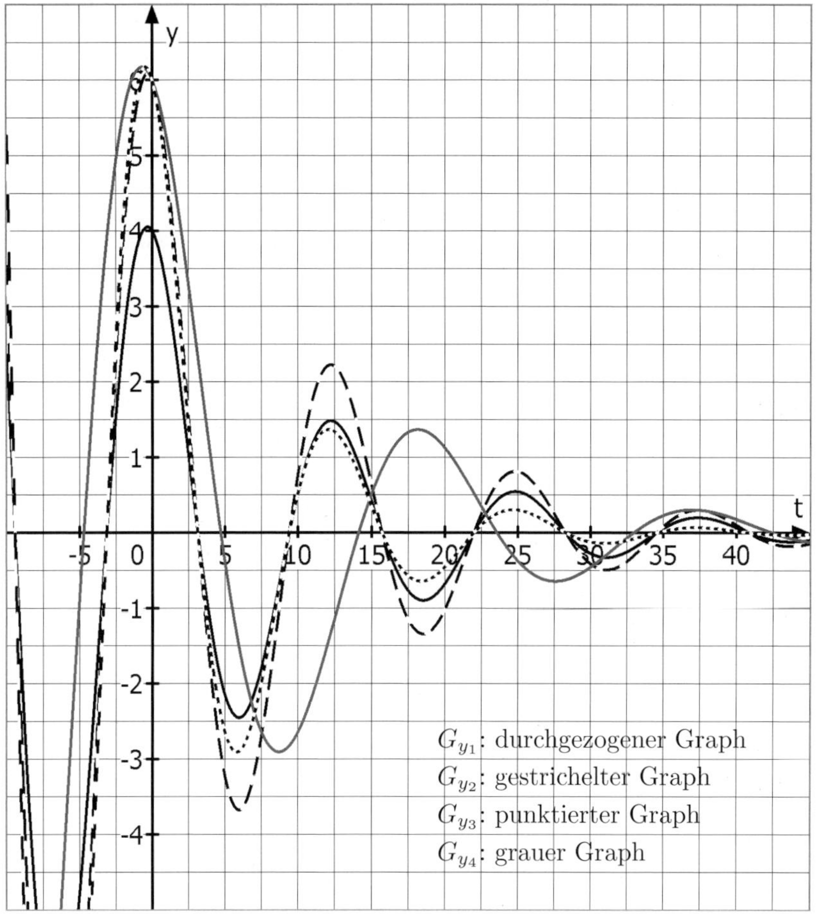


**Auftrag 2** **Kondensator aufladen und entladen**

Aus dem Bild 178/2 mit der Einheit s auf der Rechtswertachse und mA auf der Hochwertachse ist zu entnehmen:
$I(0) = 10$; $I(0{,}2) \approx 5{,}2$; $I(0{,}4) \approx 2{,}6$; $I(0{,}6) \approx 1{,}3$ usw.
Es gilt: $\frac{I(0{,}2)}{I(0)} = \frac{I(0{,}4)}{I(0{,}2)} = \ldots = 0{,}52$.
Es handelt sich also um eine exponentielle Abnahme der Stromstärke:
$I(t) = I_0 \cdot e^{-kt}$. Mit $\frac{I(0{,}2\text{ s})}{I(0)} = e^{-k \cdot 0{,}2} = 0{,}52$ folgt $k \approx 3{,}3$.
Mit $I_0 = I(0) = 10(\text{mA})$ ergibt sich: $I(t) = 10 \cdot e^{-3{,}3 \cdot t}$.

178 Eigenschaften: $I(t) > 0$ für alle $t$, d. h. der Strom fließt immer in die gleiche Richtung.
Für $t \to \infty$ gilt $I(t) \to 0$, d. h. der Strom kommt am Ende des Entladevorgangs zum Erliegen.

Transportierte Ladungsmenge $Q(t) = \int\limits_0^t I_0 e^{-kt}\, dt = \left[-\left(\frac{I_0}{k}\right) \cdot e^{-kt}\right]_0^t$

$$= -\left(\frac{I_0}{k}\right) \cdot e^{-kt} + \frac{I_0}{k} = \frac{I_0}{k} \cdot (1 - e^{-kt})$$

Für $t \to \infty$ gilt: $Q(t) \to \frac{I_0}{k}$
Mit $C = 2$ mF und $R = 150\ \Omega$ und $k = \frac{1}{RC} = \frac{10}{3}\frac{1}{\text{s}} \approx 3{,}3\frac{1}{\text{s}}$ folgt: $Q(t) = 3\ \text{As}(1 - e^{-3{,}33 \cdot t}) \Rightarrow Q_{\text{gesamt}} = 3$ As für $t \to \infty$.

Kondensatorspannung beim Aufladen:
$U(t) = U_0 \cdot (1 - e^{-k \cdot t})$ mit $U_0 = R \cdot I_0 = 1{,}5$ V

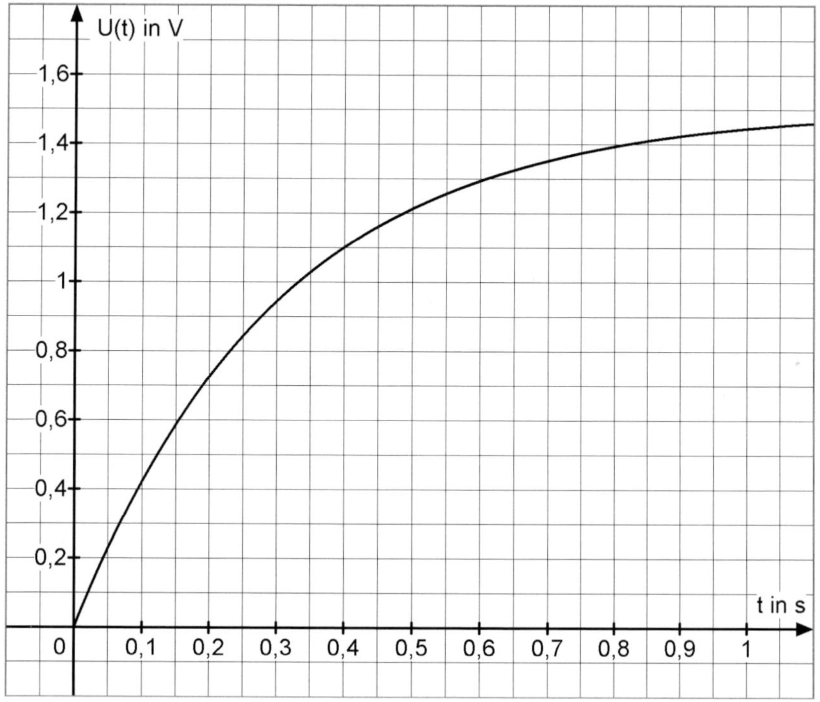


179 **Auftrag 3** **Zunahme- und Abnahmeprozesse im Alltag**

Dieser Auftrag wird bei der Erarbeitung (Seite 180 ff.) verwendet.

## Lösungen der Aufgaben

### Erarbeiten

183 **1** $f(x) = x \cdot e^{2-x};\ x \in \mathbb{R}^+$

**a)** $\lim\limits_{x \to \infty} f(x) = 0;\ \lim\limits_{x \to 0^+} f(x) = f(0) = 0$

$f'(x) = (1 - x) \cdot e^{2-x};\ x \in \mathbb{R}^+;$
$f'(x) = 0$ für $x = 1;$
$f'(x) > 0$ für $x < 1,$
$f'(x) < 0$ für $x > 1;\ f(1) = e;\ H(1|e)$

$f''(x) = (x - 2) \cdot e^{2-x};\ x \in \mathbb{R}^+;$
$f''(x) = 0$ für $x = 2;$
$f''(x) < 0$ für $x < 2,$
$f''(x) > 0$ für $x > 2;\ f(2) = 2;\ W(2|2)$

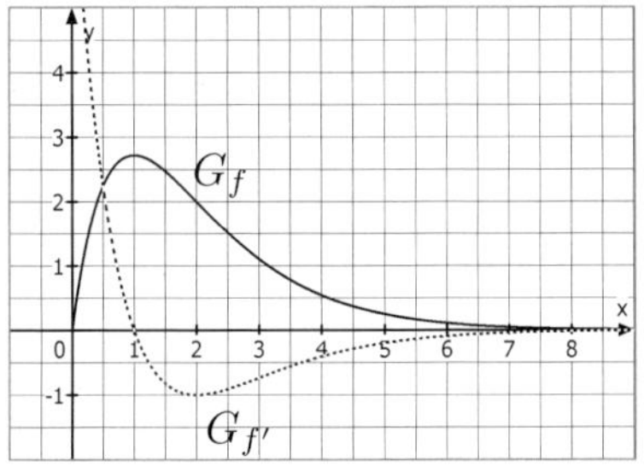


**b)** $F(x) = (-x - 1) \cdot e^{2-x};\ x \in \mathbb{R}^+;\ F'(x) = x \cdot e^{2-x};\ x \in \mathbb{R}^+$

**c)** Vgl. Bild unter a).

**d)** $f(0) = 0$: Zum Zeitpunkt 0 wird der Wirkstoff verabreicht.
$f'(x) > 0$ für $x < 1$: Von 0 Zeiteinheiten (z. B. Stunden) bis 1 Stunde nimmt die Wirkstoffkonzentration zu.
$H(1|e)$: Nach 1 Stunde erreicht die Wirkstoffkonzentration mit $f(1) = e$ ihren höchsten Wert.
$f'(x) < 0$ für $x > 1$ und $\lim\limits_{x \to \infty} f(x) = 0$: Nach 1 Stunde nimmt die Wirkstoffkonzentration allmählich wieder gegen 0 ab.
$W(2|2)$: Nach 2 Stunden ist die Änderung (Abnahme) der Wirkstoffkonzentration am stärksten.

**2** $f_1(x) = e^{-0{,}2 \cdot x};\ f_1'(x) = -0{,}2e^{-0{,}2 \cdot x}$

$f_2(x) = x \cdot e^{-0{,}2 \cdot x};\ f_2'(x) = (1 - 0{,}2x)e^{-0{,}2 \cdot x}$

$f_3(x) = \sqrt{x} \cdot e^{-0{,}2 \cdot x};\ f_3'(x) = \frac{(0{,}5 - 0{,}2x)}{\sqrt{x}} \cdot e^{-0{,}2 \cdot x}$

$f_4(x) = \sin x \cdot e^{-0{,}2 \cdot x};\ f_4'(x) = (\cos x - 0{,}2 \sin x)e^{-0{,}2 \cdot x}$

Gemeinsamkeiten: $\lim\limits_{x \to \infty} f_i(0) = 0$

$f_i(0) = 0$ für $i = 2;\ 3;\ 4$, aber $f_1(0) = 1$

Unterschiede:

$G_{f_1}$: streng monoton fallend ohne Extrempunkt

$G_{f_2}$: $H(5|\frac{5}{e} \approx 1{,}8)$;

$G_{f_3}$: $H(2{,}5|\sqrt{2{,}5} \cdot e^{-0{,}5} \approx 0{,}96)$;

$G_{f_4}$: Extrema (abwechselnd Hoch- und Tiefpunkte) für $\tan x = 5$, d. h. $x \approx 1{,}4 + k\pi$

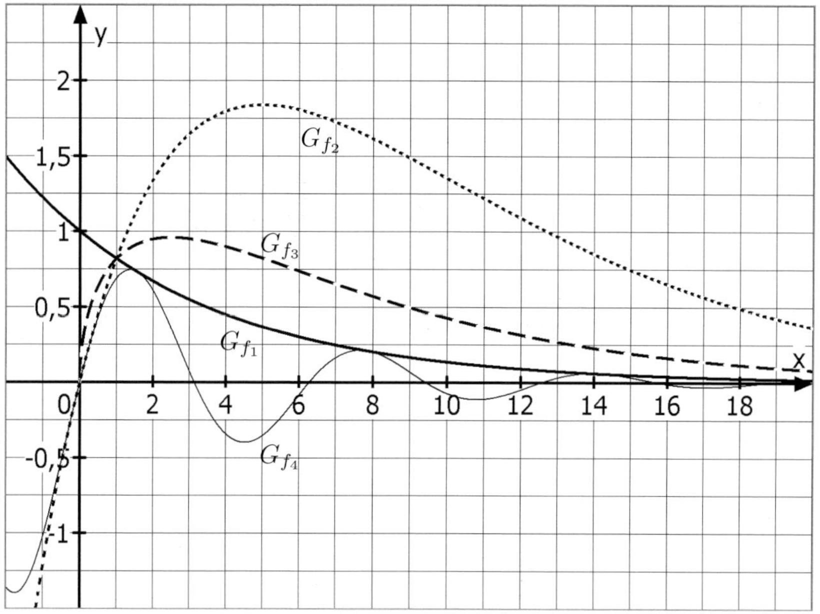


**3** $f(x) = 10 \cdot e^{-0{,}5 \cdot x}$; $f'(x) = -5 \cdot e^{-0{,}5 \cdot x}$

$g(x) = 10 - 0{,}5 \cdot x$; $g'(x) = -0{,}5$

Gemeinsamkeiten:

$G_f$ und $G_g$ fallen streng monoton vom Punkt $P(0|10)$ aus.

Unterschiede:

$f$ beschreibt eine exponentielle Abnahme, d. h. $f(k) = \frac{1}{\sqrt{e}} \cdot f(k-1)$,

$g$ beschreibt eine lineare Abnahme mit $g(k) = g(k-1) - 0{,}5$

$\lim\limits_{x \to \infty} f(x) = 0$,

aber $\lim\limits_{x \to \infty} g(x) = -\infty$

$d(x) = g(x) - f(x)$;

$d'(x) = 5 \cdot e^{-0{,}5 \cdot x} - 0{,}5 = 0$

für $x = -2 \cdot \ln(0{,}1) \approx 4{,}6$, d. h. der größte Unterschied zwischen den Funktionswerten $g(x)$ und $f(x)$ beträgt $d(-2 \cdot \ln(0{,}1)) \approx 6{,}7$;

anschaulicher Grund:

Zunächst fällt $G_f$ sehr steil und verläuft später sehr viel flacher als $G_g$.

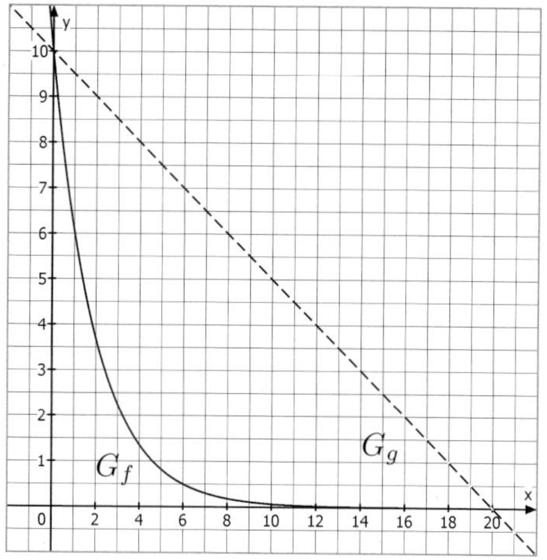




**4** $f_1(0) = 2$; $\lim\limits_{x \to \infty} f_1(x) = 5$; $\lim\limits_{x \to -\infty} f_1(x) = -\infty$;

$f_1(1) \approx 3{,}2$; $f_1(2) \approx 3{,}9$; $f_1'(x) > 0$

Vermutung: $f_1(x) = 5 - ae^{-kx}$;

$f_1(1) = 5 - ae^{-k} \approx 3{,}2$, d. h. $ae^{-k} \approx 1{,}8$ (I)

$f_1(2) = 5 - ae^{-2k} \approx 3{,}9$, d. h. $ae^{-2k} \approx 1{,}1$ (II)

(I):(II): $e^k \approx 1{,}6$, also $k = \ln 1{,}6 \approx 0{,}5$;

in (I): $a \approx 3$, also $f_1(x) = 5 - 3 \cdot e^{-0{,}5x}$

$f_2(1) = 0$; $\lim\limits_{x \to \infty} f_2(x) = 0$; $\lim\limits_{x \to 0^+} f_2(x) = -\infty$; $f_2'(3) = 0$; $f_2(3) = 4{,}5$

Vermutung: $f_2(x) = a \cdot (x-1) \cdot e^{-kx}$; $f_2'(x) = a \cdot (k + 1 - kx) \cdot e^{-kx}$

$f_2'(3) = a \cdot (1 - 2k) \cdot e^{-3k} = 0 \Leftrightarrow k = 0{,}5$

$f_2(3) = 2a \cdot e^{-1{,}5} \approx 4{,}5$, d. h. $a \approx 10$, also $f_2(x) = 10(x-1)e^{-0{,}5x}$

$f_3(0) = 2$; $f_3(13) = 1$; $f_3(26) = 0{,}5$; allgemein: Maxima bei $4k\pi$

$f_3(6) = -1{,}4$; $f_3(19) = 0{,}7$; Minima bei $(4k-2)\pi$

Nullstellen ungefähr bei 3; 9; 15; 22; 28; ... (exakt bei $(2k-1) \cdot \pi$).

Vermutung: $f_3(x) = a \cdot \cos(bx) \cdot e^{-kx}$; $f_3'(x) = -a(k\cos(bx) + b\sin(bx))$

Periode des cos-Faktors: $4\pi = \frac{2\pi}{b} \Leftrightarrow b = \frac{1}{2}$

$f_3(0) = a = 2$, also $a = 2$

Abnahme der „Amplitude“:

$\frac{f_3(4\pi)}{f_3(0)} = \frac{e^{-4\pi k}}{1} = 0{,}5 \Rightarrow k \approx 0{,}055$; also: $f_3(x) = 2 \cdot \cos(\frac{x}{2}) \cdot e^{-0{,}55x}$

183 **5 a)** $f(t) = 5 - 3 \cdot e^{-t}$ oder $f(t) = 5 - 3 \cdot \cos(3t) \cdot e^{-t}$

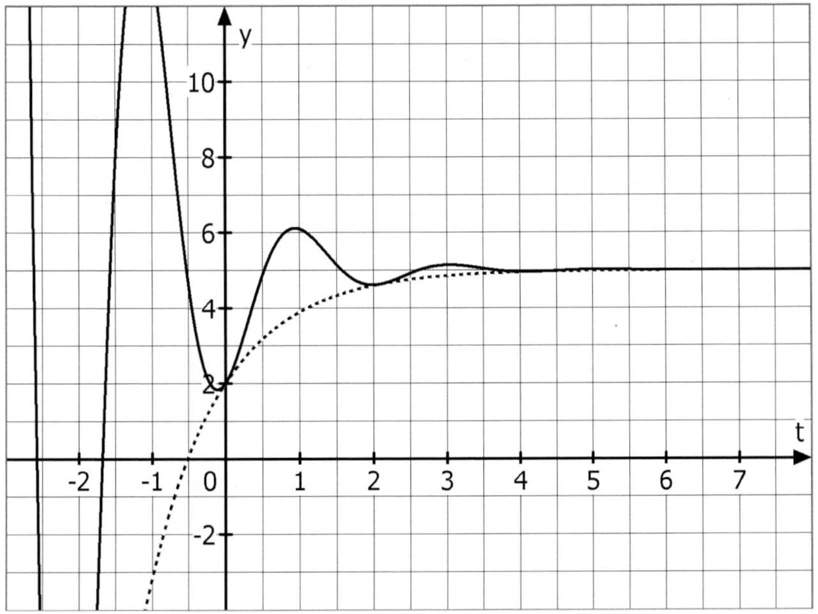


**b)** $f(t) = 40 \cdot (t-1) \cdot e^{-t}$

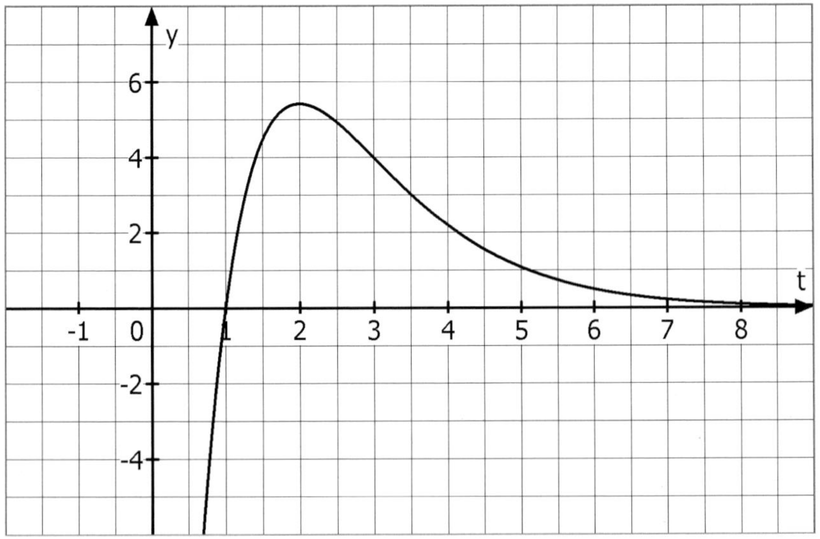


**c)** $f(x) = 2 \cdot \cos(\frac{x}{2}) \cdot e^{-0,055x}$ 183

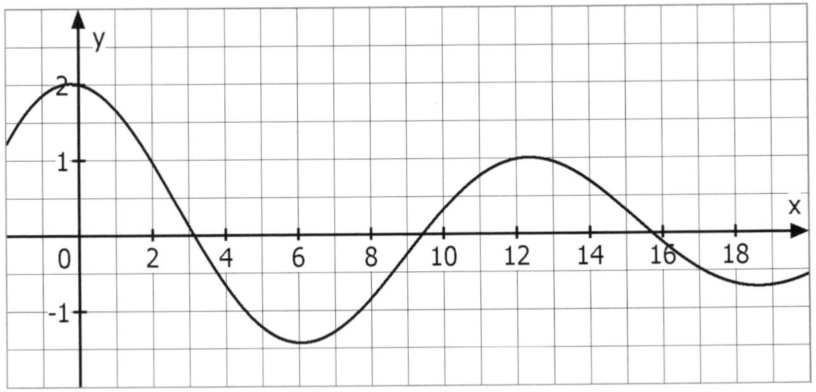


**6 a)** $\lim\limits_{x\to\infty} f(x) = \infty$; $\lim\limits_{x\to-\infty} f(x) = \infty$

$f(-2) = f(-1) = 0$, d. h. $N_1(-2|0)$; $N_2(-1|0)$; $f(0) = 1$, also $P(0|1)$

**b)** $f'(x) = 2 - \ln 2 \cdot 2^{-x}$; $f'(x) = 0$ für $x = \frac{\ln(\ln 2)}{\ln 2} - 1 \approx -1{,}52$

$f'(x) < 0$ für $x < \frac{\ln(\ln 2)}{\ln 2} - 1$ und $f'(x) > 0$ für $x > \frac{\ln(\ln 2)}{\ln 2} - 1$;
$T(-1{,}52|-0{,}17)$

**c)** Asymptote für $x \to \infty$:
$y = 2x$, da $2^{-x} \to 0$ für $x \to \infty$

$$A(b) = \int_{-1}^{b} (f(x) - 2x)dx = \int_{-1}^{b} 2^{-x}dx$$
$$= \int_{-1}^{b} e^{-\ln 2 \cdot x}dx = \frac{2}{\ln 2} - \frac{2^{-b}}{\ln 2}$$

$b \to \infty$: $\lim A(b) = \frac{2}{\ln 2}$, d. h. der Inhalt des beschriebenen Flächenstücks ist endlich.

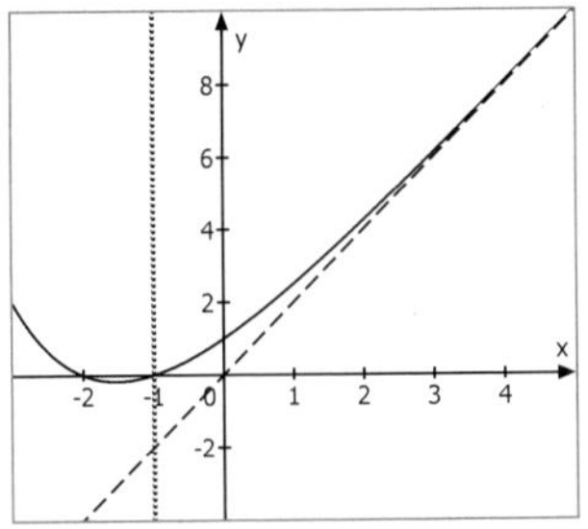


**d)** $P_t(t|2t + 2^{-t})$; $Q_t(t|2t)$

$A_{OPQ}(t) = \frac{1}{2} \cdot t \cdot 2^{-t}$; $A'(t) = \frac{(1-\ln 2 \cdot t)}{2^{t+1}} = 0$ für $t = \frac{1}{\ln 2} \approx 1{,}44$

$A(1{,}44) \approx 0{,}27$ maximal, da $A(t) \to 0$ für $t \to 0$ und $A(t) \to 0$ für $t \to \infty$

**7 a)** Vgl. Bild 184/1 im Schülerbuch. 184

**b)** $f_t(0) = 2$ für alle $t$, d. h. $P(0|2)$ liegt auf allen Scharkurven.

**c)** Fallunterscheidung:

$$t<0:\begin{cases} f_t'(x)=(1-tx)e^{-tx}=0 \text{ für } x=\frac{1}{t}\\ f_t'(x)<0 \text{ für } x<\frac{1}{t}\\ f_t'(x)>0 \text{ für } x>\frac{1}{t}\end{cases}$$

$\Rightarrow T(\frac{1}{t}|2+\frac{1}{(e\cdot t)})$

$$t>0:\begin{cases} f_t'(x)=(1-tx)e^{-tx}=0 \text{ für } x=\frac{1}{t}\\ f_t'(x)>0 \text{ für } x<\frac{1}{t}\\ f_t'(x)<0 \text{ für } x>\frac{1}{t}\end{cases}$$

$\Rightarrow H(\frac{1}{t}|2+\frac{1}{(e\cdot t)})$

**d)** $x_E=\frac{1}{t}\ (t\neq 0)\Rightarrow y_E=2+\frac{1}{t}\cdot e^{-t\cdot\frac{1}{t}}=2+\frac{1}{t}e^{-1}$

$t=\frac{1}{x_E}\Rightarrow y_E=2+e^{-1}\cdot x_E$

**8** Aussage 1 ist falsch.

Begründung:

Annahme: $G_f$ ist achsensymmetrisch zur $y$-Achse, wenn $f(-x)=f(x)$. Daraus folgt: $f'(-x)=-f'(x)$, d. h. $G_{f'}$ wäre punktsymmetrisch zum Ursprung (im Widerspruch zum Bild 184/2).

Aussage 2 ist wahr.

Begründung: $f'$ hat ein Maximum bei $x=0\Rightarrow f''(0)=0$ mit Vorzeichenwechsel von $f''$ (vgl. Monotoniewechsel bei $G_{f'}$).

Außerdem gilt:

Aussage 3: Der Graph $G_f$ der Funktion $f$ ist streng monoton steigend, da $f'(x)>0$ für alle $x$.

Aussage 4: Für $x\to-\infty$ geht $f(x)\to 0$ und für $x\to\infty$ geht $f(x)\to 10$. Die Stammfunktion $f$ zu $f'$ ist die sogenannte Gaußsche Fehlerfunktion.

**9 a)** $f(x)\to 0$ für $x\to-\infty$, da der Zähler gegen 0 und der Nenner gegen 2 geht, und $f(x)\to 0$ für $x\to\infty$, da für $f(x)=\frac{6}{(e^x+2e^{-x})}$ der Zähler konstant gleich 6 ist und der Nenner gegen $\infty$ geht.

184

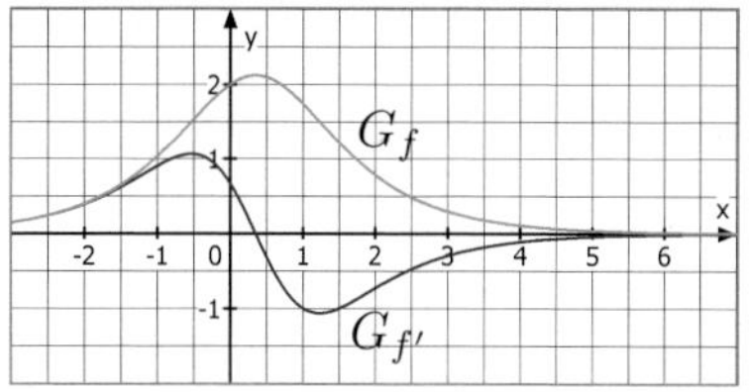


$f'(x)=\frac{6e^x(2-e^{2x})}{(e^{2x}+2)^2}$

$f'(x)=0$ für $x=\frac{1}{2}\cdot\ln 2\approx 0{,}35$

$f'(x)>0$ für $x<\frac{1}{2}\cdot\ln 2$ und $f'(x)<0$ für $x>\frac{1}{2}\cdot\ln 2$

$\Rightarrow H(\frac{1}{2}\cdot\ln 2|1{,}5\cdot\sqrt{2})$, näherungsweise $H(0{,}35|2{,}1)$.

**b)** Die von der Bakterienkultur bedeckte Fläche wächst immer weiter, die Flächenzunahme ist für $x=\frac{1}{2}\cdot\ln 2\approx 0{,}35$ am größten.
Für $x\to\infty$ nähert sich die bedeckte Fläche einem konstanten Wert, vermutlich dem gesamten zur Verfügung stehenden Flächeninhalt.

**Noch fit?**

**I a)** $B(10;\frac{1}{6};k\leq 2)=0{,}77523\approx 77{,}5\%$

**b)** $B(15;\frac{1}{4};k\geq 8)=1-B(15;\frac{1}{4};k\leq 7)=1-0{,}98270=0{,}0173$
$\approx 1{,}7\%$

**c)** $B(8;\frac{1}{10};1<k<5)=B(8;0{,}1;2)+B(8;0{,}1;3)+B(8;0{,}1;4)$
$=0{,}14880+0{,}03307+0{,}00459$
$=0{,}18646\approx 18{,}6\%$

**II a)** $B(200;0{,}02;4)=0{,}19735\approx 19{,}7\%$

**b)** $B(200;0{,}02;4-i\leq k\leq 4+i)\geq 0{,}9$ für $i=3$,

vgl. Tafelwerk:

$B(200;0{,}02;1\leq k\leq 7)=B(200;0{,}02;k\leq 7)-B(200;0{,}02;k=0)$
$=0{,}95066-0{,}01759=0{,}93307\approx 93{,}3\%$

und $B(200;0{,}02;2\leq k\leq 6)<0{,}9$.

## Anwenden

185 **10 a)** $f'(x) = -0{,}5 \cdot e^{-0{,}1x}$; $f'(0) = -0{,}5$

Die Steigung der Tangente an $G_f$ in $P(0|5)$ ist $-0{,}5$.

**b)** $g(x) = -0{,}5x + 5$, siehe Bild unter d).

**c)** Gemeinsamkeiten: Anfangsbestand: 5 (z. B. in Tausend oder Millionen) zum Startzeitpunkt ($x = 0$); Abnahme des Bestands.

Unterschiede: $f$ beschreibt eine exponentielle Abnahme, die mit der Zeit immer geringer wird und sich (nur) asymptotisch dem Wert 0 nähert;
$g$ beschreibt eine lineare Abnahme mit konstanter Abnahmerate;
die Abnahme nach $g(x)$ ist stets stärker als die nach $f(x)$;
die lineare Abnahme erfolgt bis zum Wert 0 zur Zeit $x = 10$.

$f(x) = 10\%$ von $5 = 0{,}5$ für $x = 10 \ln 10 \approx 23$.

$g(x) = 0{,}5$ für $x = 9$.

**d)** Mittelwert entsprechend $f(x)$: $m_f = \frac{1}{10} \cdot \int_0^{10} f(x)dx = \frac{5(e-1)}{e} \approx 3{,}2$.

Mittelwert entsprechend $g(x)$: $m_g = 2{,}5$, also kleiner als $m_f$.

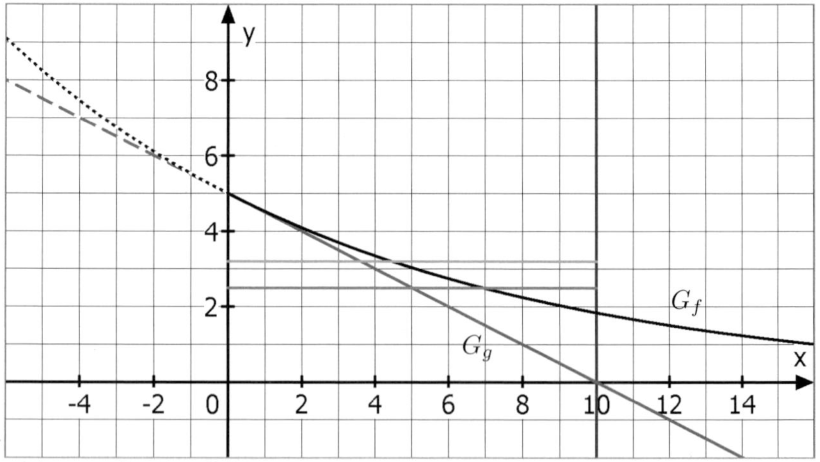


185

**11 a)**
Anfangsamplitude:
$a = 12$ (cm)

Periodendauer:
$T = \frac{6}{4} = 1{,}5$ (s)

$x(t) = 12 \cdot \cos(\frac{2\pi}{1{,}5} \cdot t) \cdot e^{-ct}$

$x(6) = 6$
$\Leftrightarrow e^{-c \cdot 6} = 0{,}5$
$\Leftrightarrow c = \frac{1}{6} \ln 2 \approx 0{,}115$

$x(t) = 12 \cdot \cos(\frac{2\pi}{1{,}5} \cdot t) \cdot e^{-0{,}115 \cdot t}$

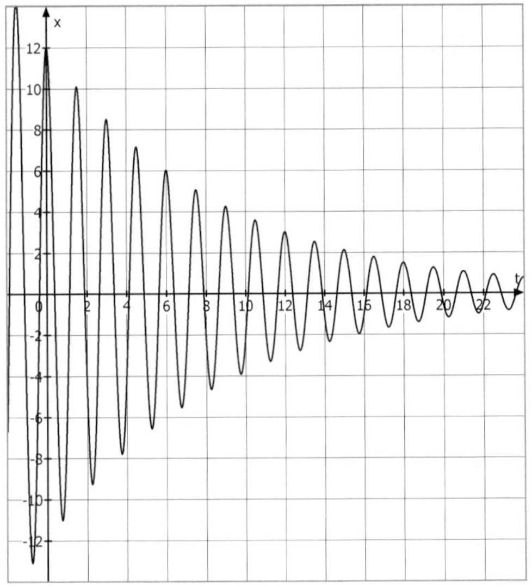


**b)**
$x_{\text{Max}} = 12 \cdot e^{-0{,}115 \cdot t} \leq 1$
ab $t = \frac{\ln 12}{0{,}115} \approx 22$

**c)** $v(t) = x'(t) = (1{,}38 \cdot \cos(\frac{2\pi}{1{,}5} \cdot t) + 16\pi \cdot \sin(\frac{2\pi}{1{,}5} \cdot t)) \cdot e^{-0{,}115 \cdot t}$

maximale Geschwindigkeit:
$v'(t) = (12{,}3 \cdot \sin(\frac{2\pi}{1{,}5} \cdot t) - 210 \cdot \cos(\frac{2\pi}{1{,}5} \cdot t)) \cdot e^{-0{,}115 \cdot t} = 0$
für $t = 0{,}36$ mit $v_{\max} \approx -48(\frac{\text{cm}}{\text{s}})$ nach unten.

**12 a)**
$v'(t) = 0{,}7 \cdot (10 - t) \cdot e^{-0{,}1t} = 0$
für $t = 10$,
d. h. $v(10) = v_{\max} \approx 26 \frac{\text{m}}{\text{s}}$
$\approx 93 \frac{\text{km}}{\text{h}}$

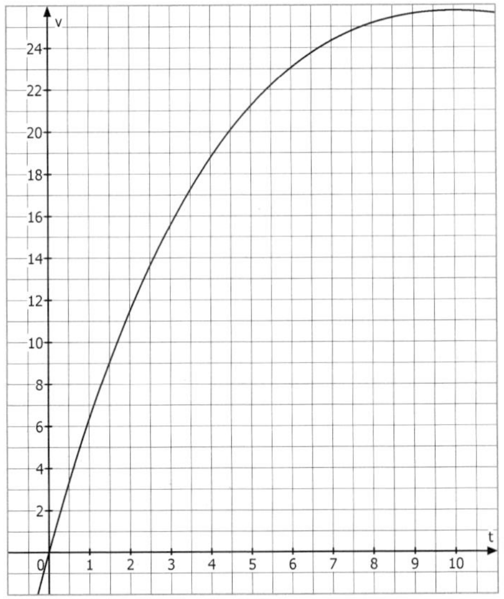


**b)** $V'(t) = v(t)$;

$s(10) = V(10) - V(0)$
$= \frac{-1400}{e} + 700 \approx 185$ (m)

185 **13 a)** $f'(x) = 0{,}0108x(50-3x)e^{-0{,}12x} = 0$ für $x = \frac{50}{3} \approx 17$

$f(\frac{50}{3}) \approx 10$, d. h. die meisten Besucher kommen um ca. 19.17 Uhr, nämlich ca. 10 Besucher in dieser Minute.

**b)** $f(x) = 0{,}27x^2e^{-0{,}12x} \leq 3$ für $x \leq 4$ und für $x \geq 43$, d. h. bis 19.04 Uhr und ab 19.43 Uhr kommen weniger als 3 Besucher pro Minute.

**c)** $g'(x) = f(x)$ mit $g(0) = 0$ oder $g(x) = \int\limits_0^x f(t)dt$

**d)** $Z_{\text{gesamt}} = \lim g(x)$ für $x \to \infty$; $Z_{\text{gesamt}} = 312{,}5$; es kommen höchstens 313 Besucher ins Kino.

**14 a)** $\theta'(t) = -150ke^{-kt} < 0$ für alle $t$ und $k > 0$.

Für $0 < t < \infty$ ist $0 < e^{-kt} < 1$ $\Rightarrow 50 < \theta(t) < 200$.

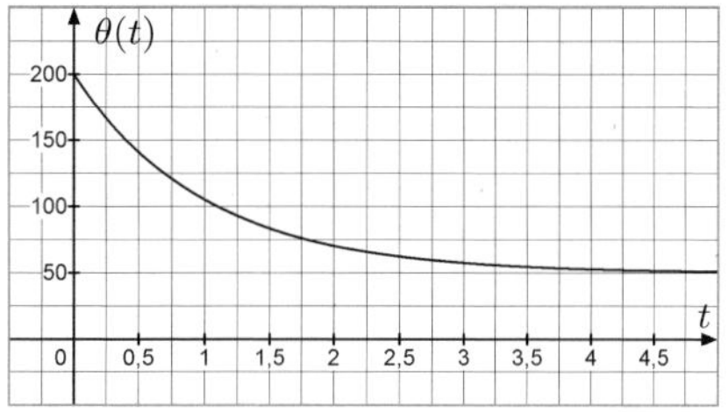


**b)** $50 + 150e^{-k \cdot 30} = 65$

$\Rightarrow k = \frac{1}{30} \ln 10 \approx 0{,}0767$

**c)** $|\theta'(t)| = |150ke^{-kt}| = 11{,}5e^{-kt} < 2$ für $t > 23$

Nach mindestens 23 Minuten nimmt die Temperatur pro Minute um weniger als 2 °C ab.

**15 a)** $p$: Zinssatz (in %)
$t$: Zeit (in Jahren) nach der erstmaligen Anlage des Startkapitals
$K_0$: Startkapital (in Euro) zum Zeitpunkt $t = 0$
$K(t)$: Kapital nach $t$ Jahren (in Euro)

Hinweis: Die neuen Zinsen werden erst nach Ablauf eines weiteren vollen Jahres gutgeschrieben. Daraus folgt, dass die Funktion $K$ nicht stetig ist.

**b)** Zinsen für das Jahr $t$: $Z(t) = K(t-1) \cdot p = K_0 \cdot (1+p)^{t-1} \cdot p$

Mit $p = 4\% = 0{,}04$: $Z(t) = K_0 \cdot (1{,}04)^{t-1} \cdot 0{,}04 = K_0$

$\Leftrightarrow (1{,}04)^{t-1} \cdot 0{,}04 = 1$

$\Leftrightarrow t = \log_{1{,}04} 25 + 1 = \frac{\ln 25}{\ln 1{,}04} + 1 \approx 83$

Im 83. Jahr sind bei einem Zinssatz von 4% die Zinsen ebenso hoch wie das Startkapital. 185

$Z(t) = 0{,}1 \cdot K(t)$, d. h. die Zinsen im Jahr $t$ sollen 10% des in diesem Jahr angelegten Kapitals sein. Das gilt für $p = 0{,}1 = 10\%$.

## Vernetzen

**16 a)** Es gilt: $w(0) = \frac{1000}{(1+4)} = 200$ (Anfangsbestand an Wildschweinen) 186

$t \to \infty \Rightarrow e^{-\frac{1}{2}t} \to 0 \Rightarrow w(t) \to 1000$
(Obergrenze für die Wildschweinpopulation)

$w'(t) = \frac{2000e^{\frac{1}{2}t}}{(e^{\frac{1}{2}t}+4)^2} > 0$ für alle $t$, d. h. die Wildschweinpopulation wächst monoton.

Genauer: Anfangs (für „kleine $t$") ist die Zunahme größer, viel später (für „große $t$") nehmen die Werte für $w(t)$ nur noch wenig zu, sie nähern sich asymptotisch der Obergrenze.

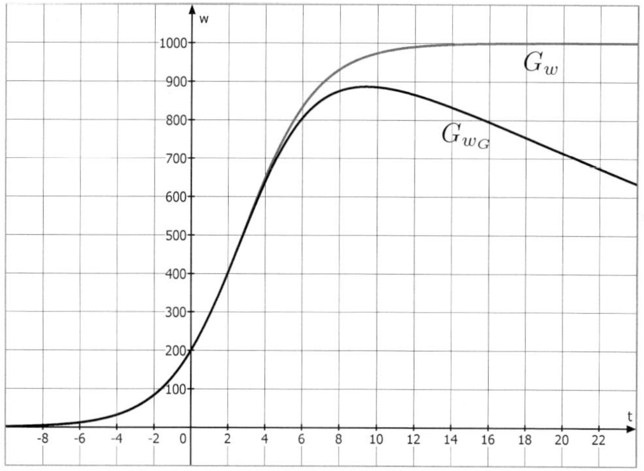


**b)** $w'$ beschreibt die Zunahme der Wildschweinpopulation.

Maximale Zunahme: $w''(t) = 1000e^{\frac{1}{2}t}\frac{4-e^{\frac{1}{2}t}}{(e^{\frac{1}{2}t}+4)^3} = 0$ für $t = 4\ln 2 \approx 2{,}8$, d. h. im 3. Jahr wächst die Population am stärksten.

**186 c)** $w_G(t) = \frac{w(t)\cdot 1}{\frac{1}{1000}t^2+1} < w(t)$, da $\frac{1}{1000t^2+1} > 1$ bzw. $\frac{1}{\frac{1}{1000}t^2+1} < 1$.

Durch die zunehmende Jagderfahrung wird die Wildschweinpopulation dezimiert, der Bestand bleibt kleiner als durch die natürlichen Resourcen möglich.

Definitionsmenge für $w_G$: $D_G = [2; \infty[$, weil sich die Gallier erst nach zwei Jahren dort niederlassen.

Bestand nach 2 Jahren: $w(2) = \frac{1000e}{e+4} \approx 405$.

$w_G(t) = \frac{1000}{1+4e^{-\frac{1}{2}t}} \cdot \frac{1}{\frac{1}{1000}t^2+1} \approx w(t)$ für $0 \leq t \leq 4$

$w_G(t) = \frac{1000}{1+4e^{-\frac{1}{2}t}} \cdot \frac{1}{\frac{1}{1000}t^2+1} < w(t)$ für $t > 4$.

Vor allem: $w'_G(t) = 0$ für $t \approx 9{,}4$, d. h. ab ca. 8 Jahren nach Ansiedelung der Gallier nimmt durch ihre zunehmende Jagderfahrung und Treffsicherheit der Wildschweinbestand wieder ab.

**17 a)** $f'(x) = -0{,}2 \cdot e^{-0{,}1x}$

$f'(0) = -0{,}2$

$g'(x) = -0{,}1 \cdot e^{-0{,}1x}$

$g'(0) = -0{,}1$

$h'(x) = 0{,}1 \cdot e^{-0{,}1x}$

$h'(0) = 0{,}1$

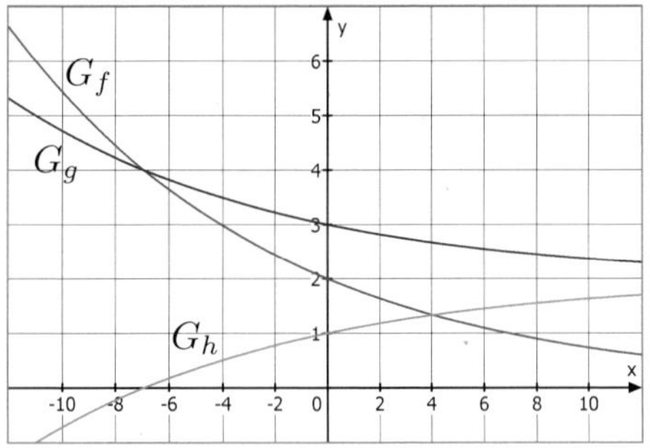


**b)** Für $c < 0$ gilt: $\lim f(x) = a$ für $x \to \infty$,
für $c > 0$ gilt: $\lim f(x) = a$ für $x \to -\infty$.

$b$ beschreibt die Differenz $f(x) - a$ für $x = 0$.

$c$ bestimmt, wie stark die exponentielle Zunahme (für $c > 0$) bzw. Abnahme (für $c < 0$) ist.

Beispiele: $f_1(x) = 1 + e^{-0{,}1x}$; $f_4(x) = 1 + 2 \cdot e^{-0{,}1x}$;
$f_2(x) = 2 + e^{-0{,}1x}$; $f_5(x) = 1 + e^{-0{,}2x}$;
$f_3(x) = 1 + e^{0{,}1x}$; $f_6(x) = 1 + e^{0{,}2x}$.

186

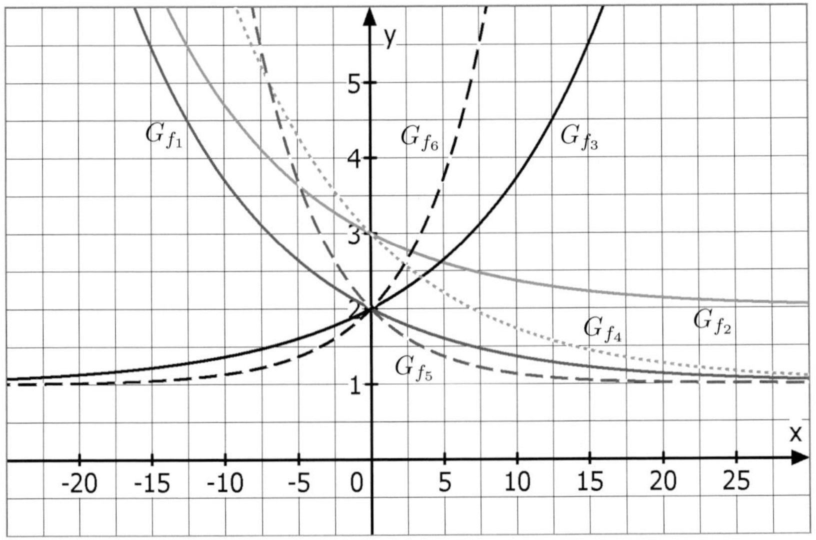


**18 a)** $N'(t) = N_0 \cdot e^{-kt} \cdot (-k) = -k \cdot N(t)$

Die Änderung der Funktionswerte von $N$ ist direkt proportional zum Funktionswert $N(t)$.
Die Abnahme (wegen des Minuszeichens!) der radioaktiven Kerne ist direkt proportional zur Anzahl der vorhandenen radioaktiven Kerne, weil die Wahrscheinlichkeit des Zerfalls für alle Kerne (des gleichen Isotops) gleich ist.
Die Zerfallskonstante $k$ steht für das Verhältnis aus der Änderung und der Anzahl der radioaktiven Kerne.

**b)** Die Differentialgleichung $\theta'(t) = c \cdot (\theta(t) - \theta_0)$ hat als Lösung $\theta(t) = e^{ct} + \theta_0$ mit $c < 0$.

**c)** $f'' = -f$ wird erfüllt von $f(x) = \sin x$ oder $f(x) = \cos x$ oder $f(x) = 2\sin x - 3\cos x$.

**19 a)** Für $t \to \infty$ ist $\lim B(t) = 10$, da $0{,}75^t \to 0$, also: $S = 10$

$B(t) \cdot (S - B(t)) = \frac{25\cdot 2^{2t+4}\cdot 3^t}{(4\cdot 3^t+2^{2t})^2}$ und $B'(t) = \frac{-5\cdot 2^{2t}+3\cdot 3^t\cdot \ln(\frac{3}{4})}{(4\cdot 3^t+2^{2t})2}$,

damit: $B'(t) = \frac{-10}{\ln(\frac{3}{4})} \cdot (B(t) \cdot (S - B(t)))$.

**b)** $B'(t) > 0$ für alle $t \in \mathbb{R}$, der Graph $G_B$ steigt streng monoton und nähert sich asymptotisch der waagrechten Geraden mit $y = 10$.

**c)** $B_0 = B(0)$; $S = \lim B(t)$ für $t \to \infty$;
$a$ bestimmt, wie steil der Graph von der $x$-Achse (= Asymptote für $x \to -\infty$) zur Asymptote mit $y = S$ ansteigt, vgl. die Graphen für $B_0 = 2$, $S = 10$, $a_1 = 0{,}75$ und $a_2 = 0{,}5$.

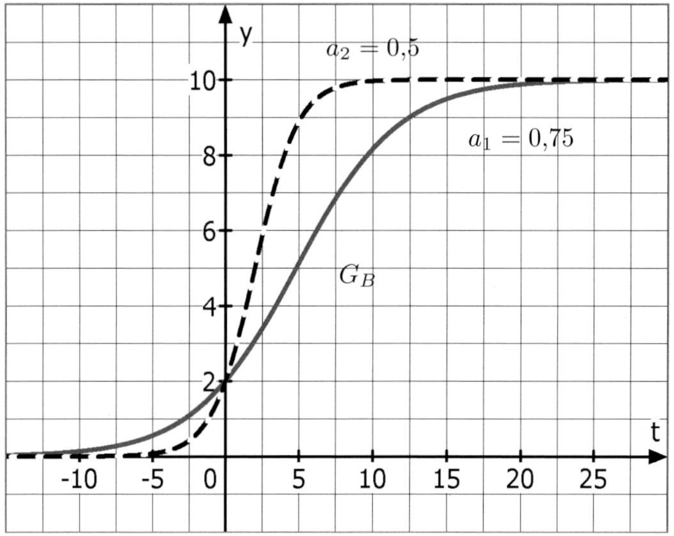


**20**

| $t$ in min | 0 | 1 | 2 | 3 | 4 | 5 | 6 | 7 | 8 | 9 |
|---|---|---|---|---|---|---|---|---|---|---|
| $N_{205}(t)$ in $10^{20}$ | 10 | 7,8 | 6,1 | 4,8 | 3,8 | 2,9 | 2,3 | 1,8 | 1,4 | 1,1 |
| $N_{206}(t)$ in $10^{20}$ | 10 | 8,9 | 7,8 | 6,9 | 6,1 | 5,4 | 4,8 | 4,3 | 3,8 | 3,3 |

| $t$ in min | 10 | 11 | 12 | 13 | 14 | 15 | 16 | 17 | 18 | 19 |
|---|---|---|---|---|---|---|---|---|---|---|
| $N_{205}(t)$ in $10^{20}$ | (0,86 | 0,68 | 0,53 | ... ) | | | | | | |
| $N_{206}(t)$ in $10^{20}$ | 3,0 | 2,6 | 2,3 | 2,0 | 1,8 | 1,6 | 1,4 | 1,25 | 1,1 | (0,98) |

186

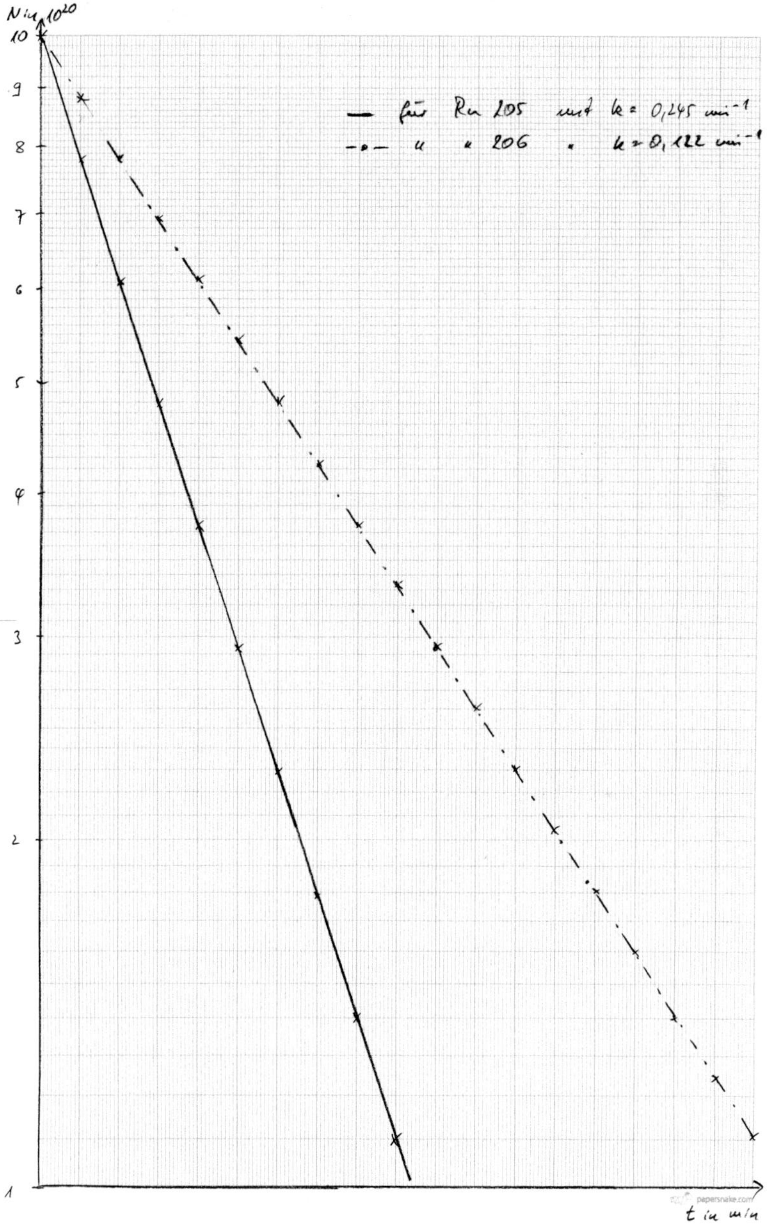

186 Die Graphen sind in der logarithmischen Darstellung Geraden.

Begründung: $\ln(N(t)) = \ln(N_0) - k \cdot t$

Die Steigung der Gerade für Rn205 beträgt $m_1 = \frac{-15}{5} = -3$ und für Rn206 $m_2 = \frac{-14{,}9}{10} \approx -1{,}5$.

Man erkennt, dass $m_1 \approx 2 \cdot m_2$ ist.

Ebenso gilt, dass die Zerfallskonstante $k_1$ ($= 0{,}245\ \text{min}^{-1}$) etwa doppelt so groß wie $k_2$ ($= 0{,}122\ \text{min}^{-1}$) ist.

Die Steigung der Geraden in der logarithmischen Darstellung ist also ein Maß für den Wert der Konstanten $k$ in der Funktionsgleichung $N(t) = N_0 \cdot e^{-k \cdot t}$.

187 **21 a)** $A(t) = 10000 \cdot 0{,}075 \cdot 0{,}925^{t-1} = \frac{750}{0{,}925} \cdot e^{\ln 0{,}925 \cdot t} \approx 811 \cdot e^{ln 0{,}925 \cdot t}$

**b)** Wertetabelle:

| $t$ in Jahren | 0 | 5 | 10 | 15 | 20 | 25 | 30 |
|---|---|---|---|---|---|---|---|
| $\ln(A(t))$ | 6,69 | 6,30 | 5,91 | 5,52 | 5,13 | 4,74 | 4,35 |

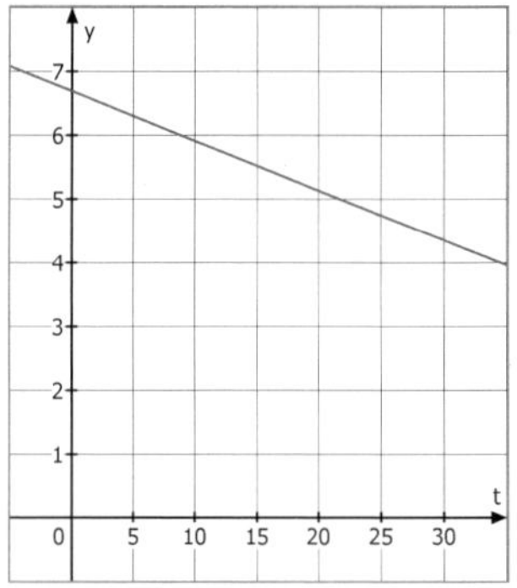


**c)** Ableitung von $\ln(A(t))$ nach $t$ ergibt $\ln 0{,}925$, also eine Konstante.

Die Gleichung für die Gerade lautet $y = \ln 0{,}925 \cdot t + 6{,}69$ wegen $\ln(\frac{750}{0{,}925}) \approx 6{,}69$.

Die Steigung der Geraden ist $m = \ln 0{,}925 = \ln(1-p)$ und der Schnittpunkt mit der $y$-Achse hat die Koordinaten 0 und $\ln(\frac{750}{0{,}925}) \approx 6{,}69$, allgemein: $\ln(\frac{A_0 \cdot p}{(1-p)})$.

**d)** Für den radioaktiven Zerfall gilt:

$N(t) = N_0 \cdot e^{-k \cdot t}$;

$N_0$: Anfangszahl der radioaktiven Atomkerne,

$k = \frac{\ln 2}{T}$: Zerfallskonstante,

$T$: Halbwertszeit des Präparates;

$N(t)$: Zahl der (übrigen) radioaktiven Atomkerne zur Zeit $t$,

$\ln(N(t)) = -k \cdot t + \ln N_0$;

Ableitung von $\ln(N(t))$ nach $t$ ist $-k$.

Die Werte von $N(t)$ ergeben auf logarithmischem Paper eine Gerade mit der Steigung $-k$.

Damit lässt sich die exponentielle Abnahme der radioaktiven Atomkerne mit der Zeit grafisch überprüfen und aus der Steigung des Graphen erhält man die Zerfallskonstante und daraus auch die Halbwertszeit des Präparates.

**22 a)** Der Sättigungswert in der Bestandsfunktion ist die Gesamtschülerzahl.

Bei einer Schülerzahl von z. B. 700 gilt also:
Um 8.00 Uhr: $t = 0$ und $B_0 = 1$.
Um 9.00 Uhr: $t = 1$ und $B(1) = \frac{(700 \cdot 1)}{(1+(700-1) \cdot a^1)} = 7$.

Daraus folgt: $a = \frac{693}{489300} = 0{,}14163\ldots \approx 0{,}14$.
Der allgemeine Zusammenhang ist $a = \frac{(S-7)}{(7S-7)}$.
Für Gesamtschülerzahlen zwischen 100 und 2000 liegen die Werte für $a$ im Intervall $]0{,}134; 0{,}143[$.

**b)** Für $S = 700$ und demzufolge $a \approx 0{,}14$ ergibt sich:
$B(5) = \frac{(700 \cdot 1)}{(1+699 \cdot 0{,}14^5)} \approx 675$, d. h. um 13 Uhr, also nach 5 Stunden haben 675 der 700 Schüler von dem Gerücht erfahren.

Für $S = 100$ und $a = 0{,}134$ ist $B(5) = 99{,}5$; praktisch alle Schüler haben von dem Gerücht erfahren.

Für $S = 2000$ und $a = 0{,}143$ ist $B(5) \approx 1790$; ca. 90% der 2000 Schüler haben von dem Gerücht erfahren.

**c)** Vgl. Bild;

$S = 700$: gestrichelter Graph.

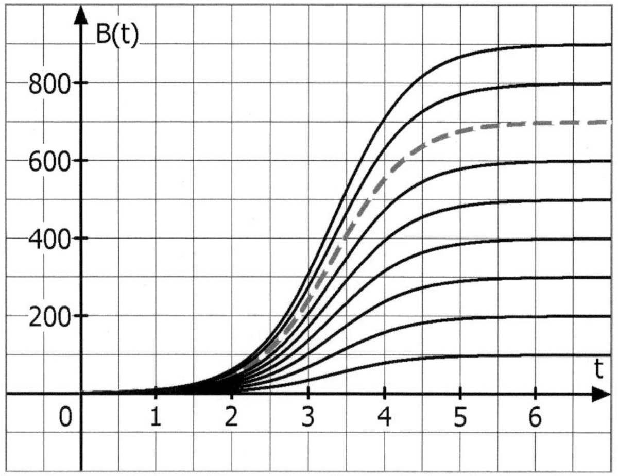


**d)** Vgl. Bemerkungen oben unter a) und b) und das Bild unter c).

**23 a)** Wertetabelle:

| $t$ in Jahren | 0 | 1 | 2 | 3 | 4 | 5 | 6 |
|---|---|---|---|---|---|---|---|
| $B(t)$ | 10000 | 11600 | 12200 | 11600 | 10000 | 7800 | 5500 |

| $t$ in Jahren | 7 | 8 | 9 | 10 | 11 | 12 |
|---|---|---|---|---|---|---|
| $B(t)$ | 3500 | 3000 | 1100 | 500 | 200 | 80 |

Für $t \to \infty$ geht $B(t) \to 0$.

$B'(t) = \frac{1}{10} \cdot B(t) \cdot (2 - t)$

$B'(t) > 0$ für $t < 2$; in den ersten 2 Jahren nimmt der Baumbestand zu,

$B'(t) < 0$ für $t > 2$; nach 2 Jahren nimmt der Baumbestand wieder ab.

2 Jahre nach Beginn der Beobachtung erreicht der Baumbestand $B(t)$ sein Maximum mit $B(2) \approx 12200$.



Die Abnahme des Baumbestandes ist am stärksten, wenn $B''(t) = \frac{1}{100} \cdot B(t) \cdot (t_2 - 4t - 6) = 0$ ist, dies ist (bei $t > 0$) erfüllt für $t = \sqrt{10} + 2 \approx 5{,}2$.

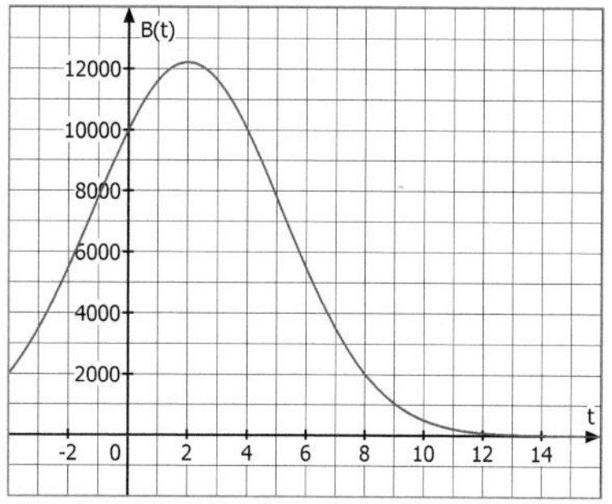


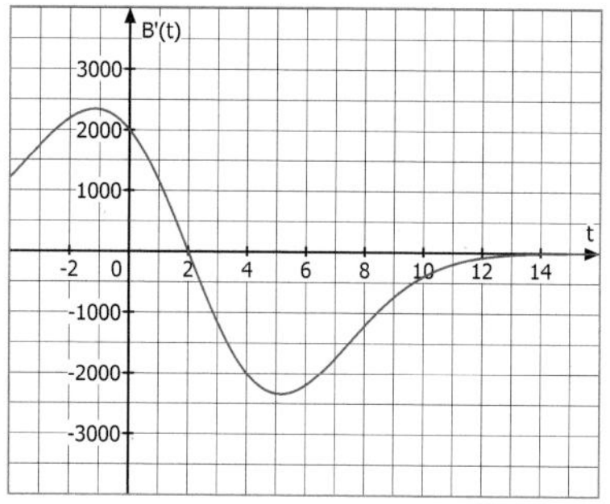


**b)** Für $B(t) = B_0 \cdot e^{g \cdot t - \frac{1}{2} \cdot s \cdot t^2}$ ergibt sich

$B'(t) = B_0 \cdot e^{g \cdot t - \frac{1}{2} \cdot s \cdot t^2} \cdot (g - s \cdot t) = B(t) \cdot (g - s \cdot t)$,

$\frac{B'(t)}{B(t)} = g - s \cdot t$.

Der Baumbestand $B(t)$ wächst für $t < \frac{g}{s}$, also bis zu dem Zeitpunkt, der sich aus dem Quotienten aus der Vermehrungsrate $g$ und der Sterberate $s$ ergibt. Je größer die Vermehrungsrate $g$ ist, desto später wird der Zeitpunkt erreicht, bei dem die Zunahme des Baumbestandes umschlägt in eine Abnahme. Ab einem bestimmten Zeitpunkt ($t = \frac{g}{s}$) nimmt allerdings der Baumbestand auf jeden Fall ab.

**c)** Bild für $B_0 = 10000$ und $s = 0{,}1$:

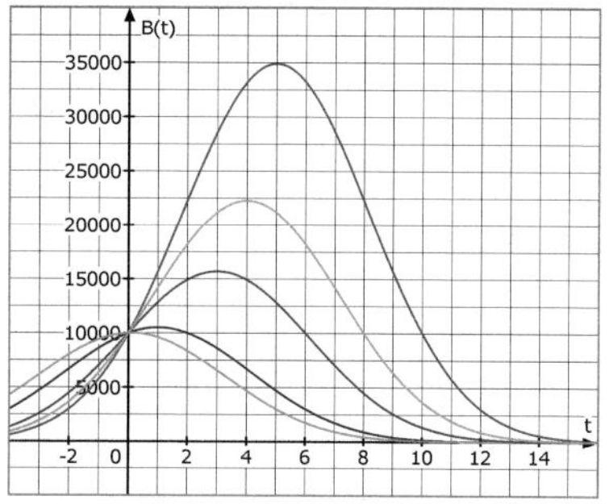


Bild (analog) für $B_0 = 10000$ und $s = 0{,}2$:

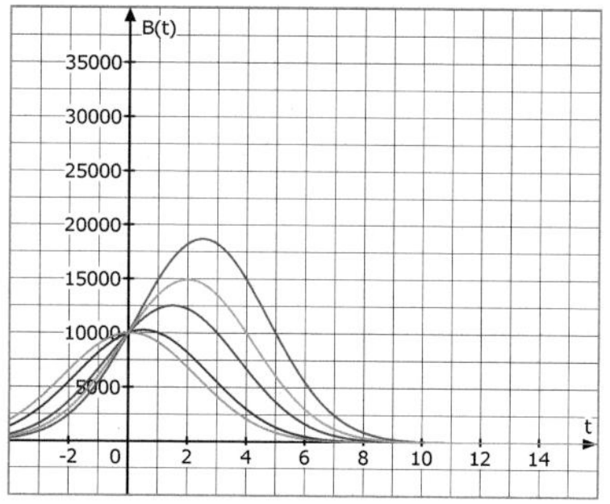

187 **24 a)** $t_a(x) = -\frac{x^2}{x+a}$

$f_a'(x) = -\frac{x(x+2a)}{x+a}$

$f_a'(x) = 0 \Leftrightarrow x = 0$ oder $x = -2a$

$x = 0$: $E_1(0|0)$

$x = -2a \Rightarrow f_a(-2a) = -\frac{4a^2}{-a} = 4a$ (wegen $a > 0$)

$E_2(-2a|4a)$

$y = 4a$

$x = -2a \Leftrightarrow a = -\frac{x}{2}$

$\Rightarrow y = 4(-\frac{x}{2}) \Leftrightarrow y = -2x$

Das ist die Gleichung einer Geraden durch den Koordinatenursprung. Darauf liegt auch $E_1$.

**b)** Wendepunkt:

$x = -\frac{1}{a}$

$y = (-2 \cdot a \cdot \frac{1}{a} - 2) \cdot e^{a \cdot (-\frac{1}{a})} = -4 \cdot e^{-1}$ für $a \neq 0$

$p$ ist die Gerade mit $y = -4 \cdot e^{-1}$ bzw. $y = -\frac{4}{e}$.

**c)** $y = ax - \ln x$

$y' = a - \frac{1}{x} \Rightarrow \frac{1}{x} = a \Leftrightarrow x = \frac{1}{a}$

$y'' = \frac{1}{x^2} > 0$ für $x = \frac{1}{a}$ mit $a > 0$, also Minimum.

$y = \frac{a}{a} - \ln\frac{1}{a} = 1 - (\ln 1 - \ln a) = 1 + \ln a$

$y = 1 + \ln\frac{1}{x} = 1 + (\ln 1 - \ln x) = 1 - \ln x$

# 7.2 Fragen der Optimierung

## Hinweise zur Bearbeitung der Aufträge

**Auftrag 1** **Geschlossene Schachtel mit Einstecklasche** 189

In der nebenstehenden Zeichnung ist das Netz einer Schachtel auf ein Kartonstück aufgezeichnet. Bezeichnet man mit $l$ bzw. $b$ die Längen der Kanten der Grundfläche und mit $h$ die Höhe der Schachtel, so ergeben sich folgende Bedingungen:

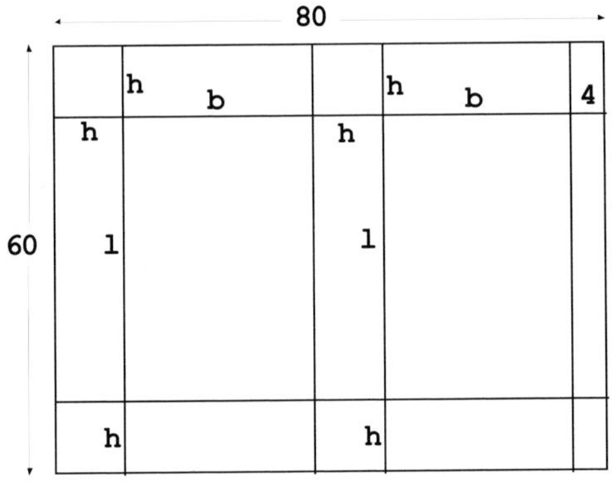


(1) $2b + 2h + 4 = 80$

$\Leftrightarrow b = 38 - h$

(2) $2h + l = 60 \Leftrightarrow l = 60 - 2h$

Damit erhält man für das Volumen $V$ der quaderförmigen Schachtel:

$V = l \cdot b \cdot h = (60 - 2h) \cdot (38 - h) \cdot h$.

Es ist also das Maximum der Funktion $V : h \mapsto (60 - 2h) \cdot (38 - h) \cdot h$ mit $0 \leq h \leq 60$ zu bestimmen. Multipliziert man aus, so erhält man

$V(h) = 2280h - 60h^2 - 76h^2 + 2h^3 = 2h^3 - 136h^2 + 2280h$ und daraus

$V'(h) = 6h^2 - 272h + 2280$.

$V'(h) = 0 \Leftrightarrow 6h^2 - 272h + 2280 = 0 \Leftrightarrow 3h^2 - 136h + 1140 = 0$

Die Nullstellen von $V'$ sind demnach $h \approx \frac{136 \pm \sqrt{4816}}{6}$, also $h \approx 34{,}23 \vee h \approx 11{,}10$.

$h \approx 34{,}23$ scheidet aus, da sich für $l$ ein negativer Wert ergeben würde. Für $h \approx 11{,}10$ erhält man $l \approx 37{,}80$ und $b \approx 26{,}90$. Das Volumen der Schachtel wird maximal, wenn man für die Länge 37,8 cm, für die Breite 26,9 cm und für die Höhe 11,1 cm wählt.

**Auftrag 2** **Tischtennisfinale**

Dieser Auftrag wird bei der Erarbeitung (Seite 190 ff.) verwendet.

**Auftrag 3** **Pyramide**

Mit $O(0|0|0)$, $A(2|4|4)$ und $C(4|-4|2)$ erhält man

$$\overrightarrow{OC} = \begin{pmatrix} 4 \\ -4 \\ 2 \end{pmatrix} \text{ und } \overrightarrow{OA} = \begin{pmatrix} 2 \\ 4 \\ 4 \end{pmatrix}.$$

Wegen $\overrightarrow{OC} \circ \overrightarrow{OA} = \begin{pmatrix} 4 \\ -4 \\ 2 \end{pmatrix} \circ \begin{pmatrix} 2 \\ 4 \\ 4 \end{pmatrix} = 8 - 16 + 8 = 0$ ist das Dreieck $OAC$ rechtwinklig mit dem rechten Winkel bei $O$. Weiterhin ist $\overline{OA} = \overline{OC} = 6$, also ist das Dreieck $OAC$ gleichschenklig rechtwinklig und lässt sich deshalb durch einen Punkt $B$ zu einem Quadrat ergänzen:

$$\vec{B} = \vec{C} + \overrightarrow{OA} = \begin{pmatrix} 4 \\ -4 \\ 2 \end{pmatrix} + \begin{pmatrix} 2 \\ 4 \\ 4 \end{pmatrix} = \begin{pmatrix} 6 \\ 0 \\ 6 \end{pmatrix},$$

d. h. $B$ hat die Koordinaten $(6|0|6)$.

Der Mittelpunkt $Q$ des Umkreises der Grundfläche der Pyramide ist der Schnittpunkt der Quadratdiagonalen bzw. der Mittelpunkt einer der Diagonalen, z. B. von $[OB]$:

$$\vec{Q} = \tfrac{1}{2}\overrightarrow{OB} = \begin{pmatrix} 3 \\ 0 \\ 3 \end{pmatrix},$$

also ist $Q(3|0|3)$ der Mittelpunkt des Umkreises der Grundfläche.

Es muss noch gezeigt werden, dass $[QS]$ die Pyramidenhöhe ist, dass also $\overrightarrow{QS}$ ein Normalenvektor der Ebene $E$ ist, in der das Quadrat $OABC$ liegt.

$$\overrightarrow{QS} = \begin{pmatrix} -1-3 \\ -2-0 \\ 7-3 \end{pmatrix} = \begin{pmatrix} -4 \\ -2 \\ 4 \end{pmatrix}$$

Einen Normalenvektor zu $E$ erhält man durch:

$$\vec{n} = \overrightarrow{OA} \times \overrightarrow{OC} = \begin{pmatrix} 24 \\ 12 \\ -24 \end{pmatrix}.$$

Damit ist $\vec{n} = -6 \cdot \overrightarrow{QS}$, $\overrightarrow{QS}$ also ein Normalenvektor zu $E$.

Skizze:

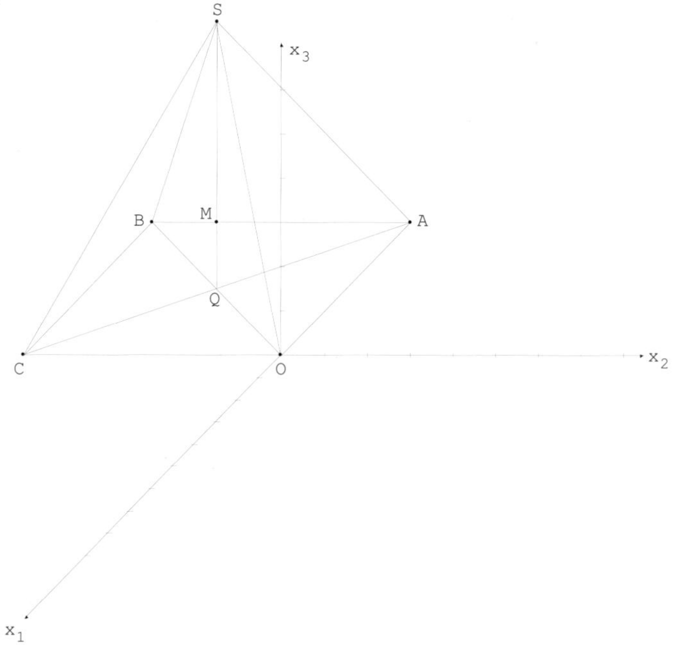


Der Mittelpunkt $M$ der Umkugel liegt auf $[QS]$, seine Koordinaten erfüllen also die Gleichung

$\vec{x} = \begin{pmatrix} 3 \\ 0 \\ 3 \end{pmatrix} + \lambda \cdot \begin{pmatrix} -4 \\ -2 \\ 4 \end{pmatrix}$ mit $\lambda \in \mathbb{R}$. Aus Symmetriegründen genügt es, $\lambda$ so zu bestimmen, dass $M$ von $O$ und von $S$ den gleichen Abstand hat:

$$\begin{aligned} \overline{MS} = \overline{MO} &\Leftrightarrow (3-4\lambda+1)^2 + (-2\lambda+2)^2 + (3+4\lambda-7)^2 \\ &\quad = (3-4\lambda)^2 + (-2\lambda)^2 + (3+4\lambda)^2 \\ &\Leftrightarrow 36 - 72\lambda = 18 \Leftrightarrow \lambda = \tfrac{1}{4}. \end{aligned}$$

Der Mittelpunkt der Umkugel hat also die Koordinaten $(2|-0{,}5|4)$. Die Kontrolle zeigt, dass $M$ von $O$ und von $S$ den Abstand 4,5 LE hat.

Da $\overline{QM} = \frac{1}{4}\overline{QS}$ ist und die Pyramiden $OABCM$ und $OABCS$ dieselbe Grundfläche haben, ist auch das Volumen der Pyramide $OABCM$ nur $\frac{1}{4}$ des Volumens der Pyramide $OABCS$.

Der Punkt $P$ liegt wie $M$ auf der Strecke $[QS]$, seine Koordinaten erfüllen

189 also die Gleichung $\vec{x} = \begin{pmatrix} 3 \\ 0 \\ 3 \end{pmatrix} + \lambda \cdot \begin{pmatrix} -2 \\ -1 \\ 2 \end{pmatrix}$ mit $\lambda \in \mathbb{R}$.

Die Summe der Abstände von $P$ zu den fünf Eckpunkten der Pyramide $OABCS$ nimmt ein Minimum an, wenn

$$d = 4 \cdot \overline{OP} + \overline{PS} = 4 \cdot \sqrt{18 + 9\lambda^2} + \sqrt{9\lambda^2 + 36 - 36\lambda^2}$$
$$= 4 \cdot \sqrt{18 + 9\lambda^2} + (6 - 3\lambda)$$

minimal wird ($\lambda$ muss kleiner als 2 sein, da $P$ auf der Strecke $[QS]$ liegen muss). Also ist ein Minimum der Funktion $d$: $\lambda \mapsto 4 \cdot \sqrt{18 + 9\lambda^2} + (6 - 3\lambda)$ mit $0 \leq \lambda \leq 2$ zu bestimmen.

Für die Ableitung von $d$ erhält man $d'(\lambda) = \frac{4 \cdot 18\lambda}{2 \cdot \sqrt{18 - 9\lambda^2}} - 3 = \frac{12\lambda}{\sqrt{2+\lambda^2}} - 3$.

$d'(\lambda) = 0 \Leftrightarrow 12\lambda = 3 \cdot \sqrt{2 + \lambda^2} \Leftrightarrow 4\lambda = \sqrt{2 + \lambda^2}$.

Da $\lambda$ nicht negativ ist, ergibt sich aus dieser Gleichung die Lösung $\lambda = \sqrt{\frac{2}{15}} \approx 0{,}37$ und als Summe der Abstände ungefähr der Wert 22,43. Da der Radius des Umkreises der Grundfläche gleich $3 \cdot \sqrt{2}$ ist und die Höhe der Pyramide die Länge 6 hat, die Summe der Abstände vom Mittelpunkt der Grundfläche also ungefähr 22,97 ist, handelt es sich für $\lambda \approx 0{,}37$ tatsächlich um ein Minimum. Die Summe der Abstände von der Spitze $S$ der Pyramide ist $4 \cdot \sqrt{54} = 12 \cdot \sqrt{6} \approx 29{,}39$.

Das nebenstehende Bild zeigt den Graphen von $d$.

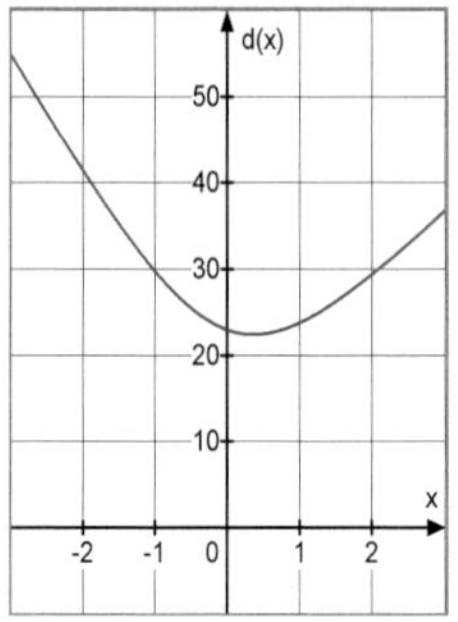


## Lösungen der Aufgaben

### Erarbeiten

192 **1** Die Größe der Querschnittsfläche $Q$ der Rinne hängt vom Winkel $\alpha$ ab, den die beiden Schenkel der Rinne miteinander bilden. Man wählt deshalb den Winkel $\alpha$ als Variable und erhält mit $h = \frac{b}{2} \sin\alpha$:

$Q(\alpha) = \frac{1}{2} \cdot \frac{b}{2} \cdot \frac{b}{2} \sin\alpha = \frac{b^2}{8} \sin\alpha$.

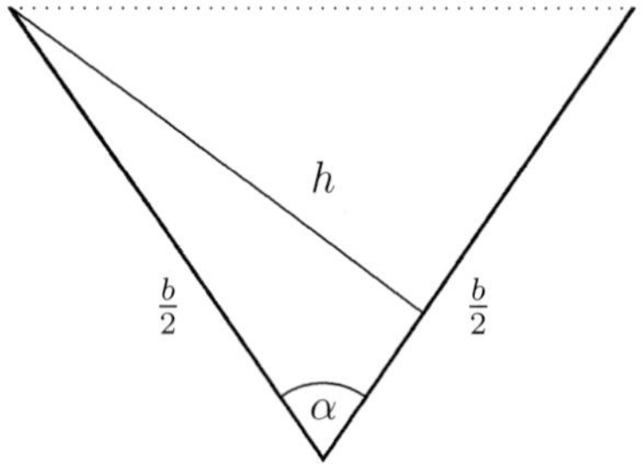


Q nimmt offensichtlich ein Maximum an, wenn $\sin\alpha = 1$ ist, also für $\alpha = 90°$. In diesem Fall ist die Querschnittsfläche ein gleichschenklig rechtwinkliges Dreieck. 192

**a)** Die Breite der Rinne am oberen Rand ist für $\alpha = 90°$ gleich $\frac{b}{2}\sqrt{2}$.

**b)** Offensichtlich hat unter den gleichschenkligen Dreiecken mit vorgegebener Schenkellänge das gleichschenklig rechtwinklige Dreieck den größten Flächeninhalt.

In anderer Formulierung: Unter allen Rauten mit vorgegebener Seitenlänge hat das Quadrat den größten Flächeninhalt.

**2** Mit den nebenstehenden Bezeichnungen erhält man für das Volumen $V$ der Gerätebox:

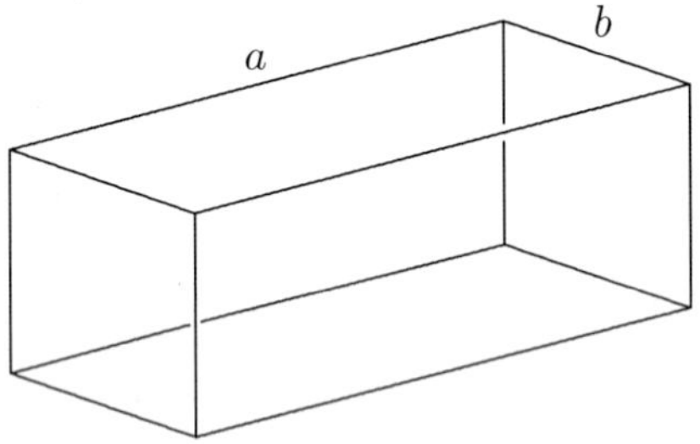


$V = b^2 \cdot a$

und die Nebenbedingung

$4a + 8b = 8$.

Damit ergibt sich $a = 2 - 2b$ und für das Volumen $V$ in Abhängigkeit von $b$ die Funktion:

$V$: $b \mapsto b^2 \cdot (2 - 2b) = 2b^2 - 2b^3$ mit $b \geq 0$.

Um das Maximum von $V$ zu bestimmen, berechnet man die Nullstellen der Ableitung $V'$: $V'(b) = 4b - 6b^2 = 0 \Leftrightarrow b = 0 \vee b = \frac{2}{3}$.

An der Stelle $b = \frac{2}{3}$ liegt offensichtlich ein lokales Maximum und wegen $b \geq 0$ sogar ein globales Maximum vor.

Da man für $b = \frac{2}{3}$ auch für $a$ den Wert $\frac{2}{3}$ erhält, hat die Gerätebox also in diesem Fall die Form eines Würfels.

Das Ergebnis ist insofern nicht überraschend, als es eine bekannte Extremaleigenschaft des Würfels ausdrückt.

Wenn man den geringen Verlust beim Zersägen der 4 m langen Streben vernachlässigt, dann kann man das Ergebnis in die Praxis umsetzen, da jede der Streben in 6 Stücke von je $\frac{2}{3}$ m Länge zersägt werden kann.

**3** Mit den nebenstehenden Bezeichnungen ergibt sich für den Flächeninhalt $Q$ des Querschnitts

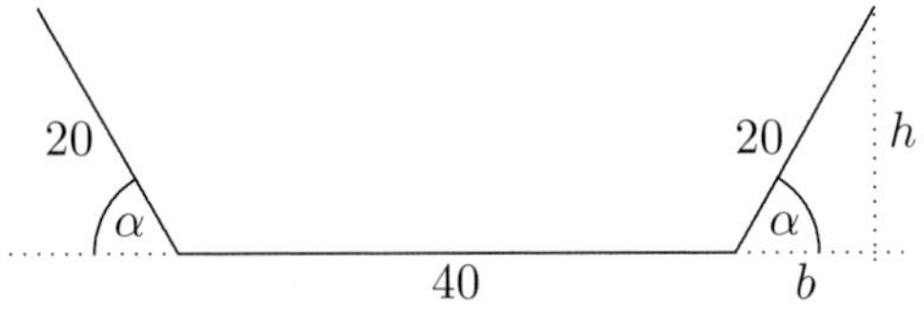


$Q = \frac{40+40+2b}{2} \cdot h = \frac{80+2 \cdot 20 \cdot \cos\alpha}{2} \cdot 20 \cdot \sin\alpha = 800 \cdot \sin\alpha + 400 \cdot \sin\alpha \cdot \cos\alpha$.

Also ist für die Funktion $Q\colon \alpha \mapsto 800\cdot\sin\alpha + 400\cdot\sin\alpha\cdot\cos\alpha$ mit $0 \le \alpha \le \pi$ ein Maximum zu bestimmen.

$$\begin{aligned} Q'(\alpha) &= 800\cdot\cos\alpha + 400\cdot(\cos^2\alpha - \sin^2\alpha)\\ &= 800\cdot\cos\alpha + 400\cdot(2\cdot\cos^2\alpha - 1)\\ &= 800\cdot\cos^2\alpha + 800\cdot\cos\alpha - 400 \end{aligned}$$

$$\begin{aligned} Q'(\alpha) = 0 &\Leftrightarrow 800\cdot\cos^2\alpha + 800\cdot\cos\alpha - 400 = 0\\ &\Leftrightarrow 2\cdot\cos^2\alpha + 2\cdot\cos\alpha - 1 = 0 \Leftrightarrow \cos\alpha = \tfrac{-1\pm\sqrt{3}}{2}. \end{aligned}$$

Im vorgegebenen Definitionsbereich bedeutet dies $\cos\alpha = \frac{-1+\sqrt{3}}{2}$, also $\alpha \approx 68{,}5°$.

Wegen $Q(0) = Q(\pi) = 0$ nimmt $Q$ für $\alpha \approx 68{,}5°$ ein globales Maximum im vorgegebenen Definitionsbereich an, d. h. wenn man die Seitenkanten im Winkel von ca. 68,5° aufbiegt, hat der Querschnitt der Rinne seinen größten Flächeninhalt.

**4** Bei der Entnahme von 50 Werkstücken aus der laufenden Produktion handelt es sich um eine Bernoullikette der Länge 50 mit der Trefferwahrscheinlichkeit 0,015.

**a)** Die Wahrscheinlichkeit, dabei genau 4 Treffer zu erzielen, ist $\binom{50}{4}\cdot 0{,}015^4\cdot 0{,}985^{46} \approx 5{,}8\cdot 10^{-3}$, also in der Tat sehr klein.

**b)** Die Trefferwahrscheinlichkeit $p$ ist so zu bestimmen, dass $\binom{50}{4}\cdot p^4\cdot(1-p)^{46}$ einen maximalen Wert annimmt.

Die Ableitung der Funktion $f\colon p \mapsto \binom{50}{4}\cdot p^4\cdot(1-p)^{46}$ ist

$$f'\colon p \mapsto \binom{50}{4}\cdot(4p^3\cdot(1-p)^{46} - p^4\cdot 46\cdot(1-p)^{45})$$
$$= \binom{50}{4}\cdot p^3\cdot(1-p)^{45}\cdot(4\cdot(1-p) - 46p).$$

$$\begin{aligned} f'(p) = 0 &\Leftrightarrow p = 0 \vee p = 1 \vee 4\cdot(1-p) - 46p = 0\\ &\Leftrightarrow p = 0 \vee p = 1 \vee p = \tfrac{4}{50} = 0{,}08. \end{aligned}$$

Die Funktion $f$ hat an der Stelle $p = \frac{4}{50} = 0{,}08$. offensichtlich ein Maximum, da $f(0) = f(1) = 0$ ist und ansonsten $f$ im Intervall $[0; 1]$ nur positive Werte annimmt.

**c)** Nun ist $p$ so zu bestimmen, dass bei vorgegebenen Werten von $n$ und $k$ die Wahrscheinlichkeit $\binom{n}{k}\cdot p^k\cdot(1-p)^{n-k}$ maximal wird.

Wie in b) bestimmt man die Ableitung der Funktion
$f\colon p \mapsto \binom{n}{k}\cdot p^k\cdot(1-p)^{n-k}$
und bestimmt deren Maximum im Intervall $[0; 1]$.

$$\begin{aligned} f'(p) &= \binom{n}{k}\cdot(k\cdot p^{k-1}\cdot(1-p)^{n-k} - p^k\cdot(n-k)\cdot(1-p)^{n-k-1}\\ &= \binom{n}{k}\cdot p^{k-1}\cdot(1-p)^{n-k-1}\cdot(k\cdot(1-p) - p(n-k)) \end{aligned}$$

$$\begin{aligned} f'(p) = 0 &\Leftrightarrow p = 0 \vee p = 1 \vee k\cdot(1-p) - p\cdot(n-k) = 0\\ &\Leftrightarrow p = 0 \vee p = 1 \vee p = \tfrac{k}{n}. \end{aligned}$$

Wie oben schließt man, dass $p = \frac{k}{n}$ im Intervall $[0; 1]$ eine absolute Maximumstelle ist.

**5 a)** Die Nullstellen von $f_k$ sind 0 und $\frac{k-1}{k}$. Der Inhalt $A(k)$ des Flächenstücks zwischen dem Graphen von $f_k$ und der $x$-Achse ist der Betrag des Integrals $\int_0^{\frac{k-1}{k}} f_k(x)dx$.

$$\begin{aligned} \int_0^{\frac{k-1}{k}} f_k(x)dx &= \left[(1-k)\cdot\frac{x^2}{2} + k\cdot\frac{x^3}{3}\right]_0^{\frac{k-1}{k}} = \frac{(1-k)(k-1)^2}{2k^2} + \frac{k(k-1)^3}{3k^3}\\ &= -\frac{(k-1)^3}{6k^2}. \end{aligned}$$

Das Ergebnis ist positiv für $k < 0$ und für $0 < k < 1$, also gleich dem gesuchten Flächeninhalt. Für $k = 1$ ist das Integral 0 (der Graph von $f_0$ ist die Normalparabel), für $k > 1$ ist das Integral negativ, der gesuchte Flächeninhalt also gleich $\frac{(k-1)^3}{6k^2}$.
Dies ist auch anschaulich klar, denn für $k < 0$ sind die Parabeln nach unten geöffnet und die variable Nullstelle liegt im positiven Bereich der $x$-Achse, für $k > 0$ sind die Parabeln nach oben geöffnet, aber für $0 < k < 1$ liegt die variable Nullstelle im negativen Bereich der $x$-Achse.

**b)** Es sind die Extremstellen der Funktion $A$ mit $A(k) = -\frac{(k-1)^3}{6k^2}$ zu bestimmen.

$$A'(k) = -\frac{3(k-1)^2\cdot 6k^2 - (k-1)^3\cdot 12k}{36k^4} = \frac{(k-1)^2}{6k^3}\cdot(3k - 2(k-1)) = \frac{(k-1)^2}{6k^3}(k+2).$$

Die einzige Nullstelle von $A'$ für $k < 0$ ist $-2$, dort wechseln die Werte von $A'$ ihr Vorzeichen von $-$ nach $+$, also ist $-2$ eine Minimumstelle.

192 **6** Einem Kreis sei ein beliebiges Dreieck $ABC$ einbeschrieben. Ist dieses Dreieck nicht gleichschenklig, so kann man die Dreiecksfläche offensichtlich dadurch vergrößern, dass man „es gleichschenklig macht“ (siehe Skizze).

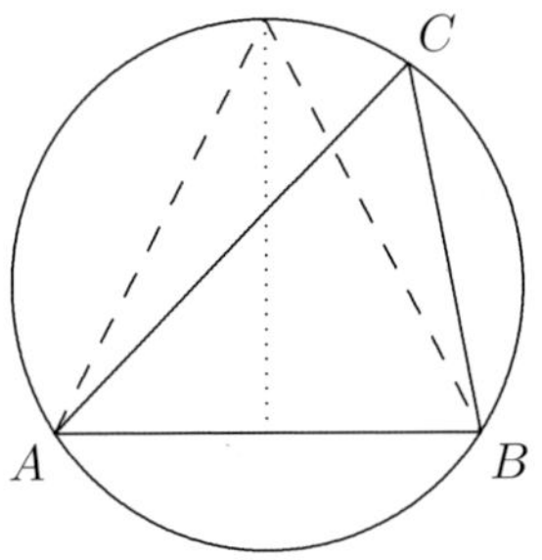


Dies bedeutet aber, dass man zu jedem in den Kreis einbeschriebenen Dreieck, das nicht gleichseitig ist, stets ein einbeschriebenes Dreieck konstruieren kann, das einen größeren Flächeninhalt hat.

Also muss ein Dreieck mit möglichst großem Flächeninhalt, das einem Kreis mit dem Radius $r$ einbeschrieben ist, ein gleichseitiges Dreieck sein.

In einem gleichseitigen Dreieck mit der Seitenlänge $a$ ist der Radius $r$ des Umkreises gleich $\frac{2}{3}$ der Länge einer Höhe (die ja zugleich Mittelsenkrechte und Seitenhalbierende ist): $r = \frac{2}{3} \cdot \frac{a}{2}\sqrt{3} = a\frac{\sqrt{3}}{3}$. Demnach ist $a = r \cdot \sqrt{3}$.

193 **Noch fit?**

**I a)** Es handelt sich bei der Entnahme der Stichprobe um eine Bernoullikette der Länge 200. Zu berechnen ist die Wahrscheinlichkeit, bei Entnahme dieser Stichprobe 7 fehlerhafte Espressotüten zu ziehen, wenn sich die Fehlerquote von 2% nicht erhöht hat.

Diese Wahrscheinlichkeit ist $\binom{200}{7}0{,}02^7 \cdot (1-0{,}02)^{200-7} \approx 0{,}059$.

Also ist die Wahrscheinlichkeit für das angegebene Testergebnis größer als 5%. Der Kontrolleur kann nicht mit einer Irrtumswahrscheinlichkeit von 5% schließen, dass sich der Anteil der Tüten mit zu geringem Gewicht erhöht hat.

**b)** Wenn sich die Wahrscheinlichkeit für nicht korrekt gefüllte Tüten verdoppelt hat, liegt sie jetzt bei 4%. Die Wahrscheinlichkeit für das Testergebnis aus a) ist dann $\binom{200}{7}0{,}04^7 \cdot (1-0{,}04)^{200-7} \approx 0{,}14172$, also ca. 14,2%.

**II a)** Bezeichnet man mit $X$ die Anzahl der Personen, die bei der Umfrage die Kandidatin kennen, dann wird in der Entscheidungsregel die Mindestanzahl $k$ für $X$ festgelegt, damit die Agentur den vereinbarten Bonus bekommt, d. h. der Ergebnisraum wird durch $k$ in zwei Bereiche aufgeteilt: $\Omega = \{0,1,2,\ldots,k-1|k,\ldots 100\}$. 193
Ist $X \leq k-1$, bekommt die Agentur den Bonus nicht, ist $X \geq k$, wird der Bonus fällig.
Die Agentur muss irrtümlich auf den Bonus verzichten, wenn zwar 90% der Befragten die Kandidatin kennen, aber dennoch weniger als $k$ dies in der Umfrage bestätigen. Diese Wahrscheinlichkeit soll kleiner als 5% sein, d. h. es soll gelten $P_{0,09}^{100}(X \leq k-1) \approx 0{,}05$.

Eine Tabelle für die kumulative Binomialverteilung liefert $P_{0,09}^{100}(X \leq 84) \approx 0{,}04$, aber $P_{0,09}^{100}(X \leq 85) \approx 0{,}073$. Für $k = 85$ ist die Wahrscheinlichkeit also ca. 4%, dass das Umfrageergebnis so ausfallen wird, dass die Agentur den Bonus nicht bekommt, obwohl 90% der Befragten die Kandidatin kennen.
Die Agentur wird also vorschlagen, dass der Bonus ausgezahlt wird, wenn bei der Umfrage mindestens 85 der 100 Befragten die Kandidatin kennen.

**b)** Akzeptiert die Kandidatin diesen Vorschlag der Agentur und ist ihr Bekanntheitsgrad tatsächlich nur 75% (oder geringer), dann ist die Wahrscheinlichkeit, dass sie dennoch den Bonus zahlten muss, höchstens gleich $P_{0,75}^{100}(X \geq 85) = 1 - P_{0,75}^{100}(X \leq 84)$.
Eine Tabelle liefert $P_{0,75}^{100}(X \geq 85) \approx 0{,}0111$, also ca. 1,1%.

Die beiden Vertragspartner können sich also auf der Basis des Agenturvorschlags einigen.

## Anwenden

**7** Zur Lösung dieser Aufgabe genügt es, in einer Tabelle für die Binomialverteilung mit $p = 0{,}06$ den Wert von $k$ herauszulesen, für den $\binom{50}{k} \cdot 0{,}06^k \cdot 0{,}94^{50-k}$ maximal wird. Steht eine solche Tabelle für $p = 0{,}06$ nicht zur Verfügung, dann kann man sich eine Tabelle mit einem Tabellenkalkulationsprogramm selbst herstellen.

Man findet (erwartungsgemäß) für $k = 3$ mit ca. 0,2311 den größten Wert.

193 **8** Bei einem Stückpreis von 3 € werden 5000 Exemplare verkauft, bei einer Erhöhung/Verringerung des Stückpreises um $x$ (in €) verringert/erhöht sich die Zahl der verkauften Exemplare um $1000x$. Aus den Angaben der Aufgabe erhält man also den folgenden Zusammenhang (wenn $V$ die Anzahl der verkauften Exemplare bezeichnet):
$V(3+x) = 5000 - 1000x$.
Für den Umsatz $U$ erhält man also in Abhängigkeit von einer Preisänderung $x$: $U(x) = (3+x)\cdot(5000-1000x) = 15000 + 2000x - 1000x^2$.
Man sieht unmittelbar (ohne Verwendung der Differentialrechnung), dass der Umsatz für $x = 1$ ein Maximum erreicht.
Bei einem Stückpreis von 4 € ist der Umsatz bei 4000 verkauften Exemplaren mit 16000 € maximal.

**9** Bezeichnet man die Längen der Schenkel des gleichschenkligen Dreiecks mit $a$, so hat die Basis die Länge $u - 2a = 2s - 2a$. In diesem Fall hat die Formel von Heron also die spezielle Form
$A = \sqrt{s(s-a)^2(s-(2s-2a))} = \sqrt{s(s-a)^2(2a-s)}$.

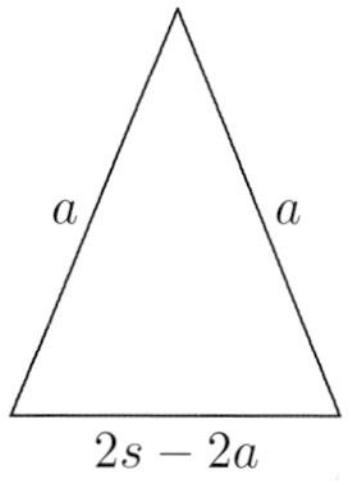


Um $a$ so zu bestimmen, dass $A$ maximal wird, genügt es, für $A^2$ eine entsprechende Extremstelle zu bestimmen.
Demnach ist für die Funktion $f\colon a \mapsto (s-a)^2\cdot(2as-s^2)$ ein Maximum zu berechnen.
Bildet man die Ableitung von $f$ mithilfe der Produktregel, so erhält man $f'(a) = -2(s-a)(2as-s^2) + (s-a)^2\cdot 2s = (s-a)(4s^2-6as)$.
Die Nullstellen von $f'$ sind $a = s$ (das gleichschenklige Dreieck entartet) und $a = \frac{2}{3}s$. Für $a = \frac{2}{3}s$ nimmt also $A^2$ und damit $A$ ein Maximum an (die Werte der Ableitung wechseln von + nach −).
Mit $s = \frac{u}{2}$ erhält man $a = \frac{u}{3}$, d. h. das Dreieck ist gleichseitig.

194 **10** Nimmt man an, dass das Kabel zunächst $x$ Meter entlang der Straße, dann schräg über die Straße geradlinig zu der Firma geführt wird, so erhält man für die Baukosten $B$ in Abhängigkeit von $x$ die folgende Funktion: $B\colon x \mapsto 120x + \sqrt{12^2+(100-x)^2}\cdot 240$ mit $0 \le x \le 100$.

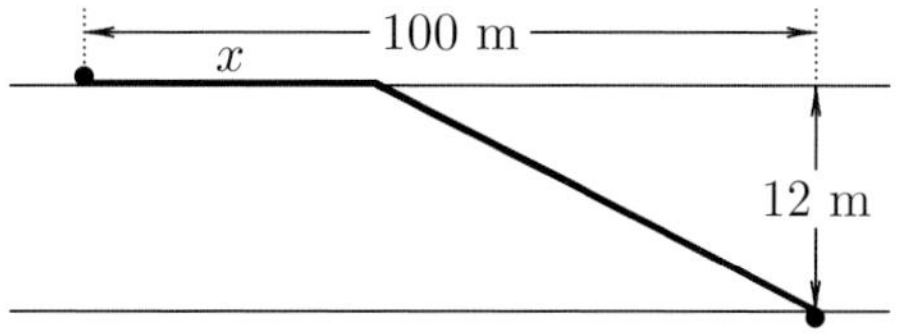


Für diese Funktion ist ein Minimum zu bestimmen. Für die Ableitung von $B$ erhält man: 194

$$B'\colon x \mapsto 120 - \frac{2(100-x)}{2\cdot\sqrt{12^2+(100-x)^2}}\cdot 240.$$

$$B'(x) = 0 \Leftrightarrow 120 - \frac{2(100-x)}{2\cdot\sqrt{12^2+(100-x)^2}}\cdot 240 = 0$$

$$\Leftrightarrow \sqrt{12^2+(100-x)^2} - 200 + 2x = 0.$$

Dazu löst man die Gleichung $12^2 + (100-x)^2 = 4\cdot(100-x)^2$ für $0 \le x \le 100$ und erhält $100 - x = 4\cdot\sqrt{3}$ bzw. $x = 100 - 4\cdot\sqrt{3} \approx 93{,}1$.

Man muss also die Leitung insgesamt ca. 93 m längs der Straße verlegen, wobei es nicht darauf ankommt, wann man tatsächlich mit der Leitung die Straße überquert. Die Gesamtkosten belaufen sich auf ca. 14500 € und sind damit nur ca. 400 € niedriger als wenn man das Kabel 100 m weit entlang der Straße und dann im rechten Winkel über die Straße verlegen würde (Kosten 14880 €).

**11 a)** Bezeichnet man die Seiten des Rechtecks mit $x$ und $y$ (siehe Skizze), so gilt für den Flächeninhalt $A$ des Rechtecks $A = x\cdot y$.
Mithilfe des Strahlensatzes erhält man: $\frac{a}{b} = \frac{x}{b-y}$,

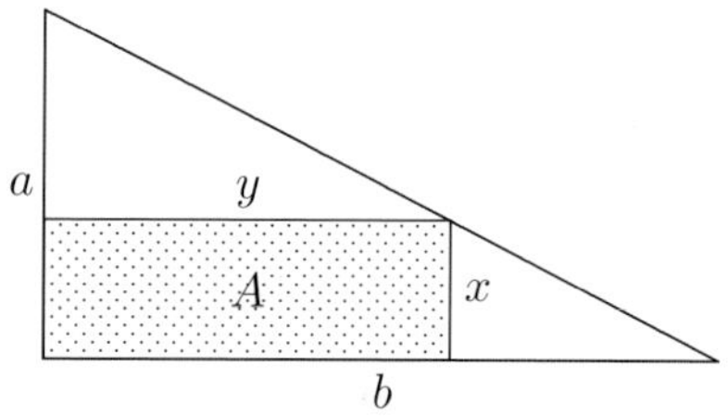


nach $x$ aufgelöst: $x = \frac{a}{b}(b-y)$.
Für den Flächeninhalt des Rechtecks ergibt sich daraus $A = \frac{a}{b}(by-y^2)$.
Der Scheitel der zugehörigen (nach unten geöffneten) Parabel ist $(\frac{b}{2}|\frac{ab}{4})$.
Das Rechteck mit dem größten Flächeninhalt hat also die Seitenlängen $\frac{a}{2}$ und $\frac{b}{2}$, sein Flächeninhalt ist die Hälfte des Flächeninhalts des Dreiecks, ein Viertel des Rechtecks mit den Seitenlängen $a$ und $b$.

Dies lässt sich auch rein geometrisch begründen:

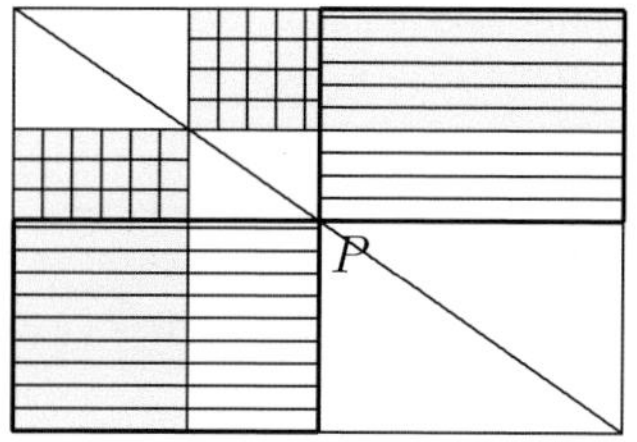


Man sieht unmittelbar, dass die gleichartig gekennzeichneten Rechtecke jeweils den gleichen Flächeninhalt haben.
Beim Übergang von dem dick umrandeten Rechteck mit dem Eckpunkt $P$ zu dem

grau unterlegten Rechteck unterhalb der Diagonalen wird das helle schraffierte Rechteck weggenommen, das mit dem Gitternetz gefüllte Rechteck kommt hinzu. Beim Vergleich mit den Rechtecken oberhalb der Diagonalen sieht man aber, dass das mit dem Gitternetz gefüllte Rechteck einen kleineren Flächeninhalt hat, wenn der Punkt $P$ oberhalb der Mitte der Rechtecksdiagonalen liegt. Das bedeutet, dass beim Übergang von dem dick umrandeten Rechteck zu dem grau unterlegten Rechteck der Flächeninhalt abnimmt.
Gleiches gilt, wenn man $P$ von der Mitte der Rechtecksdiagonalen nach unten bewegt. Folglich muss der Flächeninhalt des einbeschriebenen Rechtecks am größten sein, wenn $P$ der Mittelpunkt der Rechtecksdiagonalen ist.

**b)** Zeichnet man im 2. Fall die Höhe auf die Hypotenuse des rechtwinkligen Dreiecks ein, so kann man das Ergebnis aus a) auf die beiden Teildreiecke anwenden:

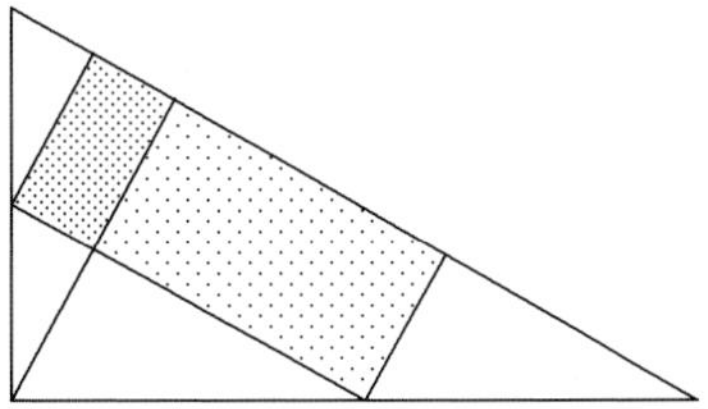

In beiden Teildreiecken erhält man ein Rechteck größtmöglichen Flächeninhalts, wenn die Höhe auf die Hypotenuse durch einen Eckpunkt der Rechtecke halbiert wird. Der Flächeninhalt des gesamten Rechtecks ist demnach $\frac{1}{2}c \cdot \frac{1}{2}h_c$, also wie in a) die Hälfte des Flächeninhalts des Dreiecks.

**12** Ist $a$ die $x$-Koordinate des Berührpunkts der Tangente $t$ an die Parabel mit der Gleichung $y = -\frac{1}{2}x^2 + 4$, dann hat die Tangente $t$ die Gleichung $y = -\frac{1}{2}a^2 + 4 - a(x - a)$. Die Schnittpunkte der Tangente mit den Koordinatenachsen haben damit die Koordinaten $(0|\frac{a^2}{2} + 4)$ und $(\frac{1}{2}a + \frac{4}{a}|0)$.
Für den Flächeninhalt $A(a)$ des von den Tangenten und der x-Achse gebildeten gleichschenkligen Dreiecks gilt dann:
$A(a) = (\frac{a^2}{2} + 4) \cdot (\frac{1}{2}a + \frac{4}{a}) = \frac{a^3}{4} + 4a + \frac{16}{a}$
und $A'(a) = \frac{3}{4}a^2 - \frac{16}{a^2} + 4$.

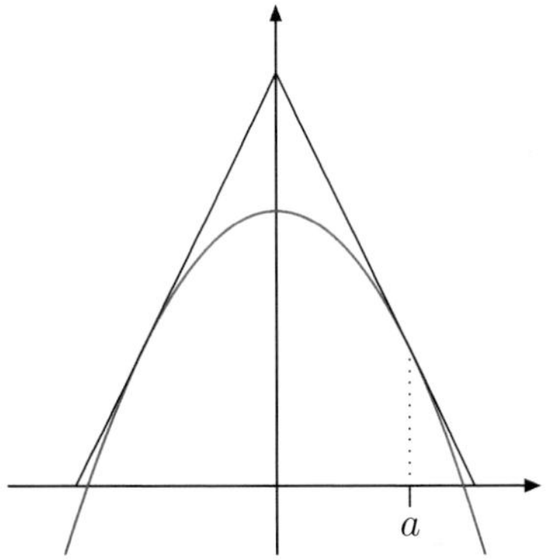


Die Gleichung $A'(a) = 0$ führt auf die biquadratische Gleichung $\frac{3}{4}a^4 + 4a^2 - 16 = 0$ mit den Lösungen $a = \pm\frac{2}{3}\sqrt{6}$. Man überprüft leicht, dass es sich um Minimumstellen für $A$ handelt.
Die Berührpunkte der Tangenten sind $(-\frac{2}{3}\sqrt{6}|\frac{8}{3})$ bzw. $(\frac{2}{3}\sqrt{6}|\frac{8}{3})$.

## Vernetzen

**13 a)** Um die Gleichung der Parabel zu bestimmen, verwendet man den Scheitel $S(4|8)$ der Parabel und die Tatsache, dass der Ursprung des (2-dimensionalen $x$,$y$-)Koordinatensystems auf der Parabel liegt.
Damit erhält man $y = -\frac{1}{2}(x-4)^2 + 8 = -\frac{1}{2}x^2 + 4x$ als Gleichung der Parabel. Für $x = 7$ ergibt sich in Übereinstimmung mit den Angaben der Parabelpunkt $(7|3{,}5)$.
Der Flächeninhalt des Parabelsegments ist
$\int_0^7 (-\frac{1}{2}x^2 + 4x)dx - \frac{1}{2} \cdot 7 \cdot 3{,}5 = \left[-\frac{1}{6}x^3 + 2x^2\right]_0^7 - \frac{49}{4} = \frac{-343}{6} + 98 - \frac{49}{4} = \frac{343}{12}$.
Damit erhält man für das Volumen der Schachtel $\frac{343}{12} \cdot 6 = 171{,}5$.

**b)** Ein Karton, in den die Pralinenpackungen verpackt werden sollen, muss mindestens so hoch sein wie der größte Abstand eines Parabelpunktes von der ebenen Grundfläche.
Man bestimmt also die Gleichung der Ebene $E$, in der in dem angegebenen Koordinatensystem die Grundfläche der Packung liegt, und sucht dann mithilfe der Hesseschen Normalform den Parabelpunkt, der den größten Abstand von dieser Ebene hat.
Die Ebene $E$ wird von den beiden Vektoren $\begin{pmatrix}-6\\0\\0\end{pmatrix}$ und $\begin{pmatrix}0\\7\\3{,}5\end{pmatrix}$ aufgespannt.
Ein Normalenvektor für $E$ ist demnach $\begin{pmatrix}-1\\0\\0\end{pmatrix} \times \begin{pmatrix}0\\2\\1\end{pmatrix} = \begin{pmatrix}0\\1\\-2\end{pmatrix}$.

Da der Ursprung in $E$ liegt, erhält man als Gleichung für $E$: $x_2 - 2x_3 = 0$.
Die Hessesche Normalform für $E$ ist $\frac{x_2 - 2x_3}{\sqrt{5}} = 0$. In dem dreidimensionalen Koordinatensystem ist die Gleichung der Parabel $x_1 = 0$ und $x_3 = -\frac{1}{2}(x_2)^2 + 4x_2$. Der Abstand der Parabelpunkte von dieser Ebene ist deshalb der Betrag von $\frac{x_2 - 2(-\frac{1}{2}(x_2)^2 + 4x_2)}{\sqrt{5}} = \frac{1}{\sqrt{5}} \cdot ((x_2)^2 - 7x_2)$. Das Maximum des Abstands ergibt sich für $x_2 = 3{,}5$ mit ca. 5,5.
Der Karton, in den die Pralinen eingepackt werden sollen, muss mindestens 5,5 cm hoch sein (wenn man davon ausgeht, dass alle Maßangaben in cm zu verstehen sind).

195 **14 a)** Der Punkt $P$ liegt unterhalb der gestrichelten Mittellinie des Rechtecks. Mithilfe des Strahlensatzes folgert man, dass deshalb das Dreieck $RBP$ einen kleineren Flächeninhalt hat als das Dreieck $APQ$, der Schnitt $AB$ also ein kleineres Stück von der Siliziumplatte abschneidet als $QR$. Folglich ist ein Schnitt durch die obere Kante nicht geeignet, wenn man ein möglichst kleines Stück der Platte abtrennen will.

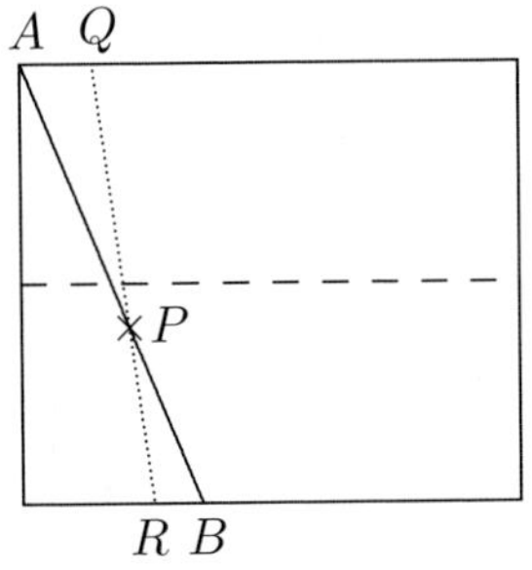


Analog argumentiert man bei einem Schnitt durch die rechte Kante der Platte.

**b)** Zur weiteren Bearbeitung der Aufgabe führt man ein Koordinatensystem ein, dessen Achsen mit der linken bzw. unteren Kante der Platte zusammenfallen und betrachtet eine Schnittgerade durch den Punkt $P$ mit der Gleichung $y = mx + t$. Da $P$ auf dieser Geraden liegt, gilt $24 = 15m + t$, also $t = 24 - 15m$.

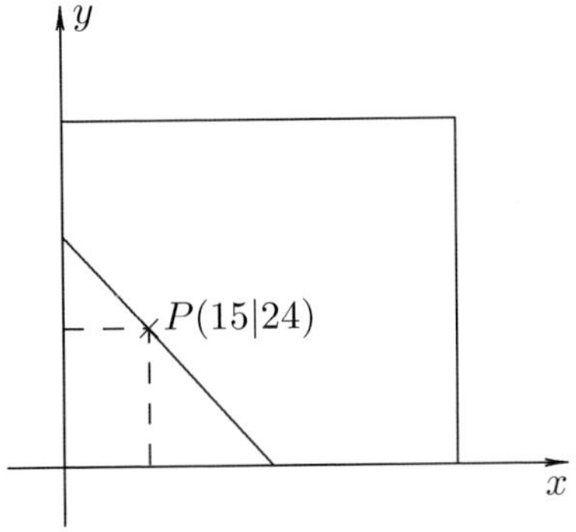


Damit gehört zu der Schnittgerade die Gleichung $y = m(x - 15) + 24$.

Die Achsenschnittpunkte dieser Geraden sind (0|-15m+24) und $(-\frac{24}{m} + 15|0)$. Der Flächeninhalt $A(m)$ des durch den Schnitt abgetrennten Dreiecks ist also in Abhängigkeit von der Steigung $m$ gegeben durch $A(m) = \frac{1}{2} \cdot (-15m + 24) \cdot (-\frac{24}{m} + 15)$.
Dieser Flächeninhalt soll einen möglichst kleinen Wert annehmen, also ist das Minimum der Funktion $A$: $m \mapsto \frac{1}{2} \cdot (-15m + 24) \cdot (-\frac{24}{m} + 15)$ mit $m \leq 0$ zu bestimmen.
Aus $A(m) = 360 - \frac{225}{2}m - \frac{288}{m}$ erhält man $A'(m) = -\frac{225}{2} + \frac{288}{m^2}$.
Die einzige negativeNullstelle von $A'$ ist $-\frac{24}{15}$. Man sieht ohne Berechnung der 2. Ableitung, dass die Werte von $A'$ an dieser Stelle von − nach + wechseln. Also hat für die Gerade mit der Gleichung $y = -\frac{24}{15}x + 48$ das abgetrennte Stück einen minimalen Flächeninhalt. Der Flächeninhalt beträgt 720 mm$^2$.

Schon hier fällt auf, dass die Steigung der optimalen Schnittgeraden der negative Quotient aus der $y$- und der $x$-Koordinate von $P$ ist.

**c)** Wenn der Punkt $P$ genau auf der gestrichelten Mittellinie des Rechtecks liegt, dann liefert die Rechnung in b) die Gerade $AP$ als optimale Schnittgerade. Nun sind aber die Dreiecke $APQ$ und $RBP$ flächengleich, d. h. die Schnittgerade $QR$ und auch jede weitere Gerade, die die obere und die untere Kante schneidet, trennt ein Stück gleichen Flächeninhalts ab wie die Schnittgerade $AB$. Ähnliches gilt, wenn der Punkt $P$ auf der Mittellinie durch die obere und die untere Kante der Platte liegt. Liegt $P$ gar im Mittelpunkt des Rechtecks, dann ist jeder Schnitt durch $P$ optimal im Sinn der Aufgabe. 195

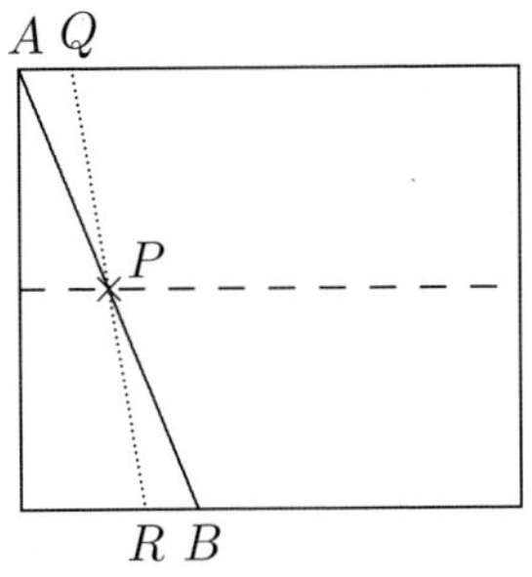


**15 a)** Man geht vor wie in Aufgabe 14b):
Jede Gerade $g$, die durch $P$ geht und die beiden Koordinatenachsen schneidet, lässt sich durch eine Gleichung $y = mx + t$ mit der Steigung $m$ zwischen $-\infty$ und 0 beschreiben. Für $m \to -\infty$ und für $m \to 0$ wird der Flächeninhalt des von den Geraden und den Koordinatenachsen begrenzten Dreiecks beliebig groß (das Dreieck entartet jeweils zu einem Parallelstreifen). Also muss es eine Gerade geben, für die dieses Dreieck einen minimalen Flächeninhalt hat.

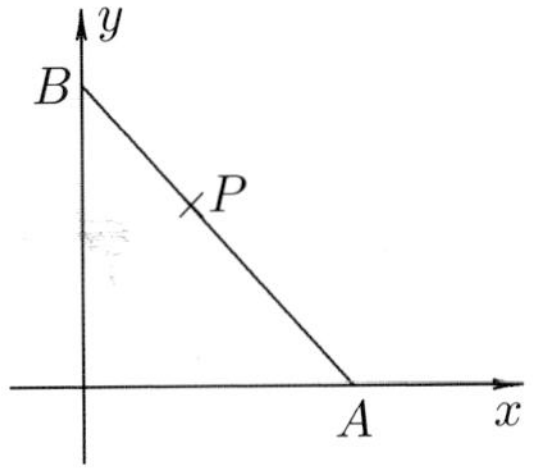


Hat der Punkt $P$ die Koordinaten $(a|b)$, so kann man die Gerade mit der Steigung $m$ durch $P$ durch die Gleichung $y = b + m(x - a)$ beschreiben.
Ihre Schnittpunkte mit den Achsen sind $(0|b - ma)$ und $(a - \frac{b}{m}|0)$.
Der Flächeninhalt des von der Geraden und den Koordinatenachsen begrenzten Dreiecks ergibt sich in Abhängigkeit von $m$ zu $F(m) = \frac{1}{2}(b - ma) \cdot (a - \frac{b}{m})$.
Für die Funktion $A$: $m \mapsto \frac{1}{2}(b - ma) \cdot (a - \frac{b}{m}) = ab - ma^2 - \frac{b^2}{m} + b$ $(m < 0)$ ist das Minimum zu bestimmen.
Für die Ableitung $A'(m) = -a^2 + \frac{b^2}{m^2}$ erhält man die Nullstellen $\pm\frac{b}{a}$.
Mithilfe der zweiten Ableitung $A''(m) = -\frac{2b^2}{m^3}$ (oder auch direkt) zeigt man, dass $-\frac{b}{a}$ Minimumstelle für $A$ ist.
Wie in Aufgabe 14 b) fällt auf, dass die optimale Steigung gleich dem negativen Quotienten der $y$- und der $x$-Koordinate des Punktes $P$ ist. Dies bedeutet, dass der Schnittpunkt der optimalen Geraden mit der $x$-Achse die Koordinaten $(2a|0)$, der Schnittpunkt der Geraden mit der $y$-Achse die Koordinaten $(0|2b)$ hat.

**b)** Aus der abschließenden Beobachtung in Teilaufgabe a) ergibt sich sofort eine einfache Konstruktionsmöglichkeit für die im Sinn der Aufgabe optimale Gerade, wenn der Punkt $P$ in Winkelfeld eines rechten Winkels liegt: Man fällt von $P$ aus das Lot auf einen Schenkel des Winkels, trägt vom Scheitel des Winkels den doppelten Abstand des Lotfußpunkts vom Scheitel auf dem Schenkel ab und erhält einen Punkt $A$. Die Gerade $AP$ ist dann die gesuchte Gerade.

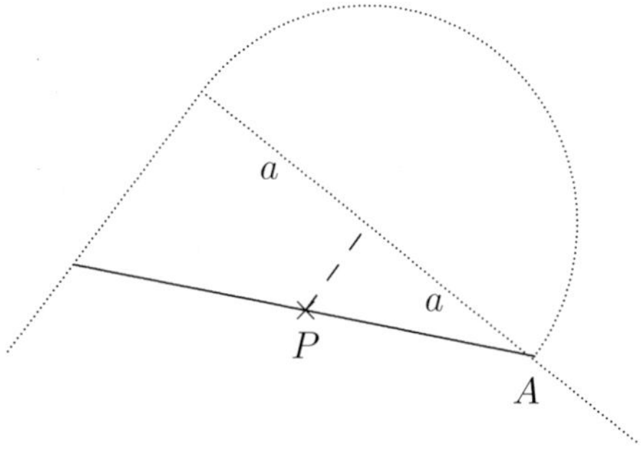


**c)** Mit den Bezeichnungen aus Aufgabe 15 a) erhält man für die Länge der Strecke $[AB]$ zwischen den Achsenschnittpunkten mithilfe des Satzes von Pythagoras: $\overline{AB} = \sqrt{(b - ma)^2 + (a - \frac{b}{m})^2}$.

Um $m$ so zu bestimmen, dass diese Länge ein Minimum annimmt, betrachtet man die Funktion $f\colon m \mapsto (b - ma)^2 + (a - \frac{b}{m})^2$ $(m < 0)$ und berechnet deren Minimum.

Die Ableitung von $f$ ist

$f'\colon m \mapsto -2a(b - ma) + 2(a - \frac{b}{m}) \cdot \frac{b}{m^2} = (am - b) \cdot (2a + \frac{2b}{m^3})$.

Die Nullstellen von $f'$ sind $m = \frac{b}{a}$ und $m = -\sqrt[3]{\frac{b}{a}}$. Die Gerade mit der positiven Steigung $\frac{b}{a}$ verläuft durch den Ursprung des Koordinatensystems, das von der Geraden und den Koordinatenachsen begrenzte Dreieck entartet zu einem Punkt, dem Ursprung. Zur Steigung $-\sqrt[3]{\frac{b}{a}}$ gehört eine Gerade, die im 1. Quadranten mit den Koordinatenachsen ein Dreieck begrenzt, dessen Hypotenuse minimal ist. Offensichtlich ist dies eine andere Gerade als die in 15 b) bestimmte Gerade.

**16 a)** Die Bewegung der Wasserteilchen ist eine Überlagerung von einer gleichförmigen horizontalen Bewegung und der gleichmäßig beschleunigten Fallbewegung. Die Zeit-Ort-Funktion der Fallbewegung wird beschrieben durch die Gleichung $y = -\frac{1}{2}gt^2$, wenn $g$ die Fallbeschleunigung ist und $t$ die Fallzeit.



Die horizontale Bewegung wird durch die Gleichung $x = vt$ beschrieben, wobei $v$ die Austrittsgeschwindigkeit des Wasserstrahls ist.

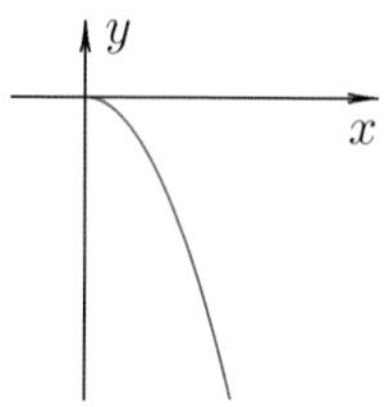


Setzt man $t = \frac{x}{v}$ in die Gleichung ein $y = -\frac{1}{2}gt^2$ ein, so erhält man $y = -\frac{1}{2}g(\frac{x}{v})^2 = -\frac{g}{2v^2} \cdot x^2$, also die vorgegebene Parabelgleichung.

**b)** Tritt der Wasserstrahl im Abstand $h$ (in m) unterhalb des Wasserspiegels aus, so ist die Fallhöhe des austretenden Wassers noch $2 - h$. In die Parabelgleichung aus a) ist also für $y$ der Wert $-(2 - h) = h - 2$ einzusetzen. Der Abstand $x$, in dem der Wasserstrahl auf den Erdboden auftrifft, ergibt sich damit aus der Gleichung

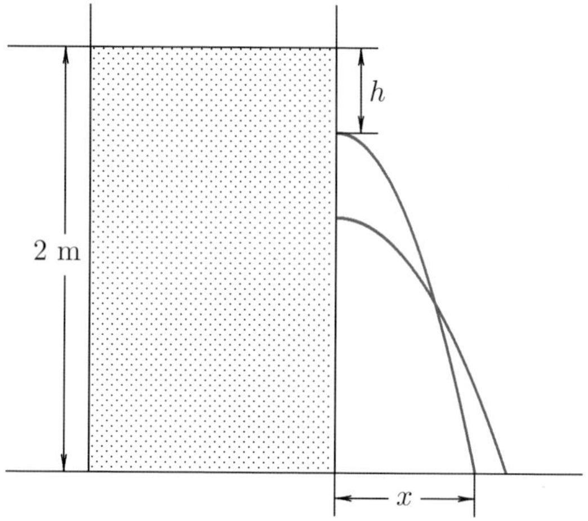


$h - 2 = -\frac{g}{2v^2} \cdot x^2$. Man erhält $x^2 = \frac{2-h}{g} \cdot 2v^2$.

Setzt man darin $v = \sqrt{2gh}$ ein, so ergibt sich $x^2 = 4h\cdot(2-h) = 4\cdot(2h-h^2)$. Man sieht unmittelbar, dass $x^2$ und damit auch $x$ für $h = 1$ einen maximalen Wert annimmt. Der maximale Abstand des auf den Boden auftreffenden Wasserstrahls von der Wand des Tanks wird erreicht, wenn sich das Austrittsloch 1 m unterhalb des Wasserspiegel befindet. Der Abstand beträgt dann 2 m.

Man erkennt auch, dass allgemein im Fall einer Wassersäule der Höhe $H$ der Abstand maximal wird, wenn sich das Austrittsloch genau auf der halben Höhe der Wassersäule befindet.

**17** Eine ganzrationale Funktion vom Grad 3 hat die Form $f\colon x \mapsto ax^3 + bx^2 + cx + d$ mit den Ableitungen $f'\colon x \mapsto 3ax^2 + 2bx + c$ und $f''\colon x \mapsto 6ax + 2b$.

Zur Bestimmung der vier Parameter benötigt man 4 Gleichungen. Wenn $f(x)$ die Produktionskosten in 1000 € und $x$ die Produktion in 1000 Stück

195 angeben, dann ergeben sich aus der Aufgabenstellung folgende Gleichungen:

$$\begin{array}{llcll} (1) & f(0) & = & 10 & \Leftrightarrow \quad d = 10 \\ (2) & f(5) & = & 20 & \Leftrightarrow \quad 125a + 25b + 5c + d = 20 \\ (3) & f(9) & = & 64 & \Leftrightarrow \quad 729a + 81b + 9c + d = 64 \\ (4) & f''(3) & = & 0 & \Leftrightarrow \quad 18a + 2b = 0 \qquad \Leftrightarrow \quad b = -9a. \end{array}$$

Setzt man die Gleichungen (1) und (4) in die Gleichungen (2) und (3) ein, so erhält man folgendes Gleichungssystem für $a$ und $c$:

$$\begin{array}{ll} (2') & 125a - 225a + 5c + 10 = 20 \Leftrightarrow -100a + 5c = 10 \\ (3') & 729a - 729a + 9c + 10 = 64 \Leftrightarrow 9c = 54 \qquad \Leftrightarrow c = 6. \end{array}$$

Mit $c = 6$ ergibt sich aus (2′) für $a$ der Wert 0,2 und aus (4) für $b$ der Wert $-1{,}8$.

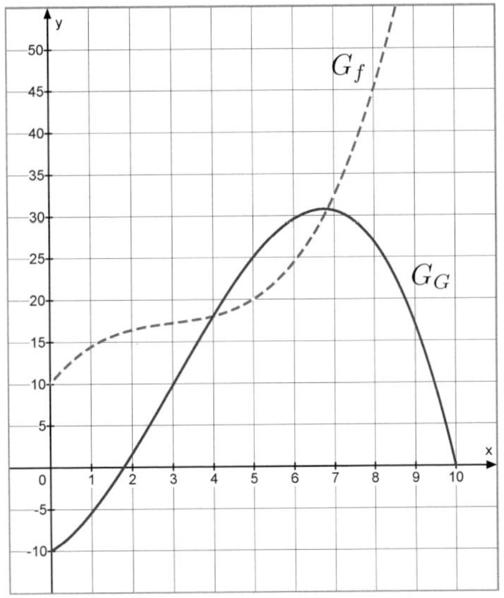


Die gesuchte ganzrationale Funktion $f$ hat also die Form $f\colon x \mapsto 0{,}2x^3 - 1{,}8x^2 + 6x + 10$. Man überprüft leicht, dass die Stelle 3 tatsächlich ein Minimum für $f'$ ist. Dass die Funktion $f$ die Produktionskosten gut approximiert, zeigt der Graph der Funktion (im Bild gestrichelt).

Der Erlös (in 1000 €) wird durch $E(x) = 9x$ beschrieben, die Gewinnfunktion ist also
$G\colon x \mapsto E(x) - f(x) = -0{,}2x^3 + 1{,}8x^2 + 3x - 10$.
Die Ableitung von $G$ ist $G'\colon x \mapsto -0{,}6x^2 + 3{,}6x + 3$,
die Nullstellen von $G'$ sind ca. 6,74 und $-0{,}74$.
Da die zu $G'$ gehörende Parabel nach unten geöffnet ist, wechseln die Werte von $G'$ an der Stelle 6,74 ihr Vorzeichen von + nach −, d. h. 6,74 ist eine Maximumstelle. Dies wird durch den Graphen von $G$ bestätigt (im Bild durchgezogen).
Bei einer Produktion von ca. 6740 Stück ist der Gewinn maximal, er beträgt knapp über 30 000 €.

Redaktion und technische Umsetzung: André Hermann, Kerstin Dahlke

Unter der folgenden Adresse befinden sich multimediale Zusatzangebote
für die Arbeit mit dem Schülerbuch:
**www.cornelsen.de/fokus-mathematik**
Die Buchkennung ist **MFK009152**.

**www.cornelsen.de**

Die Links zu externen Webseiten Dritter, die in diesem Lehrwerk angegeben sind, wurden vor Drucklegung sorgfältig auf ihre Aktualität geprüft. Der Verlag übernimmt keine Gewähr für die Aktualität und den Inhalt dieser Seiten oder solcher, die mit ihnen verlinkt sind.

1. Auflage, 1. Druck 2010

Alle Drucke dieser Auflage sind inhaltlich unverändert
und können im Unterricht nebeneinander verwendet werden.



Druck: H. Heenemann, Berlin

ISBN 978-3-06-009154-6

Inhalt gedruckt auf säurefreiem Papier aus nachhaltiger Forstwirtschaft.